国家林业和草原局职业教育"十四五"规划教材

食品微生物检验技术

秦微微　主编

中国林业出版社
China Forestry Publishing House

图书在版编目(CIP)数据

食品微生物检验技术／秦微微主编. -- 北京：中国林业出版社，2024. 7. --（国家林业和草原局职业教育“十四五”规划教材）. -- ISBN 978-7-5219-2755-9

Ⅰ. TS207. 4

中国国家版本馆 CIP 数据核字第 2024KT5867 号

责任编辑：高红岩
责任校对：苏 梅
封面设计：北京时代澄宇科技有限公司

出版发行：中国林业出版社
（100009，北京市西城区刘海胡同 7 号，电话 83223120）
电子邮箱：cfphzbs@163. com
网址：https：//www. cfph. net
印刷：北京中科印刷有限公司
版次：2024 年 7 月第 1 版
印次：2024 年 7 月第 1 次
开本：787mm×1092mm 1/16
印张：22. 75
字数：535 千字
定价：58. 00 元

课件

《食品微生物检验技术》
编写人员

主　　编：秦微微

副 主 编：吕　明　冯晓阳

编写人员：（按姓氏拼音排序）

冯晓明（黑龙江农业工程职业学院）

冯晓阳（黑龙江生态工程职业学院）

李俐鑫（黑龙江农垦职业学院）

吕　明（黑龙江生态工程职业学院）

秦微微（黑龙江生态工程职业学院）

王　磊（哈尔滨职业技术学院）

前 言

为了适应我国高等职业院校教育改革的发展要求，深化职业教育课程教学内容和教学模式改革，以职业岗位需求和最新检验标准为依据，我们组织编写了本教材。

本教材根据高等职业院校食品类专业的人才培养目标，按照人才培养和产业需求精准对接的原则，以职业岗位和职业能力分析为导向，按照模块化分类、项目引领、任务驱动的方式，组织设计教材内容和呈现形式。

本教材由食品微生物检验技术入门、食品微生物检验基础技术训练和食品微生物检验综合技术训练三大模块组成，内容主要包含食品微生物检验与食品安全认知、食品微生物实验室使用与管理、食品微生物检验基本操作技术训练、食品安全细菌学检验技术训练、食品中常见致病菌检验技术训练等 11 个项目，并细化为 36 个任务。

本教材的特点如下：

1. 规范技能操作。教材从职业岗位需求出发，针对微生物检验基础技能和综合技能，设计了技能考核标准，突出技能操作的准确性，为学生毕业后的检验工作打下坚实的基础。

2. 模块化内容设计。通过“模块+项目+任务”的设计，教材内容层次清晰，便于学生分阶段学习和掌握。内容安排由浅入深，由单项训练到综合训练，在递进式的训练中，培养学生的职业能力。

3. 全面深入的内容安排。教材内容不仅包含食品微生物检验的基本知识和技术，还涉及生物污染、食品变质、实验室生物安全要求、实验室管理等方面的内容，使学生能够全面了解食品微生物检验工作的各个方面。

4. 紧跟国家标准。教材内容紧跟最新国家标准和规定，引用近 40 项各类标准，充分体现了食品检验的“标准化”，有助于培养学生在工作中随时跟进最新标准的能力，确保检验结果的准确性和可靠性。

5. 强调思政教育。通过引入微生物学经典人物事迹，探索课程思政资源建设，深化教书和育人的有机统一。

本教材主要供全国高等职业院校食品质量与安全、食品检验检测技术等专业师生使用，也可作为其他相关专业及企业技术人员的参考用书。

本教材由黑龙江生态工程职业学院秦微微担任主编，黑龙江生态工程职业学院吕明和冯晓阳担任副主编。内容编写分工为：项目 1、3、4、6、8 由秦微微编写，项目 2、11、附录由冯晓阳编写，项目 5 由吕明编写，项目 7 由黑龙江农垦职业学院李俐鑫编写，项目 9 由黑龙江农业工程职业学院冯晓明编写，项目 10 由哈尔滨职业技术学院王磊编写，全书由秦微微统稿。在教材编写过程中，还得到了哈尔滨市农业科学院张衡和中国铁路哈尔滨局集团有限公司哈尔滨铁路疾病预防控制中心杨迪的支持和帮助。在此，一并向所有参与和支持本教材编写的人员表示诚挚的感谢。

由于编者水平有限，时间仓促，书中难免有疏漏与不足之处，诚恳希望广大读者、专家和同行批评指正，以便再版时修正完善。

编 者

2024 年 5 月

目录

前　言

模块一　食品微生物检验技术入门

项目 1　食品微生物检验与食品安全认知 …… 2
任务 1-1　食品微生物检验技术认知 …… 3
任务 1-2　生物污染与食物中毒分析 …… 9
项目小结 …… 17
自测练习 …… 18
项目 2　食品变质的微生物因素认知 …… 20
任务 2-1　食品微生物污染认知 …… 20
任务 2-2　食品腐败变质认知 …… 27
任务 2-3　典型食品腐败变质认知 …… 33
任务 2-4　食品保藏中防腐与杀菌认知 …… 52
项目小结 …… 62
自测练习 …… 62

模块二　食品微生物检验基础技术训练

项目 3　食品微生物实验室使用与管理 …… 66
任务 3-1　食品微生物实验室基本要求认知 …… 67
任务 3-2　食品微生物检验常用仪器使用 …… 73
任务 3-3　食品微生物检验常用检验用品使用 …… 86
任务 3-4　食品微生物实验室相关管理制度认知 …… 89
项目小结 …… 93
自测练习 …… 93

项目 4 食品微生物检验基本程序认知 …… 95
任务 4-1 样品的采集与处理 …… 96
任务 4-2 样品的送检与检验 …… 107
项目小结 …… 111
自测练习 …… 112

项目 5 食品微生物检验基本操作技术训练 …… 114
任务 5-1 常用玻璃器皿清洗、包扎及干热灭菌 …… 115
任务 5-2 培养基配制及灭菌 …… 122
任务 5-3 微生物纯培养 …… 132
任务 5-4 微生物染色及形态观察 …… 137
任务 5-5 微生物细胞大小测定 …… 149
任务 5-6 微生物血球计数板显微计数 …… 154
任务 5-7 微生物菌种保藏 …… 161
任务 5-8 微生物生理生化鉴定 …… 170
项目小结 …… 182
自测练习 …… 182

模块三 食品微生物检验综合技术训练

项目 6 食品安全细菌学检验技术训练 …… 186
任务 6-1 食品菌落总数测定 …… 186
任务 6-2 食品大肠菌群计数 …… 194
项目小结 …… 202
自测练习 …… 202

项目 7 食品安全真菌学检验技术训练 …… 205
任务 7-1 霉菌和酵母计数 …… 205
任务 7-2 霉菌直接镜检计数 …… 212
项目小结 …… 216
自测练习 …… 217

项目 8 食品中常见致病菌检验技术训练 …… 218
任务 8-1 金黄色葡萄球菌检验 …… 219
任务 8-2 沙门菌检验 …… 229
任务 8-3 肉毒梭菌及肉毒毒素检验 …… 240
任务 8-4 单核细胞增生李斯特菌检验 …… 249
项目小结 …… 260
自测练习 …… 260

项目 9　发酵食品微生物检验 …… 263
任务 9-1　乳酸菌检验 …… 264
任务 9-2　双歧杆菌检验 …… 272
任务 9-3　酱油种曲孢子数及发芽率测定 …… 280
任务 9-4　毛霉分离与鉴别 …… 286
项目小结 …… 290
自测练习 …… 291
项目 10　罐头食品商业无菌检验 …… 293
任务 10-1　罐头食品微生物污染认知 …… 293
任务 10-2　罐头食品商业无菌检验 …… 297
项目小结 …… 306
自测练习 …… 306
项目 11　食品微生物快速检测 …… 307
任务 11-1　微生物快速检测 …… 307
任务 11-2　沙门菌快速检测 …… 312
项目小结 …… 318
自测练习 …… 319
参考文献 …… 320
附　录 …… 324
附录 1　培养基和试剂 …… 324
附录 2　常见食品的微生物标准 …… 340
附录 3　自测练习答案 …… 346

模块一

食品微生物检验技术入门

项目1 食品微生物检验与食品安全认知

食品中微生物的种类、数量、性质、活动规律与人类健康关系极为密切。微生物与食品的关系复杂，既有其有益的一面，又有其不利的一面。食品在加工、贮藏等各个环节均可能遭受到微生物的污染。污染的机会和原因很多，一般有食品生产环境的污染、食品原料的污染、食品加工过程的污染等。食品微生物检验就是应用微生物学的理论与方法，研究外界环境和食品中微生物的种类、数量、性质、活动规律及其对人和动物健康的影响。

学习目标

知识目标

1. 掌握食品微生物检验的目的。
2. 掌握食品微生物检验的范围和指标。
3. 了解食品微生物检验技术的发展历程。
4. 掌握食品污染中微生物的种类。
5. 了解常见病原微生物食物中毒的种类、特点和预防措施。

技能目标

1. 能够认识、分析食品中微生物可能的来源。
2. 能够分析微生物污染与食品安全的关系。

素质目标

1. 培养检验人员应具备的产品质量安全意识。
2. 培养爱岗敬业、诚实守信的职业素养。
3. 树立对检验工作的社会责任感。

任务1-1　食品微生物检验技术认知

工作任务

食品从原料加工、贮藏、运输、销售等各个环节都会受到环境中微生物的污染，微生物的生长繁殖会引起食品变质，影响食品的特性，甚至产生毒性、造成食物中毒、疾病传播等后果。因此，食品在生产加工中必须对其进行微生物学检验。微生物学检验是食品卫生标准中的一个重要内容，也是确保食品质量和安全，防止致病菌污染和疾病传播的重要手段。

本任务学习食品微生物检验的目的、范围、特点、指标、发展和意义。

知识准备

1. 食品微生物检验的目的

食品微生物检验是利用微生物学的基础理论及技术、细菌的生化试验和血清学试验的基本知识，在掌握卫生检验相关微生物特性的基础上，通过系统的检验方法，研究食品中微生物的种类、数量、性质、生存环境及活动规律，及时、准确地对食品样品做出食品卫生检验报告，为食品安全生产及卫生监督提供科学依据。

食品微生物检验可以为生产出安全、卫生、符合标准的食品提供科学依据，使生产工序的各个环节得到及时控制，不合格的食品原料不能投入生产，不合格的成品不能投放市场。其目的为：一是监测生产过程中是否有严重偏差(如半成品受到污染)，以便及时纠正和召回产品；二是积累数据并定期分析，根据分析结果来监测生产过程、工艺以及产品质量等是否出现波动、偏差和漂移，以便纠正和调整(即回顾性验证)；三是保证食品的卫生质量安全，避免食物中毒的发生。

2. 食品微生物检验的范围

食品在加工、贮藏等各个环节均可能遭受到微生物的污染。污染的机会和原因很多，一般有食品生产环境的污染、食品原料的污染、食品加工过程的污染等。根据食品被微生物污染的原因和途径，食品微生物检验的范围包括以下几点。

1)生产环境的检验

生产环境的检验包括对生产车间用水、空气、地面、墙壁、操作台等的微生物学检验。

2)原辅料的检验

原辅料的检验包括对动植物食品原料、添加剂等的微生物学检验。

3) 生产用具的检验

生产用具的检验包括对加工工具、生产机械、包装材料、运输车辆等的微生物学检验。

4) 食品的检验

食品的检验包括对出厂食品、可疑食品及食物中毒食品的检验。

5) 从业人员卫生状况检查

从业人员卫生状况检查包括食品生产加工人员和食品销售人员的健康和卫生状况检查，这是保证食品安全的重要手段。人体的皮肤、毛发、口腔、消化道、呼吸道均带有大量的微生物，当与食品直接接触时，可以造成食品被微生物污染。

3. 食品微生物检验的特点

1) 研究范围广

一方面，食品种类繁多，来源复杂，不同的食品又有不同的生产加工工艺、贮藏、运输和销售渠道；另一方面，食品中的微生物种类繁多，有致病性微生物，有能引起食品腐败变质的微生物，还有许多对人类生命活动有益的微生物，如发酵微生物、生产酶制剂的微生物、食用菌等。

2) 涉及学科多

食品微生物检验不仅与微生物学的相关学科有关，还涉及物理、化学、生物学、生物化学等学科。

3) 应用性强

通过食品微生物检验，可以判断食品加工环境及食品卫生状况，对食品污染的途径做出正确的评价，为各项卫生管理工作提供依据，为预防食物传染和食物中毒提供切实可行的防治措施，对提高产品质量、保障食品安全、保证出口、避免经济损失等具有重大意义。

4. 食品微生物检验的指标

1) 菌落总数

菌落总数是指食品检样经过处理，在一定条件下(如培养基、培养温度和培养时间等)培养后，所得每克(毫升)检样中形成的微生物菌落总数。它可以反映食品的新鲜度、被细菌污染的程度和食品生产的一般卫生状况等。因此，它是判断食品卫生质量的重要依据之一。

2) 大肠菌群

大肠菌群是指在一定培养条件下能发酵乳糖、产酸产气的需氧和兼性厌氧革兰阴性无芽孢杆菌。这些细菌是人及温血动物肠道内的常居菌，随着大便排出体外。食品中大肠菌群数越多，说明食品受粪便污染的程度越大。故以大肠菌群作为粪便污染食品的卫生指标来评价食品的卫生质量，具有广泛的意义。

3) 致病菌

致病菌即能够引起人们发病的细菌。食品中不允许有致病菌存在，这是食品卫生质量指标中必不可少的标准之一。致病菌种类繁多，食品的加工、贮藏条件不同，被污染的情况也不同。只有根据不同食品可能污染的情况来做针对性的检验，才能检验食品中的致病菌。对不同的食品，应选择一定的参考菌进行检验。例如，海产品以副溶血性弧菌（*Vibrio parahaemolyticus*）作为参考菌；蛋与蛋制品以沙门菌（*Salmonella*）、金黄色葡萄球菌（*Staphylococcus aureus*）、变形杆菌（*Proteus*）等作为参考菌；米、面类食品以蜡样芽孢杆菌（*Bacillus cereus*）、变形杆菌、霉菌等作为参考菌；罐头食品以耐热性芽孢菌作为参考菌等。

4）霉菌及其毒素

鉴于有很多霉菌能够产生毒素，引起疾病，故应该对产毒霉菌进行检验，如曲霉属的黄曲霉（*Aspergillus flavus*）、寄生曲霉（*Aspergillus parasiticus*）等，青霉属的橘青霉（*Penicillium citrinum*）、岛青霉（*Penicillium islandicum*）等，镰刀霉属的串珠镰刀霉（*Fusarium moniliforme*）、禾谷镰刀霉（*Fusarium graminearum*）等。

5）其他指标

其他指标包括病毒，如甲型肝炎病毒（*Hepatitis A virus*）、猪瘟病毒（*Classical swine fever virus*）、鸡新城疫病毒（*Newcastle disease virus*）、马立克病毒（*Marek's disease virus*）、狂犬病病毒（*Rabies virus*）、口蹄疫病毒（*Foot and mouth disease virus*）、猪水疱病毒（*Swine vesicular disease virus*）、疯牛病病毒（*Mad cow disease virus*）等与人类健康有直接关系的病毒微生物，它们在一定场合下也是食品微生物检验的指标。

另外，从食品检验的角度考虑，寄生虫也被很多学者列为微生物检验的指标。

5. 食品微生物检验技术的发展

食品微生物检验技术的发展是与整个微生物学的发展分不开的。人类很早就开始利用微生物的许多特性为人类的生产、生活服务。古代人类早已将微生物学知识用于工农业生产和疾病防治中，如公元前2000多年的夏禹时代就有酿酒的记载，北魏（公元386—534年）《齐民要术》一书中详细记载了制醋的方法。长期以来民间常用的盐腌、糖渍、烟熏、风干等保存食物的方法，实际上正是通过抑制微生物的生长而防止食物腐烂变质。在预防医学方面，我国自古就有将水煮沸后饮用的习惯。明朝李时珍《本草纲目》中指出，将患者的衣服蒸过后再穿就不会传染上疾病，说明已有消毒的记载。

1）致病菌检验阶段

（1）微生物的发现：首先观察到微生物存在的是荷兰人列文虎克（Antonie van Leeuwenhoek，1632—1723）。他于1676年用自磨镜片制造了世界上第一架显微镜（约放大300倍），并从雨水、牙垢等标本中第一次观察和描述了各种形态的微生物，为微生物的存在提供了有力证据，并确定了细菌的3种基本形态：球菌、杆菌、螺旋菌。列文虎克也被称为显微镜之父。

（2）微生物与食品腐败：法国科学家路易斯·巴斯德（Louis Pasteur，1822—1895）首先通过实验证明了有机物质的发酵与腐败是微生物作用的结果，而酒类变质是因污染了杂菌，从而推翻了当时盛行的自然发生学说。巴斯德在病原体研究和预防方面也作出了卓越的贡献，他发明了巴氏消毒法，被称为微生物学之父。

(3)病原微生物：19世纪末至20世纪初，在巴斯德和柯赫(Robert Koch，1843—1910)的影响下，国际上形成了寻找病原微生物的热潮。有关食品微生物学方面的研究也主要是检验致病菌。我国从20世纪50年代开始对沙门菌、葡萄球菌、链球菌等食物中毒菌进行调查研究，并建立了各种引起食物中毒的细菌的分离鉴定方法。

2)指示菌检验阶段

在我国，80%的传染病是肠道传染病。为了预防肠道传染病，我国制定了各种食品微生物的检验方法和检验标准。通过这些方法和标准，可以检验并判断水、空气、土壤、食品、日常用品以及各类公共场所的有关微生物的安全卫生状况。但是，有时直接检验目标病原微生物非常困难，需借助带有指示性的微生物(指示菌)，根据其被检出情况，判断样品被污染程度，并间接指示致病微生物存在的可能性，以及对人群是否构成潜在的威胁。

指示菌(indicator microorganism)是在常规安全卫生检验中，用以指示检验样品卫生状况及安全性的指示性微生物。检验指示菌的目的，主要是以指示菌在检验样品中存在与否以及数量多少为依据，对照国家卫生标准，对检验样品的饮用、食用或使用的安全性做出评价。这些微生物应该在环境中存在数量较多，易于检出，检验方法较简单，而且具有一定的代表性。指示菌可分为3种类型：

(1)评价被检样品一般卫生质量、污染程度以及安全性的指示菌：最常用的是菌落总数、霉菌和酵母菌数。

(2)粪便污染的指示菌：主要指大肠菌群，其他还有肠球菌、粪大肠菌群等。其检出标志着被检样品受过人畜粪便的污染，而且有肠道病原微生物存在的可能性。

(3)其他指示菌：包括某些特定环境不能检出的菌类，如特定菌、某些致病菌或其他指示性微生物(如嗜热脂肪芽孢杆菌用作灭菌锅灭菌的指示菌)。

3)微生态制剂检验阶段

19世纪人们就发现并开始认识厌氧菌(巴斯德，1863)，但直到20世纪70年代了解到厌氧菌主要是无芽孢专性厌氧菌后，才重新开始重视其研究。厌氧菌广泛分布在自然界，尤其是广泛存在于人和动物的皮肤和肠道。菌群平衡时，厌氧菌与人和动物体“和平共处”；菌群失调时，厌氧菌成为条件致病菌(opportunistic pathogen)，形成厌氧菌感染症。因此，1980年以来，市场上出现以乳酸菌、双歧杆菌为主，以调节菌群平衡为目的的各种微生态制剂后，检验其菌株特性和数量就成了20世纪末食品微生物检验的一项重要内容。

4)现代基因工程菌和尚未能培养菌的检验

转基因动物、植物和基因工程菌被批准使用以及进入商品化生产，加重了食品微生物检验的任务。转基因食品的检验也逐渐成为一项检验项目。通过16S rDNA扩增等技术，目前也发现了一些活的但不能培养的微生物(viable but not culturable，VBNC)，这也促进了食品微生物检验技术的发展。目前，微生物应用技术、实验方法也在迅速地发展，如电镜技术结合生物化学、电泳、免疫化学等技术推动了微生物的分类和鉴定技术，荧光抗体技术、单抗技术、聚合酶链式反应(PCR)技术等也进一步促进了微生物检验的发展。

6. 食品微生物检验的意义

食品和水及空气一样是人类生活的必需品，是人类生命的能源。食品卫生与人的健康关系极为密切。随着人们生活水平的提高，对食品的质量和安全性要求越来越高，不仅要求营养丰富、美味可口，而且要卫生经济。因而，对食品进行微生物检验至关重要。

食品微生物检验就是应用微生物学的理论与方法，研究外界环境和食品中微生物的种类、数量、性质、活动规律及其对人和动物健康的影响。食品微生物检验方法为食品检验必不可少的重要组成部分。

首先，它是衡量食品卫生质量的重要指标之一。通过微生物检验可以准确判断出食品被微生物污染的程度，正确评价食品的卫生状况，并为食品能否安全食用提供科学的依据。

其次，通过食品微生物检验，可以判断食品加工环节及食品卫生的情况，能够对食品被细菌污染的程度做出正确的评价，为各项卫生管理工作提供科学依据，提供传染病和人畜食物中毒的防治措施。

最后，食品微生物检验是以贯彻“预防为主”的卫生方针，可以有效地防止或者减少食物中毒和人畜共患病的发生，保障人们的身体健康。同时，它对提高产品质量、避免经济损失、保证出口等方面具有政治上和经济上的重大意义。

问题思考

请结合课程内容分析：

(1)为什么要进行食品微生物检验？

(2)食品微生物检验的主要指标有哪些？

名人讲堂

微生物的奠基人——巴斯德

在列文虎克发现微生物时，人们并不知道微生物和人类有什么关系。过了近200年后，通过许多科学家的努力，特别是法国科学家路易斯·巴斯德的一系列创造性的研究工作，人们才开始认识微生物与人类有着十分密切的关系。

巴斯德(图1-1-1)，是19世纪法国最负盛名的微生物学家和有机化学家，在免疫学、发酵学、结晶学以及微生物学等方面作出了杰出贡献，后人更是将他誉为“微生物学之父”。

图1-1-1　巴斯德

巴斯德是公认的微生物学奠基人，他的工作为今天的微生物学奠定了科学原理和基本方法。

巴斯德在大学里学的是化学，由于他不到30岁便成为有名的化学家，法国里尔城的酒厂老板便请他帮助解决葡萄酒和啤酒变酸的问题，希望巴斯德能在酒中加些化学药品来防止酒类变酸。巴斯德与众不同的地方是他善于利用显微镜观察物质。在解决葡萄酒变酸问题时，他首先也是用显微镜观察葡萄酒，看看正常的和变酸的葡萄酒中究竟有什么不同。结果巴斯德发现，正常的葡萄酒中只能看到一种又圆又大的酵母菌，变酸的酒中则还有另外一种又小又长的细菌。他把这种细菌放到没有变酸的葡萄酒中，葡萄酒就变酸了。于是巴斯德向酿酒厂的老板指出，只要把酿好的葡萄酒放在接近50℃的温度下加热并密封，葡萄酒便不会变酸。酿酒厂的老板开始并不相信这个建议，巴斯德便在酒厂里做示范。他把几瓶葡萄酒分成两组，一组加热，另一组不加热，放置几个月后，当众开瓶品尝，结果加热过的葡萄酒依旧酒味芳醇，而没有加热的却把人的牙都酸软了。从此以后，人们把这种采用不太高的温度加热杀死微生物的方法叫作巴斯德灭菌法(即巴氏消毒法)。直到今天，巴氏消毒法仍在食品行业广泛应用。

因为解决了葡萄酒变酸问题，巴斯德在法国的名声大振。正好这时法国南部的丝绸工业遇到了很大的困难，因为用作原料的蚕茧大幅度减产。减产的原因是一种叫作"微粒子病"的疾病使蚕大量死亡，人们又来向巴斯德求援了。1865年，巴斯德受农业部长的重托，带着他的显微镜来到了法国南方。经过几年的工作，虽然在此期间他还得过严重的脑出血，但是他发现微粒子病的病根是蚕蛹和蚕蛾受到了微生物的感染。针对病因，巴斯德向蚕农们演示了选择健康蚕蛾的方法，要求他们把全部受感染的蚕和蚕卵，连同桑叶都烧掉，只用由健康蚕蛾下的卵孵化蚕。蚕农们依照巴斯德的办法，果然防治了微粒子病，挽救了法国的丝绸工业。为此，巴斯德受到了法国皇帝拿破仑三世的表彰和人民的热烈称颂。

研究葡萄酒和蚕病取得巨大成功之后，巴斯德开始注意到传染病是由微生物引起的。因为微生物能够通过身体接触、唾液或粪便散布，从病人传播给健康的人而使健康的人生病。这种观点后来被许多医生的观察和治病经验证实了。其中德国医生科赫和他的老师贡献最大。后来德国聘请巴斯德担任波恩大学教授并授予他名誉学位。可这时普法战争已经爆发，法国大败，热爱祖国的巴斯德拒绝了德国给他的荣誉。1873年，巴斯德当选为法国医学科学院的院士。虽然他不是医生，连行医的资格都没有，但历史已经证明，巴斯德是最伟大的"医生"。

19世纪70年代，巴斯德开始研究炭疽病。炭疽病是在羊群中流行的一种严重的传染病，对畜牧业危害很大，而且可传染给人类，特别是牧羊人和屠夫。巴斯德首先从病死的羊血中分离出了引起炭疽病的细菌——炭疽杆菌(*Bacillus anthracis*)，再把这种有病菌的血从皮下注射到做试验的豚鼠或兔子身体内，这些豚鼠或兔子很快便死于炭疽病，从这些病死的豚鼠或兔子体内又找到了同样的炭疽杆菌。在试验过程中，巴斯德又发现，有些患过炭疽病但侥幸活过来的牲口，再注射病菌也不会得病了，这是因为它们获得了抵抗疾病的能力(我们今天说的免疫力)。巴斯德马上想起50年前詹纳(Jenner Edward)用牛痘预防天花的方法。可是，从哪里得到不会使牲口病死的毒性比较弱的炭疽杆菌呢？通过反复试验，巴斯德和他的助手发现把炭疽杆菌连续在接近45℃的条件下培养，它们的毒性便会减弱，用这种毒性减弱了的炭疽杆菌预先注射给牲口，牲口就不会因染上炭疽病而死亡了。1881年，巴斯德在一个农场进行了公开的试验。一些羊注射了毒性减弱的炭疽杆菌，另一些没有注射。4个星期后，又给每头羊注射毒力很强的炭疽杆菌，结果在48h后，事先没有注射弱毒细菌的羊全部死亡，而注射了弱毒细菌的羊则活蹦乱跳、健康如常。现场的专家和新闻记者无不为此欢呼，祝贺巴斯德伟大的成功。的确，巴斯德的成就开创了人类战胜传染病的新世纪，拯救了无数的生命，奠定了今天已经成为重要科学领域的免疫学的基础。1885年，巴斯德第一次用同样的方法治好了被疯狗咬伤了的9岁男孩梅斯特。后来梅斯特成了巴斯德研究院的看门人。

1996年，在巴斯德逝世100周年时，世界各地的微生物学和医学工作者举行了许多活动来纪念他，因为他的研究成果直到今天仍然给人类带来巨大的幸福。

任务1-2 生物污染与食物中毒分析

工作任务

人类和微生物共存于地球上，相互制约、相互依存，处于一种动态平衡的状态。微生物污染问题是食品生产中的常态问题，它可能伴随着食品生产、运输、销售等全过程，受污染的食品则可能引起食物中毒，从而威胁食品安全和人类健康。

本任务学习常见微生物污染的类型、主要食源性致病菌的种类，掌握病原微生物引起的食物中毒的特点和预防措施，从微生物污染的相关案例中吸取教训，建立产品安全意识和树立社会责任感。

知识准备

1. 食品中的微生物污染

近年来，全球范围内重大食品安全事件不断发生，其中病原微生物引起的食物中毒是影响食品安全的主要因素之一，如沙门菌、副溶血性弧菌、大肠埃希菌O157：H7（*Escherichia coli* O157：H7）、志贺菌（*Shigella*）、单核细胞增生李斯特菌（*Listeria monocytogenes*）、空肠弯曲菌（*Campylobacter jejuni*）等。此外，一些有害微生物产生的生物性毒素，如黄曲霉毒素、赭曲霉毒素等真菌毒素和肠毒素等细菌毒素，已成为食品中有害物质污染和中毒的主要因素。由于微生物具有较强的生态适应性，在食品原料的加工、包装、运输、销售、贮藏以及食用等每一个环节都可能被微生物污染。同时，微生物具有易变异性，未来可能不断有新的病原微生物出现并威胁食品安全和人类健康。

1）细菌性污染

细菌性污染是涉及面最广、影响最大、问题最多的一类食品污染，其引起的食物中毒是所有食物中毒中最普遍、最具暴发性的。细菌性食物中毒全年皆可发生，具有易发性和普遍性等特点，对人类健康有较大的威胁。细菌性食物中毒可分为感染型、毒素型和混合型。感染型如沙门菌属、变形杆菌属引起的食物中毒。毒素型又可分为体外毒素型和体内毒素型两种。体外毒素型是指病原菌在食品内大量繁殖并产生毒素，如葡萄球菌（*Staphylococcus*）肠毒素中毒、肉毒梭菌（*Clostridium botulinum*）毒素中毒。体内毒素型是指病原体随食品进入人体肠道内产生毒素引起中毒，如产气荚膜杆菌（*Clostridium perfringen*）食物中毒、产肠毒素性大肠埃希菌食物中毒等。也有感染型和毒素型混合存在的情况发生。引起食品污染的微生物主要有沙门菌、副溶血性弧菌、志贺菌、葡萄球菌等。近年来，变形杆菌属、李斯特菌属、大肠埃希菌属、弧菌属引起的食品污染呈上升趋势。

2)真菌性污染

真菌在发酵食品行业应用非常广泛，但许多真菌也可以产生真菌毒素，引起食品污染。尤其是20世纪60年代发现强致癌的黄曲霉毒素以来，真菌与真菌毒素对食品的污染日益引起人们重视。真菌毒素不仅具有较强的急性毒性和慢性毒性，而且具有“致癌、致畸、致突变”作用，如黄曲霉和寄生曲霉产生的黄曲霉毒素，麦角菌[*Claviceps purpurea*(Fr.)Tul.]产生的麦角碱，杂色曲霉(*Aspergillus versicolor*)和构巢曲霉(*Aspergillus nidulans*)产生的杂色曲霉素等。真菌毒素的毒性可以分为神经毒、肝脏毒、肾脏毒、细胞毒等。例如，黄曲霉毒素具有强烈的肝脏毒，可以引起肝癌。

真菌性食品污染一是来源于作物种植过程中的真菌病，如小麦、玉米等禾本科作物的麦角病、赤霉病，都可以引起毒素在粮食中的累积；二是来源于粮食、油料及其相关制品保藏和贮存过程中发生的霉变，如甘薯被茄腐皮镰孢菌(*Fusarium solani*)或甘薯长喙壳菌(*Ceratocystis fimbriata* Ellis. et Halsted)感染可以产生甘薯酮、甘薯醇、甘薯宁毒素，甘蔗保存不当也可被甘蔗节菱孢霉(*Arthrinium sacchari*)侵染而霉变。常见的产毒素真菌主要有曲霉(*Aspergillus*)、青霉(*Penicillium*)、镰刀菌(*Fusarium*)、交链孢霉(*Alternaria*)等。

由于真菌生长繁殖及产生毒素需要一定的温度和湿度，真菌性食物中毒往往有比较明显的季节性和地区性。在中国，北方食品中黄曲霉毒素 B_1 污染较轻，而长江沿岸和长江以南地区较重。也有调查发现，肝癌等癌症的发病率与当地的粮食霉变有一定关系。大型真菌中的毒蘑菇也含有毒素，其毒性有胃肠炎型、溶血型、肝病型等。中国的毒蘑菇有100多种，中毒事件常有发生。

3)病毒性污染

与细菌、真菌不同，病毒的繁殖离不开宿主，所以病毒往往先污染动物性食品，然后通过宿主、食物等媒介进一步传播。带有病毒的水产品和患病动物的乳、肉制品一般是病毒性食物中毒的来源。与细菌、真菌引起的病变相比，病毒病多难以有效治疗，更容易暴发流行。常见食源性病毒主要有甲型肝炎病毒、轮状病毒(*Rotavirus*)、诺如病毒(*Norovirus*)、朊病毒(*Prion*)、禽流感病毒(*Avian influenza virus*)等，这些病毒曾经或仍在肆虐，造成了许多重大的疾病事件。

任何食品都可以作为病毒的运载工具，许多病毒疾病的发生都是食源性的。Larkin(1981)列出了人类因食品污染而感染胃肠道病毒的种类，包括：细小核糖核酸病毒(*Picornavirus*)、呼吸道肠道病毒(*Reovirus*)、细小病毒(*Parvovirus*)、乳多孔病毒(*Papnvamru*)和腺病毒(*Adenovirus*)等。当人和动物摄入带有病毒的食品后，即可引起病毒性传染病。患者常常表现头痛、发热、乏力等一系列临床症状，在病毒侵害部位常发生不同程度的病理变化，并导致机体功能的改变。例如，乙型肝炎病毒(*Hepatitis B virus*)可导致机体患乙型肝炎，常常呈慢性发展，患者可表现出乏力、消化功能减退、厌食、消瘦、肝区疼痛等临床症状。若不能控制病情，由于病毒在肝细胞大量复制，导致肝组织变性，可转变为肝硬化。病情进一步发展后，可导致死亡。

有些病毒在土壤、水、空气等自然环境中可存在相当长的时间，如脊髓灰质炎病毒(*Poliovirus*)可在污泥和污水中存留10d以上，而食用污染的蔬菜可导致小儿麻痹症。无论何种病毒污染食品，一旦被适宜的宿主摄入，即可大量繁殖，继而引起相应的病毒疾病，对机体产生各种各样的危害。

贝类生物在肠道病毒污染的水中生活时，可将病毒粒子吸入体内，浓缩肠道病毒。例如，食用未彻底清除病毒蛤贝类，极容易引起病毒感染。实际上，食用毛蚶、牡蛎、蛙等水生动物时，一般的处理方法往往不能彻底杀灭病毒。含有病毒的毛蚶虽经煮沸食用，但仍不能确保这类食品是安全的。流行病类研究结果表明，进食煮沸过的不洁毛蚶，仍有11.9%的人发生腹泻，6.05%的人发生甲肝。实验进一步证实，积聚于贝类体内的病毒比游离在体外的病毒对热具有更大的耐受性。因此，当某地区已有病毒疾病发生时，食用附近水域的贝类是不安全的。

有关病毒污染食品后，引起的食物中毒事件时有发生。1988年1月初，上海因食用毛蚶中毒，引起了甲型肝炎暴发流行。据统计，仅在暴发后的一周多时间内，就约有1.8万人发病。中毒者普遍出现恶心、呕吐、脐周疼痛，继而腹泻、发烧及表现甲肝症状。这种大规模、蔓延迅速的中毒事件在历史上也是罕见的。诸如此类中毒事件的发生，为人类警惕病毒对食品的污染敲响了警钟。因此，为保证食品的安全性，对病毒污染食品的问题应引起足够的重视。

2. 病原微生物食物中毒

有些致病性微生物或条件致病性微生物可通过污染食品后产生大量毒素，从而引起以急性过程为主要特征的食物中毒。

1)细菌性食物中毒

(1)细菌性食物中毒的概念：细菌性食物中毒是指因摄入被致病菌或其毒素污染的食品引起的食物中毒。细菌性食物中毒是食物中毒中最常见的一类。

(2)细菌性食物中毒的分型：感染型、毒素型和混合型。凡是食用含大量病原菌的食物而引起的中毒为感染型食物中毒。凡是食用由于细菌大量繁殖产生毒素的食物而引起的中毒为毒素型食物中毒。有的细菌性食物中毒既具有感染型食物中毒的特征，又具有毒素型食物中毒的特征，称为混合型食物中毒。

(3)细菌性食物中毒的特点：细菌性食物中毒的特点是潜伏期短，发病急；有明显的季节性，尤以夏、秋季节发病率最高；中毒的发生与食物有关，中毒病人不具有传染性；所有中毒病人都具有大致相同的症状；动物性食品是引起细菌性食物中毒的主要中毒食品。

(4)常见引起食物中毒的细菌：

①沙门菌。我国细菌性食物中毒中70%~80%是由沙门菌引起，而在引起沙门菌中毒的食品中，90%以上是肉类等动物性产品。沙门菌生长繁殖的最适温度是20~37℃，在普通水中可生存2~3周，在粪便和冰水中生存1~2个月；在自然环境中分布很广，人和动物均可带菌，正常人体肠道带菌在1%以下，肉食生产者带菌可高达10%以上；主要污染源是人和动物肠道的排泄物。

沙门菌主要污染的食品有肉、鱼、禽、乳、蛋类食品，其中肉、蛋类最易受到沙门菌污染，其带菌率远远高于其他食品。沙门菌食物中毒是由于大量活菌进入消化道，附着于肠黏膜上，生长繁殖并释放内毒素引起的以急性胃肠炎等症状为主的中毒性疾病。一般病程 3~5d，愈后良好，严重者尤其是儿童、老人及病弱者如不及时救治，可导致死亡。

防止沙门菌污染的措施主要为防止食品污染，加强卫生管理，对从事食品的工作人员进行带菌检查，采取积极措施控制感染沙门菌的病畜肉流入市场，以防止食品污染；采取低温贮藏食品方法来控制沙门菌的繁殖；杀灭病原体，加热杀灭病原菌是预防食物中毒的重要措施，肉块深部温度至少达到 80℃，持续 12min，蛋类煮沸 8~10min 才能杀灭沙门菌；熟食品应和生食品分开贮存；剩余熟食品下次吃之前，应充分加热。

②致病性大肠埃希菌。主要存在于人和动物的肠道，随粪便分布于自然界中，在自然界生存活力较强，在土壤、水中可存活数月。根据致病性的不同，致泻性大肠埃希菌被分为产肠毒素性、侵袭性、致病性、黏附性和出血性 5 种。部分大肠埃希菌株与婴儿腹泻有关，并可引起成人腹泻或食物中毒的暴发。受污染的食品多为动物性食品，如各类熟肉制品、冷荤、牛肉、生牛乳，其次为蛋及蛋制品、乳酪及蔬菜、水果、饮料等。

防止致病性大肠埃希菌污染的主要措施为防止食物被致病性大肠埃希菌污染；通过强化肉品检疫、控制生产环节污染、加强从业人员健康检查等经常性卫生管理入手，减少食品污染概率；烹饪中特别要防止熟肉制品被生肉及容器、工具等交叉污染，被污染的食品必须在致病性大肠埃希菌产毒前将其杀灭。

③志贺菌。志贺菌是人类细菌性痢疾最为常见的病原菌，通常称为痢疾杆菌。该菌耐寒，在 37℃水中存活 20d，在冰块中存活 96d，蝇肠内可存活 9~10d，在牛乳、水果和蔬菜中可生存 1~2 周，被污染的衣服、用具等可带菌数月之久。对化学消毒剂敏感，1%石炭酸(苯酚)10~30min 可将其杀死；对热敏感，一般 56~60℃经 10min 即被杀死。

志贺菌食物污染全年均有发生，但夏、秋两季多见。中毒食品以冷盘和凉拌菜为主。熟食制品在较高温度下存放较长时间是引发志贺菌食物中毒的主要原因。志贺菌食物中毒，一般情况下在 6~24h 内出现症状，如发热、呕吐、腹痛、频繁的腹泻、水样便，混有血液和黏液。严重者出现(儿童多见)惊厥、昏迷，或手脚发冷、脉搏细而弱、血压低等表现。

防止志贺菌污染的主要措施为不要食用存放时间长的熟食品；注意食品的彻底加热和食用前再加热；要养成良好的卫生习惯，接触直接入口食品之前及便后必须彻底用肥皂洗手；不吃不干净的食物及腐败变质的食物，不喝生水。

④副溶血性弧菌。在温度 37℃、含盐量 3%~3.5%的环境中能极好地生长；对热敏感，56℃加热 1min 可将其杀灭；对酸也敏感，在食醋中能立即死亡。海产鱼虾的平均带菌率为 45%~49%，夏季高达 90%以上。副溶血性弧菌广泛存在于温热带地区的近海海水、海底沉积物和鱼贝类等海产品中。

副溶血性弧菌引起的食物中毒季节性很强，大多发生于夏、秋季节，在 6~10 月，海产品大量上市时。引起中毒的食物主要是海产品和盐渍食品，如海产鱼、虾、蟹、贝、咸肉、禽、蛋类以及咸菜或凉拌菜等，约有半数中毒者食用了腌制品，中毒原因主要是烹调时未烧熟煮透或熟制品被污染。副溶血性弧菌食物中毒特点是上腹部阵发性绞痛、腹泻，多数患者在腹泻后出现恶心、呕吐；大部分患者发病后 2~3d 恢复正常，少数严重患者由于休克、昏迷而死亡。

防止副溶血性弧菌污染的主要措施为低温保存海产食品及其他食品；烹调加工各种海产食品时，原料要洁净并烧熟煮透，烹调和调制海产品拼盘时可加适量食醋；加工过程中生熟用具要分开；对加工海产品的器具必须严格清洗、消毒；食品烧熟至食用的放置时间不要超过4h。

⑤变形杆菌。革兰阴性杆菌，直径0.4~0.8μm，长1~3μm，具有周生鞭毛，有动力。兼性厌氧，最适温度37℃。变形杆菌包括普通变形杆菌(*P. vulgaris*)、奇异变形杆菌(*P. mirabilis*)、产黏变形杆菌(*P. myxofaciens*)、潘氏变形杆菌(*P. penneri*)。其中，以普通变形杆菌和奇异变形杆菌与临床关系较密切。特别是奇异变形杆菌可引起败血症，病死率较高。

变形杆菌在人和动物的粪便中经常存在，而且是常见的腐生菌，因此，从粪便中或从吃剩食品中检出变形杆菌，不能简单地作为食物中毒的实验室依据。变形杆菌食物中毒主要是毒素型。潜伏期较短，多数为5~18h。临床特征以上腹部刀绞样痛和急性腹泻为主，有的伴以恶心、呕吐、发热、头痛。病程短，不超过1d。

防止变形杆菌污染的主要措施为熟肉制品在进餐前必须充分加热，切忌食用隔餐或隔夜的肉食品。做好食品卫生管理工作，严防熟肉制品受到细菌的污染。

⑥小肠结肠炎耶尔森菌(*Yersinia enterocolitica*)。小肠结肠炎耶尔森菌食物中毒是指摄食了被小肠结肠炎耶尔森菌特定菌型所污染的食品而发生的感染型食物中毒。已知感染人的主要是O3、O5、O8和O9血清型的菌株。

小肠结肠炎耶尔森菌可以产生耐热性肠毒素。肠毒素可能与本菌感染所出现的腹泻症状有关，但不是其致病机理的主要部分。食物中毒的潜伏期为1~3d，其症状主要为腹泻、腹痛、发热和头痛。体温可升高至38~40℃，腹泻多为水样便。约有半数患者不发生腹泻，或仅出现软便，少数有呕吐，一部分患者并可表现为急性阑尾炎症状。病程一般为2~5d。患者在发病2周后的血液中有对本菌的抗体产生。

防止小肠结肠炎耶尔森菌污染的主要措施为防止食品被小肠结肠炎耶尔森菌污染，肉、乳等动物性食品应防止其在生产和加工过程中受到污染；鲜奶应尽可能及时进行消毒，本菌具有嗜冷性，长时间冷藏生乳并不合适；加强卫生知识的宣传，做好食品加工场所的环境卫生，苍蝇、蟑螂有传播本菌的作用，要做好防蝇和消灭蟑螂的工作；做好个人卫生，食品从业人员要定期接受包括本菌在内的肠道致病菌的带菌检查，以防止通过工作人员造成该菌食物中毒的流行。

⑦唐菖蒲伯克霍尔德菌(椰毒假单胞菌酵米面亚种)[*Burkholderia gladioli*(*Pseudomonas cocovenenans* supsp. *farinofermentans*)]。革兰阴性杆菌，短杆状、球杆状，两端钝圆、无芽孢，有鞭毛。唐菖蒲伯克霍尔德菌引起中毒的食品主要为酵米面制品，如臭米面、吊浆面、酸汤子等；变质鲜银耳；薯类制品(马铃薯粉条、山芋淀粉等)。食品被唐菖蒲伯克霍尔德菌污染后会产生米酵菌酸毒素，导致食物中毒。潜伏期多数2~24h。主要症状为上腹部不适、恶心、呕吐(呕吐物为胃内容物、重者呈咖啡色)、轻微腹泻、头晕、全身无力，重者出现黄疸、肝肿大、皮下出血、呕血、血尿、少尿、意识不清、烦躁不安、惊厥、抽搐、休克等。一般无发热。病死率高居各类细菌性食物中毒之首，达40%以上。夏、秋季多发。东北地区为臭米面食物中毒，南方为吊浆面(粑)食物中毒。米酵菌酸中毒无特效

药，病死率高。

2020年10月5日，黑龙江省鸡东县，9人在家中聚餐发生食物中毒。调查发现，这是一起由米酵菌酸引起的食物中毒事件。事件原因是他们在聚餐时食用了自制的一种叫酸汤子(用玉米水磨发酵后做的一种粗面条样的主食)的发酵食物，在残余食物中检出了高浓度的米酵菌酸。事件导致9名就餐人员全部死亡。

防止唐菖蒲伯克霍尔德菌污染的主要措施为自制发酵米面食品时，务必勤换水、通风干燥、保持卫生，一旦发现食品出现绿、粉、黑等各色霉斑或异味，切记不能食用；磨成的酵米面湿粉尽快干燥，防止霉变；如果是购买的发酵类食物，建议低温贮存且在保质期内食用；禁止食用变质木耳、银耳，干耳食用前日晒1~2d可去除毒素，泡发时间不宜过长。

2)霉菌性食物中毒

(1)霉菌毒素中毒的概念：霉菌在谷物或食品中生长繁殖产生有毒的代谢产物，人和动物摄入含有这种毒素物质发生的中毒症状称为霉菌毒素中毒症。

(2)霉菌毒素中毒的特点：中毒的发生主要通过被霉菌污染的食物。被霉菌毒素污染的食品和粮食用一般烹调方法加热处理不能将其破坏去除。没有污染性免疫，霉菌毒素一般都是小分子化合物，机体对霉菌毒素不产生抗体。

(3)可引起癌症的霉菌毒素：麦角菌产生的麦角碱；杂色曲霉、构巢曲霉所产生的杂色曲霉毒素；黄曲霉、寄生曲霉、棒曲霉(*Aspergillus clavatus*)所产生的黄曲霉毒素；岛青霉产生的岛青霉毒素、黄天精、环氯素等7种霉菌毒素，往往侵染大米，导致黄变米产生；皱褶青霉(*Penicillium rugulosum*)和缓生青霉(*Penicillium tardum*)产生的皱褶青霉素；灰黄青霉(*Penicillium griseofulvum*)产生的灰黄霉素均能引起小鼠肝癌；串珠镰刀菌产生的镰刀菌毒素及交链孢霉产生的交链孢霉素能引起大鼠前胃和食管鳞癌；还有其他一些霉菌毒素可引起实验动物的肝癌、肉瘤、胃癌、结肠癌、乳腺和卵巢的肿瘤。

①曲霉毒素。曲霉毒素中，最常见的要数黄曲霉毒素，这是某些黄曲霉和寄生曲霉的菌株产生的肝毒性代谢物，广泛存在于花生、玉米、麦类、稻谷、高粱等农产品中。黄曲霉毒素在水中溶解度低，耐高温，在碱性溶液中黄曲霉毒素易于被降解，有用氨水处理被黄曲霉毒素污染的动物饲料的报道。一般烹调条件下不易被完全破坏。

目前已发现黄曲霉毒素衍生物有20多种，其中以黄曲霉毒素B_1的毒性最强，为氰化钾的10倍，砒霜的68倍，国际癌症研究机构(IARC)将黄曲霉毒素确定为一类致癌物。曲霉毒素食物中毒的特点是发热、腹痛、呕吐、食欲减退，严重者2~3周内出现肝脾肿大、肝区疼痛、皮肤黏膜黄染、腹水、下肢水肿及肝功能异常等中毒性肝病的表现，也可出现心脏扩大、肺水肿，甚至痉挛、昏迷等症状。

防止曲霉毒素污染的主要措施为改进粮食产品的生产、贮运条件，防止粮食霉变的发生；严禁生产、加工、销售有毒霉变大米。

②青霉毒素。青霉毒素是由污染食品的青霉属菌产生，如岛青霉毒素、黄绿青霉毒素、橘青霉毒素、皱褶青霉素、震颤霉菌毒素等。橘青霉毒素多由橘青霉产生，主要生长繁殖于贮存的大米中。橘青霉毒素是一种肾毒素，中毒后出现肾脏萎缩、肾小管病变、排尿量增多等现象。

3) 病毒性食物中毒

(1) 猪水疱病病毒：猪水疱病病毒的传播源是病猪或处于潜伏期的病毒携带猪。病毒通过粪、尿、水疱液和乳排出，直接使猪感染或通过污染食品和水源使人感染，也可以经污染的车船、用具和饲养人员而传播。一年四季均可发病，饲养密度高的猪场传播较快，发病率高，可达70%~80%，但死亡率很低。

猪水疱病病毒可引起人畜共患性水疱病。人食用被污染的食品(如携带病毒的猪肉、乳或被菜刀、砧板、容器等污染的食品)后即可感染。因此，此病毒流行性强，发病率高。人感染猪水疱病病毒后多数呈隐性经过，少数有致病性。症状表现多样化：轻微的发热，流感样症状；在手指、足趾处发生水疱等；重者可发生非化脓性脑炎。

防止猪水疱病病毒污染的主要措施为防止将病毒带到非疫区，不从疫区调入生猪和猪肉产品，运猪和饲料的交通工具应彻底消毒，加强检疫、隔离、封锁制度；做好预防接种；猪肉加工及其容器要分开，避免交叉污染。

(2) 口蹄疫病毒：患病或携带病毒的牛、羊、猪、骆驼等偶蹄动物是口蹄疫病毒的主要传染源。发病初期的病畜是最危险的传染源，症状出现的最初几天排毒量大，毒力最强，传染性最高。破溃的水疱、唾液、粪、乳、尿、精液和呼出的气体将大量病毒排向外界后，可污染食品和水源。另外，处于潜伏期和痊愈后的病毒携带动物均可向外排毒，也是病毒的重要传染源。

口蹄疫是一种急性发热高度接触性传染病，当人接触了感染病毒的动物或食用了被口蹄疫病毒污染的食品后，可感染该病毒而发病。人感染口蹄疫病毒后，潜伏期一般为2~8d。常突然发病，表现出发热、头痛、呕吐等症状。2~3d后口腔内有干燥和灼烧感，唇、舌、齿跟及咽部出现水疱。另外，手指间、足趾间、鼻翼和面部皮肤上也会出现水疱。水疱破裂可排出含有大量病毒的水疱液，而后形成结痂，逐渐愈合。有的形成溃疡，一般愈合快，不留疤痕。有的患者有咽喉痛、吞咽困难、脉搏迟缓、低血压等症状。重者可并发细菌性感染，如胃肠炎、神经炎、心肌炎，以及皮肤、肺部感染，可因为继发性心肌炎而死亡。

防止口蹄疫病毒污染的主要措施为对易感动物定期进行预防接种；严禁从疫区引进易感动物，防止病毒传入；加工生肉的刀、砧板、容器等要生熟分开，避免交叉污染。

(3) 肝炎病毒：人类肝炎病毒有甲型、乙型、丙型和丁型病毒之分。甲型肝炎病毒呈球形，无包膜，核酸为单链RNA。乙型肝炎病毒呈球形，具有双层外壳结构，外层相当于一般病毒的包膜，核酸为双链DNA。对热、低温、干燥、紫外线和一般消毒剂耐受。通过摄入被污染的食品和饮用水使人感染。

(4) 禽流感病毒：属甲型流感病毒，可以感染、传播的禽鸟共有80多种，如鸡、鸭、鹅、鹌鹑、鸽、麻雀、乌鸦等许多鸟类。世界卫生组织(WHO)指出：粪便是禽流感传播的主渠道，通过飞沫及接触呼吸道分泌物也能传播。亚太候鸟迁徙路径恰好与禽流感暴发路线吻合，候鸟充当了禽流感传播媒介。

禽流感病毒流行期间，各种禽类均易被该病毒感染。感染病毒后，在禽类肌肉、内脏、蛋中可检出大量的禽流感病毒。人因食用这些禽类食品而被禽流感病毒感染，产生多方面的危害。患者潜伏期一般为3~7d，多表现出感冒症状，体温升高、疲倦、消化功能降低，眼睑肿胀，角膜发炎，呼吸不畅，呼吸道分泌物增加。该病毒可通过血液进入全身组织器官，严重者可引起内脏出血、坏死，造成机体功能降低，若进一步被细菌感染，有导致死亡的危险。

防止禽流感病毒污染的主要措施为严格检疫，防止病毒从疫区传入；要做好动物和人的流感监测，及时发现动物感染或发病疫情，以及环境中病毒循环的状态，尽早采取动物免疫、扑杀、休市等消灭传染源、阻断病毒禽间传播的措施；注意饮食卫生，防止感染禽流感病毒，食用可疑的禽类食品时，一定要加热煮透。

(5)疯牛病病毒：是一种朊病毒。目前认为，疯牛病病毒两条主要传染途径是受孕母牛通过胎盘传染给牛犊和食用染病动物肉加工成的饲料。欧盟委员会声称，没有证据证明疯牛病会通过牛乳或乳制品传染给人或动物。但同时又指出，目前依然必须禁止消费被怀疑患有疯牛病的母牛所产的牛乳。

据报道，疯牛病和克雅氏病之间可能存在某种联系。20 世纪 80 年代在英国发现的疯牛病，多发于 4 岁左右的成年牛。发病牛大多表现为烦躁不安，行为反常，对声音或触摸过分敏感，常由于恐惧、狂躁而表现出攻击性。少数病牛出现头部和肩部肌肉震颤和抽搐。组织器官的病理变化与人的克雅氏病极其相似。人可因为接触患病牛羊或食用病牛羊肉及其制品而发病。由于一些国家的牛饲料加工工艺中允许使用牛、羊等动物的内脏和肉作饲料，致使此病迅速蔓延。

防止疯牛病病毒污染的主要措施为禁止进口和销售来自疯牛病发生国家的以牛、牛组织、脏器等为原料生产制成的食品；对已进口或销售的来自疯牛病发生国家的产品，应立即停止销售，并公告收回已售出的食品，做销毁处理。

(6)狂犬病病毒：天然情况下，此病毒最易感的是犬、狼、猫。该病毒存在于患病动物的神经系统及唾液中，主要是由疯犬、疯狼等咬伤人和其他动物而传播。但是，值得注意的是，还存在着非咬伤性的传播途径，人和动物都有经由呼吸道、消化道和胎盘感染狂犬病病毒的病例。所以，对患狂犬病死亡的动物一般不做剖检，更不允许剥皮食用。

狂犬病病毒对人的潜伏期为 10d 或数年。病毒可进入人的神经系统繁殖并发病。发病开始时患者焦躁不安，咬伤部位疼痛难忍，随后发生兴奋症状，对光、声极度敏感，瞳孔放大，流涎增加。人的狂犬病又称恐水症，这是因为发病到一定阶段，患者咽肌痉挛，吞咽困难，以致不能咽下自己的唾液，表现出想饮水而又不能饮入的神经异常症状，最后出现全身麻痹。由于此病是中枢神经系统受到感染，脑、脊髓受到严重损害，一旦发病，即使有最好的医护条件，最后还是死亡。所以，对被疯狗咬伤的人，除处理伤口外，还应立即做免疫注射，以使其免疫力产生于发病之前，可能免于受害。因为病毒在咬伤部位的肌肉细胞中增殖并存留一定时间后才入侵神经系统，故疫苗接种可取得预防的效果。

问题思考

(1)请查阅相关资料，收集整理近年来发生的国内外典型的食品微生物污染案例。

(2)结合课程内容分析，在生活中有哪些减少病原微生物食物中毒的措施。

知识拓展

食品质量、安全有关网站

1. 国家有关食品安全、质量相关网站

中华人民共和国国家卫生健康委员会 http://www.nhc.gov.cn

中国食品安全网 https://www.cfsn.cn

国家市场监督管理总局 http://www.samr.gov.cn

中国质量认证中心 http://www.cqc.com.cn/www/chinese/index.shtml

中国质量新闻网 http://www.cqn.com.cn

国家认证认可监督管理委员会 http://www.cnca.gov.cn

国家食品安全风险评估中心 https://cfsa.net.cn

中国标准化研究院 https://www.cnis.ac.cn/pcindex

2. 国外有关食品安全、质量的网站

国际食品法典委员会（CAC） http://www.codexalimentarius.net

世界卫生组织（WHO） http://www.who.int/home-page

国际粮农组织（FAO） https://www.fao.org/about/about-fao/zh

美国食品药品监督管理局（FDA） https://www.fda.gov

欧盟食品安全局 https://www.efsa.europa.eu/en

美国疾病预防控制中心（CDC） https://www.cdc.gov

国际食品信息交流中心 https://www.foodinsight.org

国际标准化组织（ISO） https://www.iso.org/home.html

全球法规网 http://policy.mofcom.gov.cn/law/index.shtml

项目小结

食品微生物检验可以为生产出安全、卫生、符合标准的食品提供科学依据，使生产工序的各个环节得到及时控制。食品微生物检验的范围包括生产环境的检验、原辅料的检验、生产用具的检验、食品的检验、从业人员卫生状况检查等。食品微生物检验技术具有研究范围广、涉及学科多、应用性强等特点。食品微生物检验的主要指标有菌落总数、大肠菌群、致病菌、霉菌及其毒素等。

由于微生物具有较强的生态适应性，在食品原料的加工、包装、运输、销售、贮藏以及食用等每一个环节都可能被微生物污染。细菌性污染是涉及面最广、影响最大、问题最多的一类食品污染，其引起的食物中毒是所有食物中毒中最普遍、最具暴发性的。真菌在发酵食品行业应用非常广泛，但许多真菌也可以产生真菌毒素，引起食品污染。与细菌、真菌不同，病毒的繁殖离不开宿主，所以病毒往往先污染动物性食品，然后通过宿主、食物等媒介进一步传播。食品中常见的致病菌主要包括沙门菌、致病性大肠埃希菌、葡萄球菌、肉毒梭菌、单核细胞增生李斯特菌、蜡样芽孢杆菌、志贺菌、变形杆菌等。有些致病性微生物或条件致病性微生物可通过污染食品或细菌污染后产生大量毒素，从而引起以急性过程为主要特征的食物中毒。

自测练习

一、单选题

1. 能够反映食品被粪便污染程度的微生物指标是(　　)。

A. 霉菌　　B. 酵母菌　　C. 菌落总数　　D. 大肠菌群

2. 致病菌是食品安全微生物学的重要指标之一，在食品中的状态为(　　)。

A. 可少量被检出　　B. 不得检出　　C. 可大量存在　　D. 以上均不对

3. 国标中规定的，反映食品微生物安全的指标不包括(　　)。

A. 菌落总数　　B. 大肠菌群　　C. 乳酸菌　　D. 沙门菌

4. 以下对食品微生物检验意义的描述，不正确的是(　　)。

A. 贯彻以“预防为主”的方针

B. 有效地防止或者减少食物中毒和人畜共患病的发生

C. 保障人们的身体健康，同时提高产品质量

D. 合格产品中，不得检出微生物，从而延长食品的保质期

5. 细菌性食物中毒的特点不包括(　　)。

A. 有明显的季节性，尤以夏、秋季节发病率最高

B. 动物性食品是引起细菌性食物中毒的主要中毒食品

C. 发病率高，病死率因中毒病原而异，最常见的致病菌是肠道致病菌

D. 患者间传染性较强，患病人员要做好隔离

6. 下面属于常见致病性细菌的是(　　)。

A. 沙门菌　　B. 黄曲霉　　C. 肝吸虫　　D. 诺如病毒

7. 以下不容易发生黄曲霉污染的食物是(　　)。

A. 花生　　B. 玉米　　C. 鸡蛋　　D. 大米

二、判断题

1. 食品微生物检验是食品安全的重要指标，经检验合格的食品中不含有任何微生物。(　　)

2. 食品微生物检验的对象仅限于食品样品。(　　)

3. 食品微生物检验可以有效防止或减少食物中毒和人畜共患病的发生。(　　)

4. 微生物污染食品后，会导致食品的腐败变质。因此，微生物对人类的作用百害而无一利。(　　)

5. 食物彻底加热后，其中的有害物质可被全部破坏。(　　)

6. 由于真菌生长繁殖及产生毒素需要一定的温度和湿度，真菌性食物中毒往往有比较明显的季节性和地区性。(　　)

7. 与细菌、真菌不同，病毒的繁殖离不开宿主，所以病毒只污染动物性食品，植物性食品不会传播病毒。(　　)

8. 食品受到唐菖蒲伯克霍尔德菌污染后产生的食物中毒，主要是其产生的米酵菌酸毒素引起的，死亡率非常高。(　　)

9. 猪水疱病病毒是一种可引起人畜共患性水疱病病毒。　　（　　）

10. 狂犬病病毒是由被感染病毒的犬、狼、猫及其他动物咬伤而传播，不存在其他传播方式。　　（　　）

三、名词解释

1. 菌落总数
2. 大肠菌群
3. 指示菌
4. 细菌性食物中毒

项目2 食品变质的微生物因素认知

微生物个体微小，数量多，繁殖速度快，在自然界中容易散布，因此，食品在自然环境下很容易被微生物污染。由于微生物的作用，而使食品发生有害变化，失去了原有的或应有的营养价值、组织形状及色、香、味，并转变成不符合卫生标准的食品，称为食品的腐败变质。食品腐败变质是微生物污染、食品的性质和环境条件综合作用的结果。

学习目标

知识目标

1. 掌握食品保藏与防腐杀菌的主要方法和基本原理。
2. 熟悉微生物引起食品腐败变质的基本原理、内在因素和外界条件。
3. 了解污染食品的微生物的来源和污染途径，以及控制微生物污染的主要措施。

技能目标

1. 能初步识别不同食品腐败变质的性状，并初步判断引起食品腐败变质的微生物类群。
2. 能够根据不同类型的食品，正确选择保藏和杀菌的方法。
3. 能够科学有效地控制食品中的微生物污染。

素质目标

1. 培养实事求是、求真务实的学习和工作态度。
2. 培养严谨、踏实、规范的职业态度。
3. 培养团队合作意识与纪律意识。

任务2-1 食品微生物污染认知

工作任务

由于微生物具有较强的适应性，食品原料在种植、收获、饲养、捕捞、加工、包装、运输、销售、保存及食用等众多环节都可能被微生物污染。同时，微生物具有易变异性，未来可能不断有新的病原微生物威胁食品安全和人类健康。相较于其他化学污染来说，食品易受微生物污染的特点是与生俱来的。由于微生物在空气、水、人体等环境中无所不在，这使其成为食品加工过程中无法杜绝污染的因素之一。可以说，现代食品安全管理中，微生物污染是头等大事，食品生产者必须足够重视，才有可能将其危害控制在安全水平之下。

本任务学习食品微生物污染的来源以及控制微生物污染的措施。

知识准备

1. 食品微生物污染的来源

微生物在自然界中分布十分广泛，不同的环境中存在的微生物类型和数量不尽相同，食品从原料、生产、加工、贮藏、运输、销售到烹调等各个环节，常常与环境发生各种方式的接触，进而导致微生物的污染。污染食品的微生物来源可分为土壤、空气、水、人及动物、加工机械设备和包装材料等方面。

1) 土壤

土壤中含有大量的可被微生物利用的碳源和氮源，还含有大量的硫、磷、钾、钙、镁等无机元素及硼、钼、锌、锰等微量元素，加之土壤具有一定的保水性、通气性及适宜的酸碱度(pH 3.5~10.5)，土壤温度变化范围通常在10~30℃，而且表面土壤的覆盖有保护微生物免遭太阳紫外线危害的作用。可见，土壤为微生物的生长繁殖提供了有利的营养条件和环境条件。因此，土壤素有“微生物的天然培养基”和“微生物大本营”之称。土壤中的微生物数量可达10^7~10^9CFU/g。土壤中的微生物种类十分庞杂，其中细菌占有比例最大，可达70%~80%，放线菌占5%~30%，其次是真菌、藻类和原生动物。

不同土壤中微生物的种类和数量有很大差异，在地面下3~25cm是微生物最活跃的场所，肥沃的土壤中微生物的数量和种类较多，果园土壤中酵母的数量较多。土壤中的微生物除了生长繁殖外，分布在空气、水、人及动植物体的微生物也会不断进入土壤中。许多病原微生物就是随着动植物残体以及人和动物的排泄物进入土壤的。因此，土壤中的微生物既有非病原的，也有病原的。通常无芽孢菌在土壤中生存的时间较短，而有芽孢菌在土壤中生存时间较长。例如，沙门菌只能生存数天至数周，炭疽芽孢杆菌却能生存数年或更长时间。同时土壤中还存在着能够长期生活的土源性病原菌，霉菌及放线菌的孢子在土壤中也能生存较长时间。

2) 空气

空气中不具备微生物生长繁殖所需的营养物质和充足的水分条件，加上室外经常接受来自日光的紫外线照射，所以空气不是微生物生长繁殖的适宜场所。然而，空气中也确实含有一定数量的微生物，这些微生物是随风飘扬而悬浮在大气中或附着在飞扬起来的尘埃或液滴上。这些微生物可来自土壤、水、人和动植物体表的脱落物以及呼吸道、消化道的排泄物。

空气中的微生物主要为霉菌、放线菌的孢子和细菌的芽孢及酵母。不同环境空气中微生物的数量和种类有很大差异。公共场所、街道、畜舍、屠宰场及通气不良处的空气中微生物的数量较高。空气中的尘埃越多，所含微生物的数量也就越多。室内污染严重的空气

微生物数量可达 10^6CFU/m^3，海洋、高山、乡村、森林等空气清新的地方微生物的数量较少。空气中可能会出现一些病原微生物，它们直接来自人或动物呼吸道、皮肤干燥脱落物及排泄物或间接来自土壤，如结核杆菌(*Mycobacterium tuberculosis*)、金黄色葡萄球菌、沙门菌、流感嗜血杆菌(*Haemophilus influenzae*)和病毒等。

3)水

自然界中的江、河、湖、海等各种淡水与咸水水域中，都生存着相应的微生物。由于不同水域中的有机物和无机物种类和含量、温度、酸碱度、含盐量、含氧量及不同深度光照度等的差异，因而各种水域中的微生物种类和数量呈明显差异。通常水中微生物的数量主要取决于水中有机物质的含量，有机物质含量越多，其中微生物的数量也就越大。

淡水域中的微生物可分为两大类型：一类是清水型水生微生物，这类微生物习惯于在洁净的湖泊和水库中生活，以自养型微生物为主，可被看作是水体环境中的土源微生物，如硫细菌(*Sulfur bacteria*)、铁细菌(*Iron bacteria*)及含有光合色素的蓝细菌(*Cyano bacteria*)、绿硫细菌(*Chlorobiaceae*)和紫细菌(*Purple bacterium*)等。也有部分腐生性细菌，如色杆菌属(*Chromobacterium*)、无色杆菌属(*Achromobacter*)和微球菌属(*Micrococcus*)的一些种就能在低含量营养物的清水中生长。霉菌中也有一些水生性种类，如水霉属(*Saprolegnia*)和绵霉属(*Achlya*)的一些种可以生长于腐烂的有机残体上。此外，还有单细胞和丝状的藻类以及一些原生动物常在水中生长，通常它们的数量不大。另一类是腐败型水生微生物，它们是随腐败的有机物质进入水域，获得营养而大量繁殖的，是造成水体污染、传播疾病的重要原因。其中，数量最大的是革兰阴性细菌，如变形杆菌属、大肠埃希菌、产气肠杆菌(*Enterobacter aerogenes*)和产碱杆菌属(*Alcaligenes*)等，还有芽孢杆菌属、弧菌属和螺菌属(*Spirillum*)中的一些种。当水体受到土壤和人畜排泄物的污染后，会使肠道菌的数量增加，如大肠埃希菌、粪链球菌(*Fecal streptococcus*)、沙门菌、产气荚膜杆菌、炭疽杆菌、破伤风芽孢杆菌(*Clostridium tetani*)。污水中还会有纤毛虫类、鞭毛虫类和根足虫类原生动物。进入水体的动植物致病菌，通常因水体环境条件不能完全满足其生长繁殖的要求，故一般难以长期生存，但也有少数病原菌可以生存达数月之久。

海水中也含有大量的水生微生物，主要是细菌，它们均具有嗜盐性。近海中常见的细菌有：假单胞菌(*Pseudomonas*)、无色杆菌、黄杆菌(*Flavobacterium*)、微球菌属、芽孢杆菌属(*Bacillus*)和噬纤维菌属(*Cytophaga*)，它们能引起海产动植物的腐败，有的是海产鱼类的病原菌。海水中还存在有可引起人类食物中毒的病原菌，如副溶血性弧菌。矿泉水及深井水中通常含有很少的微生物。

4)人及动物

人体及各种动物(如犬、猫、鼠等)的皮肤、毛发、口腔、消化道、呼吸道均带有大量的微生物，如未经清洗的动物被毛、皮肤微生物数量可达 10^5~10^6CFU/cm^2。当人或动物感染了病原微生物后，体内会存在不同数量的病原微生物，其中有些菌种是人畜共患病病原微生物，如沙门菌、结核杆菌、布氏杆菌(*Brucella*)。这些微生物可以通过直接接触或通过呼吸道和消化道向体外排出而污染食品。蚊、蝇及蟑螂等各种昆虫也都携带有大量的微生物，其中可能有多种病原微生物，它们接触食品同样会造成微生物的污染。

5)加工机械设备与包装材料

各种加工机械设备本身没有微生物所需的营养物质，但在食品加工过程中，由于食品的汁液或颗粒黏附于内表面，食品生产结束时机械设备没有得到彻底的灭菌，使原本少量的微生物得以在其上大量生长繁殖，成为微生物的污染源。这种机械设备在后来的使用中，会通过与食品接触而造成食品的微生物污染。

6)产品原料及辅料

(1)动物性原料：屠宰前健康的畜禽具有健全而完整的免疫系统，能有效地防御和阻止微生物的侵入和在肌肉组织内扩散。所以，正常机体组织内部(包括肌肉、脂肪、心、肝、肾等)一般是无菌的，而畜禽体表、被毛、消化道、上呼吸道等器官总是有微生物存在。如果被毛和皮肤污染了粪便，微生物的数量会更多。刚排出的家畜粪便微生物数量可多达 10^7CFU/g、瘤胃成分中微生物的数量可达 10^9CFU/g。

患病的畜禽其器官及组织内部可能有微生物存在，如病牛体内可能带有结核杆菌、口蹄疫病毒等。这些微生物能够冲破机体的防御系统，扩散至机体的其他部位，此多为致病菌。动物皮肤发生刺伤、咬伤或化脓感染时，淋巴结会有细菌存在。其中，一部分细菌会被机体的防御系统吞噬或消除掉，而另一部分细菌可能存留下来导致机体病变。畜禽感染病原菌后有的呈现临床症状，但也有相当一部分为无症状带菌者，这部分畜禽在运输和圈养过程中，由于拥挤、疲劳、饥饿、惊恐等刺激，机体免疫力下降而呈现临床症状，并向外界扩散病原菌，造成畜禽相互感染。

屠宰后的畜禽即丧失了先天的防御机能，微生物侵入组织后迅速繁殖。屠宰过程卫生管理不当，将为微生物广泛污染提供机会。最初污染微生物是在使用非灭菌的刀具放血时，将微生物引入血液中，随着血液短暂的微弱循环而扩散至胴体的各部位。在屠宰、分割、加工、贮存和肉的配销过程中的每一个环节，微生物的污染都可能发生。屠宰前畜禽的状态也很重要。屠宰前给予充分休息和良好的饲养，使其处于安静舒适的条件，此种状态下进行屠宰，其肌肉中的糖原将转变为乳酸。在屠宰后6~7h内由于乳酸的增加使胴体的pH值降低到5.6~5.7，24h内pH值降低至5.3~5.7。在此pH值条件下，污染的细菌不易繁殖。如果宰前家畜处于应激和兴奋状态，则将动用储备糖原，宰后动物组织的pH值接近于7，在这样的条件下腐败细菌的侵染会更加迅速。

(2)植物性原料：健康的植物在生长期与自然界广泛接触，其体表存在大量的微生物，所以收获后的粮食一般都含有其原来生活环境中的微生物。据测定，每克粮食含有几千个以上的细菌。这些细菌多属于假单胞菌属、微球菌属、乳杆菌属(*Lactobacillus*)和芽孢杆菌属等。此外，粮食中还含有相当数量的霉菌孢子，主要是曲霉属、青霉属、交链孢霉属、镰刀霉属等，还有酵母菌(Yeast)。

植物体表还会附着有植物病原菌及来自人畜粪便的肠道微生物及病原菌。健康的植物组织内部应该是无菌或仅有极少数菌，如有时外观看上去是正常的水果或蔬菜，其内部组织中也可能有某些微生物的存在。有人从苹果、樱桃等组织内部分离出酵母菌，从番茄组织中分离出酵母菌和假单胞菌属的细菌。这些微生物是果蔬开花期侵入并生存于果实内部的。

感染病后的植物组织内部会存在大量的病原微生物，这些病原微生物是在植物的生长过程中通过根、茎、叶、花、果实等不同途径侵入组织内部的。

果蔬汁是以新鲜水果为原料，经加工制成的。由于果蔬原料本身带有微生物，而且在加工过程中还会再次感染，所以制成的果蔬汁中必然存在大量微生物。果汁的pH值一般在2.4~4.2，糖度较高，可达60~70°Bx，因而在果汁中生存的微生物主要是酵母菌，其次是霉菌和极少数的细菌。

粮食在加工过程中，经过洗涤和清洁处理，可除去籽粒表面上的部分微生物，但某些工序可使其受环境、机具及操作人员携带的微生物再次污染。多数市售面粉的细菌含量为每克几千个，同时还含有50~100个的霉菌孢子。

2. 控制微生物污染的措施

微生物污染是导致食品腐败变质的首要原因，生产中必须采取综合措施才能有效地控制食品的微生物污染。

1）加强生产环境的卫生管理

食品加工厂和畜禽屠宰场必须符合卫生要求，及时清除废物、垃圾、污水和污物等。生产车间、加工设备及工具要经常清洗、消毒，严格执行各项卫生制度。操作人员必须定期进行健康检查，患有传染病者不得从事食品生产。工作人员要保持个人卫生及工作服的清洁。生产企业应有符合卫生标准的水源。

2）严格控制生产过程中的污染

自然界中微生物的分布极广，欲杜绝食品的微生物污染是很难办到的。因此，在食品加工、贮藏、运输过程中尽可能减少微生物的污染，对防止食品腐败变质就显得十分重要。选用健康无病的动植物原料，不使用腐烂变质的原料，采用科学卫生的处理方法进行分割、冲洗。食品原料如不能及时处理需采用冷藏、冷冻等有效方法加以贮藏，避免微生物的大量繁殖。食品加工中的灭菌条件，要能满足商业灭菌的要求。使用过的生产设备、工具要及时清洗、消毒。

3）注意贮藏、运输和销售卫生

食品的贮藏、运输及销售过程中也应防止微生物的污染，控制微生物的大量生长。采用合理的贮藏方法，保持贮藏环境符合卫生标准。运输车辆应做到专车专用，有防尘装置，车辆应经常清洗消毒。

问题思考

请结合课程内容分析：

（1）简述食品微生物污染的来源及途径。

（2）控制微生物污染的措施有哪些？

知识拓展

食品加工环境中微生物污染分析及控制措施（节选）

微生物污染是造成食品变质的主要原因之一，也是影响食品安全的“拦路虎”。2021年国家市场监督管理总局共发布了38期食品抽检信息，公布了399批次不合格食品，其中农兽药残留、微生物污染、食品添加剂违规使用是造成不合格食品的主要原因。对于常见的微生物污染，各类食品均有严格的国家标准及行业标准的要求。目前控制微生物污染，主要依靠针对食品本身的杀菌，其次依靠对加工环境的微生物控制。国内食品加工厂经过多年的发展，逐渐从手工作坊的模式向半自动化、全自动化现代工厂的方向发展，同时对加工环境的微生物控制要求也越来越高。

1. 加工环境中常见的微生物污染分析

在食品加工过程中，部分微生物来自原料本身，也有部分微生物来自加工过程中环境、工器具或加工用水等。近年来，随着生鲜配送的推广、外卖的普及和休闲食品的兴起，市场上预包装的即食产品越来越多。由于高温高压杀菌和巴氏杀菌均不同程度地导致产品风味变化，因此越来越多的即食产品在工艺流程中取消了杀菌环节，采用气调包装及冷链配送的措施来控制微生物，这就对加工车间内的环境消杀及工器具的清洗消毒提出了更高的要求。2021 年发布实施的《食品安全国家标准　预包装食品中致病菌限量》(GB 29921—2021)对于预包装食品中的致病菌指标、限量及检测方法有详细的叙述，并要求无论是否规定致病菌限量，食品生产、加工经营者均应采取控制措施，尽可能地降低食品中的致病菌含量及导致风险的可能性。

2. 食品加工车间在建设过程中常见的抑菌措施

食品加工车间不同于一般工业建筑，车间的功能房间布局以产品的生产工艺流水线为核心，且在不同的加工区域，对于房间的温度控制、湿度控制及洁净度等级均有不同的要求。这些要求的目的就是尽可能抑制加工车间内微生物的繁殖，运用生产加工过程中及生产后的清洗消毒措施，来实现对加工环境中致病菌的限制。

1)建筑布局与建筑做法

关于厂房布局的设置，《食品安全国家标准　食品生产通用卫生规范》(GB 14881—2013)中的 4.1 条已有较充分的要求。厂房的合理布局核心在于避免和降低产品交叉污染的风险，因此需要根据工艺流程的特点设定不同作业区，并采取有效的分隔。车间内的检验室、卫生间等有严重污染风险的区域，需要和加工区域进行严格的分离或分隔。车间的人员出入口应设置更衣间，按照工人生产场所的洁净度要求进行更衣间的内部布置。不同洁净度的生产人员卫生与生活用房需要严格分开设置，避免交叉。一般作业区、半洁净区应各自独立设置换靴间、一次更衣间、淋浴间、卫生间和手靴消毒间；洁净区应设置换鞋间、一次更衣间、卫生间、淋浴间、二次更衣间、换靴间、手靴消毒间及风淋间等设施。需要注意的是牛、羊、禽类的屠宰分割车间的设计规范里指出，淋浴间、厕所宜设置在一次更衣与二次更衣之间，因为工人在加工过程中可能会面对血污、粪便及胃内容物等污染物，需要在生产结束之后进行严格的个人清洁。肉类深加工车间、中央厨房及中西式烘焙面点加工车间等工作环境较好的加工车间更倾向于将卫生间设置在更衣间外，最大限度地避免卫生间对生产车间的影响。一般常见更衣间的布局方式如图 2-1-1 所示。

室内装修设计中，涉及抑制加工车间内微生物繁殖也有各类专用做法。首先，车间地面应采用无毒、不渗水、防滑、易清洗、耐腐蚀的材料，其表面应平整无裂缝、无局部积水，因为车间大部分为多水作业环境，如果地面有裂缝或者起砂会导致清洗不彻底，从而造成食品安全隐患。其次，地面、顶棚、墙、柱等处的阴阳角宜采用弧形，容易清洗，减少卫生死角。图 2-1-2 为车间内墙体与地面连接处的工程做法。

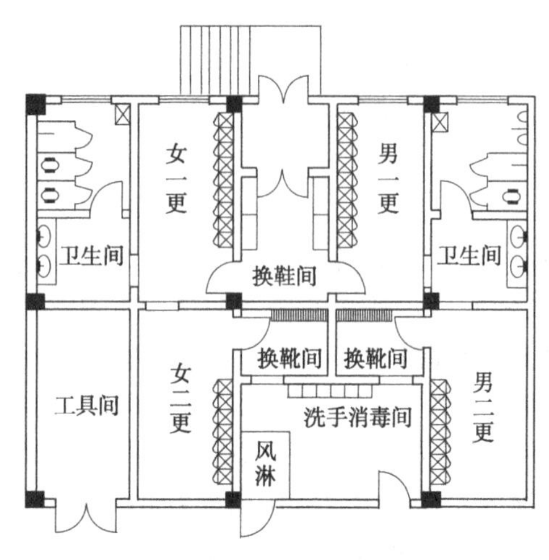

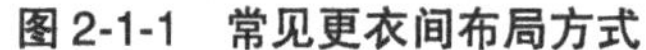
图 2-1-1　常见更衣间布局方式

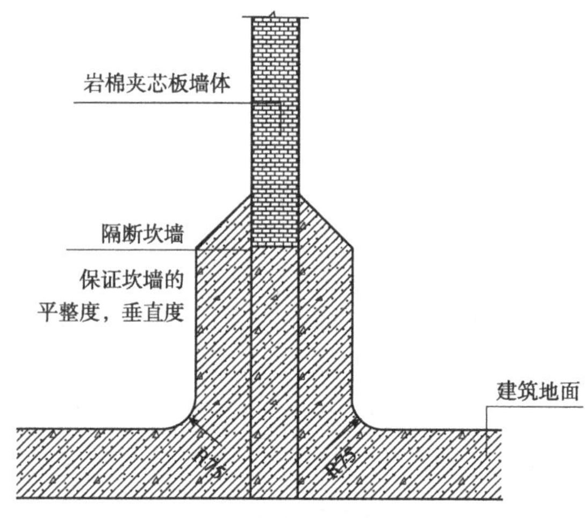

图 2-1-2　车间内墙体与地面连接处的工程做法

2）空气调节

温度是抑制致病菌生长的关键因素之一，温度越低，抑制效果越好。对于容易受到微生物污染的产品，首先要降低产品本身的温度，其次要降低加工环境的温度。大部分易腐食品都需要对加工环境温度进行控制，即食产品和生鲜产品的控制更严格。《食品安全国家标准　畜禽屠宰加工卫生规范》（GB 12694—2016）对于畜禽屠宰和肉类加工车间内各个区域的温度均有要求，一般需要控制在 12℃以内。对于要求比较高的产品，加工间的温度控制在 7℃以下，甚至 4℃以下。根据产品的工艺流程，即食产品以及某些生鲜半成品加工车间，前处理之后到外包装之前的区域一般为整个车间洁净度要求最高的区域。内包装之后有杀菌工序的产品一般只需要保证房间新风的粗中效过滤即可；而没有杀菌工序的即食产品生产的区域，一般需要按 10 万级洁净厂房进行设计，即空气洁净度等级不低于 5 级。洁净室与周围房间必须维持一定的压差，如果工艺没有特殊要求，一般为正压状态，且不同洁净度等级的房间压差不小于 5Pa，洁净室同室外的压差不小于 10Pa。结露是食品加工车间特别是有热加工房间的常见现象，也是食物污染的影响因素之一。为了减少结露现象的发生，一般避免热加工房间和低温房间贴临设置，并且在易结露的房间增加换风次数，严格控制温度和湿度，在空调出风口位置增加导流槽和接水盘，尽可能避免结露对食品的污染。

3）清洗消毒

建筑布局和空气调节是控制致病菌污染的硬件措施，而清洗消毒则是控制致病菌污染的软件措施。加工车间的清洗消毒主要分为建筑的清洗消毒（如墙体地面）、设备及工器具的清洗消毒和环境空间的消毒。利用高压将水或者蒸汽以极高的冲击力喷射到致病菌污染区域，是非常好的清洗方式。对于屠宰分割车间、酱卤炒制间等有血污、油脂等环境，根据工艺的需要，在特定用水位置分别设置冷热水管；对相应区域内的台面、地面及工器具进行清洗消毒。用于清洗工器具、操作台面、地面、墙面的热水温度不宜低于 40℃，用于刀具、桶车、铁盘等清洗消毒的热水温度一般不应低于 82℃，消毒也可以采用化学消毒法。清洗时多采用碱性清洗剂，辅以高压的热水，能够快速去油污，清洗干净。

常用的清洗方式有移动式高压清洗机和集中式的泡沫清洗系统。移动式高压清洗机是利用设备对清洗用水加压，根据设备的清洗半径对车间进行顺序清洗。移动式高压清洗机投资较小，一台机器可以满足车间的清洗要求，但是清洗时间长，需要人工多，清洗效率低。泡沫清洗系统指将水、压缩空气和清洗剂通过泡沫清洗站进行混合发泡，均匀地将泡沫喷涂到清洗对象上，泡沫在外界压力和重力作用下对污垢进行脱落和溶解，通过化学清洗、喷射清洗等复合的方式达到清洗的目的。目前，国内的食品车间越来越多地采用这种方式进行车间内的清洗消毒。泡沫清洗的一般工作步骤分为以下几步：预冲洗、喷泡沫、冲水清洗和消毒。首先，采用40℃以上的高压(压力不小于0.15MPa)热水对设备表面进行预清洗；其次，使用碱性泡沫清洗剂喷涂设备表面，喷涂厚度不小于2mm，泡沫覆盖时间不小于10min；再次，使用高压热水进行二次冲水，冲去设备表面泡沫，避免泡沫残留物滞留在清洗设备表面；最后，喷洒季铵盐类等消毒剂，覆盖所有已清洁的接触面，让消毒剂在设备表面保持不少于10min后，用清水再次冲洗，以完成泡沫清洗消毒的全流程。泡沫清洗系统由泡沫清洗站、清洗剂预配模块、消毒剂预配模块及管道系统构成。泡沫清洗站主要由一组或几组工作主站带若干台手动分站组成。工作主站由多级增压泵组合而成，负责提供高压水，也可以提供清洗剂和消毒剂。手动分站负责喷出泡沫进行清洗，可以自由切换水、泡沫和消毒剂，实现全流程的清洗。手动分站的数量根据车间的面积和设备布置来确定，每个手动分站大约能覆盖20m的清洗范围。泡沫清洗系统是一种成熟的清洁解决方案，在一套设备上可切换高压水、泡沫清洗剂、消毒剂这3种清洗消毒介质，可有效清洗各种有机、无机污垢。达到清洗消毒效果的同时，该系统还大幅减少人工和用水量，节约了清洗成本，提升现代化食品加工车间的清洁卫生水平。

在清洗完成后，洁净室需要进行环境杀菌来保证洁净度。目前，应用比较广泛的环境杀菌方式主要有紫外线灯消毒和臭氧消毒等方式，目前采用比较多的是一体式空气消毒机，既可以产生紫外线辐照，又能在班产结束后产生高浓度臭氧对空气进行杀菌，大多在吊顶上安装。

任务2-2 食品腐败变质认知

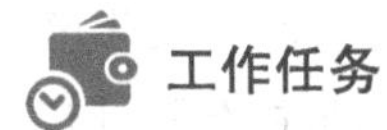

工作任务

食品在生产、加工、运输、贮藏、销售和食用等各个环节过程中，都不可避免地要接触环境中的微生物。微生物污染食品后，是否会导致食品的腐败变质，以及变质的程度和性质如何，主要看是否具备微生物生产繁殖的条件以及食品本身组成成分和性质。因此，我们要了解食品发生腐败变质时食品本身的性质和污染微生物的种类和数量。

本任务学习食品腐败变质的原理、腐败变质的条件以及食品腐败变质后发生的感官变化。

1. 食品腐败变质的原理

食品腐败变质是指食品在微生物为主的各种因素作用下，其原有化学性质或物理性质发生变化，降低或失去其营养价值的过程。例如，肉、鱼、禽、蛋的腐臭，粮食的霉变，蔬菜水果的腐烂，油脂的酸败等。

1)食品中蛋白质的分解

肉、鱼、禽、蛋和大豆制品等富含蛋白质的食品，主要是以蛋白质分解为其腐败变质的特性。食物中的蛋白质在微生物的蛋白酶和肽链内切酶等作用下，先分解为胨、肽，并经断链形成氨基酸。氨基酸及其他含氮的低分子物质再通过脱羧基、脱氨基、脱硫作用，形成多种腐败产物。在细菌脱羧酶的作用下，酪氨酸、组氨酸、精氨酸和鸟氨酸分别生成酪胺、组胺、尸胺及腐胺，后两者均具有恶臭气味；在微生物脱氨基酶的作用下氨基酸脱去氨基而生成氨，脱下的氨基与甲基构成一甲胺、二甲胺和三甲胺；色氨酸脱羧基后形成色胺，又可脱掉氨基，形成甲基吲哚而具有粪臭味；含硫的氨基酸在脱硫酶作用下可脱掉硫产生具有恶臭味的硫化氢。

2)食品中脂肪的分解

出现脂肪酸败的食品主要是食用油及含油脂高的食品，脂肪的腐败程度受脂肪酸的饱和程度、紫外线、氧、水分、天然抗氧化物质、食品中微生物的解脂酶等多种因素的影响。此外，铜、铁、镍等金属离子及油料中的动植物残渣均有促进油脂酸败的作用。

油脂酸败的化学过程复杂，主要是经过水解与氧化，产生相应的分解产物。中性脂肪分解为甘油和脂肪酸，随后进一步氧化为低级的醛、酮、酸等；不饱和脂肪酸的双键被氧化形成过氧化物，进一步分解为醛、酮、酸。所形成的醛、酮和某些羧酸能使酸败的油脂带有特殊的刺激性臭味，即“哈喇”气味。

食品的不饱和脂肪酸含量越高越容易氧化。脂类氧化形成的自由基与其他物质结合，生成过氧化物、交联过氧化物、环氧化物，向食品体系释放出氧，不仅引起必需脂肪酸的破坏，而且造成维生素和色素的破坏。

在脂肪分解的早期，酸败尚不明显，由于产生过氧化物和氧化物而使脂肪的过氧化值上升；其后则由于形成各种脂肪酸而使油脂酸价升高；当不同脂肪酸在不同条件下发生醛酸败与酮酸败时，可产生醛、酮等羰基化合物，羰基(醛酮)反应阳性。在油脂酸败过程中，脂肪酸的分解可使其固有的碘价、凝固点、密度、折光率、皂化价等发生变化。

3)食品中碳水化合物的分解

含有较多碳水化合物的食品，主要是粮食、蔬菜、水果和糖类及其制品，这类食品腐败变质时，主要是碳水化合物在微生物或动植物组织中酶的作用下，经过产生双糖、单糖、有机酸、醇、醛等一系列变化，最后分解成二氧化碳和水。这个过程的主要变化是食品的酸度升高，并带有甜味、醇类气味等。

2. 引起食品腐败变质的条件

1) 食品的基质条件

(1)营养成分：食品中含有丰富的营养成分，是微生物的良好培养基。因而，微生物污染食品后，很容易迅速生长繁殖，造成食品的变质。但由于不同的食品中各种成分的比例差异很大，而各种微生物分解各类营养物质的能力不同，这就导致引起不同食品腐败的微生物类群也不同。例如，肉、鱼等富含蛋白质的食品，容易受到对蛋白质分解能力很强的变形杆菌、青霉等微生物的污染而发生腐败；米饭等含糖类较高的食品，易受到曲霉菌、根霉菌(*Rhizopus*)、乳杆菌、啤酒酵母(*Saccharomyces cerevisiae*)等对糖类分解能力强的微生物的污染而变质；而脂肪含量较高的食品，易受到黄曲霉和假单胞菌等分解脂肪能力很强的微生物的污染而发生酸败变质。

(2)pH值：根据食品pH值范围的特点，可将其划分为两大类：酸性食品和非酸性食品。一般规定pH值在4.5以上者，属于非酸性食品；pH值在4.5以下者为酸性食品。例如，动物食品的pH值一般在5~7，蔬菜pH值一般在5~6，它们一般为非酸性食品。常见食品原料的pH值见表2-2-1所列。

表2-2-1 常见食品原料的pH值范围

动物性食品	pH值范围	蔬菜类	pH值范围	水果类	pH值范围
牛肉	5.1~6.2	卷心菜	5.4~6.0	苹果	2.9~3.3
羊肉	5.4~6.7	花椰菜	5.6	香蕉	4.5~4.7
猪肉	5.3~6.9	芹菜	5.7~6.0	柿子	4.6
鸡肉	6.2~6.4	茄子	4.5	葡萄	3.5~4.5
鱼肉	6.6~6.8	莴苣	6.0	柠檬	1.8~2.0
蟹肉	7.0	番茄	4.2~4.3	橘子	3.6~4.3
牡蛎肉	4.8~6.3	菠菜	5.5~6.0	西瓜	5.2~5.6
牛乳	6.5~6.7	萝卜	5.2~5.5	梨	3.5

因为大多数细菌生长适应的pH值在7左右，所以在非酸性食品中，除细菌外，酵母和霉菌也都有生长的可能。而在酸性食品中，细菌因酸性环境受到抑制，所以仅有酵母和霉菌可以生长。食品的pH值会受到微生物的生长繁殖而发生改变，有些微生物能分解食品中的糖类而产酸，使食品pH值下降。

(3)水分：微生物在食品中生长繁殖，需要有一定的水分。在缺水的环境中，微生物的新陈代谢发生障碍，甚至死亡。但不同类微生物生长繁殖所需要的水分不同，因此，食品中的水分含量决定了生长微生物的种类。一般来说，含水分较多的食品，细菌容易繁殖，含水分较少的食品，霉菌和酵母菌容易繁殖。

食品中水分以游离水和结合水两种形式存在。微生物在食品上生长繁殖，能利用的水是游离水，因而微生物在食品中的生长繁殖所需水不是取决于总含水量(%)，而是取决于

水分活度 A_w。因为一部分水是与蛋白质、糖类及一些可溶性物质（如氨基酸、糖、盐等）结合，这种结合水对微生物是无用的。因此，通常使用水分活度来表示食品中可被微生物利用的水。部分食品的 A_w 值范围和食品中主要微生物类群的最低生长 A_w 值见表 2-2-2 和表 2-2-3 所列。

表 2-2-2　部分食品的 A_w 范围

食品	A_w 值	食品	A_w 值
鲜果蔬	5.1~6.2	蜂蜜	2.9~3.3
鲜肉	5.4~6.7	干面条	4.5~4.7
果酱	5.3~6.9	奶粉	4.6
面粉	6.2~6.4	蛋	3.5~4.5

表 2-2-3　食品中主要微生物类群的最低生长 A_w 值

微生物类群	最低生长 A_w 值	微生物类群	最低生长 A_w 值
多数细菌	0.94~0.99	嗜盐性细菌	0.75
多数酵母	0.88~0.94	干性霉菌	0.65
多数霉菌	0.73~0.94	耐渗酵母	0.60

利用干燥、冷冻、糖渍、盐腌等方法来保藏食品，这些方法都可使食品的 A_w 值降低，以防止微生物繁殖，提高耐贮藏性。

(4)渗透压：在高渗食品中多数微生物因脱水而死亡，只有少数种类能在其中生长。例如，盐杆菌属中的一些种能在食盐浓度为20%~30%的食品中生长，引起盐腌的肉、鱼、菜的变质；肠膜明串珠菌（*Leuconostoc mesenteroides*）能在含糖高的食品中生长。

酵母菌和霉菌一般耐受较高的渗透压，如异常汉逊酵母（*Hansenula anomala*）、鲁氏酵母（*Saccharomyces rouxii boutroux*）、膜醭毕赤酵母（*Pichia membranaefaciens*）等常引起糖浆、果浆、浓缩果汁等高糖分食品的变质；灰绿曲霉（*Aspergillus glaucus*）、青霉属、枝孢霉属（*Cladosporium*）等霉菌常引起腌制品、干果类、低水分粮食的霉变。

食盐和糖是形成不同渗透压的主要物质。在食品中加入不同量的糖或盐，可以形成不同的渗透压，所加的糖或盐越多，则浓度越高，渗透压越大，食品的 A_w 值就越小。通常，为了防止食品腐败变质，常用盐腌和糖渍方法来较长时间地保存食品。

2）腐败微生物

食品腐败变质的过程实质上是食品中碳水化合物、蛋白质、脂肪等在微生物的作用下分解变化的过程。食品中蛋白质被微生物分解造成破坏，称为腐败；食品中碳水化合物或脂肪被微生物分解造成破坏，称为酸败。

(1)分解碳水化合物的微生物：能强烈分解碳水化合物的细菌只是少数，主要属于芽孢杆菌属、梭状芽孢杆菌属（*Clostridium bolteae*）和酪酸梭状芽孢杆菌属（*Clostridium butyricum*）等。绝大多数酵母不能使淀粉分解，而大多数霉菌都有利用简单碳水化合物的能力，能分解纤维素的霉菌只是极少数。

(2)分解蛋白质的微生物：大多数细菌都能够分解蛋白质，但不能分泌胞外蛋白酶，对蛋白质分解能力特别强的细菌仅限于少数几种，如芽孢菌属、假单胞菌属、变形杆菌属、梭状芽孢杆菌属等。蛋白分解菌能够在以蛋白质为主的食品上良好地生长，即使无糖存在也能生长。多数酵母菌对蛋白质的分解能力都较弱。霉菌大多具有分解蛋白质的能力，如青霉属、曲霉属、根霉属和毛霉属(*Mucor*)等。当环境中含有大量碳水化合物时，更能促进蛋白酶的形成。

(3)分解脂肪的微生物：细菌中具有脂肪分解能力的菌种不多，其中荧光假单胞菌(*Pseudomonas fluorescens*)的分解能力特别强。能分解脂肪的酵母不多，有解脂假丝酵母(*Candida lipolytica*)等。霉菌能分解脂肪的菌种较多，常见的有黄曲霉、黑曲霉(*Aspergillus niger*)、烟曲霉(*Aspergillus fumigatus*)、灰绿青霉等。

3. 食品腐败变质的感官变化

感官鉴定是以人的视觉、嗅觉、触觉、味觉来查验食品腐败变质的一种简单而灵敏的方法。食品初期腐败时会产生腐败臭味，发生颜色的变化(褪色、变色、着色、失去光泽等)，出现组织变软、变黏等现象。

1)色泽

当微生物生长繁殖引起食品变质时，有些微生物产生色素分泌至细胞外，色素不断累积，就会造成食品原有色泽的改变。如食品腐败变质时，常出现黄色、紫色、褐色、橙色、红色和黑色的片状斑点或全部变色。另外，由于微生物代谢产物的作用促使食品发生化学变化时，也可引起食品色泽的变化。例如，肉及肉制品是由于硫化氢与血红蛋白结合形成硫化氢血红蛋白所引起的绿变，腊肠则是由于乳酸菌增殖过程中产生的过氧化氢促使肉色素褪色或绿变。

2)气味

动植物原料及其制品因微生物的繁殖而产生极轻微的变质时，人们的嗅觉器官就能敏感地觉察到有不正常的气味产生。例如，氨、三甲胺、乙酸、硫化氢、乙硫醇、粪臭素等具有腐败臭味，这些物质在空气中浓度较大时，人们的嗅觉就可以察觉到。此外，食品变质时，含有二甲胺的胺类物质，甲酸、乙酸、酪酸等低级脂肪酸及其酯类，酮、醛等一些羰基化合物，以及醇类、酚类、靛基质等也可察觉到。

食品中产生的腐败臭味，常是多种臭味混合而成。有时也能分辨出比较突出的不良气味，如霉臭味、醋酸臭、氨臭、粪臭、硫化氢臭、酯臭等。但有时产生的有机酸及水果变坏产生的芳香味，人的嗅觉习惯不认为是臭味。因此，评定食品质量不是以香、臭味来划分，而是应该按照正常气味与异常气味来评定。

3)口味

微生物造成食品腐败变质时，也常引起食品口味的变化。而口味改变中比较容易分辨的是酸味和苦味。一般碳水化合物含量较多的低酸食品，变质初期产生酸是其主要的特征。但对于原来酸味就高的食品，如番茄制品，微生物造成酸败时，酸味稍有增高，辨别起来就不那么容易。另外，某些假单胞菌污染消毒乳后可产生苦味；蛋白质被大肠埃希菌、小球菌等微生物污染也会产生苦味。变质食品可产生多种不正常的异味。

口味的评定从卫生角度看是不符合卫生要求的，而且不同人评定的结果往往意见分歧较多。为此，口味的评定应借助仪器测试更为准确和科学。

4)组织状态

固体食品变质时，动植物性组织因微生物酶的作用可使组织细胞破坏，造成细胞内容物外溢，这样食品的性状即出现变形、软化；鱼肉类食品则呈现肌肉松弛、弹性差，有时组织体表出现发黏等现象；微生物引起粉碎后加工制成的食品(如糕点、乳粉、果酱等)变质后常引起黏稠、结块等表面变形、湿润或发黏现象。

液态食品变质后，即会出现浑浊、沉淀，表面出现浮膜、变稠等现象。鲜乳因微生物作用引起变质可出现凝块、乳清析出、变稠等现象，有时还会产气。

问题思考

请结合课程内容分析：

(1)何为食品的腐败变质？导致食品腐败变质的微生物种类有哪些？

(2)引起食品腐败变质的条件有哪些？

(3)食品腐败变质的感官变化有哪些？

名人讲堂

巴斯德与鹅颈瓶实验

路易斯·巴斯德(图 2-2-1)，是 19 世纪法国最负盛名的微生物学家和有机化学家，在免疫学、发酵学、结晶学以及微生物学等方面作出了杰出贡献，后人更是将他誉为“微生物学之父”。在他光辉的一生中，他凭借自己的天分、努力与对科学的热情，创造了一个又一个令世人瞩目的成就。

19 世纪中叶，人们对于生命起源的认识仍然是含混不清的。宗教的神创论自不待说，古老的自然发生说也还在大行其道，人们认为生命是由无生命的物质中自发产生的，生物从自然环境中自然衍变。在人们争辩“生物是否自然发生”之时，达尔文的《物种起源》发表了，这给巴斯德一个重要的启示，生命是逐渐进化的，现代的生物是以前的生物演变来的。那么古代的这些传说是不是有问题呢？

图 2-2-1　巴斯德

巴斯德进行了很多实验，向这种传统迷信观念发起挑战。巴斯德最著名的否定自然发生说的实验则是“鹅颈瓶实验”。

鹅颈瓶的观念来自巴斯德的化学老师巴拉尔，但巴斯德使它成名。为了让对手心服口服，他们的实验必须无懈可击。经过对双方论点的重新审视后，巴斯德与巴拉尔两人都知道，关键在于证明空气中存在的是无形的生命力还是有形的微生物。两人经常切磋讨论，巴斯德觉得巴拉尔的设计非常妥当，当即自己着手烧制。

鹅颈瓶是一种瓶颈很长的瓶子，将长瓶颈烧软，弯下来像横放的“S”形，再将培养液注入，煮沸后天天观察有无微生物的生长。如巴斯德所料的，这种仪器可让空气自由进出(没有阻断所谓“生命力的重新进入”)，但外界的灰尘和所夹带的微生物经过鹅颈下弯的一段就会沉积下来，所以瓶内的液体永远处在无菌状态，不会腐败。这一部分的示范足以证明空气中没有所谓的生命力，然而反对者仍可以说，这是因为煮沸过的培养液已不能支持生命力的生长。为了证明液体在高温后仍能支持微生物的生长，巴斯德把鹅颈瓶倾斜，让液体流到尘埃和微生物聚积的下弯部位，再让液体倒流回瓶中。于是微生物开始生长，培养液变得浑浊。

实验结论是在生命力可以自由进入的情况下，培养液仍保持新鲜不败，没有育出生命，否定了普歇的理论；直到接触了鹅颈瓶下弯处的灰尘，生命才出现。这样简单却强而有力的示范，给予自然发生说致命的打击。

任务2-3　典型食品腐败变质认知

工作任务

食品从原料到加工产品，随时都有被微生物污染的可能，这些污染的微生物在适宜条件下生长繁殖，分解食品中的营养成分，使食品失去原有的营养价值，成为不符合卫生要求的食品。由于各类食品的基质条件不同，因而引起各类食品腐败变质的微生物类群及腐败变质症状也不完全相同。

本任务学习肉与肉制品、鲜乳与乳制品、禽蛋与其制品、果蔬与其制品、粮食与粮食制品、鱼与鱼制品的腐败变质。

知识准备

1. 肉与肉制品的腐败变质

健康良好、饲养管理正常的牲畜，在肌肉组织内部一般是无菌的。但实际上普通鲜肉都或多或少地含有微生物。造成微生物污染的原因可分为内源性和外源性两方面。

内源性来源是指微生物来自动物体内。动物在宰杀之后，原来存在于肠道、呼吸道或其他部位的微生物就有可能进入组织内部，造成污染。某些老弱、饥饿、疲劳的牲畜，由于其防卫机能减弱，外界微生物也会侵入某些肌肉组织内部。

外源性来源是指牲畜在屠宰和加工过程中，由于环境条件、用具和工作人员个人卫生、用水、运输过程等不洁因素，造成肉类的微生物污染。这是主要的污染来源。

1) 肉与肉制品中微生物的来源

(1) 鲜肉中微生物的来源：一般情况下，健康动物的胴体，尤其是深部组织，本应是无菌的，但从解体到消费要经过许多环节。因此，不可能保证屠宰过程绝对无菌。鲜肉中微生物的来源与许多因素有关，如动物生前的饲养管理条件、机体健康状况及屠宰加工的环境条件、操作程序等。

①宰前微生物的污染。健康动物的体表及一些与外界相通的腔道、某些部位的淋巴结内都不同程度地存在着微生物，尤其在消化道内的微生物类群更多。通常情况下，这些微生物不侵入肌肉等机体组织中，在动物机体抵抗力下降的情况下，某些病原性或条件致病性微生物(如沙门菌)，可进入淋巴液、血液，并侵入肌肉组织或实质脏器。

有些微生物也可经体表的创伤、感染而侵入深层组织。患传染病或处于潜伏期或未带菌(毒)者，相应的病原微生物可能在生前即蔓延于肌肉和内脏器官，如炭疽杆菌、猪丹毒杆菌(*Erysipelas suis*)、多杀性巴杆菌(*Pasteurella*)、耶尔森菌等。由于过度疲劳、拥挤、饥渴等不良因素的影响，可通过个别病畜或带菌动物传播病原微生物，造成宰前对肉品的污染。

②屠宰过程中微生物的污染。健康动物的皮肤和被毛上的微生物，其种类与数量和动物生前所处的环境有关。宰前对动物进行淋浴或水浴，可减少皮毛上的微生物对鲜肉的污染。胃肠道内的微生物有可能沿组织间隙侵入邻近的组织和脏器。呼吸道和泌尿生殖道中的微生物及屠宰加工场所的卫生状况也都会造成屠宰过程中微生物的污染。

在屠宰加工场所，水是不容忽视的微生物污染来源，水必须符合《生活饮用水卫生标准》(GB 5749—2006)，尽量减少因冲洗而造成的污染。屠宰加工车间的设备，如放血、剥皮所用刀具有污染，则微生物可随之进入血液，经由大静脉管而侵入胴体深部。挂钩、电锯等多种用具也会造成鲜肉的污染。

此外，还要坚持正确操作及注意操作人员个人卫生。鲜肉在分割、包装、运输、销售、加工等各个环节，也不能忽视微生物的污染问题。

(2)冷藏肉中微生物的来源：以外源性污染为主，如屠宰、加工、贮藏及销售过程中的污染。肉类在低温下贮藏，能抑制或减弱大部分微生物的生长繁殖。嗜冷性细菌，尤其是霉菌常可引起冷藏肉的污染与变质。能耐低温的微生物还是相当多的，如炭疽杆菌在低温下也可存活，霉菌孢子在-8℃也能发芽。

冷藏肉类中常见的嗜冷细菌有假单胞菌、莫拉菌(*Moraxella fulton*)、不动杆菌(*Acinetobacter*)、乳杆菌及肠杆菌科的某些菌属，尤其以假单胞菌最为常见。常见的真菌有球拟酵母(*Torulopsis globosa*)、隐球酵母(*Cryptococcus neoformans*)、红酵母(*Rhodotorula*)、假丝酵母(*Candida*)，毛霉、根霉、枝霉(*Thamnidium*)、枝孢霉(*Cladosporium*)、青霉等。

2)肉与肉制品中微生物的种类

(1)鲜肉中微生物的种类及特性：鲜肉中的微生物来源广泛，种类甚多，包括真菌、细菌、病毒等，可分为致腐性微生物、致病性微生物及食物中毒性微生物三大类群。

①致腐性微生物。致腐性微生物就是在自然界里广泛存在的一类营死物寄生的，能产生蛋白分解酶，使动植物组织发生腐败分解的微生物。它包括细菌和真菌等，可引起肉的腐败变质。

细菌是造成鲜肉腐败的主要微生物，常见的致腐性细菌主要包括革兰阳性、产芽孢需氧菌，如蜡样芽孢杆菌、小芽孢杆菌、枯草芽孢杆菌(*Bacillus subtilis*)等；革兰阴性、无芽孢细菌，如阴沟肠杆菌(*Enterobacter cloacae*)、大肠埃希菌、奇异变形杆菌、普通变形杆菌、绿脓假单胞菌(*Pseudomonas aeruginosa*)、荧光假单胞菌、腐败假单胞菌(*Pseudomonas putrefaciens*)等；球菌，均为革兰阳性菌，如凝聚性细球菌(*Streptococcus*)、八联球菌(*Sarcina*)、金黄色葡萄球菌、粪链球菌等；厌氧性细菌，如腐败梭状芽孢杆菌(*Clostridium putrefaciens*)、双酶梭状芽孢杆菌(*Clostridium bifermentans*)、溶组织梭状芽孢杆菌(*Clostridium histolytioum*)、生孢梭菌(*Clostridium sporogenes*)等。

真菌在鲜肉中不仅没有细菌数量多，而且分解蛋白质的能力也较细菌弱，生长较慢，在鲜肉变质中起一定作用。经常可从鲜肉上分离到的真菌有：交链霉、青霉、枝孢霉、毛霉，芽孢发霉，而以毛霉及青霉为最多。

鲜肉的腐败，通常由外界环境中的需氧菌污染肉表面开始，然后沿着结缔组织向深层扩散，因此，鲜肉品腐败的发展取决于微生物的种类、外界条件(温度、湿度)以及侵入部位。在1~3℃时，主要生长的为嗜冷菌，如无色杆菌、气杆菌(*Aerobacter*)、产碱杆菌等，随着侵入深度发生菌相的改变，仅嗜氧菌能在肉表面繁殖，到较深层时，厌氧菌占优势。

②致病性微生物。人畜共患病的病原微生物中，常见的细菌有炭疽杆菌、布氏杆菌、鼻疽杆菌(*Malleus*)、土拉杆菌(*Tularemia*)、结核杆菌、猪丹毒杆菌等。常见的病毒有口蹄疫病毒、狂犬病病毒、水泡性口炎病毒等。

只感染畜禽类的病原微生物种类甚多。常见的有多杀性巴氏杆菌、坏死杆菌(*Necrobacillosis*)、猪瘟病毒、兔病毒性出血症病毒(*Viral haemorrhagic disease of rabbits*)、鸡新城疫病毒、鸡传染性支气管炎病毒(*Infectious bronchitis*)、鸡传染性法氏囊病毒(*Infectious bursal disease virus*)、鸡马立克病毒、鸭瘟病毒(*Duck plague virus*)等。

③食物中毒性微生物。有些致病性微生物或条件致病性微生物，可通过污染食品产生大量毒素，从而引起以急性过程为主要特征的食物中毒。常见的致病性细菌有沙门菌、志贺菌、致病性大肠埃希菌等。常见的条件致病菌有变形杆菌、蜡样芽孢杆菌等。

有的细菌可在肉中产生强烈的外毒素或产生耐热的肠毒素，也有的细菌在随食品大量进入消化道过程中能迅速形成芽孢，同时释放肠毒素，如蜡样芽孢杆菌、肉毒梭菌(*Clostridium botulinum*)等。

一些真菌在肉中繁殖后产生毒素，可引起各种毒素中毒。常见的真菌有麦角菌、赤霉(*Gibberella*)、黄曲霉、黄绿青霉(*Penicillium citreo-virde*)、岛青霉等。

(2)肉制品中微生物的种类及特性：

①熟肉制品中微生物的来源。肉块过大或未完全烧煮透时，一些耐热的细菌或细菌的芽孢仍然会存活下来，如嗜热脂肪芽孢杆菌(*Bacillus stearothermophilus*)、微球菌属、链球菌属(*Streptococcus*)、小杆菌属、乳杆菌属、芽孢杆菌及梭菌属的某些种，以及某些霉菌，如丝衣霉菌(*Byssochlamys nivea*)等。通过操作人员的手、衣物、呼吸道和贮藏肉制品的不洁用具等使其受到重新污染。通过空气中的尘埃、鼠类及蝇虫等媒介而污染各种微生物。

由于肉类导热性较差，污染于表层的微生物极易生长繁殖，并不断向深层扩散。熟肉制品受到金黄色葡萄球菌或鼠伤寒沙门菌或变形杆菌等严重污染后，可在室温下存活10~24h，食用前未经充分加热，就可引起食物中毒。

②灌肠制品中微生物的来源。灌肠制品种类很多，如香肠、肉肠、粉肠、红肠、火腿肠及香肚等。此类肉制品原料较多，由于各种原料的产地、贮藏条件及产品质量不同，以

及加工工艺的差别，对成品中微生物的污染都会产生一定的影响。绞肉的加工设备、操作工艺、原料肉的新鲜度，以及绞肉的贮存条件和时间等，都对灌肠制品产生重要影响。

③腌腊肉制品中微生物的来源。常见的腌腊肉制品有咸肉、火腿、腊肉、板鸭等。微生物来源于两方面，即原料肉和盐水(或盐卤)。

盐水(或盐卤)中的微生物大都具有较强的耐盐性或嗜盐性，如假单胞菌属、不动杆菌属、盐杆菌属(*Halobacterium*)、嗜盐球菌属(*Halococcus schoop*)、黄杆菌属、无色杆菌属、叠球菌属及微球菌属的某些细菌以及某些真菌。

许多人类的致病菌，如金黄色葡萄球菌、产气荚膜杆菌和肉毒梭菌可通过盐渍食品引起食物中毒。腌腊制品的生产工艺、环境卫生状况及工作人员的素质，对这类肉制品的污染都具有重要影响。

3)鲜肉的腐败变质

鲜肉在常温下放置，在“成熟”过程之后，污染的微生物开始生长繁殖，慢慢引起鲜肉发生腐败变质。

鲜肉发生腐败变质的过程，实际上是蛋白质的腐败、脂肪的酸败和糖类的发酵作用的过程。鲜肉的腐败一般从肉的表层逐渐向组织内部伸展。表层的微生物一般较多，又是有氧环境，所以分解作用较为旺盛。深入组织内部以后，主要是由于厌氧菌的继续作用。

蛋白质的腐败主要是由于腐败菌所产生的蛋白酶的作用。在这些酶作用下，蛋白质被逐步分解成一系列的产物，如胺、吲哚、硫醇、硫化氢、粪臭素等。其结果不仅营养成分被破坏，而且产生严重的臭味，有些还具有毒性。脂肪经酸败分解成甘油和脂肪酸，脂肪酸氧化产生醛和酮类化合物。糖类物质则被分解为各种有机酸。

(1)在有氧条件下，细菌引起的肉类腐败：

①表面发黏。这是由于假单胞菌属、产碱菌属、链球菌属、明串珠属、芽孢菌和微球菌以及乳杆菌的某些菌株在肉表面上生长繁殖，产生黏液的结果。温度和大气湿度能影响产生黏液的微生物的生长。在冷藏温度下，高湿度有利假单胞菌、产碱菌类的生长；较低的湿度可适合微球菌和酵母的生长；如果湿度更低，霉菌则生长在肉的表面上。在高温下，微球菌和其他中温菌与假单胞菌等发生竞争。在检查出发黏现象和有臭味之前，表面已有 10^6CFU/cm^2 以上的微生物存在。

②颜色变化。由于细菌产生氧化物(如过氧化物或硫化氢)的结果使正常肉的鲜红颜色变为绿色、褐色或灰色。大多数异型乳酸发酵菌(*Heterofermentative lactic bacteria*)和肠膜明串珠菌能使香肠变绿。有些微生物能产生色素，改变肉的颜色。例如，肉中的“红点”是由黏质沙雷菌(*Serratia marcescens*)产生红色色素引起；类蓝假单胞菌(*Pseudomonas syncyanea*)常使肉的表面变为蓝色；微球菌或黄杆菌属的菌种能使肉变黄；蓝黑色杆菌(*Chromobacterium lividum*)在贮藏的牛肉表面能形成淡绿蓝色至淡褐黑色的斑点。

③脂肪酸败。假单胞菌和无色杆菌属的某些种或酵母菌能引起脂肪酸败。脂肪酸败解脂细菌可以分解某些脂肪，也可以加速脂肪的氧化作用。

④发出磷光。这是由于发磷光的细菌，如发光杆菌属(*Photobacterium*)的许多种能在肉的表面生长的缘故。

⑤产生臭味和变味。细菌在肉的表面生长，导致肉的腐败，并产生异味。脂肪酸败产

生挥发性酸，如甲酸、乙酸、丙酸和丁酸都给人“酸味”的感觉；放线菌产生霉味或泥土味；蛋白质被腐败而产生臭味。在有氧条件下，酵母也能污染肉类并在表面生长繁殖，引起肉类发黏、水解脂肪、产生异味和使肉类变色(白色、褐色等)。

(2)在有氧条件下，霉菌在肉类表面上生长引起的腐败：

①发黏。变黏霉菌污染肉类表面，初期可使肉类发黏。

②产生绒絮状。肉贮藏在冰点温度时，某些菌丝不形成孢子。这种白色的绒毛状的生长物可能是刺枝霉(*Chaetocladium fresonius*)、美丽枝霉(*Thamnidium elegans*)、大毛霉(*Mucor mucedo*)、总状毛霉(*Mucorales*)或根霉属等霉菌的营养菌丝体。

③产生斑点。多主枝孢霉(*Trichoderma multiflora*)常引起黑点；肉色分枝孢霉(*Sporothrix cemis*)常引起白点；扩展青霉(*Penicillium expansum*)、糙梗青霉(*Penicillium scabrosum frisvad*)和草酸青霉(*Penicillium oxalicum*)等菌种的绿色孢子常在表面形成绿色的鳞片状斑点。

④分解脂肪。许多霉菌含有脂肪酶，因此能分解脂肪，还有助于脂肪的氧化。

⑤产生异味和变味。霉菌污染能使肉产生霉味，这常是由于污染枝霉的结果。

(3)在厌氧条件下，兼性和厌氧细菌生长引起的腐败：

①酸味。这是由于产生甲酸、乙酸、丙酸、丁酸、脂肪酸或乳酸、丁二酸的缘故。梭状芽孢杆菌、大肠埃希菌类和乳酸菌都能利用糖类进行发酵而产酸产气。

②腐烂。它是蛋白质在厌氧条件下的分解，同时产生硫化氢、硫醇、靛基质、粪臭素、氨和胺等异味化合物。腐烂主要是由梭状芽孢杆菌属中的许多种所引起。但假单胞菌属、产碱杆菌属和变形杆属中的某些菌种是兼性厌氧菌，也能引起肉类的腐烂。

4)肉制品的腐败变质

(1)熟肉制品的腐败变质：鲜肉经过热加工制成各种熟肉，由于加热程度不同，有的熟肉中带有芽孢的细菌可能存留下来，这是造成熟肉腐败变质的主要隐患。在熟肉中存在的其他细菌、霉菌和酵母菌是热加工后的二次污染菌。熟肉腐败变质的现象有黏液、酸味和恶臭味。厌氧梭状芽孢杆菌污染造成熟肉深部腐败变质，甚至产生毒素。

(2)灌肠制品的腐败变质：鲜肉在搅拌过程中微生物可均匀分布到碎肉中，所以绞碎的肉比整块肉含菌数高很多。如果绞碎肉的菌数为10^8CFU/g时，在室温条件下，24h就能出现异味。为了防止微生物在肉中生长繁殖，绞肉及搅拌过程都应在低温条件下进行。

生肠类制品含微生物较多，酵母菌可在肠衣外面形成黏液层，微杆菌属(*Microbacterium*)能使肉肠变酸和变色，革兰阴性杆菌使肉肠发生腐败变质。

熟肠类制品的热加工工艺，可杀死肉中微生物的营养体，但不一定能杀死芽孢，如果加热不充分，细菌的营养体也可能存活。熟肉肠类发生腐败变质的现象主要有表面变色和产生绿环。

(3)腌腊肉的腐败变质：假单胞菌是冷藏鲜肉的重要变质菌，虽然该菌在腌制液中一般不生长，只能存活，但是该菌数量的多少是腊肉制品微生物学品质优劣的标志。弧菌是腌腊肉的重要变质菌，该菌在胴体上很少发现，但在腌腊肉上很容易见到。

在腌制肉上常发现的酵母菌可在腌制肉的表面形成白色或其他色斑。污染腌制肉的曲霉多数不产生黄曲霉毒素。带骨腌制肉有时会发生骨腐败现象，即仅限于前后腿或关节周围深部变质的现象。

2. 鲜乳与乳制品的腐败变质

乳含有多种营养成分，是一种营养丰富的食物。以鲜牛乳为例，乳固体物质的平均含量为12.5%，其中脂肪占3.8%、蛋白质占3.5%、乳糖占4.5%、灰分占0.7%，这种营养组成的食品，既富于营养，又易于消化吸收，同时也是微生物的良好培养基。因此，鲜乳和乳制品在生产过程中如果处理不当，就会污染大量细菌甚至病原菌导致腐败变质，甚至发生食物中毒而危害人类的健康。

1)鲜乳中微生物的来源

刚生产出来的鲜乳，总是会有一定数量的微生物，而且在运输和贮存过程中还会受到微生物的污染，使鲜乳中的微生物含量增加。因此，微生物的来源大致可分为两类。

(1)乳房内的微生物：一般在健康乳牛的乳房内，总是有一些细菌存在，但仅限于少数几种细菌，其中以小球菌属和链球菌属最为常见。由于这些细菌能适应乳房的环境而生存，因此，把这些细菌统称为乳房细菌。乳房内的细菌主要存在于乳头管及其分支处。在乳腺组织内无菌或含有很少细菌。乳头前端因容易被外界细菌侵入，细菌在乳管中常能形成菌块栓塞，所以在最先挤出的少量乳液中，会含有较多的细菌。也正因如此，挤奶工人常常弃去最先挤出的几把乳液。

当乳牛患乳房炎时，牛乳中就会发现有一些乳房炎病原菌，如乳链球菌、乳房链球菌、金黄色葡萄球菌、化脓性棒状杆菌(*C. pyogenes*)和大肠埃希菌等。在有乳房炎的乳液中，除可以检出病原菌外，乳液的性状一般也发生变化，如非酪蛋白氮的增多、细胞数增多、pH值升高、乳糖及脂肪含量减少等。更严重时可能有一些人畜共患传染病，如牛型结核杆菌(*Bovine tuberculosis*)。这些病原菌虽然并不改变乳制品物理性状，但对人类健康有害，可以通过乳传播人畜共患传染病。

(2)环境中污染的微生物：环境中污染的微生物包括挤乳过程中细菌的污染和挤后食前的一切环节中受到的污染。挤乳过程中最易污染微生物。污染的微生物种类、数量直接受牛体表面卫生状况、牛舍的空气、挤奶用具和容器、挤奶工人个人卫生情况等的影响。在挤乳过程中，污染的微生物主要有霉菌、酵母和细菌等。从乳液中所含细菌的数量来看，一般都可以发现有明显增多的现象。由于污染的情况不同，含有的细菌数量也不一样。

乳液挤出后，应进行过滤并及时进行冷却，使乳温迅速下降至10℃以下。在这个过程中乳液接触到的贮乳器、过滤器和环境中的空气等，都有可能再污染微生物。挤出的乳液在处理过程中，若不及时加工或冷藏不仅会增加新的污染机会，而且会使原来存在于鲜乳内的微生物数量增多，这样很容易导致鲜乳变质。所以，挤奶后要很快进行过滤并及时冷却。

2)鲜乳中微生物的种类

鲜乳中常见的微生物中虽然有细菌、酵母菌和霉菌等多种类群微生物，但常见的而且活动占优势的微生物主要是一些细菌。

(1)乳酸菌：它是一类能利用乳中的碳水化合物进行乳酸发酵而产生乳酸的细菌(革

兰阳性兼性厌氧菌)，在乳中常见的有以下几种。

①乳酸链球菌。它普遍存在于乳液中，几乎所有的生鲜乳中均能检出这种菌。该菌的最适生长温度为30~35℃。该菌能产生一种抗菌物质，叫链球菌素。此菌也能分解葡萄糖、果糖、半乳糖和麦芽糖而产生乳酸和其他少量有机酸，如乙酸和丙酸等，在乳液中的产酸量可达到1.0%。鲜乳的自然腐败主要是由这种菌引起的。

②乳脂链球菌(*Streptococcus cremoris*)。该菌不仅能分解乳糖而产酸，而且具有较强的蛋白分解力。最适生长温度为30℃。

③粪链球菌。该菌在人类和温血动物的肠道内都有存在，能分解葡萄糖、蔗糖、乳糖、果糖、半乳糖和麦芽糖等，产酸力不强。生长的最低温度为10℃，最高温度为45℃。

④液化链球菌(*Streptococcus liquefacient*)。与乳链球菌的一般特征相似，产酸量较低，但有强烈的水解蛋白的能力，使酪蛋白分解而产生苦味。

⑤嗜热链球菌(*Streptococcus thermophilus*)。形态与乳酸链球菌相似，但生长温度要求较高，分解蔗糖、乳糖、果糖而产酸，最低生长温度为20℃，适宜生长温度为40~45℃。

⑥乳杆菌。较常见的重要的菌种有嗜酸乳杆菌(*Lactobacillus acidophilus*)、干酪乳杆菌(*Lactobacillus casei*)、德氏乳杆菌保加利亚亚种(*Lactobacillus bulgaricus*)等，它们是食草哺乳动物肠道内存在的细菌，15℃以下不能生长，最适生长温度为37~40℃，能分解多种糖而产酸，具有较强的耐酸能力。

(2)胨化细菌：它是一类分解蛋白质的细菌，凡能使不溶状态的蛋白质变成溶解状态的简单蛋白质的一类细菌，称为胨化细菌。乳液经乳酸菌的作用而产酸，使乳中蛋白质凝固，或由于细菌的凝乳酶的作用，可使乳中酪蛋白凝固。

胨化细菌能产生蛋白酶，使这种凝固蛋白质消化成可溶性状态。在乳中常见的胨化细菌有以下几种。

①芽孢杆菌属细菌。如枯草芽孢杆菌、地衣芽孢杆菌(*Bacillus licheniformis*)、蜡样芽孢杆菌等。它们适宜的生长温度为24~40℃，最高生长温度可达55℃。这类细菌广泛存在于牛舍周围和饲料中，其芽孢菌体对热和干燥具有较强的抵抗力，故生存力较强。在需氧性的芽孢杆菌中，有许多菌种能产生两种不同的酶，一种是凝乳酶，另一种是蛋白酶。

②假单胞菌属细菌。如荧光假单胞菌和腐败假单胞菌，适宜生长的温度为25~30℃，但也能在低温中生长繁殖，广泛分布在泥土和水中。

(3)脂肪分解菌：在乳液中出现的脂肪分解菌，主要是革兰阴性杆菌，其中具有较强分解脂肪能力的细菌是假单胞菌属和无色杆菌属等，较多存在于地面、水中以及粪便中。

(4)酪酸菌：它是一类使碳水化合物分解而产生酪酸、二氧化碳、氢气的细菌，广泛存在于牛粪、土壤、污水和干饲料中。已知的酪酸菌种有20余种，有厌氧性的和需氧性的。牛乳中出现的代表菌为产气荚膜杆菌，是一种厌氧的革兰阳性梭状芽孢杆菌，生长温度为20~50℃，最适生长温度为45℃。

(5)产气菌：它是一类使碳水化合物分解而产酸产气的细菌，如大肠埃希菌和产气肠杆菌，在人体和动物的肠道内都有存在，在自然界被粪便污染的地方均能检出，能分解乳糖而产酸(乳酸、乙酸)并产生气体(二氧化碳和氢气)。

(6)产碱菌：这些细菌能使牛乳中所含有的有机盐(柠檬酸盐)分解而形成碳酸盐或其

他物质，从而使牛乳转变为碱性。例如，粪产碱杆菌(*Alcaligenes fecalis*)为需氧性革兰阴性菌，在人及动物肠道内存在，随着粪便而使牛乳污染。适宜生长温度为25~37℃。稠乳产碱杆菌常在水中存在，为需氧性革兰阴性菌，适宜生长温度为10~26℃，除能产碱外，还能使牛乳变得黏稠。

(7)病原菌：在鲜乳液中，除有可能存在引起牛乳房炎的病原菌外，有时还可以出现布氏杆菌、结核杆菌、病原性大肠埃希菌、沙门菌、金黄色葡萄球菌和溶血链球菌等。

(8)酵母和霉菌：在牛乳中经常见到的酵母主要有脆壁酵母(*Saccharomyces fragilis*)、霍尔姆球拟酵母(*Torulopsis holmii*)、球拟圆酵母(*Torulopsis globosa*)等。常见的霉菌有酸腐节卵孢霉(*Oospora iactis*)、乳酪节卵孢霉(*Arthrinium kunze*)、蜡叶芽枝霉(*Cladosporium herbarum*)、乳酪青霉(*Penicillium cheese*)、灰绿曲霉和黑曲霉等，青霉属和毛霉属等较少发现。

3)鲜乳的腐败变质

鲜乳中由于含有一定数量的微生物，故贮藏过程中由于微生物在鲜乳中的活动，会逐渐使鲜乳变质，其变化过程分为5个阶段，如图2-3-1所示。

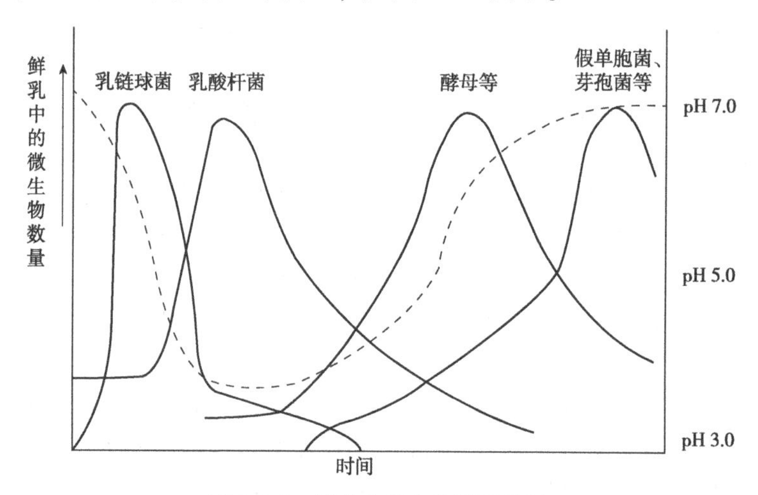

图2-3-1 鲜乳中微生物活动曲线

(引自陈淑范，食品微生物检测技术，2014)

(1)抑制期：在新鲜的乳液中，均含有来自动物体的多种抗菌性物质，可以抑制和杀死乳液中的微生物。在含菌少的鲜乳中，其抑制作用可持续36h(在13~14℃的温度下)；若在污染严重的乳液中，可持续18h左右。因此，鲜乳放置室温环境中，在一定时间内并不会出现变质现象，当然保持的时间与鲜乳中微生物的多少有关。

(2)乳链球菌期：乳中含有抗菌物质的量是有限的，当鲜乳中的抗菌物质减少或消失后，存在于乳中的微生物如乳链球菌、乳酸杆菌、大肠埃希菌和一些蛋白质分解菌等开始生长繁殖。其中，以乳链球菌生长繁殖占绝对优势，分解乳糖和其他糖类产生乳酸，使乳液酸度不断升高。

由于酸度不断地上升，就抑制了其他腐败细菌的活动，当酸度升高到一定限度时(pH 4.5左右)，乳链球菌本身就会受到抑制，不再继续繁殖，并且会逐渐减少，并有乳液凝块出现。

(3)乳酸杆菌期：当乳链球菌在乳液中繁殖，乳液的pH值下降至6左右时，乳酸杆菌的活力逐渐增强。当 pH 值继续下降至 4.5 以下时，乳链球菌受到抑制，而由于乳酸杆菌耐酸力较强，尚能继续繁殖并产酸。在这阶段，乳液中可出现大量乳凝块，伴有大量乳清析出。

(4)真菌期：当酸度继续升高至 pH 3.0~3.5 时，绝大多数的微生物被抑制甚至死亡，仅酵母和霉菌尚能适应高酸性的环境，并能利用乳酸及其他一些有机酸。由于酸被利用，乳液的酸度降低，pH 值回升，使乳液的 pH 值不断上升接近中性。

(5)腐败期(胨化期)：经过上述几个阶段的微生物活动后，乳液中的乳糖已被大量消耗，残余量已经很少，但蛋白质和脂肪的含量仍较高。因此，此时能分解蛋白质和脂肪的细菌开始活跃，凝乳块逐渐被消化，乳液的 pH 值逐步提高，向碱性转化，并伴随有腐败细菌的生长繁殖，如芽孢杆菌、假单胞菌、变形杆菌等都可能生长，于是乳液出现腐败的臭味。

4)乳制品的腐败变质

(1)奶粉的腐败变质：在奶粉的制造过程中，原料乳经过净化杀菌、浓缩和干燥等工序，可使原料乳中的微生物数量大大降低。制成的奶粉由于其水分含量一般在 5%以下，所以微生物很难生长繁殖，故保质期比较长。但是，奶粉中有时还是会存在一定数量的微生物，有时甚至会引起食物中毒。

如果原料奶污染严重，而加工处理又不适当，那么奶粉中就有可能有病原菌的存在，最常见的是金黄色葡萄球菌和沙门菌。金黄色葡萄球菌可以产生肠毒素而引起人类食物中毒，沙门菌可以产生内毒素而引起人类食物中毒，有些沙门菌菌株能耐受乳粉加热过程中杀菌和干燥工序的影响而存活下来。

(2)炼乳的腐败变质：

①淡炼乳的腐败变质。淡炼乳是将牛乳浓缩至原体积的 40%或 50%，装罐后密封并经灭菌而成的制品。由于淡炼乳中水分含量已减少，罐装后又经过灭菌，故一般不会有致病菌和可以引起变质的杂菌。但有时会由于罐装密封不好或加热灭菌不充分，导致淡炼乳的腐败变质。例如，枯草芽孢杆菌、嗜热芽孢杆菌在淡炼乳中生长繁殖，可造成凝乳(包括产生凝乳酶凝固和酸凝固)；一些耐热的厌氧芽孢杆菌可引起淡炼乳产生气体，使罐体发生膨胀或爆裂；一些分解酪蛋白的细菌使淡炼乳产生苦味等。

②甜炼乳的腐败变质。甜炼乳是在鲜乳中加入一定量的蔗糖，经消毒并浓缩至原体积的 1/3~2/5，成品中蔗糖浓度达 40%~45%，最后装罐。装罐后不再进行灭菌，而是借助乳中高浓度的糖而形成一个高渗透压的环境，从而抑制微生物的生长，达到长期保存的目的。当然由于乳原料污染情况不同、加工条件不同以及蔗糖量不足等原因，往往也会造成甜炼乳的变质。例如，球拟酵母等分解蔗糖而产生大量的气体，形成膨胀乳，使罐头发生膨胀，严重的可使罐头爆裂；芽孢杆菌、小球菌和乳酸菌等生长繁殖产生乳酸、酪酸、琥珀酸等有机酸，而使乳凝固变稠，同时这些菌也产生凝乳酶等使炼乳变稠，不易倾出；当罐内残存有一定的空气，又有霉菌污染时，往往会形成霉乳。即在乳的表面因霉菌的生长，逐渐形成白色、黄色等多种颜色、纽扣状凝块的菌落，这是霉菌生长的菌落，并伴随有其他的异味产生(金属味、干酪味)。引起霉乳发生的霉菌主要是曲霉，如匍匐曲霉(*Aspergillus repens*)和芽枝霉等。

3. 禽蛋与其制品的腐败变质

鲜禽蛋是营养成分丰富而完全的食品，其蛋白质和脂肪含量较高，含有少量的糖、维生素和矿物质。禽蛋中虽有抵抗微生物侵入和生长的因素，但还是容易被微生物污染并发生腐败变质。禽蛋中的微生物以能分解利用蛋白质的为主要类群，并最终以蛋白质腐败为禽蛋变质的基本特征，有时还会出现脂肪酸败和糖类发酵现象。

1)禽蛋的自身防御系统

鲜蛋先天对微生物具有机械性和化学性的防御能力。鲜蛋从外向内是由蛋壳、蛋壳内膜(即蛋白膜)、清蛋白(蛋清或蛋白)、蛋黄膜和蛋黄等构成。蛋壳作为蛋的机械屏障，具有保持形状，使蛋免受损伤的作用；在蛋壳表面还有一层胶状膜(由黏蛋白构成的半透明的黏液胶质层，水洗摩擦和置于潮湿环境中胶状膜易脱落)，具有防止水分蒸发，阻碍微生物由气孔进入蛋壳内的作用；蛋壳内膜结构致密，是防止细菌侵入的天然屏障。在这些防御因素中，蛋壳内膜对阻止微生物侵入具有重要作用。蛋清中含有溶菌酶、伴清蛋白、抗生物素蛋白、卵类黏蛋白、核黄素等溶菌、杀菌和抑菌的物质，统称抑菌系统，其中溶菌酶起主要抑制作用。

2)禽蛋中微生物的来源

健康禽类所产出的鲜蛋内部本应是无菌的，但是鲜蛋中经常发现微生物存在，即使是刚产出的鲜蛋也是如此。鲜蛋微生物污染的来源主要有以下 3 个方面。

(1)卵巢内：病原菌通过血液循环进入卵巢，在蛋黄形成时进入蛋中。常见的感染菌有雏沙门菌(*Salmonella pullorum*)、鸡沙门菌(*Salmonella gallinarum*)等。

(2)排泄腔(生殖道)：禽类的排泄腔内含有一定数量的微生物，当蛋从排泄腔排出体外时，由于蛋内遇冷收缩，附在蛋壳上的微生物可穿过蛋壳进入蛋内。

(3)环境：鲜蛋蛋壳的屏障作用有限，蛋壳上有许多大小为 4~6μm 的气孔，外界的各种微生物都有可能进入，特别是贮存期长或经过洗涤的蛋，在高温、潮湿的条件下，环境中的微生物更容易借水的渗透作用侵入蛋内。

3)禽蛋中微生物的种类

鲜蛋中常见的微生物有大肠菌群、无色杆菌属、假单胞菌属、产碱杆菌属、变形杆菌属、青霉属、枝孢属、毛霉属、枝霉属等。另外，在蛋中也可能存在病原菌，主要有沙门菌、金黄色葡萄球菌等。

4)禽蛋的腐败变质

由于前面所述的多种原因，鲜蛋容易发生腐败变质。鲜蛋发生变质的主要类型有两类。

(1)腐败：这主要是由于细菌而引起的鲜蛋变质。侵入蛋中的细菌，不断生长繁殖，并形成各种相适应的酶，然后分解蛋内的各组成部分，使鲜蛋发生腐败和产生难闻的气味。

蛋白腐败初期，从局部开始，呈淡绿色。这种绿腐病主要由荧光假单胞菌所引起。以后逐渐扩大到全部蛋白，其颜色也随之变为灰绿色至淡黄色。此时，韧带断离，蛋黄不能固定而发生移位。细菌侵入蛋白，使蛋黄膜破裂，蛋黄流出与蛋白混合成为浑浊的液体，习惯上将它称为散黄蛋。如果进一步发生腐败，蛋黄成分中的核蛋白和卵磷脂也被分解，产生恶臭的硫化氢等气体和其他有机物，整个内含物变为灰色或暗黑色。这种黑腐病由变形菌属、某些假单胞菌和气单胞菌引起。这种蛋在光照时不透光线，通过气孔还发出阵阵恶臭的气味。如果蛋内气体积累过多，蛋壳会发生爆裂，流出含有大量腐败菌的液体。有时蛋液变质产生酸臭而呈红色，这种红腐病主要由假单胞菌或沙门菌引起。

(2)霉变：霉菌菌丝经过蛋壳气孔侵入后，首先在蛋壳膜上生长开来。靠近气室部分，因有较多氧气，所以繁殖最快，并形成斑点菌落，以后可逐步蔓延扩散。霉菌污染后，造成蛋液黏壳，蛋内成分分解，并有不愉快的霉变气味产生，蛋液产生各种颜色的霉斑。不同霉菌产生的酶斑点不同，如青霉产生蓝绿斑、枝孢霉产生黑斑。

在冷藏条件下鲜蛋有时也会变质。这是因为某些嗜冷菌，如荧光假单胞菌、变形杆菌、产碱杆菌、不动杆菌、黄杆菌等细菌以及枝孢霉、青霉等霉菌在低温下仍能生长的原因。

5)蛋(液蛋)制品的腐败变质

蛋的防御系统在打蛋时受到破坏，使全液蛋很易变质。如果分离蛋白和蛋黄，蛋白对某些细菌还有抑制作用，而蛋黄营养素丰富很适合细菌生长。未杀菌的全液蛋在4℃贮藏8~10d，嗜冷菌的菌数可达3×10^6CFU/g，故冷藏时间不宜太长，应尽快杀菌处理。杀菌液蛋于4℃冷藏保质期可达5~7d。蛋白变质时不产生腐败味和硫化氢，多数产生三甲胺；而蛋黄变质时有鱼腥味、霉味或氨味，产生硫化氢、三甲胺和挥发性成分。为了防止液蛋变质，加工设备和用具每天应清洗和杀菌1次，最好每4h杀菌1次，并将液蛋冷藏保存。

4. 果蔬与其制品的腐败变质

水果和蔬菜的主要成分是碳水化合物和水，特别是水的含量比较高，适于微生物的生长和引起腐败变质。水果和蔬菜中的微生物以能分解利用碳水化合物的为主要类群，并最终以碳水化合发酵为果蔬变质的基本特征。

1)果蔬中微生物的来源

新鲜果蔬接触土壤、水、空气等外界环境，其表面可附着大量腐生微生物。由于果蔬表面覆盖一层蜡质状物质，可阻止微生物的侵入，只有在收获、包装、运输、贮存等过程中果蔬皮表组织被人为机械损伤或昆虫刺伤，微生物才会从此处侵入并进行繁殖，从而促进果蔬的变质，尤其是成熟度高的果蔬更易损伤。

一般情况下，正常果蔬内部组织是无菌的，但有时在水果内部组织中也有微生物。例如，一些苹果、樱桃的组织内部可分离出酵母菌，番茄中分离出球拟酵母、红酵母和假单胞菌。这些微生物在开花期即已侵入，并生存在植物体内，但这种情况仅属少数。此外，有些植物病原菌在果蔬收获前从根、茎、叶、花、果实等处侵入其内，或者在收获后的包装、运输、贮藏、销售等过程中侵入果蔬。此种病变的果蔬即带有大量的植物病原菌。

2)果蔬中微生物的种类

(1)蔬菜中微生物的种类：蔬菜平均含水分88%、糖8.6%、蛋白质1.9%、脂肪0.3%、灰分0.84%，维生素、核酸与其他一些化学成分总含量小于1%，pH 5~7。由此可见，蔬菜很适合霉菌、细菌和酵母菌生长，其中细菌和霉菌较常见。

①细菌。常见的有欧文菌属(*Erwinia*)、假单胞菌属、黄单胞菌属(*Xanthomonas*)、棒

状杆菌属、芽孢杆菌属、梭菌属等，但以欧文菌属、假单胞菌属最为重要。其中，有的分泌果胶酶，分解果胶使蔬菜组织软化，导致细菌性软化腐烂，以欧文菌最为常见，边缘假单胞菌(*Pseudomonas marginalis*)、芽孢杆菌和梭菌也能引起软腐。有的使蔬菜发生细菌性枯萎、溃疡、斑点、坏腐病等，以假单胞菌最为常见。密执安棍状杆菌(*Clavibacter michiganensis*)、棒状杆菌等也可引起斑点、溃疡、坏腐病。

②霉菌。常见的有灰色葡萄孢霉(*Botrytis cinerea*)、白地霉(*Geotrichum candidum*)、黑根霉(*Rhizopus nigricans*)、疫霉属(*Phytophthora*)、刺盘孢属(*Colletotrichum*)、核盘菌属(*Sclerotinia sclerotiorum*)、交链孢霉属、镰刀菌属、白绢薄膜革菌[*Pellicularia rolfsii*(Sacc.) West]、盘梗霉属(*Bremia regel*)、长喙壳菌属(*Ceratocystis*)、囊孢壳菌属(*Physalospora*)等。疫霉属中常见的有茄绵疫霉(*Phytophthora parasitica*)、马铃薯疫霉(*Phytophthora infesfans*)、蓖麻疫霉(*Phytophthora ricini*)。

(2)水果中微生物的种类：水果中水分、蛋白质、脂肪和灰分的平均含量分别为85%、0.9%、0.5%和0.5%，含较多的糖分与极少量的维生素和其他有机物，pH值小于4.5。由此可见，水果很适合细菌、酵母菌和霉菌生长，但水果的pH值低于细菌的最适生长pH值，而霉菌和酵母菌具有宽范围生长pH值，它们即成为引起水果变质的主要微生物。

引起水果变质的常见霉菌有青霉属、灰葡萄孢菌(*Botrytis cinerea*)、黑根霉、黑曲霉、枝孢霉属、木霉属、交链孢霉属、疫霉属、镰刀菌属、小丛壳属、豆刺盘孢霉(*Colletotrichum lindemuthianum*)、盘长孢霉属、拟茎点青霉属(*Phomopsis*)等。其中以青霉属最为重要。

青霉属可感染多种水果，如意大利青霉(*P. italicum*)、绿青霉(*P. digitatum*)、白边青霉(*P. italicum*)等可分别使柑橘发生青霉病和绿霉病。发病时，果皮软化，呈现水渍状，病斑为青色或绿色霉斑，病果表面被青色或绿色粉状物(分生孢子梗及分生孢子)所覆盖，最后全果腐烂。扩展青霉也可使苹果发生青霉病。

3)果蔬的腐败变质

首先霉菌在果蔬表皮损伤处繁殖或在果蔬表面有污染物黏附的区域繁殖，侵入果蔬组织后，组织壁的纤维素先被破坏，进而果胶、蛋白质、淀粉、有机糖类被分解，继而酵母和细菌开始繁殖，从而导致果蔬外观有深色的斑点(棕黄和暗色)，组织变得松软、发绵、凹陷、变形，逐渐变成浆液状甚至水液状，并产生各种味道和气味，如酸味、芳香味、酒味等。此外，果蔬本身酶的活动及外界环境因素对果蔬变质都具有协同作用。引起果蔬变质的微生物种类中，有一部分为病原菌，它们最易感染果蔬而导致在贮藏过程中变质。现将常见微生物引起的果蔬病害(变质)列于表2-3-1和表2-3-2中。

表2-3-1　常见微生物引起的蔬菜病害

微生物种类	感染的蔬菜	病害
欧文菌属	甘蓝、白菜、萝卜、花椰菜、番茄、茄子、辣椒、黄瓜、西瓜、豆类、洋葱、大蒜、芹菜、胡萝卜、莴苣、马铃薯等	细菌性软化腐烂
假单胞菌属	甘蓝、白菜、花椰菜、番茄、茄子、辣椒、黄瓜、西瓜、甜瓜、豆类、芹菜、莴苣、马铃薯等	细菌性软化腐烂、枯萎、斑点
黄单胞菌属	甘蓝、白菜、花椰菜、番茄、辣椒、莴苣、生姜等	枯萎、斑点、溃疡

（续）

微生物种类	感染的蔬菜	病害
灰色葡萄孢霉	甘蓝、白菜、萝卜、花椰菜、番茄、茄子、辣椒、黄瓜、南瓜、西瓜、豆类、洋葱、大蒜、芹菜、胡萝卜、莴苣等	灰霉腐烂
白地霉	甘蓝、萝卜、花椰菜、番茄、豆类、洋葱、大蒜、胡萝卜、莴苣等	酸腐烂或出水性软化腐烂
黑根霉	甘蓝、萝卜、花椰菜、番茄、黄瓜、西瓜、南瓜、豆类、胡萝卜、红薯、马铃薯等	根霉软化腐烂
疫霉属	番茄、茄子、辣椒、瓜类、洋葱、大蒜、南瓜、马铃薯等	疫霉腐烂
刺盘孢霉属	甘蓝、白菜、萝卜、芜菁、芥菜、番茄、辣椒、瓜类、豆类葱类、莴苣、菠菜等	黑腐烂或炭疽病
核盘孢霉属	甘蓝、白菜、萝卜、花椰菜、番茄、辣椒、豆类、葱类、芹菜、胡萝卜、莴苣、马铃薯等	菌核性软化腐烂或菌核病
交链孢霉属	甘蓝、白菜、萝卜、芹菜、芜菁、花椰菜、番茄、茄子、红薯、马铃薯等	交链孢霉腐烂或黑腐烂
镰刀菌属	番茄、洋葱、黄花、菜马铃薯等	镰刀菌腐烂
白绢薄膜革菌	甘蓝、白菜、萝卜、花椰菜、番茄、茄子、辣椒、瓜类、豆类、葱类、芹菜、胡萝卜等	白绢病

注：引自刘慧，现代食品微生物学，2011。

表 2-3-2 常见微生物引起的水果病害

微生物种类	感染的蔬菜	病害
青霉属	柑橘*、梨、苹果、桃、樱桃、李、梅、杏、葡萄、黑草莓、无花果、柠檬等	青霉病、绿霉病
灰色葡萄孢霉	柑橘*、梨、苹果、桃、樱桃、李、梅、杏、葡萄、黑莓、草莓等	灰霉腐烂
黑根霉	梨、苹果、桃、樱桃、李、梅、杏、葡萄、黑莓、草莓等	根霉软化腐烂
黑曲霉	柑橘*、苹果、桃、樱桃、李、梅、杏、葡萄等	黑霉腐烂或黑粉病
枝孢霉属、木霉属	桃、樱桃、李、梅、杏、葡萄、无花果等	绿霉腐烂
交链孢霉属	柑橘*、苹果	交链孢霉腐烂
疫霉属	柑橘*	棕褐色腐烂
核盘孢霉属	桃、樱桃、杏、李子、苹果、梨	棕褐色腐烂
镰刀菌属	苹果、香蕉	镰刀菌腐烂
小丛壳属、长喙壳菌属	梨、苹果、葡萄、草莓	炭疽病或黑腐烂
刺盘孢霉属	柑橘*、梨、苹果、葡萄、香蕉	炭疽病或黑腐烂
盘长孢霉属	柑橘*、梨、苹果、葡萄、香蕉	炭疽病或黑腐烂
粉红单端孢霉	苹果、硬皮甜瓜	粉红腐烂

注：*柑橘包括橘子、柠檬、橙、柚。引自刘慧，现代食品微生物学，2011。

低温(0~10℃)抑制微生物的活动和各种酶的作用，从而延长果蔬保藏期。果蔬冷藏中，只有少数微生物能生长，并且其繁殖速度已减缓，因此，低温在一定时间内可有效防止果蔬变质。保藏期长短除了与温度有关外，还与果蔬原有的微生物数量、果蔬表皮的损伤情况、果蔬的 pH 值、成熟度、环境湿度和卫生状况等有关系。

控制果蔬的腐败变质，最重要的方法是将新鲜果蔬在适宜的温度下冷藏。除此之外，冷藏水果时结合气调包装或表面涂挂抑霉防腐剂效果更好。蔬菜在贮藏前用氯水清洗，以减少表面的微生物，沥干水分、小心整理以防止破皮等也有助于控制腐败。

4)果汁的腐败变质

(1)引起果汁变质的微生物种类：果汁是以新鲜水果为原料，经压榨提取的汁液加工制成。由于水果常带有微生物，因而果汁不可避免地被微生物污染。

微生物在果汁中能否生长，取决于果汁的酸度和糖度。果汁中含有不等量的有机酸，因而其 pH 值较低，一般在 2.4(如柠檬汁)~4.2(如番茄汁)。果汁中含有较高的糖分，甚至有的浓缩果汁糖度高达 60~70°Bx，因而在果汁中生长的微生物是酵母菌、霉菌和极少数的细菌。

①果汁中的酵母菌。酵母菌是果汁中种类和数量最多的微生物。它们来源于鲜果或在压榨过程中的环境污染。酵母菌能在 pH 值大于 3.5 的果汁中生长引起酒精发酵。苹果汁中主要有假丝酵母属、圆酵母属、隐球酵母属、红酵母属和汉逊酵母属。柑橘汁中常有葡萄酒酵母、圆酵母属和酵母属的一些种。葡萄汁中主要有柠檬形克勒克酵母(*Kloeckeria apiculata*)、葡萄酒酵母等。浓缩果汁中生长的是一些耐高渗透压(A_w 为 0.65~0.70)的酵母菌，如鲁氏酵母、蜂蜜酵母(*S. mellis*)等。许多产膜酵母在果汁表面生长，引起果汁变质。浓缩果汁置于低温(4℃左右)贮藏时，酵母发酵作用减弱，甚至停止，如此可防止浓缩果汁的变质。

②果汁中的霉菌。引起果汁变质产生难闻气味的霉菌主要是青霉属，如扩展青霉、皮壳青霉(*P. crostosum*)，其次是曲霉属，如构巢曲霉、烟曲霉等，其他还有丝衣霉属、拟青霉属等霉菌。原因是霉菌的孢子能耐受果汁的低温杀菌，一般较少引起果汁变质，但只要稍有生长便带来异味。霉菌对二氧化碳敏感，将二氧化碳充入果汁可以防霉。

③果汁中的细菌。主要是乳杆菌属、明串珠菌属和链球菌属中的乳酸菌，它们能在 pH 3.5 以上的果汁中生长，并利用糖类和有机酸(柠檬酸、苹果酸、酒石酸等)产生乳酸、乙酸和二氧化碳等及少量丁二酮等香味物质。

(2)微生物引起果汁变质的现象：

①浑浊。除了非生物不稳定因素引起浑浊外，主要因圆酵母的酒精发酵和产膜酵母的生长使果汁浑浊。耐热性的雪白丝衣霉和纯黄衣丝霉、宛拟青霉在果汁中生长产生霉味和臭味。由于它们能产生果胶酶，对果汁有澄清作用，只有大量生长时才发生浑浊。

②产生酒精。啤酒酵母和葡萄汁酵母等引起酒精发酵。此外，还有少数霉菌和细菌也可引起酒精发酵，如毛霉属、曲霉属、镰刀菌属的部分霉菌，甘露醇杆菌(*Bacterium mannitopoeum*)可使 40%的果糖转化为酒精，明串珠菌属的细菌可发酵葡萄糖转化为酒精。

③有机酸变化。果汁中主要含有柠檬酸、苹果酸和酒石酸等有机酸，它们以一定含量存在于果汁中，构成果汁特有风味和酸味。当微生物在果汁中生长时，原有的有机酸不断

分解，乙酸含量增多，从而改变原有的有机酸含量的比例，导致风味被破坏，甚至产生不愉快的异味。黑根霉、葡萄孢霉属、青霉属、毛霉属、曲霉属和镰刀菌属等可引起此类变质。

④黏稠。由于肠膜明串珠菌、植物乳杆菌(*Lactobacillus plantarum*)和链球菌属中的一些菌种等在果汁中发酵，分泌黏液性多糖，因而增加了果汁的黏稠度。

5. 粮食与粮食制品的腐败变质

粮食中含有丰富的碳水化合物、蛋白质、脂肪及无机盐等营养物质，是微生物生长良好的天然培养基，一旦条件适宜，粮食中污染的微生物就会繁殖，不仅影响粮食的安全贮藏，导致粮食品质的劣变，而且可能产生毒素污染，严重影响人类食用的安全性。

1)粮食中微生物的来源

微生物侵染粮食的途径很广，它们可以从粮食作物的田间生长期、收获期、贮藏期，以及运输和加工各个环节侵染粮食。粮食中微生物的主要来源是土壤。土壤中的微生物可以通过气流、风力、雨水、昆虫的活动，以及人的操作等方式，带到正在成熟的粮食籽粒或已经收获的粮食上。

当粮食收获入库后，仓库中害虫和螨类的活动也影响粮食中微生物的种类和数量。各种害虫常带有大量的霉菌孢子，借助它们的活动，孢子可以到处传播。有些害虫以霉菌为食料，在这些害虫排泄物中有大量的活孢子，同时害虫咬损粮粒造成伤口，有利于微生物的侵染。害虫大量繁殖，使粮食水分增加，粮温升高，也有利于微生物的活动。在粮食仓库和加工厂的各种设备、用具、容器、包装材料和运输工具上沾有大量的微生物，尤其在缝隙中尘埃杂质和粮食碎屑粉末积聚，可导致微生物大量滋生，从而使粮食在加工和运输过程中受到污染。

2)粮食中微生物的种类

粮食上存在的微生物包括细菌、放线菌、酵母菌、霉菌等(表2-3-3)，从数量上看以细菌和霉菌为最多，放线菌和酵母菌较少；从对粮食的危害来看霉菌最重要。粮食上的微生物数量和种类还随粮食的种类、品种、等级、贮藏条件、贮藏时间的不同而有所差异。

表2-3-3　粮食中污染微生物的种类

种类	主要菌类	危害
细菌	细菌占总带菌量的90%以上，主要有草生欧文菌、荧光假单胞菌、黄杆菌、乳杆菌、黄单胞菌、马铃薯芽孢杆菌、枯草芽孢杆菌、蜡样芽孢杆菌、大肠埃希菌、普通变形杆菌、链球菌等	由于粮食水分含量较低，不适于多数细菌生长，并且细菌对大分子物质分解力相对较弱以及粮食有外壳包裹细菌难以侵入，其危害一般是在粮食受到霉菌破坏、变质、发热的后期才表现出来
放线菌	数量远少于细菌，以链霉菌属的放线菌为主，如白色链霉菌、灰色链霉菌等	放线菌对储粮危害与细菌类似，一般在霉菌霉变的后期才表现出来

（续）

种类	主要菌类	危害
霉菌	霉菌是引起粮食变质的主要种类。 寄生菌：植物病原菌； 腐生菌：数量最多，包括青霉属、局限曲霉等； 兼性寄生霉菌：交链孢霉属、枝孢霉属、蠕孢霉属、弯孢霉属、黑孢子霉属、大刀镰刀菌、禾谷镰刀菌等	寄生菌引起粮食作物的病害，如小麦赤霉病、稻瘟病、小麦矮腥黑穗病等； 兼性寄生霉菌为条件危害菌，当粮食贮藏温度和水分较高时，即能繁殖危害粮食品质
酵母菌	酵母菌数量一般较少，以耐干燥的酵母为主，常见的有假丝酵母、红酵母等	酵母对大分子物质分解力较弱，很少引起粮食变质，但在粮堆密闭缺氧时，酵母菌繁殖而产生酒精味

注：引自刘慧，现代食品微生物学，2011。

3）粮食的腐败变质

如果污染微物的数量不多，在粮食含水量低、贮藏条件良好情况下，一般对粮食影响不大。如果微生物数量过多或粮食含水量高，或贮存条件差，温度、湿度过高等，都适宜微生物的生长，则导致粮食营养品质的劣变。

（1）变色：由于霉菌孢子颜色和代谢产生的色素以及粮食坏死组织的颜色，使粮食原有色泽消失，而呈现出黑、褐、黄、绿、污白等颜色，出现斑点。

（2）异味：粮食被微生物严重分解，产生霉味、酸味、酒味、臭味等难闻的异味，同时粮食变形，成团结块，A_w 上升，温度升高，霉烂和腐败，失去食用价值。霉变粮食的出粉率、出米率、黏度等加工工艺品质也降低。

（3）种子萌发率下降：由于种子胚部的有机质被分解，生命力明显减弱或完全丧失，有的微生物还可产生对种子有毒害的物质。

（4）大量霉菌毒素产生影响人畜安全：为防止霉菌及其毒素的污染，粮食贮藏的 A_w 必须降低至安全数值以下，环境相对湿度降至70%~75%，温度降至10℃以下。

4）面粉的腐败变质

面粉（包括其他米粉、玉米粉等）是由谷物粉碎加工制成。由于谷物变成面粉后，物理性质发生变化，对空气中水分的吸湿性增强，透气性降低，更有利于微生物的生长。如果面粉中含水量在13%以下时，即能避免微生物繁殖；当含水量达15%时，霉菌就能繁殖；当含水量高达17%时，霉菌和细菌均能繁殖。引起面粉变质的微生物主要是霉菌、酵母菌、细菌，其种类与引起谷物变质的微生物种类大致相同。引起的变质现象如下。

（1）有机酸发酵：面粉被乳酸菌、大肠埃希菌等细菌污染，生长过程伴随有机酸发酵，使粉团酸化。

（2）酒精发酵：面粉先被霉菌污染，使面粉水解，继而酵母菌进行酒精发酵，又被醋酸菌侵入引起醋酸发酵。

防止面粉在贮藏过程中的变质，最主要的是控制面粉中含水量和控制贮藏库的温度。

5）焙烤制品的腐败变质

粮食制品除成品粮，如面粉、面条、米等外，还有糕点、面包、馒头，以及各种以米和面粉制成的各种方便熟食品等。下面重点介绍糕点的腐败变质。

(1)糕点中微生物的种类和变质现象：引起糕点变质的微生物主要是细菌和霉菌，如沙门菌、金黄色葡萄球菌、粪肠球菌、大肠埃希菌、变形杆菌、黄曲霉，以及毛霉属、青霉属、镰刀菌属等属内一些种。糕点类食品由于含水量较高，糖、油脂含量较多，在阳光、空气和较高温度等因素作用下，易引起霉变和酸败。

(2)糕点中微生物污染的来源及其变质的原因：糕点中微生物的污染来源主要是原料，其次是加工、包装、贮运、销售中不卫生的环境条件造成的污染。引起糕点变质的原因是生产原料不符合卫生质量标准，制作过程中灭菌不彻底和糕点包装与贮藏不当。

①生产原料不符合卫生质量标准。糕点发生变质的重要原因之一是原料的卫生质量问题，如作为糕点原料的奶和奶油未经严格的巴氏消毒，其中残留有较高数量的细菌及其毒素；蛋类在打蛋前未洗涤蛋壳，不能有效去除微生物。

②制作过程中灭菌不彻底。生产各种糕点时，都要经高温处理，既是食品熟制过程，又是杀菌过程，其中部分微生物被杀死，但抵抗力较强的细菌芽孢和霉菌孢子常残留于食品中，它们在条件适宜时生长引起糕点变质。

③糕点包装与贮藏不当。糕点包装与贮藏不当会造成灭菌操作后的二次污染。烘烤后的糕点，必须冷却后才能包装。所使用的包装材料应无毒、无味，并经消毒或灭菌处理。生产和销售部门应使用冷藏设备低温贮藏糕点。

综上所述，若要保证糕点质量，首先要选用符合卫生标准的原料；其次制作过程中灭菌要彻底，糕点包装与贮藏要适当，防止二次污染。此外，糕点易被霉菌及其毒素污染，可采用在糕点中加入抑霉防腐剂，或在包装袋(或容器)中加入除氧剂以保持其低氧含量，同时降低贮藏温度、湿度和 A_w，以控制和减少霉菌生长，防止糕点的酸败和霉变。

6. 鱼与鱼制品的腐败变质

1)鱼与鱼制品中的微生物

一般来说，新鲜鱼的微生物污染主要由其捕获水域的微生物存在状况而决定。捕获水域的卫生状况是影响鱼微生物污染的关键。除了水源以外，每个加工过程，如剥皮、去内脏、分割、拌粉、包装等都会造成微生物的污染。健康的鱼组织内部是无菌的，微生物在鱼体内存在的地方主要是外层黏膜、鱼鳃和鱼体的肠内。

新鲜鱼变质的主要微生物有细菌、酵母和霉菌，其中细菌主要有不动细菌、产气单胞菌、产碱杆菌、芽孢杆菌、棒杆菌、大肠埃希菌、黄杆菌、乳酸菌、单核细胞增生李斯特菌、微杆菌、假单胞菌、嗜冷菌、弧菌等。

鱼经过加食盐腌制，可以抑制大部分细菌的生长。当食盐的含量在10%以上时，一般细菌生长即受到抑制。但球菌比杆菌的耐盐力要强，即使食盐含量为15%时，多数球菌还能生长。因此，欲抑制腐败菌的生长和抑制鱼体本身酶的作用，食盐含量必须提高到20%以上。但经高盐腌制的鱼体经常还会发生变质现象，主要是由于嗜盐菌在鱼体上生长繁殖。

2)鱼与鱼制品的腐败变质

在一般情况下，鱼类比肉类更易腐败，这是由两方面的原因造成的。一是获得水产品的方法，二是鱼类本身的问题。鱼类在捕获后，不是立即清洗处理，多数情况下是带着容易腐败的内脏和鳃一起进行运输，这样容易引起腐败。鱼体本身含水量高(70%~80%)，组织脆弱，鱼鳞容易脱落，易造成细菌从受伤部位侵入，鱼体表面的黏液又是细菌良好的培养基，再加上鱼死后体内酶的作用，因而鱼类死后僵直持续时间短，自溶迅速发生，很快发生腐败变质。

淡水鱼和海水鱼都有较高水平的蛋白质及其他含氮化合物(如游离氨基酸、氨和三甲胺等一些挥发性氨基氮、肌酸、牛磺酸、尿酸、肌肽和组氨酸等)，不含碳水化合物，而含脂肪量因品种而异，有的很高，有的则很低。鱼变质时腐败微生物首先利用简单化合物，并产生各种挥发性的臭味成分，如氧化三甲胺、肌酸、牛磺酸、尿酸、肌肽和其他氨基酸等，这些物质再在腐败微生物的降解下产生三甲胺、氨、组胺、硫化氢、吲哚和其他化合物。蛋白质降解可以产生组胺、尸胺、腐胺、联胺等恶臭类物质，这些物质也是评定鱼类腐败的重要指标。

问题思考

请结合课程内容：

(1)简述鲜乳自然腐败变质过程中的微生物消长规律。

(2)分析鲜肉的腐败变质过程、现象及原因。

知识拓展

腐败食品快速检测技术的应用及研究进展(节选)

随着生活水平的日益改善，公众对食品安全性问题越来越关注。当富含蛋白质的食品发生变质，会产生生物胺和除生物胺之外的一些挥发性气体，如挥发性盐基总氮(total volatile basic nitrogen，TVB-N)、丙酮、氨气等。除此之外，食品含有大量丰富的动植物蛋白质、脂肪、糖类等多种营养素，在适宜的条件下，微生物能在食品中大量繁殖。而食品腐败产生的生物胺、挥发性物质、微生物以及其代谢产物对人体有害，因此检测食品是否发生腐败，对食品安全和人体的健康具有重要的意义。通过检测食品变质产生的生物胺、挥发性物质和微生物这 3 种标志性物质就能简单快速地判断食品是否发生腐败，能够满足日益快节奏、高效率的现代生活。

1. 检测腐败食品中产生的生物胺的技术

蛋白质分解能够产生大量的氨基酸，氨基酸进一步酶解脱羧或醛酮胺化和转氨基生成生物胺。如果一些富含蛋白质的食品贮存不当，生物胺的浓度会迅速增加。根据生物胺的结构可将其分为 3 部分：腐胺、尸胺、精胺、亚精胺等脂肪族胺；酪胺、苯乙胺等芳香族胺；组胺、色胺等杂环胺。生物胺本身存在于生物体中参与生命活动，适量的生物胺具有清除自由基、抗氧化、调节细胞生长、基因表达等生理功能。故生物胺的少量积累对生物体有利，而大量生物胺的累积则会对人体产生不利的影响，甚至会导致中毒。随着食品腐败程度的增加，生物胺的种类和浓度也会不断地变化。图 2-3-2 显示了一些主要生物胺(BAs)的分子结构。

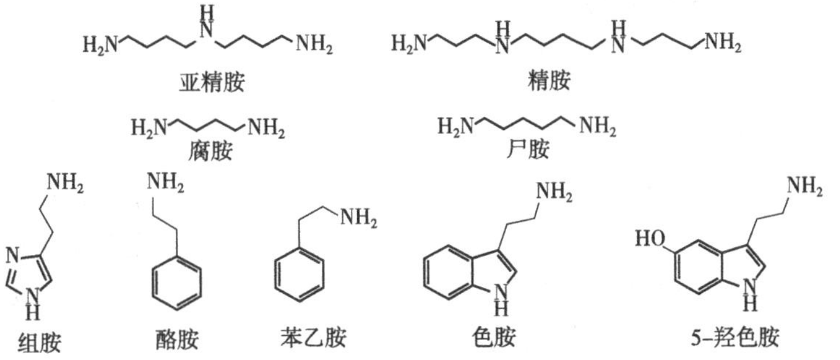

图 2-3-2 主要生物胺(BAs)的分子结构

腐败食品中的生物胺包括两种存在形式，一种是挥发性的，另一种是非挥发性的。不同的胺挥发性有一定的差异，如在鲑鱼中能够产生胺蒸气的挥发性生物胺有组胺、酪胺和亚精胺等，而腐胺和尸胺的挥发性较差。随着技术的不断发展，检测食品中生物胺的方法越来越准确。

1)荧光探针技术

荧光探针技术是指利用荧光探针与食物变质时产生的某些物质发生特异的化学反应并转化为可检测的荧光信号的一种检测技术。其中，比率荧光探针由于其操作简单、响应迅速、灵敏度高、选择性好、可定性和定量等优点，已经广泛应用于食品检测、重金属离子分析、生物分析、药物检测、环境监测等领域。目前，检测胺的探针大部分为基于滤纸检测胺蒸气，能够直接检测生物胺的探针较少，有待开发。

2)高效液相色谱技术

高效液相色谱法(high performance liquid chromatography，HPLC)是色谱法的一个重要分支，以液体为流动相，采用高压输液系统，将具有不同极性的单一溶剂或不同比例的混合溶剂、缓冲液等流动相泵入装有固定相的色谱柱，在色谱柱内各成分被分离后，进入检测器进行检测，从而实现对试样的分析。

3)拉曼光谱技术

拉曼光谱(Raman spectra)是一种通过分析不同频率的散射谱以获得分子振动和转动的信息，并将其用于分子结构的研究。拉曼光谱分析法也常用于检测腐败食品中的生物胺。

4)毛细管电泳技术

毛细管电泳(capillary electrophoresis，CE)技术是将毛细管当作分离通道，动力是高压直流电场。由于其分离方式繁多，富集样品的效果较好，因此常用于食品的微量检测。

2. 检测腐败食物中产生的其他气体

在腐败食品中有些生物胺是以非挥发性的形式存在，如腐胺、尸胺等，而有一些生物胺是挥发性的，如组胺、酪胺、亚精胺等。此外，腐败的食物还产生一些有害气体，如硫化氢、氨、硫醇、吲哚、粪臭素等，脂肪酸腐败之后还能够产生丙酮等有害气体，目前检测这些有害气体的方法主要有：比色型传感技术、电子鼻、电子舌检测技术。比色型传感技术是一种新颖的检测方法，目前已被广泛应用，由于其实时、非破坏性、可视化、价格低廉等特点，使其在食品包装、新鲜度检测等领域有着广泛的应用。电子鼻、电子舌属于一种小型的气体传感器，可采用其检测食品的新鲜程度。

3. 检测腐败食物中的微生物

食品腐败除了会产生一定的气体外，还会存在一些微生物，如细菌、真菌等，传统的细胞培养及平板细胞计数方法耗时耗力，因此有必要开发一种简便、快捷的检测手段。现阶段微生物的快速识别通常需要一系列复杂的生物化学测试，通过对各种环境因素的分析，研究了各种微生物在不同环境中的生存状况，并从中筛选出不同的微生物。目前，普遍使用的检测微生物的方法是建立在生物学技术上，而检测方法则基于免疫学、核酸等领域，如现在比较常用的快速测试片技术、ATP 生物发光技术、免疫学检测方法、核酸检测技术、生物芯片技术以及蛋白质指纹图谱技术等。

任务 2-4 食品保藏中防腐与杀菌认知

工作任务

食品保藏原理，即围绕着防止微生物污染、杀灭或抑制微生物生长繁殖、延缓食品自身组织酶的分解作用，采用物理学、化学和生物学方法，使食品在尽可能长的时间内保持其原有的营养价值、色、香、味及良好的感官性状。

本任务学习食品保藏与防腐杀菌的主要方法和基本原理。

知识准备

食品保藏是从生产到消费过程的重要环节，如果保藏不当食品就会腐败变质，不仅会造成重大的经济损失，还会危及消费者的健康和生命安全。另外，食品保藏也是调节不同地区、不同季节以及各种环境条件下，能吃到营养可口食物的重要手段和措施。

防止微生物的污染，就需要对食品进行必要的包装，使食品与外界环境隔绝，并在保藏中始终保持其完整性和密封性。因此，食品保藏与食品包装也是紧密联系的。

1. 食品的低温抑菌保藏

低温保藏是目前应用最普遍的食品保藏方法。病原菌和腐败菌大多数为中温菌，其最适生长温度为 2~40℃，在 10℃以下大多数微生物便难以生长繁殖，-10℃以下仅有少数嗜冷微生物还能活动，-18℃以下几乎所有的微生物不再生长繁殖。因此，低温保藏只有在-18℃以下才是较为安全的。食品在低温下本身酶活性及化学反应得到延缓，食品中残存微生物生长繁殖速度大大降低或完全被抑制，因此食品的低温保藏可以防止或减缓食品的变质。

目前，在食品制造、保藏和运输系统中，都普遍采用人工制冷的方式来保持食品的质量，使食品原料或制品从生产到消费的全过程始终保持低温，这种保持低温的方式或系统称为冷链。其中，包括制冷系统、冷却或冷冻系统、冷库、冷藏车船以及冷冻销售系统等。低温保藏一般可分为冷藏和冷冻两种方式。前者无冻结过程，新鲜果蔬类和短期贮藏的食品常用此法；后者要将保藏物降温到冰点以下，使水部分或全部成冻结状态，动物性食品常用此法。

1) 冷藏

一般的冷藏是指在不冻结状态下的低温保藏。微生物在最低生长温度时生长非常缓慢，但它们仍在进行生命活动。例如，霉菌中的枝孢属在-6.7℃还能生长；青霉属和丛梗孢属(*Monilia persoon*)的最低生长温度为4℃；细菌中假单胞菌属、无色杆菌属、产碱杆菌属、微球菌属、单核细胞增生李斯特菌等在-4～7.5℃下仍能生长；酵母菌中一种红色酵母在-34℃冰冻温度时仍能缓慢发育。冷藏的温度一般设定在-1～10℃，冷藏只能是食品保藏的短期行为(一般为数天或数周)。

2) 冷冻保藏

食品在冰点以上时，只能做较短期的保藏，较长期保存需在-18℃以下冷冻保藏。不同食品的冷藏条件及保藏期限见表2-4-1所列。当食品中的微生物处于冰冻时，细胞内游离水形成冰晶体，失去了可利用的水分，水分活性 A_w 值降低，渗透压提高，细胞内细胞质因浓缩而增大黏性，引起pH值和胶体状态的改变，从而抑制微生物的活动，微生物细胞内的冰晶体对细胞有机械性损伤作用，直接导致部分微生物的裂解死亡。

表2-4-1 不同食品的冻藏条件及保藏期限

品名	结晶温度/℃	冻藏温度/℃	相对湿度/%	保藏期限
奶油	-2.2	-29～-23	80～85	1年
加糖奶酪	—	-26	—	数月
冰激凌	—	-26	—	数月
脱脂乳	—	-26	—	短期
冻结鸡蛋	-0.6～-0.45	-23～-18	90～95	1年以上
冻结鱼	-1.0	-23～-18	90～95	8～10个月
猪油	—	-18	90～95	12～14个月
冻结牛肉	-1.7	-23～-18	90～95	9～18个月
冻结猪肉	-1.7	-23～-18	90～95	4～12个月
冻结羊肉	-1.7	-23～-18	90～95	8～10个月
冻结兔肉	—	-23～-18	—	6个月以上
冻结果实	—	-23～-18	—	6～12个月
冻结蔬菜	—	-23～-18	—	2～6个月
三明治	—	-18～-15	95～100	5～6个月

注：引自刘学浩等，食品冷冻学，2002。

食品在冻结过程中，不仅损伤微生物细胞，鲜肉、果蔬等生鲜食品的细胞同样也受到损伤，致使其品质下降。食品冻结后，其质量是否优良，受冻结时生成冰晶体的形状、大小与分布状态的影响很大。如肉类在缓慢冻结中，冰晶体先在溶液浓度较低的肌细胞外生成，结晶核数量少，冰晶体生长大，损伤细胞膜，使细胞破裂，解冻时细胞质液外流而形成渗出液，导致肉类营养、水分和鲜味流失，口感降低。同时肌细胞的水分透过细胞膜形成冰晶，肌细胞脱水萎缩，解冻时细胞不可能完全恢复原状。果蔬等植物食品因含水分较高，结冰率更大，更易受物理损伤而使风味受到损失。

快速冻结和慢速冷结对肉质量有着不同的影响。慢速冻结时，在最大冰晶体生成带（-1～-5℃）停留的时间长，纤维内的水分大量渗出到细胞外，使细胞内液浓度增高，冻结点下降，造成肌纤维间的冰晶体越来越大。当水转变成冰时，体积增大，结果使肌细胞遭到机械损伤。这样的冻结肉在解冻时可逆性小，引起大量的肉汁流失。因此，慢速冻结对肉质影响较大。快速冻结时温度迅速下降，很快地通过最大冰晶体生成带，水分重新分布不明显，冰晶体形成的速度大于水蒸气扩散的速度，在过冷状态停留的时间短，冰晶体以较快的速度由表面向中心推移，结果使细胞内和细胞外的水分几乎同时冻结，形成的冰晶体颗粒小而均匀，因而对肉质影响较小，解冻时的可逆性大，汁液流失少。

低温对果蔬中的脂氧合酶和儿茶酚氧化酶等氧化还原活性较难抑制，这也是绿色果蔬褐变的主要原因。解冻后，冷冻对组织的损伤使氧化还原酶活性提高，更易发生褐变现象。因此，若对水果、蔬菜冷冻，在冻结处理前往往要先进行灭酶。通常用热水或蒸汽做短时间的热烫处理，即可使酶失活。

解冻是冻结的逆过程。通常是冻品表面先升温解冻，并与冻品中心保持一定的温度梯度。由于各种原因，解冻后的食品并不一定能恢复到冻结前的状态。

冻结食品解冻时，冰晶升温而溶解，食品物料因冰晶溶解而软化，微生物和酶开始活跃。因此，解冻过程的设计要尽可能避免因解冻而可能遭受的损失。对不同的食品，应采取不同的解冻方式。

2. 食品的加热杀菌保藏

食品的腐败变质常常是由于微生物和酶所致。食品通过加热的方式来杀菌和使酶失活，可使其久贮不坏，但前提条件是必须不被重复染菌。因此，食品通常在装入罐装瓶密封以后再灭菌，或者灭菌后在无菌条件下充填装罐。食品加热杀菌的方法很多，主要有巴氏杀菌、高温杀菌、超高温瞬时杀菌、微波杀菌、远红外线加热杀菌等。

微生物具有一定的耐热性。细菌的营养细胞及酵母菌的耐热性，因菌种不同而有较大的差异。一般病原菌（梭状芽孢杆菌属除外）的耐热性差，通过低温杀菌（如63℃，30min）就可以将其杀死。细菌的芽孢一般具有较高的耐热性，食品中肉毒梭状芽孢杆菌是非酸性罐头的主要杀菌目标，该菌孢子的耐热性较强，必须特别注意。一般霉菌及其孢子在有水分的状态下，加热至60℃，保持5～10min即可被杀死，但在干燥状态下，其孢子的耐热性非常强。

有许多因素会影响微生物的加热杀菌效果。首先，食品中的微生物密度对抗热力有明显影响。食品带菌量越多，则抗热力越强。因为菌体细胞能分泌对菌体有保护作用的蛋白类物质，故菌体细胞增多，这种保护性物质的量也就增加。其次，微生物的抗热力随水分的减少而增大，即使是同一种微生物，它们在干热环境中的抗热力最大。此外，基质向酸性或碱性变化，杀菌效果显著增大。

基质中的脂肪、蛋白质、糖及其他胶体物质，对细菌、酵母、霉菌及其孢子起着显著的保护作用。这可能是细胞质的部分脱水作用，阻止蛋白质凝固的缘故。因此，对高脂肪及高蛋白食品的加热杀菌需加以注意。多数香辛料，如芥子、丁香、洋葱、胡椒、蒜、香精等，对微生物孢子的耐热性有显著的降低作用。

1) 巴氏杀菌

杀菌条件为61~63℃、30min，或72~75℃、15~20min。巴氏杀菌是将食品充填并密封于包装容器后，在一定时间内保持100℃以下的温度，杀灭包装容器内的细菌。巴氏杀菌可以杀灭多数致病菌，而对于非致病的腐败菌及其芽孢的杀灭能力就显得不足，如果巴氏杀菌与其他保藏手段相结合，如冷藏、冷冻、脱氧、包装等，可达到一定的保存期要求。巴氏杀菌主要用于柑橘、苹果汁饮料食品的灭菌，因为果汁食品的pH值在4.5以下，没有微生物生长，杀菌的对象是酵母、霉菌和乳酸杆菌等。此外，巴氏杀菌还用于果酱、糖水水果罐头、啤酒、酸渍蔬菜类罐头、酱菜等的杀菌。巴氏杀菌对于密封的酸性食品具有较好的杀菌效果，对于那些不耐高湿处理的低酸性食品，只要不影响消费习惯，常利用加酸或借助于微生物发酵产酸的手段，使pH值降至酸性食品的范围，可以利用低温杀菌达到保存食品和耐贮藏的目的。此法所需时间较长，对热敏性食品不宜采用。

2) 高温杀菌

杀菌条件为85~90℃、3~5min，或95℃、12min，液料加热到接近100℃，然后速冷至室温。此方法需时较短，效果较好，有利于产品保质。高温杀菌主要可杀灭酵母菌、霉菌、乳酸菌等。

这两种方法具有灭菌效果稳定、操作简单、设备投资小、应用历史悠久等特点，如今还广泛用于各类罐藏食品、饮料、酒类、药品、乳品包装的灭菌。

3) 超高温瞬时杀菌

超高温瞬时杀菌是将食品在瞬间加热到高温(130℃以上)而达到灭菌目的，可分为直接加热法和间接加热法。直接加热法是用高压蒸汽直接向食品喷射，使食品以最快速度升温，几秒内达到140~160℃，维持数秒，再在真空室内除去水分，然后用无菌冷却机冷却到室温。间接加热法是根据食品的黏度和颗粒大小，选用板式换热器、管式换热器、刮板式换热器。板式换热器适用于果肉含量不超过3%的液体食品。管式换热器对产品的适应范围较广，可加工果肉含量高的浓缩果蔬汁等液体食品。凡用板式换热器会产生结焦或阻塞，而黏度又不足以用刮板式换热器的产品，都可采用管式换热器。刮板式换热器装有带叶片的旋转器，在加热面上刮动而使高黏度食品向前推送，达到加热灭菌的目的。

超高温瞬时灭菌的效果非常好，几乎可达到或接近完全灭菌的要求，而且灭菌时间短，物料中营养物质破坏少，食品质量几乎不变，营养成分保存率达92%以上，生产效率高，比巴氏杀菌和高温杀菌效果更优异。配合食品无菌包装技术的超高温瞬时灭菌装置在国内外发展很快，如今已发展为一种高新食品灭菌技术。目前，这种灭菌技术已广泛用于牛奶、豆乳、酒、果汁及各种饮料等产品的灭菌，也可将食品装袋后，浸渍于此温度的热水中灭菌。

4)微波杀菌

微波(超高频)一般是指频率在300MHz~300GHz的电磁波。目前，915MHz和2450MHz两个频率已广泛应用于微波杀菌。915MHz可以获得较大穿透厚度，适用于加热含水量高、厚度或体积较大的食品；对含水量低的食品宜选用2450MHz。微波杀菌的机制包括热效应和非热生化效应两部分。

(1)热效应：微波作用于食品，食品表里同时吸收微波能，温度升高。污染的微生物细胞在微波场的作用下，其分子被极化并做高频振荡，产生热效应，温度的快速升高使其蛋白质结构发生变化，从而使菌体死亡。

(2)非热生化效应：微波使微生物在生命化学过程中产生大量的电子、离子，使微生物生理活性物质发生变化；电场也使细胞膜附近的电荷分布改变，导致膜功能障碍，使微生物细胞的生长受到抑制，甚至停止生长或死亡。另外，微波还可以导致细胞DNA和RNA分子结构中的氢键松弛、断裂和重新组合，诱发基因突变。

目前已出现多种微波消毒器，如微波牛奶消毒器采用高温瞬时杀菌技术，在2450MHz的频率下，升温至200℃，维持0.13s，牛奶的菌落总数和大肠菌群指标达到消毒奶要求，而且稳定性也有所提高；面包微波杀菌装置(2450MHz，80kW)，辐照1~2min，温度由室温升至80℃，面包片的保鲜期由原来的3d延长至30~40d而无霉菌生长。

5)远红外线加热杀菌

远红外线是指波长为2.5~1000μm的电磁波。食品的很多成分对3~10μm的远红外线有强烈的吸收。因此，食品往往选择这一波段的远红外线加热杀菌。

远红外线加热杀菌具有热辐射率高，热损失少，加热速度快，传热效率高，食品受热均匀，不会出现局部加热过度或夹生现象，食物营养成分损失少等特点。其广泛应用于食品的烘烤、干燥解冻，以及坚果类、粉状、块状、袋装食品的杀菌和灭酶。

6)欧姆杀菌

欧姆杀菌是利用电极，将电流直接导入食品，由食品本身介电性质所产生的热量直接杀菌。一般所使用的电流是50~60Hz的低频交流电。

欧姆杀菌与传统罐装食品的杀菌相比具有不需要传热面，热量在固体产品内部产生，适合于处理含大颗粒固体产品和高黏度的物料；系统操作连续、平稳，易于自动化控制；维护费用、操作费用低等优点。

3. 食品的高渗透压保藏

盐腌和糖渍都是依据提高食物的渗透压原理来抑制微生物的活动，醋和酒在食物中达到一定浓度时也能抑制微生物的生长繁殖。

1)盐腌

盐腌食品经盐腌不仅能抑制微生物的生长繁殖，并可赋予其新的风味，故兼有加工的效果。食盐的防腐作用主要在于提高渗透压，使细胞原生质浓缩发生质壁分离；降低水分活性，不利于微生物生长；减少水中溶解氧，使好气性微生物的生长受到抑制等。

各种微生物对食盐浓度的适应性差别较大。嗜盐性微生物，如红色细菌、接合酵母属和革兰阳性球菌在较高食盐浓度(15%以上)的溶液中仍能生长。无色杆菌属等一般腐败性微生物在约5%的食盐浓度，肉毒梭状芽孢杆菌等病原菌在7%~10%的食盐浓度时，生长受到抑制。一般霉菌对食盐都有较强的耐受性，如某些青霉菌株在25%的食盐浓度中尚能生长。

由于各种微生物对食盐浓度的适应性不同，因而食盐浓度的高低就决定了所能生长的微生物菌群。例如，肉类中食盐浓度在5%以下时，主要是细菌的繁殖；食盐浓度在5%以上时，存在较多的是霉菌；食盐浓度超过20%时，主要生长的微生物是酵母菌。

2)糖渍

糖渍也是利用增加食品渗透压、降低水分活度，从而抑制微生物生长的一种保藏方法。

一般微生物在糖浓度超过50%时生长便受到抑制。但有些耐渗透性强的酵母和霉菌，在糖浓度高达70%以上时尚可生长。因此，仅靠增加糖浓度有一定局限性，但若再添加少量酸(如食醋)，微生物的耐渗透力将显著下降。

果酱等因其原料果实中含有有机酸，在加工时又添加蔗糖，并经加热，在渗透压、酸和加热3个因子的联合作用下，可得到非常好的保藏性。但有时果酱也会因微生物作用而变质腐败，其主要原因是糖浓度不足。

4. 食品的防腐剂保藏

在食品中添加食品防腐剂，可防止食品腐败变质。食品防腐剂是一类具有抑制或杀死微生物作用，并可用于食品防腐保藏的物质。

1)天然防腐剂

天然防腐剂一般是指从植物、动物、微生物中直接分离提取的，具有防腐作用的一类物质，也称作生物防腐剂，相对于化学防腐剂而言，是一种天然的、对人体健康没有危害的全新食品防腐剂，是食品防腐剂开发的主要方向之一。天然防腐剂根据来源可以分为3种类型。

(1)微生物源防腐剂：具有安全、高效的特点，而且来源广泛，具有很好的研究和应用前景。常见的有乳酸链球菌肽(Nisin)、纳他霉素(Natamycin)，其他细菌素还有芽孢杆菌素等。

①乳酸链球菌肽。又称乳酸链球菌素，是从乳酸链球菌发酵产物中提取的一类多肽化合物，食入胃肠道易被蛋白酶所分解，因此是一种安全的天然防腐剂。联合国粮食及农业组织(FAO)和世界卫生组织(WHO)已于1969年给予认可，是目前唯一允许作为防腐剂在食品中使用的细菌素。表2-4-2列出了Nisin在一些国家的应用情况。我国《食品安全国家标准　食品添加剂使用标准》(GB 2760—2014)规定了其使用范围和最大使用剂量(不同食品中为0.2~0.5g/kg)。

表 2-4-2 Nisin 在一些国家应用情况

国家	允许加入 Nisin 的食品	国家	允许加入 Nisin 的食品
澳大利亚	乳酪、水果罐头、番茄汤罐头	西班牙	乳酪、奶米酒、奶油、快餐
比利时	乳酪	印度	硬乳酪、精制乳酪
玻利维亚	在食品中使用不限制	意大利	乳酪、蔬菜罐头、冰激凌
哥斯达黎加	乳酪制品	科威特	精制乳酪
塞浦路斯	乳酪、食品罐头、冰激凌	新加坡	食品罐头
芬兰	精制乳酪	英国	乳酪、食品罐头、冰激凌
法国	精制乳酪		

注：引自万素英等，食品防腐与食品防腐剂，2008。

Nisin 的作用范围相对较窄，仅对大多数革兰阳性菌具有抑制作用，如金黄色葡萄球菌、链球菌、乳酸杆菌、微球菌、单核细胞增生李斯特菌、丁酸梭菌等，且对芽孢杆菌、梭状芽孢杆菌孢子的萌发抑制作用比对营养细胞的作用更大。

但 Nisin 对真菌和革兰阴性菌没有作用，因而只适用于革兰阳性菌引起食品腐败的防腐。最近报道，Nisin 与螯合剂 EDTA 二钠连接可以抑制一些革兰阴性菌，如抑制沙门菌、志贺菌和大肠埃希菌等细菌生长。

另外，也发现其他乳酸菌可产生多种乳酸菌细菌素，具有不同的抑菌谱，但目前仍处于研究与探索阶段。

②纳他霉素。也称匹马菌素、那他霉素，是由纳他链霉菌(*Streptomyces natalensis*)经深层发酵和多步提取工艺精制而成，既可以广泛有效地抑制各种霉菌、酵母菌的生长，又能抑制真菌毒素的产生，是一种高效的真菌抑制剂。

纳他霉素与真菌麦角甾醇及其他甾醇基团结合，通过阻遏麦角甾醇的生物合成使细胞膜畸变，最终导致渗漏，引起细胞死亡。它能有效抑制和杀死酵母菌及其他丝状真菌。目前已广泛应用于乳制品、肉类、罐装食品、发酵酒、方便食品、焙烤食品等的防腐保鲜。处理方法是表面使用，混悬液喷雾或浸泡，但残留量必须低于 10mg/kg。

(2)动物源防腐剂：是指从动物体内或动物产品提取出来的防腐剂。常见的有溶菌酶、蜂胶、鱼精蛋白、壳聚糖等。

①溶菌酶。白色结晶，含有 129 个氨基酸，等电点 10.5~11.5。溶于食品级盐水，在酸性溶液中较稳定，55℃活性无变化。

溶菌酶能溶解多种细菌的细胞壁而达到抑菌、杀菌目的，但对酵母和霉菌几乎无效。溶菌作用的最适 pH 值为 6~7，温度为 50℃。食品中的羧基和硫酸能影响溶菌酶的活性，因此将其与其他抗菌物(如乙醇、植酸、聚磷酸盐等)配合使用，效果更好。目前，溶菌酶已用于面食类、水产熟食品、冰激凌、色拉和鱼子酱等食品的防腐保鲜。

②壳聚糖。即脱乙酰甲壳素($C_{30}H_{50}N_4O_{19}$)，是黏多糖之一，呈白色粉末状，不溶于水，溶于盐酸、乙酸。它对大肠埃希菌、金黄色葡萄球菌、枯草芽孢杆菌等有很好的抑制作用，且还能抑制生鲜食品的生理变化。因此，它可用作食品尤其是果蔬的防腐保鲜剂。我国于 1991 年批准使用的甲壳素是一种无毒性、优良的天然果蔬防腐剂。使用时，一般

将壳聚糖溶于乙酸中，如用含2%改性壳聚糖涂抹苹果。

③蜂胶。其化学成分极为复杂，包括黄酮、维生素、矿物质、氨基酸等营养物质，且具有较强的抗氧化性，可用作油脂和其他食品的天然抗氧化剂。蜂胶可使被保鲜物表面形成一层极薄的膜，起到了阻氧、阻碍微生物、减少水分蒸发及营养损失的作用。作用机理同壳聚糖。

(3)植物源防腐剂：由于植物材料相对容易获得，将其提取物作为防腐剂是国内外研究食品防腐剂的热点。其包括植物的根、茎、叶及种子提取物，传统香辛料及其提取物，中草药及其提取物等。

①茶多酚。茶多酚棕榈酸酯是抗氧化添加剂。茶多酚对枯草芽孢杆菌、金黄色葡萄球菌、大肠埃希菌、炭疽芽孢杆菌等有抑制作用。茶多酚的酚羟基能与游离脂肪酸残基结合，中断其氧化反应。茶多酚允许添加到肉品、水产品、饮料等食品中，依据不同产品，最大允许添加量为0.8g/kg。

②香辛料。其抑菌成分主要有丁香酚、异冰片、茴香脑、肉桂醛等，这些成分协同起来可得到效果更好的防腐剂。近些年的研究发现，香辛料能抑菌防腐，真正起作用的是其精油或者提取物。精油中的萜烯类物质破坏微生物膜的稳定性，从而干扰细胞代谢的酶促反应。肉桂醛可以处理水果表面，残留量<0.3mg/kg即可。

2)化学防腐剂

(1)苯甲酸及其钠盐：苯甲酸(C_6H_5COOH)和苯甲酸钠(C_6H_5COONa)又称安息香酸和安息香酸钠，为白色结晶，苯甲酸微溶于水，易溶于乙醇；苯甲酸钠易溶于水。苯甲酸对人体较安全，是我国允许使用的有机防腐剂之一。

苯甲酸抑菌机理是它的分子能抑制微生物细胞呼吸酶系统活性，特别是对乙酰辅酶缩合反应有很强的抑制作用。在高酸性食品中杀菌效力为微碱性食品的100倍，苯甲酸未被解离的分子态才有防腐效果，苯甲酸对酵母菌影响大于霉菌而对细菌效力较弱。效果随pH值增高而减弱，在pH值为3时抑菌效果最好。不同食品及原料中，苯甲酸允许最大添加量范围在0.2~2.0g/kg[《食品安全国家标准　食品添加剂使用标准》(GB 2760—2024)]。

(2)山梨酸及其钾盐：山梨酸和山梨酸钾为无色、无味、无臭的化学物质。山梨酸难溶于水(600：1)，易溶于乙醇(7：1)，山梨酸钾易溶于水。它们对人有极微弱的毒性，是近年来各国普遍使用的安全防腐剂，也是我国允许使用的有机防腐剂之一。

山梨酸分子能与微生物细胞酶系统中的巯基(—SH)结合，从而达到抑制微生物生长和防腐的目的，既是防腐剂又是抗氧化剂。山梨酸和山梨酸钾对霉菌、酵母菌和好氧性细菌均有抑制作用，但对厌氧性微生物和嗜酸乳杆菌几乎无效。其防腐作用较苯甲酸广，pH 6.5以下适宜使用。在腌制黄瓜时可用于控制乳酸发酵。

山梨酸及其钾盐允许用量：肉灌肠类、蛋制品(改变其物理性状)、其他杂粮制品(仅限杂粮灌肠制品)、方便米面制品(仅限米面灌肠制品)最大用量为1.5g/kg(以山梨酸计)；风味冰、冰棍类、酱及酱制品、经表面处理的鲜水果、蜜饯凉果、加工食用菌和藻类等最大用量为0.5g/kg；葡萄酒最大用量为0.2g/kg；浓缩果蔬汁(浆)(仅限食品工业用)最大用量为2.0g/kg。

(3)双乙酸钠：为白色结晶，略有乙酸气味，极易溶于水和醇；10%双乙酸钠水溶液

pH 值为 4.5~5.0。双乙酸钠成本低，性质稳定，防霉、防腐作用显著，可用于粮食、食品、饲料等防霉、防腐，还可作为酸味剂和品质改良剂。美国食品和药物管理局(FDA)认定为一般公认安全物质，并于 1993 年撤除了其在食品、医药品及化妆品中的允许限量。不同食品及原料中允许最大添加量范围为 1~10g/kg。

5. 食品的干燥保藏

食品的干燥保藏，是一种传统的保藏方法。其原理是降低食品的水分活度(A_w)，使微生物得不到充足的水分而不能生长。

各种微生物要求的最低 A_w 值是不同的。细菌、霉菌和酵母菌三大类微生物中，一般细菌要求的最低 A_w 值较高，为 0.94~0.99；霉菌要求的最低 A_w 值为 0.73~0.94；酵母要求的最低 A_w 值为 0.88~0.94。但有些干性霉菌，如灰绿曲霉最低 A_w 值仅为 0.64~0.70，某些食品 A_w 值为 0.70~0.73 时，曲霉和青霉即可生长，因此干制食品的防霉 A_w 值要达到 0.64 以下才较为安全。

新鲜食品(如乳、肉、鱼、蛋、水果、蔬菜等)都有较高水分，其 A_w 值一般在 0.98~0.99，适合多种微生物的生长。目前，防霉干制食品的水分含量一般在 3%~25%，如水果干为 15%~25%，蔬菜干为 4%以下，肉类干制品为 5%~10%，喷雾干燥乳粉为 2.5%~3%，喷雾干燥蛋粉在 5%以下。

食品干燥脱水的方法主要有日晒、阴干、喷雾干燥、减压蒸发和冷冻干燥等。生鲜食品干燥脱水保藏前，一般需要破坏其酶的活性，最常用的方法是热烫(也称杀青、漂烫)或硫黄熏蒸(主要用于水果)或添加抗坏血酸(0.05%~0.1%)及食盐(0.1%~1.0%)。肉类、鱼类及蛋中因含 0.5%~2.0%肝糖，干燥时常发生褐变，可添加酵母或葡萄糖氧化酶处理或除去肝糖再干燥。

6. 食品的气调保藏

果蔬的变质主要是由于果蔬的呼吸和蒸发、微生物生长、食品成分的氧化或褐变等作用，而这些作用与食品贮藏的环境气体有密切的关系，如氧气、二氧化碳、氮气等。如果能控制食品贮藏环境气体的组成，如增加环境气体中二氧化碳、氮气比例，降低氧气比例，从而控制食品变质的因素，可达到延长食品保鲜或保藏期的目的。

气调保藏可以降低果蔬的呼吸强度；降低果蔬对乙烯作用的敏感性；延长叶绿素的寿命；减慢果胶的变化；减轻果蔬组织在冷害温度下积累乙烯、醇等有毒物质，从而减轻冷害；抑制食品微生物的活动；防止虫害；抑制或延缓其他不良变化。因此，气调保藏特别适于鲜肉、果蔬的保鲜。另外，还可用于谷物、鸡蛋、肉类、鱼产品等的保鲜或保藏。

根据气体调节原理可将气调保藏分为 MA(modified atmosphere)和 CA(controlled atmosphere)两种。前者指用改良的气体建立气调系统，在以后保藏期间不再调整；后者指在保藏期间，气体的浓度一直控制在某一恒定的值或范围内，这种方法效果更为确切。要想控制食品的保藏气体环境，则必须将食品封闭在一定的容器或包装内。如气调库、气调车、气调垛、气调袋(即 CAP 或 MAP)、涂膜保鲜、真空包装和充气包装等。

7. 食品的辐照保藏

食品的辐射保藏是指利用电离辐射照射食品，延长食品保藏期的方法。电离辐射对微生物有很强的致死作用，它是通过辐射引起环境中水分子和细胞内水分子吸收辐射能量后电离产生的自由基起作用的，这些自由基能与细胞中的敏感大分子反应并使之失活。此外，电离辐射还有杀虫、抑制马铃薯发芽和延迟后熟等作用。在电离辐射中，由于γ射线穿透力和杀菌作用都强，且发生较易，所以目前主要是利用放射性同位素产生的γ射线进行照射处理。

食品辐射保藏的优点为照射过程中食品的温度几乎不上升，对于食品的色、香、味、营养及质地无明显影响；射线的穿透力强，在不拆包装和不解冻的条件下，可杀灭深藏于食品(谷物、果实和肉类等)内部的害虫、寄生虫和微生物；可处理各种不同的食品，从袋装的面粉到装箱的果蔬，从大块的烤肉、火腿到肉、鱼制成的其他食品均可应用；照射处理食品不会产生残留，可避免污染；可改进某些食品的品质和工艺质量；节约能源；效率高，可连续作业。

问题思考

请结合课程内容：

(1)简述常用的物理防腐保藏方法有哪些？基本原理是什么？

(2)常用的化学防腐剂有哪些？防腐机理是什么？

知识拓展

高压杀菌的影响及应用

1. 高压对微生物的影响

当细胞周围的流体静压达到0.6MPa左右时，细胞内的气泡将会破裂，菌体细胞变长，细胞壁脱离细胞膜，细胞壁变厚。高压可使蛋白质变性，直接影响微生物及其酶系的活力，使微生物的活动受到抑制，甚至死亡。

在高压作用下，细胞膜的磷脂双分子层结构随着磷脂分子横截面的收缩而收缩，表现为细胞膜通透性改变。20~40MPa高压能使较大细胞的细胞壁因超过应力极限而发生机械断裂，从而使细胞裂解。这种作用对真核微生物是主要的影响因素。一般来讲，真核微生物比原核微生物对压力更为敏感。在300MPa以上的压力下，细菌、霉菌和酵母菌都可被杀死，但一些菌的芽孢耐压力强，在600MPa才能被杀死。

2. 高压对食品成分的影响

高压使蛋白质结构伸展，体积改变而变性，即压力凝固。如鸡蛋蛋白在超过300MPa的压力下会发生不可逆变性。高压作用下，酶会钝化或失活。高压可使淀粉改性，常温下加压到400~600MPa，淀粉发生糊化而呈不透明的黏稠糊状物。但高压对食品中的风味物质、维生素、色素及各种小分子物质的天然结构几乎没有影响。

3. 高压杀菌的应用

采用高压技术对肉类进行加工处理，与常规方法相比，在肉制品的柔嫩度、风味、色泽、成熟度及保藏性等方面都有不同程度的改善。例如，常温下质粗价廉牛肉经 250MPa 高压处理，牛肉制品明显得到嫩化；300MPa 压力处理鸡肉和鱼肉 10min，能得到类似于轻微烹饪的组织状态。

高压处理水产品可最大限度地保持水产品的新鲜风味，增大鱼肉制品的凝胶性。例如，在 600MPa 压力下处理水产品(如甲壳类水产品)，其中的酶完全失活，细菌数量大大减少，色泽外红内白，但仍保持原有的生鲜味。

在果酱加工中采用高压杀菌，不仅可杀灭其中的微生物，还可使果肉糜粒成酱，简化生产工艺，提高产品质量。

项目小结

食品腐败变质的过程，实质上是细菌、酵母菌和霉菌等微生物分解食品中的蛋白质、糖类、脂肪的生化过程。引起食品腐败变质的因素是多方面的，一般来说，食品发生腐败变质与食品本身的性质、污染微生物的种类和数量以及食品所处的环境等因素有着密切的关系。引起食品腐败变质的微生物不同，是由于食品的形状和组织成分的差异，适用于不同微生物的缘故。在外界条件中，温度、湿度和氧是影响食品腐败变质的主要环境条件。不同种类的食品引起其腐败变质的微生物的类群和环境条件都是不同的。在食品加工和保藏中，应充分考虑引起腐败变质的各种因素，采取不同的方法或方法组合，杀死腐败微生物或抑制其在食品中的生长繁殖，从而达到延长食品保藏期的目的。

自测练习

一、单选题

1. 土壤中的微生物以(　　)最多。

A. 细菌　　B. 真菌　　C. 放线菌　　D. 酵母菌

2. 以下操作不正确的是(　　)。

A. 食品企业在加工过程中，要严格做到生熟分开，避免交叉污染

B. 肉制品加工企业中待宰杀的畜禽必须经卫生检疫，合格后才能进行分割加工

C. 微生物会造成食品的污染，因此要杀灭食品中的所有微生物

D. 食品加工设备在生产结束后，要彻底清洗干净，否则会成为再次生产时的污染源

3. 脂肪在微生物的作用下，可被分解为甘油和(　　)。

A. 碳水化合物　　B. 脂肪酸　　C. 氨基酸　　D. 葡萄糖

4. “哈喇”味主要是食品中的(　　)被微生物分解产生的。

A. 蛋白质　　B. 矿物质　　C. 脂肪　　D. 碳水化合物

5. pH 值高低是制约微生物生长的主要因素之一，以下最适合大多数微生物生长的食品 pH 值为(　　)。

A. <3. 5　　B. 4. 5~5. 5　　C. 6~8　　D. >9

6. 用盐腌制食品可延长其保质期，原因是盐改变了食品内环境的(　　)。

A. 蛋白质　　B. 脂肪　　C. pH 值　　D. 渗透压

7. 细菌侵入蛋白，使蛋黄膜破裂，蛋黄流出与蛋白混合成为浑浊的液体，习惯上将它称为(　　)。

A. 散黄蛋　　B. 泻黄蛋　　C. 酸败蛋　　D. 黏壳蛋

8. 果汁腐败变质的现象中不包括(　　)。

A. 浑浊　　B. 产生酒精味

C. 产生酸味　　D. 产生臭鸡蛋气味

9. 一般冷藏的温度范围为(　　)。

A. −18～−1℃　　B. −10～1℃　　C. −1～10℃　　D. 1～4℃

二、多选题

1. 食品微生物污染的来源包括(　　)。

A. 土壤和空气　　B. 产品原料、辅料和水

C. 加工机械和设备、包装材料　　D. 人和动物体

2. 食品企业在生产加工中，产品受到微生物污染的途径有(　　)。

A. 空气　　B. 水　　C. 包装材料　　D. 工作人员

3. 肉类腐败变质的现象有(　　)。

A. 发黏　　B. 变色　　C. 霉斑　　D. 恶臭味

三、判断题

1. 食品在有氧的环境中，腐败变质会更快一些。(　　)

2. 由微生物引起蛋白质食品发生的变质，通常称为酸败。(　　)

3. 健康奶牛产的乳中是不含微生物的。(　　)

4. 病原菌可在果蔬的生长过程中，通过根、茎、叶、花、果实等途径侵入组织内部，造成果蔬的微生物污染。(　　)

5. 巴氏杀菌可杀死食品中细菌的芽孢。(　　)

四、简答题

1. 食品微生物污染的来源有哪些?

2. 简述食品保藏的目的。

模块二

食品微生物检验基础技术训练

项目3 食品微生物实验室使用与管理

食品微生物实验室的主要任务是通过检验食品中微生物的数量、鉴定或描述食品中致病微生物的有无，来评估质量管理水平、卫生状况以及危害分析和关键控制点(HACCP)计划的有效性。由于微生物的生物学特性差异较大，致病微生物的检验必须在特定的食品微生物实验室内进行。食品微生物实验室组织与管理的完善、规划建设和配套环境设施的科学性和合理性、检验人员的良好素质、检验器具和耗材的质量、检验方法的合适性、仪器设备的状态、检验质量的准确性，关系到食品微生物的检验质量，而且关系到食品安全，甚至关系到个人安全、社区安全和经济贸易。本项目以《食品安全国家标准　食品微生物学检验　总则》(GB 4789.1—2016)为基础，从微生物实验室基本要求、生物安全与质量控制、常用仪器与用品等几个方面，学习食品微生物实验室建设、使用及管理等相关内容。

学习目标

知识目标

1. 掌握食品微生物实验室基本要求，无菌室的设计和结构要求。
2. 掌握食品微生物实验室质量控制的相关措施。
3. 了解食品微生物检验常用仪器和用品的种类和用途。

技能目标

1. 能够按照食品微生物实验室要求开展日常检验工作。
2. 能够正确进行食品微生物检验中的无菌操作，消毒与灭菌，试剂、菌种及培养基管理，设备使用与维护，废弃物处理等工作。
3. 能够处理实验室常见安全问题。

素质目标

1. 培养专业检验人员应具备的遵章守纪、认真细致的职业素养。
2. 增强生物安全意识，提高对实验室生物危害的防控意识。
3. 培养团队协作精神，培养实验室标准化管理意识。

任务3-1 食品微生物实验室基本要求认知

工作任务

为了确保实验数据的有效性，食品微生物实验室要在检验人员、环境与设施、实验设备、检验用品、培养基和试剂、质控菌株方面达到相应标准。同时，食品微生物实验室也会引发生物安全危害，其危害程度远远超过一般公害，必须高度警惕。

本任务学习《食品安全国家标准　食品微生物学检验　总则》(GB 4789.1—2016)中对食品微生物实验室的要求。

知识准备

1. 食品微生物实验室的基本要求

1)检验人员

(1)应具有相应的微生物专业教育或培训经历，具备相应的资质，能够理解并正确实施检验。

(2)应掌握实验室生物安全操作和消毒知识。

(3)应在检验过程中保持个人整洁与卫生，防止人为污染样品。

(4)应在检验过程中遵守相关安全措施的规定，确保自身安全。

(5)有颜色视觉障碍的人员不能从事涉及辨色的实验。

2)环境与设施

(1)实验室环境不应影响检验结果的准确性。

(2)实验区域应与办公区域明显分开。

(3)实验室工作面积和总体布局应能满足从事检验工作的需要，实验室布局宜采用单方向工作流程，避免交叉污染。

(4)实验室内环境的温度、湿度、洁净度、照度、噪声等应符合工作要求。

(5)食品样品检验应在洁净区域进行，洁净区域应有明显标示。

(6)病原微生物分离鉴定工作应在二级或以上生物安全实验室进行。

3)实验设备

(1)实验设备应满足检验工作的需要。

①称量设备。天平等。

②消毒灭菌设备。干烤/干燥设备，高压灭菌、过滤除菌、紫外线等装置。

③培养基制备设备。pH 计等。

④样品处理设备。均质器(剪切式或拍打式均质器)、离心机等。

⑤稀释设备。移液器等。

⑥培养设备。恒温培养箱、恒温水浴等装置。

⑦镜检计数设备。显微镜、放大镜、游标卡尺等。

⑧冷藏冷冻设备。冰箱、冷冻柜等。

⑨生物安全设备。生物安全柜。

⑩其他设备。

(2)实验设备应放置于适宜的环境条件下，便于维护、清洁、消毒与校准，并保持整洁与良好的工作状态。

(3)实验设备应定期进行检查和/或检定(加贴标识)、维护和保养，以确保工作性能和操作安全。

(4)实验设备应有日常监控记录或使用记录。

4)检验用品

(1)检验用品应满足微生物检验工作的需求。

①常规检验用品。接种环(针)、酒精灯、镊子、剪刀、药匙、消毒棉球、硅胶(棉)塞、吸管、吸球、试管、平皿、锥形瓶、微孔板、广口瓶、量筒、玻棒及L形玻棒、pH试纸、记号笔、均质袋等。

②现场采样检验用品。无菌采样容器、棉签、涂抹棒、采样规格板、转运管等。

(2)检验用品在使用前应保持清洁和/或无菌。

(3)需要灭菌的检验用品应放置在特定容器内或用合适的材料(如专用包装纸、铝箔纸等)包裹或加塞，应保证灭菌效果。

(4)检验用品的贮存环境应保持干燥和清洁，已灭菌与未灭菌的用品应分开存放并明确标识。

(5)灭菌检验用品应记录灭菌的温度与持续时间及有效使用期限。

5)培养基和试剂

(1)正确制备培养基是微生物检验的最基础步骤之一，使用脱水培养基和其他成分，尤其是含有有毒物质(如胆盐或其他选择剂)的成分时，应遵守良好实验室规范和生产厂商提供的使用说明。培养基的不正确制备会导致培养基出现质量问题。使用商品化脱水合成培养基制备培养基时，应严格按照厂商提供的使用说明配制，如质量(体积)、pH值、制备日期、灭菌条件和操作步骤等。实验室使用各种基础成分制备培养基时，应按照配方准确配制，并记录相关信息，如培养基名称和类型及试剂级别、每个成分物质含量、制造商、批号、pH值、培养基体积(分装体积)、无菌措施(包括实施的方式、温度及时间)、配置日期、人员等，以便溯源。

(2)实验室制备培养基原料(包括商业脱水配料和单独配方组分)应在适当的条件下贮存，如低温、干燥和避光。所有的容器应密封，尤其是盛放脱水培养基的容器。不得使用结块或颜色发生改变的脱水培养基。除非实验方法有特殊要求，培养基、试剂及稀释剂配制用水应经蒸馏、去离子或反渗透处理水，培养基要求无菌、无干扰剂和抑制剂。

(3)实验室自制的培养基在保证其成分不会改变的条件下保存，即避光、干燥保存，必要时在5℃±3℃冰箱中保存，通常建议平板不超过4周，瓶装及试管装培养基不超过6个月，除非某些标准或实验结果表明保质期比上述的更长。建议需在培养基中添加的不稳定的添加剂应即配即用，除非某些标准或实验结果表明保质期更长；含有活性化学物质或不稳定性成分的固体培养基也应即配即用，不可二次熔化。观察培养基是否有颜色变化、蒸发(脱水)或微生物生长的情况，当培养基发生这类变化时，应禁止使用。培养基使用或再次加热前，应先取出平衡至室温。

(4)实验室应有对试剂进行检查、接收、拒收和贮存的程序，确保所用的试剂质量符合相关检验的需要。实验室工作人员应使用经过认证的国家或国际质控试剂，在初次使用和保存期限内验证并记录每一批对检验起决定性作用的试剂的适用性，不得使用未达到相关标准的试剂。

6)质控菌株

(1)实验室应保存能满足实验需要的标准菌株。

(2)应使用微生物菌种保藏专门机构或专业权威机构保存的、可溯源的标准菌株。

(3)标准菌株的保存、传代按照《食品安全国家标准 食品微生物学检验 培养基和试剂的质量要求》(GB 4789.28—2024)的规定执行。

(4)对实验室分离菌株(野生菌株)，经过鉴定，可作为实验室内部质量控制的菌株。

2. 无菌室的基本要求

在微生物实验室中，菌种的移植、接种和分离等工作都要避免杂菌的污染，才能获得符合要求的微生物纯培养体。因此，除严格按无菌操作进行外，还需要有一个无杂菌污染的工作环境，即无菌室。

1)无菌室设计的基本要求

(1)无菌室一般为4~5m^2、高2.5m的独立小房间(与外间隔离)，内部装修应平整、光滑，无凹凸不平或棱角等，四壁及屋顶应用不渗水的材质，以便于擦洗及杀菌。

(2)无菌室专辟于微生物实验室内，可以用板材和玻璃建造，其周围需要设有缓冲走廊，走廊旁再设缓冲室。

(3)缓冲室的面积可小于无菌室，另设有小窗，以备进入无菌室后传递物品。

(4)无菌室和缓冲室进出口应设拉门，门与窗平齐，窗户应为双层玻璃，并要密封，门缝也要封紧，两门应错开，以免空气对流造成污染；室内装备的换气设备必须有空气过滤装置，另需设有日光灯及消毒用的紫外线灯，杀菌紫外线灯离工作台以1.0m为宜，其电源开关均应设在室外。

(5)无菌室关键操作点及超净工作台操作区的净化级别应为100级。

(6)无菌室室内温度宜控制在20~24℃，相对湿度为45%~60%。

2)无菌室的使用要求

(1)无菌室应保持清洁整齐，工作后用消毒液擦拭工作台面，室内只能存放必需的检验用具，如酒精灯、酒精棉球、火柴、镊子、接种针、接种环、记号笔等。室内检验用具及桌凳等位置保持固定，不可随便移动。

(2)每隔2~3周，要用2%的石炭酸溶液擦拭工作台、门、窗、桌、椅及地面，然后用甲醛加热或喷雾灭菌。

(3)无菌室使用前后应将门关紧，打开紫外线灯，如采用室内悬吊紫外线灯消毒，需要30W紫外线灯，距离在1.0m处，照射时间不少于30min。使用紫外线灯应注意，不得直接在紫外线灯下操作，以免引起损伤。灯管每隔1~2周需用酒精棉球轻轻擦拭，除去上面灰尘和油垢，以免影响紫外线穿透的效果。

3. 实验室生物安全防护水平分级

食品微生物实验室是一个独特的工作环境，工作人员受到意外感染的报道却并不鲜见，其原因主要是对潜在的生物危害认识不足、防范意识不强、物理隔离和防护不合理、人为过错和检验操作不规范。除此之外，随着应用微生物产业规模的日益扩大，一些原先被认为是非病原性且有工业价值的微生物孢子和有关产物所散发的气溶胶，也会使产业人员发生不同程度的过敏症状，甚至影响到周围环境，造成难以挽回的损失。

食品微生物实验室生物危害的受害者不局限于实验者本人，同时还有其周围同事，另外被感染者本人也很有可能是一种生物危害，作为带菌者可能污染其他菌株、生物剂，同时又是生物危害的传播者，这种现象必须引起高度重视。因此，食品微生物学实验室的生物危害程度远远超过一般公害，必须高度警惕。

依照国家标准，根据所操作的生物因子的危害程度和采取的防护措施，将生物安全实验室的生物安全防护水平分为4级。通常以BSL-1、BSL-2、BSL-3、BSL-4表示实验室的相应生物安全防护水平。

生物安全防护水平为一级的实验室(BSL-1)适用于操作在通常情况下不会引起人类或者动物疾病的微生物。

生物安全防护水平为二级的实验室(BSL-2)适用于操作能够引起人类或者动物疾病，但一般情况下对人、动物或者环境不构成严重危害，传播风险有限，实验室感染后很少引起严重疾病，并且具备有效治疗和预防措施的微生物。按照实验室是否具备机械通风系统，将BSL-2实验室分为普通型BSL-2实验室、加强型BSL-2实验室。

生物安全防护水平为三级的实验室(BSL-3)适用于操作能够引起人类或者动物严重疾病，比较容易直接或者间接在人与人、动物与人、动物与动物间传播的微生物。

生物安全防护水平为四级的实验室(BSL-4)适用于操作能够引起人类或者动物非常严重疾病的微生物，我国尚未发现或者已经宣布消灭的微生物。

不同级别微生物实验室的规划建设和配套环境设施不同。食品微生物实验室所检测微生物的生物危害等级大部分为生物安全防护水平二级，少数为生物安全防护水平三级和四级[如霍乱弧菌(*Vibrio cholerae*)]。

问题思考

(1)假如你是一名食品微生物实验室的工作人员，为确保检验工作的有效性，在工作中要注意哪些方面?

(2)无菌室在使用中有哪些注意事项?

知识拓展

病原微生物实验室生物安全要求

1. 实验室设计原则和基本要求

(1)实验室选址、设计和建造应符合国家和地方建设规划、生物安全、环境保护和建筑技术规范等规定和要求。

(2)实验室的设计应保证对生物、化学、辐射和物理等危险源的防护水平控制在经过评估的可接受程度，防止危害环境。

(3)实验室的建筑结构应符合国家有关建筑规定。

(4)在充分考虑生物安全实验室地面、墙面、顶板、管道、橱柜等在消毒、清洁、防滑、防渗漏、防积尘等方面特殊要求的基础上，从节能、环保、安全和经济性等多方面综合考虑，选用适当的符合国家标准要求的建筑材料。

(5)实验室的设计应充分考虑工作方便、流程合理、人员舒适等问题。

(6)实验室内温度、湿度、照度、噪声和洁净度等室内环境参数应符合工作要求，以及人员舒适性、卫生学等要求。

(7)实验室的设计在满足工作要求、安全要求的同时，应充分考虑节能和冗余。

(8)实验室的走廊和通道应不妨碍人员和物品通过。

(9)应设计紧急撤离路线，紧急出口处应有明显的标识。

(10)房间的门根据需要安装门锁，门锁应便于内部快速打开。

(11)实验室应根据房间或实验间在用、停用、消毒、维护等不同状态时的需要，采取适当的警示和进入限制措施，如警示牌、警示灯、警示线、门禁等。

(12)实验室的安全保卫应符合国家相关部门对该级别实验室的安全管理规定和要求。

(13)应根据生物材料、样本、药品、化学品和机密资料等被误用、被盗和被不正当使用的风险评估，采取相应的物理防范措施。

(14)应有专门设计以确保存储、转运、收集、处理和处置危险物料的安全。

2. BSL-1 实验室

(1)应为实验室仪器设备的安装、清洁和维护、安全运行提供足够的空间。

(2)实验室应有足够的空间和台柜等摆放实验室设备和物品。

(3)在实验室的工作区外应当有存放外衣和私人物品的设施，应将个人服装与实验室工作服分开放置。

(4)进食、饮水和休息的场所应设在实验室的工作区外。

(5)实验室墙壁、顶板和地板应当光滑、易清洁、防渗漏并耐化学品和消毒剂的腐蚀。地面应防滑，不得在实验室内铺设地毯。

(6)实验室台(桌)柜和座椅等应稳固和坚固，边角应圆滑。实验台面应防水，并能耐受中等程度的热、有机溶剂、酸碱、消毒剂及其他化学剂。

(7)应根据工作性质和流程合理摆放实验室设备、台柜、物品等，避免相互干扰、交叉污染，并应不妨碍逃生和急救。台(桌)柜和设备之间应有足够的间距，以便于清洁。

(8)实验室应设洗手池，水龙头开关宜为非手动式，宜设置在靠近出口处。

(9)实验室的门应有可视窗并可锁闭，同时达到适当的防火等级，门锁及门的开启方向应不妨碍室内人员逃生。

(10)实验室可以利用自然通风，开启窗户应安装防蚊虫的纱窗。如果采用机械通风，应避免气流流向导致的污染和避免污染气流在实验室之间或与其他区域之间串通而造成交叉污染。

(11)应保证实验室内有足够的照明，避免不必要的反光和闪光。

(12)实验室涉及刺激性或腐蚀性物质的操作，应在30m内设洗眼装置，风险较大时应设紧急喷淋装置。

(13)若涉及使用有毒、刺激性、挥发性物质，应配备适当的排风柜(罩)。

(14)若涉及使用高毒性、放射性等物质，应配备相应的安全设施设备和个体防护装备，应符合国家、地方的相关规定和要求。

(15)若使用高压气体和可燃气体，应有安全措施，应符合国家、地方的相关规定和要求。

(16)应有可靠和足够的电力供应，确保用电安全。

(17)应设应急照明装置，同时考虑合适的安装位置，以保证人员安全离开实验室。

(18)应配备足够的固定电源插座，避免多台设备使用共同的电源插座。应有可靠的接地系统，应在关键节点安装漏电保护装置或监测报警装置。

(19)应满足实验室所需用水。

(20)给水管道应设置倒流防止器或其他能有效防止回流污染的装置；给排水系统应不渗漏，下水应有防回流设计。

(21)应配备适用的应急器材，如消防器材、意外事故处理器材、急救器材等。

(22)应配备适用的通信设备。

(23)必要时，可配备适当的消毒、灭菌设备。

3. BSL-2 实验室

1)普通型 BSL-2 实验室

(1)适用时，应符合普通型 BSL-1 实验室的要求。

(2)实验室主入口的门、放置生物安全柜实验间的门应可自动关闭；实验室主入口的门应有进入控制措施。

(3)实验室工作区域外应有存放备用物品的条件。

(4)应在实验室或其所在的建筑内配备压力蒸汽灭菌器或其他适当的消毒、灭菌设备，所配备的消毒、灭菌设备应以风险评估为依据。

(5)应在实验室工作区配备洗眼装置，必要时，应在每个工作间配备洗眼装置。

(6)应在操作病原微生物及样本的实验区内配备二级生物安全柜。

(7)应按产品的设计、使用说明书的要求安装和使用生物安全柜。

(8)如果使用管道排风的生物安全柜，应通过独立于建筑物其他公共通风系统的管道排出。

(9)实验室入口应有生物危害标识，出口应有逃生发光指示标识。

2)加强型 BSL-2 实验室

(1)适用时，应符合普通型 BSL-1 实验室的要求。

(2)加强型 BSL-2 实验室应包含缓冲间和核心工作间。

(3)缓冲间可兼作防护服更换间。必要时，可设置准备间和洗消间等。

(4)缓冲间的门宜能互锁。如果使用互锁门，应在互锁门的附近设置紧急手动互锁解除开关。

(5)实验室应设洗手池；水龙头开关应为非手动式，宜设置在靠近出口处。

(6)采用机械通风系统，送风口和排风口应采取防雨、防风、防杂物、防昆虫及其他动物的措施，送风口应远离污染源和排风口。排风系统应使用高效空气过滤器。

(7)核心工作间内送风口和排风口的布置应符合定向气流的原则，利于减少房间内的涡流和气流死角。

(8)核心工作间气压相对于相邻区域应为负压，压差不低于 10Pa。在核心工作间入口的显著位置，应安装显示房间负压状况的压力显示装置。

(9)应通过自动控制措施保证实验室压力及压力梯度的稳定性，并可对异常情况报警。

(10)实验室的排风应与送风连锁，排风先于送风开启，后于送风关闭。

(11)实验室应有措施防止产生对人员有害的异常压力，围护结构应能承受送风机或排风机异常时导致的空气压力载荷。

(12)核心工作间温度 18~26℃，噪声应低于 68dB。

(13)实验室内应配置压力蒸汽灭菌器，以及其他适用的消毒设备。

任务 3-2　食品微生物检验常用仪器使用

工作任务

食品微生物检验常用设备包括超净工作台、培养箱、高压蒸汽灭菌器、干燥箱、无菌均质器、离心机、普通冰箱等。各种设备的使用要求不同，有些设备还需要在使用前灭菌，因此，要熟练掌握常用设备的特性，才能确保在工作中正确使用相应的检验设备。

本任务依照《食品安全国家标准　食品微生物学检验　总则》(GB 4789.1—2016)对设备的要求，学习掌握常用检验设备的结构、原理与使用方法。

知识准备

1. 超净工作台

超净工作台，又称净化工作台，是一种提供局部无尘、无菌工作环境的单向流型装置，如图 3-2-1 所示。

1)构造与原理

超净工作台一般由鼓风机、过滤器、操作台、紫外线灯和照明灯等部分组成。超净工

图 3-2-1 超净工作台

作台通过内部小型电动机带动风扇，使空气先通过一个前置过滤器，滤掉大部分尘埃，再经过一个细致的高效过滤器，将大于 0.3μm 的颗粒滤掉，然后使过滤后的不带细菌、真菌的纯净空气以 24~30m/min 吹过工作台的操作面，避免操作人员造成的轻微气流污染操作对象。

2)使用方法

(1)接通电源。

(2)打开玻璃门，将需要灭菌的物品放入超净工作台内，关闭玻璃门。

(3)打开紫外线灯，照射 30min 灭菌。

(4)30min 后关闭紫外线灯，启动风机，将风速调高，鼓风 10min。

(5)10min 后，将风速调低，保持风机一直开启。

(6)打开日光灯，将玻璃门升起，用酒精棉擦拭台面后，开始无菌操作。

(7)实验结束后，取出培养物及废品，将台面清理干净，再次用酒精棉擦拭台面。

(8)关闭玻璃门，关闭日光灯，关闭风机，打开紫外线灯，照射 30min 后，关闭紫外线灯，切断电源。

3)注意事项

(1)操作区内不要放置不必要的物品，要保持工作台面整洁。

(2)进行操作时，要尽量避免做扰乱气流流动的动作，以免造成人身污染。

(3)使用完毕，要检查是否关闭电源，并填写使用记录。

(4)根据超净工作台使用的频率，每 3~6 个月检查一次超净工作台的性能，如操作区风速达不到标准，应及时进行检修。

2. 高压蒸汽灭菌器

高压蒸汽灭菌器，是利用饱和压力蒸汽对物品进行迅速而可靠地消毒灭菌的设备。可用于培养基、生理盐水、废弃物、采样器、纱布、衣物的灭菌。

1)构造与原理

不同的高压蒸汽灭菌器的基本组成是一致的，主要由灭菌室、控制系统、过压保护装置等部分组成，如图 3-2-2 所示。高压蒸汽灭菌器的灭菌原理是：灭菌器内的水加热后变成水蒸气，由于在密闭的蒸锅内蒸汽不能外溢，随着压力不断上升，水的沸点也会不断提高，锅内

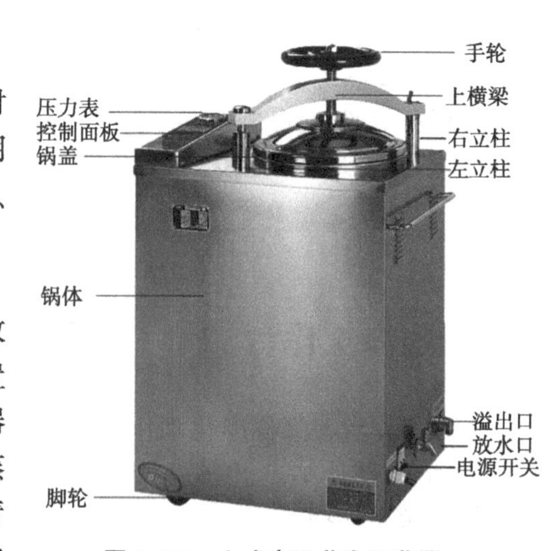

图 3-2-2 立式高压蒸汽灭菌器

温度也随之增加，在0.1MPa压力下，锅内温度可达121℃，在此蒸汽温度下，可以很快杀死所有微生物。但使用时要注意，必须完全排除锅内空气，使锅内全部是水蒸气，灭菌才能彻底。

2)使用方法

(1)加水：打开给水箱盖，加入蒸馏水5~7L，至给水箱高位标记。

(2)开盖：将手轮转至最顶，使盖充分提起，移开锅盖。

(3)放物品：将待灭菌的物品放入锅内，锁紧灭菌器盖。

(4)通电：接通电源，打开控制面板上电源开关。

(5)设定灭菌条件：在控制面板上，分别设定灭菌温度为121℃，灭菌时间为20min，并按确认键，完成设置。

(6)启动：按启动键启动，设备进入全自动灭菌工作程序。

(7)灭菌结束：控制面板显示结束行程，同时蜂鸣器响起，即可开盖取物。如压力表显示负压，可上提安全阀拉环至负压归零，即可开盖。

(8)关机：虚开盖，切断电源，放净锅内废水。

3)注意事项

(1)灭菌前需检查压力表和安全阀的灵敏度，并且压力表应定期检查，保证使用安全。

(2)每次使用前必须向锅内加水，加水量要达到水位标记，切忌空烧或加水不足导致中途烧干而引起爆炸事故。

(3)灭菌物品包裹不应过大、过紧，也不宜过多、过挤，以利于蒸汽渗透，防止灭菌不彻底。

(4)非全自动的高压蒸汽灭菌器，灭菌时必须将锅内的冷空气排除干净，否则会影响灭菌效果。

(5)在灭菌器的压力尚未降至零位以前，严禁开盖，以免发生事故。

(6)灭菌结束后，要放尽锅内残余的水，以免日久形成水垢。

3. 培养箱

培养箱也称恒温箱，是培养微生物的重要设备，主要用于实验室微生物的培养，为微生物的生长提供一个适宜的环境。

1)常用培养箱的种类

(1)恒温培养箱：一般温控范围为室温至65℃。用于一般细菌、霉菌的培养，如图3-2-3(a)所示。

(2)生化培养箱：一般温控范围为5~50℃。与恒温培养箱比较，生化培养箱的温控范围大，温度控制更精准，如图3-2-3(b)所示。

(3)厌氧培养箱：用于厌氧微生物的培养，如图3-2-3(c)所示。

2)恒温培养箱的使用方法

(1)接通电源，打开设备电源开关。

(2)在控制面板上设定培养条件。

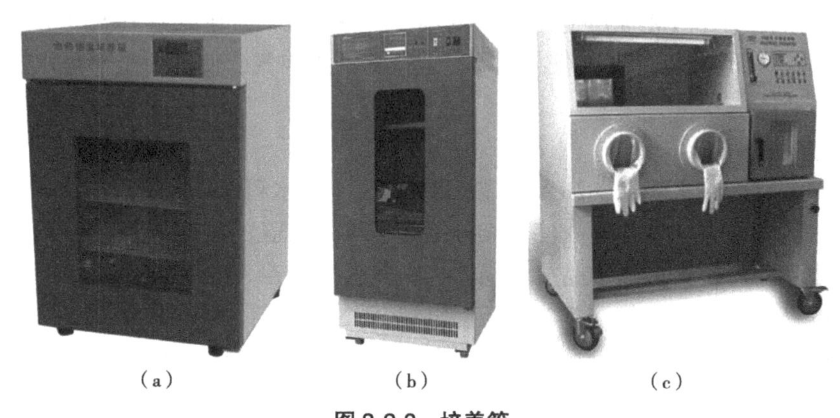

（a）　　（b）　　（c）

图 3-2-3　培养箱

（a）恒温培养箱；（b）生化培养箱；（c）厌氧培养箱

（3）放置培养物。

（4）使用结束后，取出培养物，关闭电源开关，拔下电源插头。

3）注意事项

（1）箱内不能放入过热或过冷的物品。

（2）取放物品时，应快速进行并做到随手关闭箱门。

（3）培养物放置不能过于拥挤，要保证受热均匀。

（4）内室底板靠近电热器，不宜放置培养物。

（5）使用中要定期消毒灭菌，先用3%的来苏尔液涂布消毒，再用清水擦净。

4. 干燥箱

干燥箱是用于灭菌和洗涤后物品烘干的设备。干燥箱有不同的控温范围，可以根据实验需求进行选择。

1）构造与原理

干燥箱（图 3-2-4）主要由箱体、电热器和温度控制系统 3 部分组成。干燥箱的加热范围一般为 30～300℃，不同类型的干燥箱由于用途、要求不同，构造稍有差异。

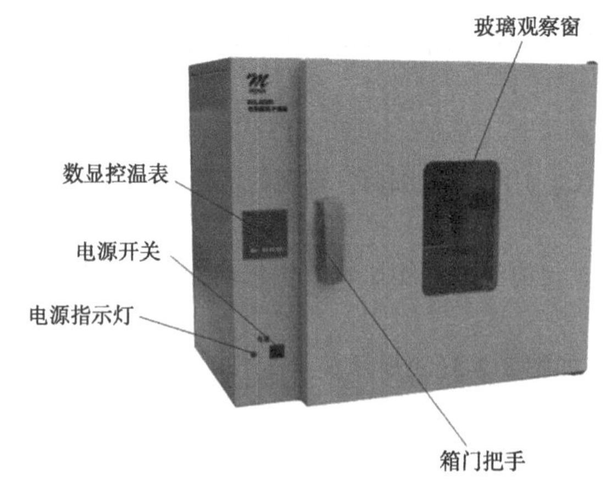

图 3-2-4　干燥箱

一般小型的干燥箱采用自然对流式传热。这种形式是利用热空气轻于冷空气形成自然循环对流的作用来进行传热和换气，达到箱内温度比较均匀，并将样品蒸发出来的水气排出去的目的。对于大型的干燥箱，如果完全依靠自然对流式传热和排气就达不到应有的效果，一般安装有电动机带动电扇进行鼓风，达到传热均匀和快速排气的目的。

2）使用方法（干热灭菌）

（1）装箱：将包好的待灭菌物品（培养

皿、试管、吸管等)放入干燥箱(注意留有一定的间隙)，关好箱门。

(2)打开排气孔：接通电源，打开排气孔，使箱内湿空气能逸出。

(3)设置灭菌条件：灭菌温度为160~170℃，灭菌时间为1.5~2.0h。

(4)关闭排气孔：当箱内达到100℃时，关闭排气孔。

(5)恒温：当温度升到160~170℃时，利用恒温调节器的自动控制，保持此温度至灭菌结束。

(6)降温：灭菌结束后，切断电源，冷却至60℃。

(7)取物：打开箱门，取出灭菌物品(未降至60℃以前，切勿打开箱门，否则温度骤降易导致玻璃器皿炸裂)。

3)注意事项

(1)干燥箱内不应放对金属有腐蚀性的物质，如酸、碱等，禁止烘干易燃、易爆、易挥发的物品。如必须在干燥箱内烘干纤维类和能燃烧的物品，如滤纸、脱脂棉等，则不要使箱内温度过高或时间过长，以免燃烧着火。

(2)观察箱内情况，一般不要打开内玻璃门，隔玻璃门观察即可，以免影响恒温。干燥箱恒温后，一般不需人工监视，但为防止控制器失灵，仍须有人经常照看，不能长时间远离。内壁、隔板如生锈，可刮干净后涂上铝粉、银粉、铅粉或锌粉。箱内应保持清洁，经常打扫。

(3)如事先将器皿用纸包裹或带有棉塞，则灭菌后在适宜的环境下保存，可延长无菌状态达一周之久。

5. 无菌均质器

无菌均质器(拍打式均质机)是一种在无菌的状态下，通过拍打使固体和半固体样品均质化，用于微生物检验样品制备的设备。

1)构造与原理

无菌均质器主要由均质主机、运行控制面板、拍击板、观察窗等部分组成，如图3-2-5所示。

图3-2-5 无菌均质器

无菌均质器使从固体样品中提取细菌的过程变得非常简单，只需将样品和稀释液加入无菌的均质袋中，然后将均质袋放入无菌均质器中，即可完成样品的处理。无菌均质器能有效地分离被包含在固体样品内部和表面的微生物，确保无菌袋中混合全部的样品。处理后的样品溶液可以直接进行取样和分析，没有样品的变化和交叉污染的危险。

2)使用方法

(1)接通电源，打开设备电源开关。

(2)设定无菌均质器使用的拍击速度和拍击时间。

(3)打开均质器门，将装有样品的均质袋放于均质器内。

(4)关闭均质器门，进行拍击均质工作。

(5)使用结束后，打开均质器门，取出样品。

(6)切断电源。

3)注意事项

(1)机器在运转前，要仔细查看均质箱内有无异物，以免工作时发生故障和损伤均质袋。

(2)含硬块、骨状、冰状物等坚硬锐利物质的样品不适合使用无菌均质器，以免破坏均质袋。

(3)在锤击板工作时不要随意打开均质器门，以免样品液溢出。应按“开/停”键，设备自动停止运行。当把门关上后，再按“开/停”键，设备自动完成余下工作。切勿颠倒操作。

(4)样品量少时，或需加快速度时，或均质物纤维比较坚韧时，则可用后面旋钮调节拍击板与可视窗的间距，来达到更好的均质效果。注意调整的距离，避免发生空击等损伤无菌均质器的情况。

6. 移液器

移液器也叫移液枪，是在一定量程范围内，将液体从原容器内移取到另一容器内的一种计量工具。在微生物检验中，常用于样品溶液的梯度稀释。

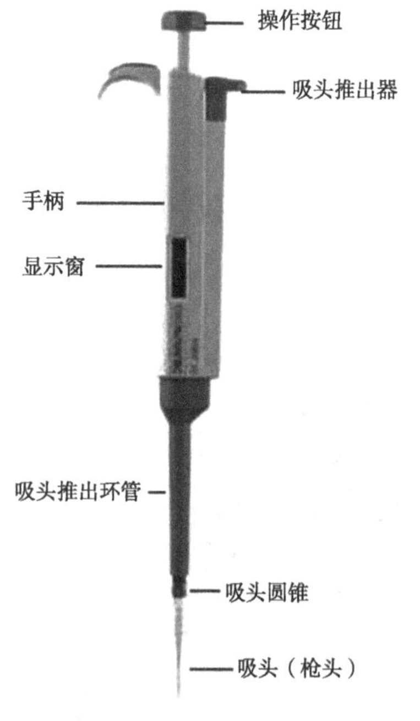

图 3-2-6　移液器

1)构造

移液器主要由显示窗、操作按钮、吸头推出器、吸头推出环管等几部分组成，如图 3-2-6 所示。

2)使用方法

(1)装配吸头：将移液器的吸头圆锥对准吸头管口，稍微用力左右微微转动即可使其紧密结合。

(2)调节量程：调节移液器的移液体积操作按钮，进行移液量的设定。如果要从大体积调为小体积，则按照正常的调节方法逆时针旋转按钮即可。但如果要从小体积调到大体积，则可先顺时针旋转刻度按钮至超过量程的刻度，再回调至设定体积，这样可以保证量取的精确度。

(3)移液：吸取液体时，移液器保持竖直状态。用大拇指将按钮按下至第一停点，将吸头尖端垂直浸入液面以下 2~3mm，缓慢均匀地松开操作按钮，待吸头吸入溶液后静置 2~3s，并斜贴在容器壁上淌去吸头外壁多余的液体。在吸液之前，可以先吸放几次液体，以润湿吸头(尤其是要吸取黏稠或密度与水不同的液体时)。

(4)放液：将吸头与容器壁接触，稍稍倾斜，慢慢压下按钮至第一停点，停 1~2s 再压至第二停点，把液体完全压出。

(5)放置移液器：使用完毕，用大拇指按住吸头推出器向下压，安全退出吸头后将其容量调到标识的最大值，然后将移液器悬挂在专用的移液器架上；长期不用时应置于专用盒内。

3）注意事项

（1）在调节移液器的过程中，转动按钮不可太快，也不能超出其最大或最小量程，否则易导致量不准确，并且易卡住内部机械装置而损坏移液器。

（2）勿将移液器枪体浸入液体中。

（3）移液器的任何部分切勿用火烧烤，也不可吸取温度高于70℃的溶液，避免蒸气侵入腐蚀活塞。

（4）当移液器吸头里有液体时，切勿将移液器水平放置或倒置，以免液体倒流而腐蚀活塞弹簧。

（5）若不小心使液体进入吸管柱内时，应立即拆开移液器的各部件，以清水冲洗干净后，再以乙醇擦拭，擦干后再正确组合，恢复原状。

7. 冰箱

1）分类

（1）普通冰箱：主要用于菌种保存和特殊试剂的存放，如图3-2-7（a）所示。

（2）低温冰箱：主要用于生物制品的长期保存，如图3-2-7（b）所示。

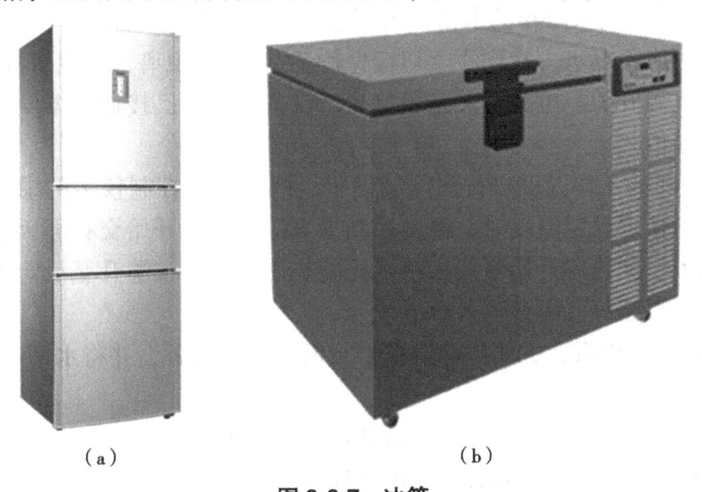

（a）　（b）

图3-2-7　冰箱

（a）普通冰箱；（b）低温冰箱

2）注意事项

（1）冰箱应置于通风阴凉处，并注意与墙壁要有一定的距离。低温冰箱四周至少离墙壁50cm，并尽量远离发热体，空气流通，不受日光照射，环境温度宜低于35℃。

（2）新购入低温冰箱试用时或因停电温度回升过高时，为了避免机器一次工作时间过长，应控制温度调节器，使其逐渐下降。

（3）冰箱开门时间应尽量短暂，温度过高的物品不能放入冰箱中，以免过多的热气进入冰箱中而消耗电量，并增加其机件的工作时间，缩短使用寿命。

(4)贮存在冰箱内的所有容器应当清楚地标明内装物品的名称、贮存日期和贮存者姓名。未标明的或废旧物品应当经高压灭菌后丢弃。

(5)除非有防爆措施，否则冰箱内不能放置易燃溶液，冰箱门上应注明这一点。

8. 恒温水浴箱

1)构造

恒温水浴箱(也称恒温水浴锅)如图3-2-8所示，箱壁有两层，外壁为薄钢板，内壁为铜皮，夹层中填有绝热材料。侧室一般设在右边，内装开关、指示灯、温度控制器等电器元件。水浴箱的电热器多采用浸入式电热管。

图3-2-8　恒温水浴箱

2)使用方法

(1)设备安装前应将恒温水浴箱放在平整的工作台上，先进行外观检查。外观应无破损，仪表外观应完整，导线绝缘应良好，插头应完好，电源开关灵活。每台设备的电源线都接有单相三极插头，其中插头最上方的电极为接地极，使用时必须使用单相三极的电源插座，电源插座的接地极上应有可靠的地线。

(2)通电前先向恒温水浴箱的水槽注入清水(有条件请用蒸馏水，可减少水垢)，恒温水浴箱加注清水后应不漏水，液面距上口应保持2~4cm的距离，以免水溢出到电器箱内，损坏器件。开启电源开关，电源开关指示灯亮，设备的电源已接通，温度控制仪表显示的数值是当前的水温值。

(3)按照所需要的工作温度进行温度的设定，此时温度控制仪表的绿灯亮，电加热器开始加热，待水温接近设定温度时，温度控制仪表的红绿灯开始交替亮灭，温度控制仪表进入了比例控制带，加热器开始断续加热以控制热惯性。当水温升至设定温度时，红绿灯按照一定的规律交替亮灭，设备进入恒温段。

(4)实验工作结束以后，关闭电源开关，切断设备的电源，并将水槽内的水放净。

3)注意事项

(1)使用恒温水浴箱时，必须先加水后通电，严禁干烧。

(2)使用恒温水浴箱时，必须有可靠的接地线以确保使用安全。

(3)水位低于电热管，不准通电使用，以免电热管爆裂损坏。

(4)水位不可过高，以免水溢入电器箱损坏元件。

(5)定期检查各接点螺丝是否松动，如有松动应加紧固，保持各电器接点接触良好。

(6)恒温水浴箱不使用时，应将水槽内的水放净并擦拭干净，定期清除水槽内的水垢。

9. 离心机

离心机是借离心力分离液相非均一体系的设备。根据物质的沉降系数、质量、密度等的不同，应用强大的离心力使物质分离、浓缩和提纯的方法称为离心。离心机种类很多，如低速电动离心机（图 3-2-9）、高速电动离心机、高速冷冻离心机等。一般来说，低速电动离心机转速在 5000r/min 以下，高速电动离心机和高速冷冻离心机的转速在 10 000r/min 以上。

图 3-2-9　低速电动离心机

1）构造

（1）电动机：是离心机最主要的部件之一，是把电能转换成机械能的一种设备。电动机包括定子和转子，它是利用通电线圈（也就是定子绕组）产生旋转磁场并作用于转子（如鼠笼式闭合铝框）形成磁电动力旋转扭矩。通电导线在磁场中受力运动的方向跟电流方向和磁感线（磁场）方向有关。电动机工作原理是磁场对电流受力的作用，使电动机转动。

（2）转盘：主要以铸铝材质为主，离心机的转轴使用螺帽固定。转盘平顶是金属外罩，确保安全性能，离心机上头盖板能够在操作中减低噪声和空气阻力。

（3）调速装置：离心机调速装置的工作原理是基于电机的转速控制。离心机调速装置通常由电机、变频器和控制系统组成。电机是离心机的动力源；变频器是用来调节电机转速的装置；控制系统则是用来控制变频器的工作状态，从而实现对离心机转速的调节。

2）使用方法

（1）离心机应放置在水平坚固的地板或平台上，并使机器处于水平位置以免离心时造成机器振动。

（2）打开电源开关，按要求装上所需的转头，将预先以托盘天平平衡好的样品放置于转头样品架上（离心筒须与样品同时平衡），关闭机盖。

（3）按功能选择键，设置各项要求，如温度、速度、时间、加速度及减速度，带计算机控制的离心机还需按储存键，以便记忆输入的各项信息。

（4）按启动键，离心机将执行上述参数进行运作，到预定时间自动关机。

（5）待离心机完全停止转动后打开机盖，取出离心样品，用柔软干净的布擦净转头和机腔内壁，待离心机腔内温度与室温平衡后方可盖上机盖。

3）注意事项

（1）离心机体应始终处于水平位置，外接电源系统的电压要匹配，并要求有良好的接地线。

（2）开机前应检查转头安装是否牢固，机腔有无异物掉入。

（3）样品应预先平衡，使用离心筒离心时离心筒与样品应同时平衡。

（4）挥发性或腐蚀性液体离心时，应使用带盖的离心管，并确保液体不外漏，以免腐蚀机腔或造成事故。

（5）擦拭离心机腔时动作要轻，以免损坏机腔内温度感应器。

（6）每次操作完毕应做好使用情况记录，并定期对机器各项性能进行检修。

（7）离心过程中若发现异常现象，应立即关闭电源，报请有关技术人员检修。

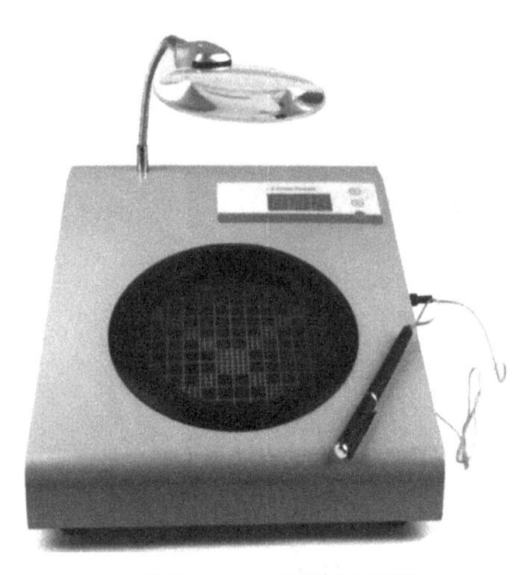

图 3-2-10　菌落计数器

10. 菌落计数器

1)构造

菌落计数器是一种数字显示式半自动细菌计数器，如图 3-2-10 所示，由计数池、计数笔、计数器及数码显示器等组成。

2)使用方法

(1)将电源插头插入 220V 电源插座内。

(2)将计数笔插头插入仪器上的插孔内。

(3)将电源开关拨向“开”的位置，计数池内灯亮，同时数字显示应为“000”，表示允许进行计数。如数字不为“000”，应按复“0”键。

(4)将待检的培养皿(皿底朝上)放入计数池内。

(5)用计数笔在培养皿底面对所有的菌落逐个点数。每点一下都听到“嘟”声才说明有效，否则应重新点。此时，点到的菌落被标上颜色，显示数字自动累加。

(6)数码显示器显示的数字即该培养皿内的菌落数。

(7)记录数字后取出培养皿。按复“0”键，显示恢复“000”，为另一培养皿的计数做好准备。

11. 旋涡混合器

1)构造

旋涡混合器(图 3-2-11)能将所需混合的任何液体、粉末以高速旋涡形式快速混合，混合速度快、均匀、彻底。一般混合器机体采用增强型工程塑料成型技术，耐酸碱，耐碰撞；工作台面一般为橡胶工作盘，也有塑件工作盘或海绵工作盘，适用于不同试管、烧瓶、烧杯内的液体混匀。

2)使用方法

(1)该仪器应放在较平滑的地方，最好在玻璃台面上。轻轻按下该仪器，使仪器底部的橡胶脚与台面相吸。

(2)电源插头插入 220V 交流电源，开启电源开关，则电机转动。用手拿住试管或锥形瓶放在工作盘上并略施加压力，在试管内的溶液就会产生旋涡，而锥形瓶中则起高低不等的水泡，达到混合的目的。(注意：容器中被混合物的体积，一般以不超过容器容积的 1/3 为佳)

图 3-2-11　旋涡混合器

3)注意事项

(1)如果开启电源开关后，电机不转动，应断电检查插头接触是否良好、保险丝是否烧断。

(2)工作时将器皿放在工作盘的中心位置，不要重压，轻轻按住即可。

(3)使用中切勿使液体流入机芯，以免损坏器件。

(4)为保证仪器使用寿命，不宜长时间处于空载运转，不用时要关闭电源。

(5)旋涡混合器应放在干燥、通风、无腐蚀性气体的地方。

12. pH 计

1)构造和原理

pH 计是用来测定溶液酸碱度值的仪器。pH 计主要由机箱、键盘、显示屏、电极、电机架等构成，如图 3-2-12 所示。pH 值是表示溶液酸碱度的一种方法，它用溶液中的 H^+离子浓度的负对数来表示，即 $pH=-lg[H^+]$。一般 pH 计由电计和电极两个部分组成。在实际测量中，电极浸入待测溶液中，将溶液中的 H^+离子浓度转换成毫伏级电压信号，送入电计。电计将该信号放大，并经过对数转换为 pH 值，然后由毫伏级显示仪表显示出 pH 值。pH 计是一种常见的分析仪器，广泛应用在农业、环保和工业等领域。

图 3-2-12　pH 计

2)使用方法

(1)开机前准备：取下复合电极套；用蒸馏水清洗电极，用滤纸洗干。

(2)开机：按下电源开关，预热 30min。

(3)标定：

①清洗电极，将电极插入标准缓冲溶液(pH 6.86)中。

②用温度计测出被测溶液的温度，按“温度”键，使温度显示为被测溶液的温度。

③待读数稳定后按“定位”键，仪器提示“Std YES”字样，按“确定”键进入标定状态，仪器自动识别并显示当前温度下的标准 pH 值。

④按“确定”键完成一点标定(斜率为 100%)。

⑤如果需要二点标定，则继续下面操作。

⑥再次清洗电极，将电极插入标准缓冲溶液 2(pH 4.00/9.18)。

⑦用温度计测出被测溶液的温度，按“温度”键，使温度显示为被测溶液的温度。

⑧待读数稳定后按“斜率”键，仪器提示“Std YES”字样，按“确定”键进入标定状态，仪器自动识别并显示当前温度下的标准 pH 值。

⑨按“确定”键完成两点标定。

(4)测定样品：将电极插入被测试样液中，并将 pH 计的温度调节到被测溶液的温度。当读数稳定后，从仪器的显示屏上直接读出 pH 值。

3)注意事项

(1)pH 电极存放时，应将复合电极的玻璃探头部分套在盛有 3mol/L 氯化钾溶液的塑料套内。

(2)玻璃电极的玻璃球泡玻璃膜极薄，容易破碎，切忌与硬物相接触。

(3)为了保证 pH 值的测量精度，每次使用前必须用标准溶液加以校正。

(4)注意校正时标准溶液的温度与状态(静止还是流动)和被测液的温度与状态应尽量一致。

(5)在使用过程中，遇到下列情况时仪器必须重新标定：①换用新电极；②“定位”或“斜率”调节器变动过。

13. 其他设备

1)摇床

在制作液体菌种和进行微生物的液体培养时，必须使用摇床(也称摇瓶机)。摇床有往复式和旋转式两种，前者振荡频率为 80~120 次/分钟，振幅为 8~12cm；后者振荡频率较高，为 220 次/分钟。往复式摇床因结构简单、运行可靠、维修方便而普遍使用。摇床可放在设有温度控制仪的温室内对菌种进行振荡培养。

2)天平

天平主要用于称量化学药品。常用的托盘天平，称量 1000g，感量 1.0g；扭力天平，称量 100g，感量 0.1g；分析天平，称量 100g，感量 0.1~1.0mg。使用时严格按照仪器说明书进行操作。

3)细菌滤器

细菌滤器又称滤器，是微生物实验室中不可缺少的一种仪器，可以用来去除糖溶液、血清、腹水、某些药物等不耐热液体中的细菌，也可用来分离病毒以及测定病毒颗粒的大小等。常用的滤器种类有蔡氏滤器、玻璃滤器和滤膜滤器等。蔡氏滤器由金属制成，中间夹石棉滤板，有石棉 K、EK、EK-S 3 种，常用 EK 号除菌。玻璃滤器是用玻璃细砂加热压成小碟状，嵌于玻璃漏斗中，一般分为 G1、G2、G3、G4、G5、G6 6 种，其中 G5、G6 可阻止细菌通过。滤膜滤器由硝基纤维素制成薄膜，装于滤器上，其孔径大小不一，常用于除菌的为 0.22μm。硝基纤维素膜的优点是本身不带电荷，故当液体滤过后，其中有效成分损失较少。

4)冻干机

冻干机是用于冻干菌种、毒种补体、疫苗、药物等使用的机器，主要由制冷系统、真空系统、加热系统、电器仪表控制系统组成。冷冻真空干燥，即将保存的物质中水分直接升华而干燥，从而使微生物在冻干的状态下可以长期保存而不致失去活力。

冻干机使用的方法如下。

(1)检查冻干系统各部件连接是否严密，将干燥剂(氯化钙、硫酸钙、五氧化二磷等)盛放于干燥盘上。

(2)将要冻干的物质，定量分装于无菌的安瓿内，每安瓿 0.1~0.5mL，放于-20℃以下的低温冰箱中迅速冷冻 10~30min。

(3)将已经冷冻的安瓿放在干燥剂上，关闭冻干机盖，打开抽气机连续抽气 6~8h，当压力降至 0.2mmHg 以下时，干燥完毕，关闭抽气机。

(4)取出干燥剂上的安瓿，存放于干燥器内待封口。将干燥后的安瓿取出 8 支安装在冻干机上的8个橡胶管上，打开抽气机10~30min，安瓿内气压很快降至0.2mmHg以后，用细火焰在安瓿的颈中央部位封口。如此连续进行干燥和封口。

(5)封口的安瓿，再用真空度检验枪在其玻璃面附近检查，呈现蓝紫色荧光者，表示合格。

(6)将冻干机内的干燥剂取出，重新干燥备用。

问题思考

假定你参与食品微生物实验室的建设工作，请设计一份详细的设备采购计划。

知识拓展

空气洁净度测试仪器

空气洁净度是指洁净环境中空气的(微粒)程度。含尘浓度高则洁净度低，含尘浓度低则洁净度高。在空气洁净度的测定中，一般都认为尘粒数少的洁净室，微生物含量也少，因此各国都以尘粒数和微生物含量作为空气洁净度的监测指标。不同洁净度级别，允许存在的尘粒数和微生物含量也不同。

1. 粒子计数器

粒子计数器是测试空气尘埃粒子颗粒的粒径及其分布的专用仪器，包括光散射粒子计数器和激光粒子计数器(图3-2-13)，前者用于粒径大于或等于0.5μm的悬浮粒子计数，后者用于粒径大于或等于0.1μm的悬浮粒子计数。

图3-2-13　激光粒子计数器

1)工作原理

光散射粒子计数器是利用空气中的悬浮粒子，在光的照射下产生散射现象，散射光的强度与粒子的表面积成正比。激光粒子计数器是利用空气中的悬浮粒子在激光束的照射下产生衍射现象，衍射光的强度与粒子的体积成正比。

2)使用方法

粒子计数器使用时必须按照测试仪器的检定周期，定期对测试仪器做检定。应使用检定合格，且在使用有效期内的仪器。测试仪器在未进入被测区域时，须先清洁表面，或在相应的洁净室内准备和存放(用保护罩或其他适当的外罩保护仪器)。使用仪器时应严格按照仪器说明书操作。

(1)仪器开机预热至稳定后，方可按说明书的规定对仪器进行校正。

(2)采样管口置采样点采样时，在确认计数稳定后，方可开始连续读数。

(3)采样管必须干净，严禁渗漏。

(4)采样管的长度应根据仪器的允许长度而定。除另有规定外，长度不得大于1.5m。

(5)粒子计数器采样口和仪器工作位置应处在同一气压和温度下，以免产生测量误差。

图 3-2-14　浮游菌采样器

2. 浮游菌采样器

浮游菌采样器的吸气装置将空气通过多孔采样头吸入，撞击到直径 90mm 的培养皿上，空气中的微生物即被“捕获”到琼脂培养基上，如图 3-2-14 所示。一般采用撞击法机理，可分为狭缝式采样器、离心式采样器或针孔式采样器，采用的浮游菌采样器必须要有流量计和定时器。

1）工作原理

狭缝式采样器由附加的真空抽气泵抽气，通过采样器的缝隙式平板，将采集的空气喷射并撞击到缓慢旋转的平板培养基表面上，附着的活微生物粒子经培养形成菌落。

离心式采样器由于内部风机的高速旋转，气流从采样器前部吸入，从后部流出，在离心力的作用下，空气中的活微生物粒子有足够的时间撞击到专用的固体培养条上，经培养形成菌落。

针孔式采样器是气流通过一个金属盖吸入，盖子上是密集的经过机械加工的特制小孔，通过内部风机将收集到的细小的空气流直接撞击到平板培养基表面上，附着的活微生物粒子经培养形成菌落。

2）使用方法

采用计数浓度法，即通过收集悬浮在空气中的生物性粒子于专门的培养基（选择能证实其能够支持微生物生长的培养基）上，经规定时间的培养，在适宜的生长条件下让其繁殖到可见的菌落，然后进行计数，从而判定该洁净室的微生物浓度。

任务 3-3　食品微生物检验常用检验用品使用

工作任务

食品微生物检验过程中会使用到各种检验用品，从载玻片、盖玻片，到试管、移液管、锥形瓶，再到接种针、接种环、接种钩等。每种检验用品都有特定的用途，并且有多种规格，使用时要根据实际需要正确进行选择。

本任务学习食品微生物实验室常用检验用品的种类、用途，能够正确选择、处理和使用相应的检验用品。

知识准备

1. 常用玻璃器皿

1）试管

用于细菌及血清学试验的试管应较坚厚，以便加塞不致破裂。常用的规格有：

(1)(2~3)mm×65mm，用于环状沉淀试验。

(2)(11~13)mm×100mm，用于血清学反应及生化试验等。

(3)15mm×150mm，用于分装5~10mL的培养基及菌种传代等。

(4)25mm×200mm，用于特殊试验或装灭菌滴管等。

2)锥形瓶(三角瓶)

锥形瓶底大口小、放置平稳、便于加塞，多用于盛装培养基、溶液等。常用的规格有50mL、100mL、150mL、250mL、500mL、1000mL、2000mL等。

3)培养皿

培养皿主要用于微生物分离培养。双碟为一套，皿盖与皿底的大小应合适；皿盖的高度较皿底稍低，底部平面应特别平整。常用的规格(以皿底直径计)有60mm、75mm、90mm等。

4)烧杯

烧杯常用的规格是50~3000mL，用于盛装液体或煮沸液体。

5)吸管

吸管用于准确吸取少量液体，其壁上有精密刻度。常用的吸管容量为1mL、2mL、5mL、10mL等，做某些血清学试验常用0.1mL、0.2mL、0.25mL、0.5mL等规格。

6)量筒和量杯

量筒和量杯用于液体的量取。常用规格为10mL、20mL、50mL、100mL、500mL、1000mL、2000mL等。

7)酒精灯

酒精灯是以乙醇为燃料的加热工具。酒精灯的结构分为灯体、棉灯绳(棉灯芯)、瓷灯芯和灯帽。酒精灯的火焰分为外焰、内焰和焰心3部分。常用容积有60mL、150mL、250mL。

酒精灯在使用时要注意以下4个方面。

(1)添加乙醇时，不超过酒精灯容积的2/3，也不要少于1/3。

(2)绝对禁止向燃着的酒精灯里添加乙醇，以免失火。

(3)绝对禁止用酒精灯引燃另一只酒精灯，要用打火机点燃。

(4)用完酒精灯，必须用灯帽盖灭，不可用嘴去吹。

8)载玻片、凹玻片和盖玻片

载玻片供作涂片用，常用的规格为75mm×25mm，厚度为1~2mm。凹玻片可供作悬滴标本及血清学试验用。盖玻片为极薄的玻片，用于标本封闭及悬滴标本等。其规格主要有圆形的，直径18mm；方形的，18mm×18mm或22mm×22mm；长方形的，22mm×36mm。

9)染色缸

染色缸是细菌标本或动植物标本制片染色时，作贮存染色液体、浸泡载玻片或盖玻片的染色器具。常用的染色缸按形状分有方形、圆形和小型圆形。按放置载玻片的数量分有4片、5片、9片、40片等。

10)滴瓶

滴瓶有橡皮帽式和玻璃塞式，分白色和棕色，容量有30mL和60mL等，供贮存试剂及染色液用。

11)玻璃缸

玻璃缸内常静置石炭酸或来苏尔等消毒剂，以备放置用过的玻片、吸管等。

12) 杜氏小管

杜氏小管又名德汉氏小管、玻璃小倒管。用于发酵管中收集少量气体，如大肠菌群MPN 法中的煌绿乳糖胆盐肉汤发酵管。

13) 试剂瓶

试剂瓶为磨砂口，有盖，分广口和小口两种，容量为 30~1000mL，视需要量选择使用。颜色有棕色和无色两种，为贮藏药品和试剂用，需避光的药品或(和)试剂宜用棕色瓶。

14) 离心管

离心管用于分离沉淀，常用的规格有 100mL、150mL、1000mL、2500mL 等。

15) 玻璃漏斗

玻璃漏斗分短颈和长颈两种。漏斗直径大小不等，视需要而定。它可分装溶液或上垫滤纸、纱布、棉花供过滤杂质用。

16) 下口瓶

下口瓶分有龙头和无龙头两种。容量有 2500~20 000mL 不等。用于存放蒸馏水或常用消毒药液，也可在细菌涂片染色时冲洗染液用。

2. 接种工具

1) 接种针

接种针是微生物培养中用于穿刺培养、挑取菌落等的接种工具。通常是在铜棒的前端，附加一段镍铬合金的金属丝制成，手持的一端包上胶木。

2) 接种环

接种环是微生物培养中用于挑取菌落、划线培养等的接种工具。与接种针的区别是，接种环前端金属丝被弯曲成金属环。

3) L 形玻棒

L 形玻棒是在涂布平板法中用于涂布菌悬液的工具。

4) 涂布棒

涂布棒与 L 形玻棒的用途相同，只是涂布棒前端形状为三角形，常用材质有玻璃和不锈钢。

问题思考

请结合课程内容思考：

(1) 在培养基配制过程中，会使用到哪些玻璃器皿？

(2) 不同接种工具的区别是什么？

知识拓展

样品采集常见用品

1. 无菌采样袋

无菌采样袋(无菌均质袋)是一种在食品微生物检验中用于样本采集、均质等的密封袋子。均质袋主要分为水样采集袋和采样袋/均质袋，其中水样采集袋常用规格有250mL、500mL等。采样袋/均质袋按尺寸分，常用规格有25cm×32cm、20cm×32cm、12cm×18cm等；按封口形式分，常用规格有平口、带压条、带拉条、带压条和易撕线等。

2. 涂抹棒

涂抹棒是指食品或环境表面采集微生物样品时，擦拭表面的工具。一般为无菌棉签。

3. 物表采样管

物表采样管是指食品或环境表面采集微生物样品时，擦拭采样、装样或增菌培养的工具。一般内含无菌一次性棉拭子涂抹棒和10mL生理盐水，也有含10mL增菌培养液的采样管，采样后可以直接进入增菌培养。

4. 采样规格板

采样规格板是指食品或环境表面采集微生物样品时，提供标准面积的工具。常用材质为塑料和不锈钢，其中塑料材质为一次性产品。常用规格为5cm×5cm，也可定制特殊规格。

任务3-4 食品微生物实验室相关管理制度认知

工作任务

在食品微生物检验中，要格外认真仔细，严格遵守操作规程，确保实验安全顺利地进行。所有参加实验的人员、仪器设备、药品、玻璃器皿等都必须遵守相关的规则和使用制度。微生物实验有其特殊性，不仅需要特有的微生物学操作技术，还要特别注意对实验操作人员及环境的安全防护，以防止实验过程中的污染与生物安全等问题。

本任务学习食品微生物实验室管理制度、仪器配备与管理使用制度、药品管理与使用制度、玻璃器皿管理与使用制度、实验室生物安全管理制度及实验室的急救措施。

知识准备

1. 实验室管理制度

(1)实验室应制定仪器配备与管理、药品管理、玻璃器皿管理等相关使用制度，并要求工作人员严格掌握，认真执行。

(2)进入实验室必须穿工作服，进入无菌室换无菌衣、帽、鞋，戴好口罩，非实验室人员不得进入实验室，并严格执行安全操作规程。

(3)实验室内物品摆放整齐，试剂定期检查并有明晰标签，仪器定期检查、保养、检修，严禁在冰箱内存放和加工私人食品。

(4)各种器材应建立请领消耗记录，贵重仪器有使用记录，破损遗失应填写报告；药品、器材、菌种不经批准，不得擅自外借和转让，更不得私自拿出。

(5)禁止在实验室内吸烟、进餐、会客、喧哗；实验室内不得带入私人物品；离开实验室前要认真检查水电；对于有毒、有害、易燃、易污染、易腐蚀物品的管理、使用及废弃，应按相关要求执行。

(6)严格执行本制度，出现问题应立即报告；造成病原扩散等责任事故者，应视情节追究法律责任。

2. 仪器配备与管理使用制度

(1)食品微生物实验室应具备下列仪器：培养箱、高压蒸汽灭菌器、普通冰箱、低温冰箱、厌氧培养设备、显微镜、离心机、超净工作台、漩涡混匀器、普通天平、千分之一天平、干燥箱、冷冻干燥设备、均质器、恒温水浴箱、菌落计数器、生化培养箱、pH 计、高速离心机等。

(2)实验室所使用的仪器、容器应符合标准要求，保证准确可靠，凡计量器具须经计量部门检定合格方能使用。

(3)实验室仪器安放合理，贵重仪器有专人保管，建立仪器档案，并备有操作方法、保养、维修、说明书及使用登记本，做到经常维护、保养和检查；精密仪器不得随意移动，若有损坏需要修理，不得私自拆动，应写出报告，通知管理人员，经负责人同意，填报修理申请后，送仪器维修部门。

(4)各种仪器(冰箱、温箱除外)，使用完毕要立即切断电源，旋钮复原归位，待仔细检查后，方可离去。

(5)一切仪器设备未经设备管理人员同意，不得外借，使用后按登记本的内容进行登记。

(6)仪器设备应保持清洁，一般应有仪器套罩。

(7)使用仪器时，应严格按操作规程进行，对违反操作规程的或因管理不善致使器械损坏，都要追究当事人责任。

3. 药品管理与使用制度

(1)依据各实验室检验任务，制订各种药品试剂采购计划，写清品名、单位、数量、纯度、包装规格，出厂日期等，领回后建立账目，专人管理，每半年做出消耗表，并清点剩余药品。

(2)药品试剂陈列整齐，放置有序、避光、防潮、通风干燥，瓶签完整，剧毒药品加锁存放，易燃、易挥发、易腐蚀品种单独贮存。

(3)领用药品试剂需填写请领单，并由使用人和科室负责人签字；任何人无权私自出借或馈送药品试剂，本单位科、室间或外单位互借时需经科室负责人签字。

(4)称取药品试剂应按操作规范进行，用后盖好，必要时可封口或黑纸包裹，不得使用过期或变质药品。

4. 玻璃器皿管理与使用制度

(1)根据检验项目的要求，申报玻璃仪器的采购计划，详细注明规格、产地、数量、要求，硬质中性玻璃仪器应经计量验证合格。

(2)大型器皿建立账目，每年清查一次；一般低值易耗器皿损坏后，随时填写损耗登记清单。

(3)玻璃器皿使用前应除去污垢，并用清洁液或2%稀盐酸溶液浸泡24h后，用清水冲洗干净备用。

(4)器皿使用后随时清洗，染菌后应严格高压灭菌，不得乱弃乱扔。

5. 实验室生物安全管理制度

(1)进入实验室，工作衣、帽、鞋必须穿戴整齐。

(2)在进行高压、干燥、消毒等工作时，工作人员不得擅自离现场，认真观察温度、时间；蒸馏易挥发、易燃液体时，不准直接加热，应置水浴锅上进行，实验过程中会产生毒气时应在避毒柜内操作。

(3)严禁用口直接吸取药品和菌液，按无菌操作进行；如发生菌液、病原体溅出容器外时，应立即用有效消毒剂进行彻底消毒，安全处理后方可离开现场。

(4)工作完毕，两手用肥皂清洗、流水冲洗，必要时可用新洁尔灭泡手，然后用水冲洗；工作服应经常清洗，保持整洁，必要时高压消毒。

(5)实验完毕，即时清理现场和实验用具，对染菌带毒物品，进行消毒灭菌处理。

(6)每日下班，尤其节假日前后，要认真检查水、电和正在使用的仪器设备，关好门窗，方可离去。

6. 实验室的急救措施

实验过程中，要始终注意安全，学会对危险情况的应急处理。

1)火险

发生火险时保持冷静，立即关闭电源、火源，用沙土或湿布覆盖，隔绝空气灭火，必要时使用灭火器。

(1)使用易燃物品(如乙醇、乙醚等)要特别小心，切勿接近火焰。若乙醇、乙醚或汽油等着火，切勿用水，应使用灭火器、沙土或湿布覆盖灭火。

(2)衣服着火时，可就地或靠墙滚转。

2)触电

切记要在切断电源后，再进行急救。

3)意外事故的处理

(1)假定无菌衣受污染，应脱下翻转包裹，使污染部分包在内部，送往消毒，经灭菌后，洗涤再用。

(2)因偶然打破盛有培养物的器皿，致使病原性微生物外溢，污染了工作室及操作者的衣物及体表时，当事人应冷静，切勿乱动以免扩大污染面。应唤他人用浸透消毒液的毛巾或纱布覆盖于碎片上，或将消毒液倒在污染区，浸没一段时间。先从外至内逐步清理污染源，再将衣物彻底灭菌。清理时应避免用手指收集玻璃碎片，以防损伤皮肤，造成病原性微生物感染事故。对一般小面积的污染可自行处理，较大范围的污染则请人协助。

4)伤口的紧急处理

(1)皮肤破伤：先除尽异物，要防止通过伤口引起中毒，一般先用蒸馏水或生理盐水洗净，再涂上2%碘酒等消毒药水。

(2)火伤：可涂5%鞣酸、2%苦味酸或龙胆紫液等。

(3)皮肤灼烧伤：先要用干布擦去药品，再用大量水清洗，涂以凡士林油、5%鞣酸或2%苦味酸。

(4)眼灼伤：以大量清水冲洗。若为碱伤，以5%硼酸溶液冲洗，再滴入橄榄油或液体石蜡1~2滴以滋润。若为酸伤，以5%碳酸氢钠溶液冲洗，再滴入橄榄油或液体石蜡1~2滴以滋润。

问题思考

假定你是一名食品微生物实验室管理人员，结合实验室工作实际，设计一份详细的实验室管理制度。

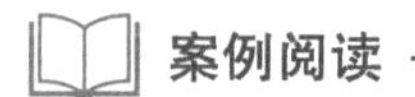

案例阅读

实验室生物安全警钟长鸣

近些年随着生物安全实验室数量的剧增，这些生物安全实验室也出现了各种各样的生物安全泄露事件，有研究表明实验室生物安全事故与实验室的数量成正比例增长。在历史上，曾经不止一次出现过实验室泄漏病毒的事件。例如，据媒体报道，俄罗斯当地时间2019年9月16日下午，在俄罗斯新西伯利亚地区科尔索沃，天然气爆炸导致一家实验室起火。据俄新社报道，该实验室通常被称为Vector，也就是俄罗斯国家病毒学和生物技术研究中心(State Research Centre of Virology and Biotechnology)。据悉，该实验室里存放着天花、埃博拉等不同种类的致命活体病毒，此次爆炸是否会导致病毒泄露，也引发了人们的关注。不过，科尔索沃科学城行政长官尼古拉·克拉斯尼科夫向俄新社表示，发生爆炸的房间里没有生物危险物质，也没有造成任何结构损伤。

据媒体披露，21世纪以来美国频频发生实验室生物安全泄漏事件。2000年5月，1名美国陆军传染病医学研究所微生物学家在实验工作中操作鼻疽伯克霍尔德菌和其他几种致病菌时感染全身性发热疾病。2003年1月，得克萨斯理工大学生物安全实验室30份鼠疫耶尔森菌样本丢失，虽然联邦调查局(FBI)介入，但最终依然未找到这批鼠疫耶尔森菌样本。2005年4月，从美国启运至韩国、黎巴嫩、墨西哥各实验室的H2N2流感病毒样本丢失；同年9月，位于新泽西医学与牙科大学公共卫生研究院的生物安全实验室里，3只感染鼠疫耶尔森菌的实验小鼠丢失。2009年1月，美国一军方实验室里的3份委内瑞拉马脑炎病毒样品丢失；同年12月，1名美国陆军传染病医学研究所的女研究人员在生物安全实验室感染了兔热病。2013年3月，美国得克萨斯大学医学院下属加尔维斯顿国家实验室1瓶引起委内瑞拉出血热的瓜纳瑞托病毒(*Guanarito*)毒株丢失，该病毒属沙粒病毒科，为美国管制生物制剂。2014年3月，CDC下属的一个高防护实验室在运送至美国农业相关部门的样本被H5N1禽流感病毒污染，庆幸的是未发现人员感染；同年6月，CDC下属位于亚特兰大的实验室出现炭疽细菌泄露，最终导致几十名员工暴露于炭疽气溶胶污染环境，这也是美国实验室涉及潜在生物恐怖剂的最大事故；7月，美国国立卫生研究院(NIH)清理一多年未用的实验室冷藏室时居然发现了6瓶被遗忘的天花病毒。2015年3月，路易斯安那州杜兰国家灵长类研究中心出现类鼻疽伯克霍尔德菌泄漏事故，导致数十只猴子死亡；同年9月，位于美国犹他州的国防部实验室误将仍有活性的炭疽样本外送到美国9个州的实验室和驻韩美军基地，最终导致4名实验室人员及22名驻韩美军基地的人员接受预防性治疗。2016年12月，联邦应急管理局位于阿拉巴马的训练中心出现蓖麻毒素泄漏事故，导致9600名训练人员、医务人员和其他学员暴露于泄漏环境，庆幸的是未引发不良病例。2017年1月，CDC下属实验室内1箱高度管制的致命流感病毒样本遗失，有科研人员可能曾多次接触细菌及病毒，包括埃博拉病毒；CDC事后的调查称，事故并未导致职员或公众染病。

由此可见，在生物安全实验室中，稍有不慎就可能出现人员感染、生物样本丢失和泄露，或者生物样本在操作处理过程中因处置不当而导致污染事件的发生。实验室生物安全是我们首要关注的生物安全风险。有欧洲报刊指出，实验室事故的发生一般而言不外乎三方面的原因：第一是实验室的硬件环境未达到要求；第二是实验室的管理未到位；第三是实验室的操作人员未遵守规范。

项目小结

食品微生物实验室是检验微生物指标的实验场地，按照《食品安全国家标准　食品微生物学检验　总则》(GB 4789.1—2016)要求，实验室要在检验人员、环境与设施、实验设备、检验用品、培养基和试剂、质控菌株方面达到相应标准，才能确保实验数据的有效性。

食品微生物检验常用设备有：超净工作台、培养箱、高压蒸汽灭菌器、干燥箱、离心机、普通冰箱、低温冰箱等。食品微生物检验常用检验用品有：试管、吸管、锥形瓶、载玻片、物表采样管、采样规格板、接种针、接种环、接种钩、酒精灯等。所有参加实验的人员、仪器设备、药品、玻璃器皿等都必须遵守相关的规则和使用制度。

自测练习

一、填空题

1. 生物安全防护水平为一级的实验室(BSL-1)适用于操作在通常情况下__________的微生物。
2. 超净工作台一般由鼓风机、过滤器、________、________和照明灯等部分组成。
3. 干热灭菌的条件位________℃×______h。
4. pH值是表示溶液酸碱度的一种方法，它用溶液中的___________来表示。
5. 酒精灯在添加酒精时，不超过酒精灯容积的________，也不要少于________。

二、单选题

1. 无菌室的面积和容积不宜过大，以适宜操作为准，一般不超过(　　)。

A. $10m^2$　　B. $20m^2$　　C. $30m^2$　　D. $40m^2$

2. 超净工作台使用前需紫外杀菌(　　)。

A. 30min　　B. 40min　　C. 50min　　D. 60min

3. 恒温培养箱一般温控范围为(　　)。

A. 室温至55℃　　B. 室温至65℃　　C. 室温至75℃　　D. 室温至85℃

4. 关于高压灭菌锅使用的注意事项的描述，不正确的是(　　)。

A. 灭菌前需检查压力表和安全阀的灵敏度，并且压力表应定期检查，保证使用安全

B. 每次使用前必须向锅内加水，加水量要达到水位标记，切忌空烧或加水不足导致中途烧干而引起爆炸事故

C. 灭菌时必须将锅内的冷空气排除干净，否则会影响灭菌效果

D. 灭菌结束后，无须放尽锅内残余的水

5. 菌落总数检验中使用的平皿直径为(　　)。

A. 90mm　　B. 110mm　　C. 60mm　　D. 150mm

6. 酒精灯中酒精的添加量为(　　)。

A. <1/3　　B. >2/3　　C. 1/3~2/3　　D. >4/5

7. 配制培养基的过程中，不会使用到(　　)。

A. 锥形瓶　　B. 烧杯　　C. 电子秤　　D. 载玻片

三、判断题

1. 实验室布局应采用单方向工作流程，避免交叉污染。(　　)

2. 当实验室没有干燥箱时，培养箱可以充当干燥箱使用。(　　)

3. 在拍打式均质器工作时可以随时打开均质器门。(　　)

4. 实验室所使用的仪器、容器应符合标准要求，保证准确可靠，凡计量器具须经计量部门检定合格方能使用。(　　)

5. 如果实验菌液不含致病菌，可以用口直接吸取菌液，进行相应操作。(　　)

6. 盖玻片供作涂片用，常用的规格为75mm×25mm，厚度为1~2mm。(　　)

7. 杜氏小管用于发酵管中收集少量气体，使用时正置于试管底部。(　　)

8. 任何人无权私自出借或馈送药品试剂。(　　)

9. 若乙醇、乙醚或汽油等着火，切勿用水，应使用灭火器、沙土或湿布覆盖灭火。(　　)

10. 眼睛若被碱液灼伤时，应首先以5%硼酸溶液冲洗，再用清水冲洗，然后滴入橄榄油或液体石蜡1~2滴以滋润。(　　)

项目4 食品微生物检验基本程序认知

在食品微生物的检验过程中，样品采集与处理技术至关重要，只有正确进行样品采集与处理、运送、保存及制备等操作，保证样品在从采样到制样的整个过程的一致性，才能得到准确的检验结果。如果样品不具有代表性，或在样品采集、运送、保存或制备的过程中操作不当，就会使实验室检验结果变得毫无意义。因此，食品微生物检验要严格执行国家标准检验程序，既要保证样品的代表性和一致性，又要保证整个过程在无菌操作条件下完成。

学习目标

知识目标

1. 了解食品微生物检验样品采集的原则。
2. 掌握食品微生物检验的基本程序。
3. 掌握食品微生物检验样品的取样方案。

技能目标

1. 能够按照食品样品类别，正确进行样品采集与处理操作。
2. 能够正确进行食品样品的运送与检验。
3. 能够正确进行检验后样品的处理。

素质目标

1. 培养在样品采集中的求实精神，处理及运送样品等操作科学认真的工作态度。
2. 培养专业、客观、规范的检验人员素养。
3. 培养检验工作的团队意识，样品采集与检验等各岗位相互配合，共同完成食品样品检验工作。

任务4-1 样品的采集与处理

工作任务

《食品安全国家标准　食品微生物学检验　总则》(GB 4789.1—2016)标准规定了食品微生物学检验基本原则和要求，适用于食品微生物学检验。《一次性使用卫生用品卫生标准》(GB 15979—2002)标准适用于食品生产环境样品的采集。

食品样品的采集，是食品微生物检验的第一步，也是至关重要的步骤。食品的微生物检验是根据小部分样品的抽检结果，对整批食品的卫生质量进行评价。在食品微生物检验中，采集的样品必须具有代表性，并要符合无菌操作要求，防止一切外来污染。

本任务是依照《食品安全国家标准　食品微生物学检验　总则》(GB 4789.1—2016)学习食品微生物学检验基本原则和要求，依据《食品安全国家标准　食品微生物学检验　肉与肉制品采样和检样处理》(GB 4789.17—2024)、《食品安全国家标准　食品微生物学检验　乳与乳制品采样和检样处理》(GB 4789.18—2024)、《食品安全国家标准　食品微生物学检验　蛋与蛋制品采样和检样处理》(GB 4789.19—2024)、《食品安全国家标准　食品微生物学检验　水产品及其制品采样和检样处理》(GB 4789.20—2024)学习常见食品样品的采集与处理技术，依照《一次性使用卫生用品卫生标准》(GB 15979—2002)学习食品生产环境样品的采集。

知识准备

食品检验中，样品的采集是极为重要的一个环节，因为食品卫生指标检验是根据一小部分样品的检验结果对整批食品做出判断。因此，用于分析检验的样品的代表性至关重要，这就要求检验人员要掌握正确的采样方法，而且取样过程中应注意无菌操作，避免操作引起的污染。同时，在样品的保存和运输过程中应注意保持样品的原有状态。

1. 采样前的准备工作

在进行采样工作前，对采样工具和一些试剂材料应提前准备、灭菌。

(1)开启容器的工具：剪子、刀子、开罐器、钳子及其他所需工具用双层纸包装后灭菌(121℃、15min)，通常放于干燥洁净环境中保存。

(2)样品移取工具：有灭菌的铲子、勺子、取样器、镊子、刀子、剪子、打孔器、金属试管和棉拭子等。

(3)取样容器：有灭菌的广口瓶或细口瓶、无菌采样袋、金属试管或其他类似的密封金属容器。取样时，最好不要使用玻璃容器，因为运输途中易破碎而可能造成取样失败。

(4)温度计：通常使用-20~100℃，温度间隔1℃即可满足要求，为避免取样时破碎，最好使用金属或电子温度计。取样前在75%乙醇溶液或次氯酸钠溶液(浓度不小于100mg/L)中浸泡(不少于30s)消毒，再放入食品中检测温度。

(5)消毒剂：有75%乙醇溶液、中等浓度(100mg/L)的次氯酸钠溶液或其他有类似效果的消毒剂。

(6)标记工具：应有能够记录足够信息的标签纸(不干胶)、油性或不可擦拭记号笔。

(7)样品运输工具：有便携式冰箱或保温箱。运输工具的容量应足以放下所取的样品。使用保温箱或替代容器(如泡沫塑料箱)时，应将足够量的预先冷冻的冰袋放在容器的四周。

(8)搅拌器和均质器：配备带有灭菌缸的搅拌器或无菌均质器，必要时使用。

(9)稀释液：包括灭菌的磷酸盐缓冲液、灭菌的0.1%的蛋白胨水、灭菌的生理盐水、灭菌的Ringer溶液及其他适当的稀释液。

(10)防护用品：对于微生物的检验样品，取样时防护用品主要是用于对样品的防护，既保护生产环境、原料和成品等不会在取样过程中被污染，同时也保护样品不被污染。主要的防护用品有工作服(连体或分体)、工作帽、口罩、雨鞋手套等。

应根据不同的样品特性和取样环境，对取样物品和试剂进行事先准备和灭菌等工作。实验室的工作人员进入车间取样时，必须更换工作服，以避免将实验室的菌体带入加工环境，造成产品加工过程的污染。

2. 样品采集原则

(1)根据检验目的、食品特点、批量、检验方法、微生物的危害程度等确定采样方案。

(2)采用随机取样原则，确保所采样品具有代表性。每批食品应随机抽取一定数量的样品，在生产过程中，在不同时间内各取少量样品予以混合。固体或半固体的食品应从表层、中层、底层、中间和四周等不同部位取样。

(3)采样必须符合无菌操作的要求，防止一切外来污染。一件用具只能用于一个样品，防止交叉污染。

(4)样品在保存和运送过程中，应采取一切必要措施，保证样品中微生物的状态不发生变化，保持样品的原有状态。采集的非冷冻食品一般在0~5℃冷藏，不能冷藏的食品立即检验。一般在36h内进行检验。

(5)采样标签应完整、清楚。每件样品的标签须标记清楚，尽可能提供详尽的资料。要标清采集样品名称、批次、采样号、采集日期、附加样品号、采样人，以及采样时样品的温度、采样地点等，一并记录在检验员的说明中。

3. 采样方案

采样方案是根据检验目的、食品特点、批量、检验方法、微生物的危害程度等来确定，采样方案分为二级和三级采样方案。

二级采样方案设有n、c和m值，三级采样方案设有n、c、m和M值。其中，n表示同一批次产品应采集的样品件数；c表示最大可允许超出m值的样品数；m表示微生物指标可接受水平限量值(三级采样方案)或最高安全限量值(二级采样方案)；M表示微生物指标的最高安全限量值。

按照二级采样方案设定的指标，在 n 个样品中，允许有 $\leq c$ 个样品其相应微生物指标检验值大于 m 值。按照三级采样方案设定的指标，在 n 个样品中，允许全部样品中相应微生物指标检验值小于或等于 m 值；允许有 $\leq c$ 个样品其相应微生物指标检验值在 m 值和 M 值之间；不允许有样品相应微生物指标检验值大于 M 值。

如 $n=5$，$c=2$，$m=100$CFU/g，$M=1000$CFU/g。含义是从一批产品中采集 5 个样品，若 5 个样品的检验结果均小于或等于 m 值（$\leq$100CFU/g），则这种情况是允许的；若 ≤ 2 个样品的结果（X）位于 m 值和 M 值之间（100CFU/g$<X\leq$1000CFU/g），则这种情况也是允许的；若有 3 个及以上样品的检验结果位于 m 值和 M 值之间，则这种情况是不允许的；若有任一样品的检验结果大于 M 值（>1000CFU/g），则这种情况也是不允许的。

采样件数 n 应根据相关食品安全标准要求执行，每件样品的采样量不小于 5 倍检验单位的样品，或根据检验目的确定。

4. 常见食品样品的采集与处理

1）肉与肉制品样品的采集与处理

（1）样品的采集：

①预包装肉与肉制品。独立包装小于或等于 1000g 的肉与肉制品，取相同批次的独立包装。独立包装大于 1000g 的肉与肉制品，可采集独立包装，也可用无菌采样工具从同一包装的不同部位分别采取适量样品，放入同一个无菌采样容器内；独立包装大于 1000mL 的液态肉制品，应在采样前摇动或用无菌棒搅拌液体，使其达到均质后采集适量样品。

②散装肉与肉制品或现场制作肉制品。样品混匀后应立即取样，用无菌采样工具从样品的不同部位采集，放入同一个无菌采样容器内作为一件食品样品。如果样品无法进行混匀，应选择更多的不同部位采集样品。

（2）检样的处理：

①开启包装。以无菌操作开启包装或放置样品的无菌采样容器。塑料或纸盒（袋）装，用酒精棉球消毒盒盖或袋口，用灭菌剪刀剪开；瓶（桶）装，用酒精棉球或经火焰消毒，无菌操作去掉瓶（桶）盖，瓶（桶）口再次经火焰消毒。

②处理原则。对于冷冻样品，应在 45℃以下不超过 15min 进行解冻，或 18~27℃不超过 3h，或 2~5℃不超过 18h 解冻（检验方法中有特殊规定的除外）。

对于酸度或碱度过高的样品，可添加适量的 1mol/L NaOH 或 HCl 溶液，调节样品稀释液 pH 值在 7.0±0.5。

对于坚硬、干制的样品，应将样品无菌剪切破碎或磨碎进行混匀（单次磨碎时间应控制在 1min 以内）。

对于脂肪含量超过 20%的产品，可根据脂肪含量加入适当比例的灭菌吐温-80 进行乳化混匀，添加量可按照每 10%的脂肪含量加 1g/L 计算（如脂肪含量为 40%，加 4g/L）。也可将稀释液或增菌液预热至 44~47℃。

对于皮层不可食用的样品，对皮层进行消毒后只采取其中的可食用部分。

对于盐分较高的样品，不适合使用生理盐水，可根据情况使用灭菌蒸馏水或蛋白胨水等。

对于含有多种原料的样品，应参照各成分在初始产品中所占比例对每个成分进行取样，也可将整件样品均质后进行取样。

③固态肉与肉制品。用合适的无菌器具从固态食品的表层和内层的不同部位(尽量避免尖锐的骨头等)进行代表性取样，分别称取25g检样，加入盛有相应稀释液或增菌液的均质袋(或杯)中，均质混匀。

对于整禽等样品，检样处理应按照相关检验方法标准执行。

④液态肉制品。将检样充分混合均匀，称取25mL检样，加入盛有225mL灭菌稀释液或增菌液的均质袋(或杯)中，均质混匀。

⑤要求进行商业无菌检验的肉制品。按照《食品安全国家标准　食品微生物学检验　商业无菌检验》(GB 4789.26—2023)执行。

2)乳与乳制品样品的采集与处理

(1)样品的采集：

①生鲜乳。样品应尽可能充分混匀，混匀后应立即取样，用无菌采样工具分别从相同批次(此处特指单体的贮奶罐或贮奶车)中采集样品。

具有分隔区域的贮奶装置，应根据每个分隔区域内贮奶量的不同，按比例从每个分隔区域中采集一定量混合均匀的代表性样品。不得混合后采样。

②液态乳制品(巴氏杀菌乳、高温杀菌乳、调制乳等)。独立包装小于或等于1000g(mL)的液态乳制品，取相同批次的独立包装。独立包装大于1000g(mL)的液态乳制品，取相同批次的独立包装；或摇动、均匀后采样。

③半固态乳制品。

浓缩乳制品、发酵乳、风味发酵乳：独立包装小于或等于1000g(mL)的产品，取相同批次的独立包装。独立包装大于1000g(mL)的产品，采样前应摇动或使用搅拌器搅拌，使其达到均匀后采样。如果样品无法均匀混合，应从样品容器中的不同部位采取代表性样品。

稀奶油、奶油、无水奶油：独立包装小于或等于1000g(mL)的产品，取相同批次的独立包装。独立包装大于1000g(mL)的产品，采样前应摇动或使用搅拌器搅拌，使其达到均匀后采样。

对于固态奶油及其制品，用无菌抹刀除去表层产品，厚度不少于5mm。将洁净、干燥的采样钻沿包装容器切口方向往下，匀速穿入底部。当采样钻到达容器底部时，将采样钻旋转180°，抽出采样钻并将采集的样品转入样品容器。

④固态乳制品(干酪、再制干酪、干酪制品、乳粉、调制乳粉、乳清粉和乳清蛋白粉、酪蛋白和酪蛋白酸盐等)。独立包装小于或等于1000g的制品，取相同批次的独立包装。独立包装大于1000g的干酪、再制干酪、干酪制品，根据产品的形状和类型，可分别使用下列方法取样：在距边缘不小于10cm处，把取样器向产品中心斜插到一个平表面，进行一次或几次采样；或者将取样器垂直插入一个面，并穿过产品中心到对面采样；或者从两个平面之间，将取样器水平插入产品的竖直面，插向产品中心采样；若产品是装在桶、箱

或其他大容器中，或是将产品制成压紧的大块时，将取样器从容器顶斜穿到底进行采样。独立包装大于1000g的乳粉、调制乳粉、乳清粉和乳清蛋白粉、酪蛋白和酪蛋白酸盐等制品，应将无菌、干燥的采样钻面朝下，沿包装容器切口方向匀速插入。当采样钻到达容器底部时，抽出采样钻并将采集的样品转入样品容器。

(2)检样的处理：

①开启包装。以无菌操作开启包装或放置样品的无菌采样容器。塑料或纸盒(袋)装，用酒精棉球消毒盒盖或袋口，用灭菌剪刀剪开；瓶(桶)装，用酒精棉球或经火焰消毒，无菌操作去掉瓶(桶)盖，瓶(桶)口再次经火焰消毒。

②生鲜乳与液态乳制品。将检样摇匀，取25mL(g)检样，放入装有225mL灭菌稀释液或增菌液的无菌容器中，振摇均匀，摇匀时尽可能避免泡沫产生。

③半固态乳制品。消毒瓶或罐口周围后，用灭菌的开罐器打开瓶或罐，无菌称取25g检样，放入装有225mL灭菌稀释液或增菌液的无菌容器中，振摇或均质。使用均质袋时，无须预热稀释液，拍击混匀稀释液即可。

对于脂肪含量超过20%的产品，可根据脂肪含量加入适当比例的灭菌吐温-80进行混匀，添加量可按照每10%的脂肪含量加1g/L计算(如脂肪含量为40%，加4g/L)。也可将稀释液或增菌液预热至44~47℃。

④固态乳制品。

干酪、再制干酪、干酪制品：以无菌操作打开外包装后，对有涂层的样品削去部分表面封蜡，对无涂层的样品直接经无菌程序用灭菌刀切开干酪。用灭菌刀(勺)从表层和深层分别取出有代表性的适量样品，称取25g检样，放入装有225mL稀释液或增菌液的无菌容器中，选择合适的方式均质后检验。如果预计样品处理后无法获得均匀的悬浊液，可将稀释液或增菌液预热至44~47℃。

乳粉、调制乳粉、乳清粉和乳清蛋白粉：罐装乳粉或调制乳粉的开罐取样法同半固态乳制品消毒瓶或罐的处理方法；袋装乳粉或调制乳粉用酒精棉球涂擦消毒袋口后开封，以无菌操作称取检样25g，缓慢倒入含225mL稀释液或增菌液的无菌容器中，室温静置溶解后检验。如果溶解不完全，可以轻轻摇动或使用蠕动搅拌机混匀。对于经酸化工艺生产的乳清粉，应使用pH 8.4±0.2的磷酸氢二钾缓冲液稀释。对于含较高淀粉的特殊配方乳粉，可使用α-淀粉酶降低溶液黏度，或将稀释液加倍以降低溶液黏度。克罗诺杆菌属检验的检样处理按照《食品安全国家标准　食品微生物学检验　克罗诺杆菌检验》(GB 4789.40—2024)执行。

酪蛋白和酪蛋白酸盐：以无菌操作，称取25g检样，按照产品不同，分别加入225mL无菌稀释液或增菌液。在对黏稠的样品溶液进行梯度稀释时，应在无菌条件下反复多次吹打吸管，尽量将黏附在吸管内壁的样品转移到溶液中。酸法工艺生产的酪蛋白，使用磷酸氢二钾缓冲液并加入消泡剂，在pH 8.4±0.2的条件下溶解样品。凝乳酶法工艺生产的酪蛋白，使用磷酸氢二钾缓冲液并加入消泡剂，在pH 7.5±0.2的条件下溶解样品，室温静置15min。必要时在灭菌的匀浆袋中均质2min，再静置5min后检验。酪蛋白酸盐，使用磷酸氢二钾缓冲液在pH 7.5±0.2的条件下溶解样品。

⑤要求进行商业无菌检验的乳制品。按照GB 4789.26—2023执行。

3）蛋与蛋制品样品的采集与处理

（1）样品的采集：

①预包装蛋与蛋制品。独立包装小于或等于1000g（mL）的蛋与蛋制品，取相同批次的独立包装。独立包装大于1000g的固态蛋制品，应用无菌采样器从同一包装的不同部位分别采集适量样品；独立包装大于1000mL的液态蛋制品，应在采样前摇动或用无菌棒搅拌液体，使其达到均质后采集适量样品。

②散装蛋与蛋制品或现场制作蛋制品。用无菌采样工具从5个不同部位现场采集样品，放入一个无菌采样容器内作为一件食品样品。

③有特殊要求的食品。

冰蛋品类：用灭菌斧或凿剥去顶层冰蛋，从容器顶部至底部钻取3个样心：第1个在中心，第2个在中心与边缘之间，第3个在容器边缘附近。用灭菌勺将钻屑放在盛样品容器内。

干蛋品类：对于小包装，取整包或数小包作为样品，如为箱装或桶装，用无菌勺或其他灭菌器具，除去上层蛋粉，以灭菌取样器取3个或3个以上样心，随即用灭菌勺或其他合适的器具，以无菌操作将样心移至盛样器内。

（2）检样的处理：

①开启包装。以无菌操作开启包装或放置样品的无菌采样容器。塑料或纸盒（袋）装，用酒精棉球消毒盒盖或袋口，用灭菌剪刀剪开；瓶（桶）装，用酒精棉球或经火焰消毒，无菌操作去掉瓶（桶）盖，瓶（桶）口再次经火焰消毒。

②蛋壳/蛋壳淋洗液。选取蛋壳完整的样品，用一定小容量的稀释液或培养基（方法中规定的）淋洗蛋壳3~5次，淋洗时要旋转。收集淋洗液，即为待测样品原液。

③鲜蛋类（鲜蛋、洁蛋、营养强化蛋等）。去除鲜蛋壳上污物，将鲜蛋在流水下洗净，待干后用酒精棉消毒蛋壳，然后根据检验要求打开蛋壳取出蛋白、蛋黄或全蛋液，放入带有玻璃珠的灭菌瓶内，充分摇匀待检。针对鲜蛋白样品，检验时初始液推荐使用方法为1：40稀释，这样可以稀释蛋白中溶菌酶的抑制作用。

④冰蛋制品（冰全蛋、冰蛋黄、冰蛋白）。为了防止蛋样中微生物数量的增加或减少，使蛋样在低温下尽快融化，可在45℃以下不超过15min，或18~27℃不超过3h，或2~5℃不超过18h解冻（检验方法中有特殊规定的除外），频繁地旋转振荡盛样品的容器，有助于冰蛋样融化。也可直接称取样品放入温度为室温的稀释液中，这样也有助于样品的解冻。

⑤干蛋制品（全蛋粉、蛋黄粉、蛋白粉、干蛋片等）。称取样品放入带有玻璃珠的灭菌瓶内，按比例加入稀释液充分摇匀待检；检验时蛋白片（粉）样品推荐初始液使用方法为1：40稀释。

⑥再制蛋（咸蛋、咸蛋黄、皮蛋、醉蛋、糟蛋、卤蛋、茶叶蛋、煎蛋、煮熟蛋等）。无菌去除外包装和外壳，取可食部分；如为腌制的蛋品类，初始液可以使用灭菌蒸馏水，避免高浓度盐的影响。

⑦要求进行商业无菌检验的蛋与蛋制品。按照GB 4789.26—2023执行。

4）水产品与水产制品样品的采集与处理

（1）样品的采集：

①预包装水产品及其制品。独立包装小于或等于1000g的固态或半固态水产品及其制

品，或小于或等于1000mL的液态水产品及其制品，取相同批次的独立包装。独立包装大于1000g的固态或半固态水产品及其制品，可采集独立包装，也可用无菌采样工具从同一包装的不同部位分别采取适量样品，放入同一个无菌采样容器内作为一件样品；独立包装大于1000mL的液态水产品及其制品，可采集独立包装，也可在采样前摇动或用无菌棒搅拌液体，达到均质后采集适量样品，放入同一个无菌采样容器内作为一件样品。

②散装水产品与其制品。大型水产品无法采集个体时，应以无菌操作方式在不少于5个不同部位分别采取适量样品放入同一个无菌采样容器内，作为一件食品样品。当对一批水产品进行质量判断时，应采集多个食品样品进行检验。不均匀/多种类混合水产制品，采样时应按照每种成分在初始产品中所占比例对所有成分采样。小型水产品应采集混合样。

(2)检样的处理：

①生鲜鱼类与其制品。以检验卫生指示菌为目的时，采取检样的部位为可食用部分。用无菌水将体表冲净(去鳞)，再用酒精棉球擦净表面或切口，待干后用无菌剪刀剪取可食用部分25g放入含有225mL 0.85% NaCl溶液(海产品宜使用3.5%~4.0% NaCl溶液)中，均质1~2min。以检验致病菌为目的时，采取检样的部位为腮腺、体表、肌肉、胃肠消化道。用无菌水将体表冲净，用无菌剪刀剪取腮腺、体表、肌肉、胃肠消化道等混合样25g放入相应的225mL增菌液中，均质1~2min。

小型鱼类和分割的鱼类，直接剪碎后称取25g样品放入含有225mL 0.85% NaCl溶液(海产品宜使用3.5%~4.0% NaCl溶液)或相应的225mL增菌液中，均质1~2min。

②生鲜甲壳类与其制品。

虾类：以检验卫生指示菌为目的时，采取检样的部位为腹节内的肌肉。将虾体在无菌水下冲净，摘去头胸节，用灭菌剪子剪除腹节与头胸节连接处的肌肉，然后挤出腹节内的肌肉，称取25g放入含有225mL 0.85% NaCl溶液(海产品宜使用3.5%~4.0% NaCl溶液)中，均质1~2min。以检验致病菌为目的时，采取检样的部位为腹节、腮条。将虾体在无菌水下冲洗，剥去头胸节壳盖，用无菌剪刀剪取腮条，将腹节剪碎，取腮条及剪碎的腹节混合样25g，放入相应的225mL增菌液中，均质1~2min。小型虾类可不去壳，直接剪碎后称取25g样品放入含有225mL灭菌0.85% NaCl溶液(海产品宜使用3.5%~4.0% NaCl溶液)或相应的225mL增菌液中，均质1~2min。

蟹类：以检验卫生指示菌为目的时，采取检样的部位为胸部肌肉。将蟹体在无菌水下冲洗，剥去壳盖和腹脐，再除去鳃条，复置无菌水下冲净。用酒精棉球擦拭前后外壁，置灭菌托盘上待干。然后用灭菌剪刀剪开成左右两片，再用双手将一片蟹体的胸部肌肉挤出(用手指从足跟一端向剪开的一端挤压)，称取25g样品放入含有225mL 0.85% NaCl溶液(海产品宜使用3.5%~4.0% NaCl溶液)中，均质1~2min。以检验致病菌为目的时，采取检样的部位为背部、腹脐、腮条。将蟹体在无菌水下冲洗，剥去壳盖，用无菌剪刀剪取背部、腹脐、腮条混合样25g放入相应的225mL增菌液中，均质1~2min。小型蟹类可不去壳，直接剪碎后称取25g样品放入含有225mL 0.85% NaCl溶液(海产品宜使用3.5%~4.0% NaCl溶液)或相应的225mL增菌液中，均质1~2min。

③冷冻的水产品及其制品。冷冻样品应解冻后进行检验，可在45℃以下不超过15min，或18~27℃不超过3h，或2~5℃不超过18h解冻(检验方法中有特殊规定的除外)。解冻后的

水产品与水产制品的检样处理过程同生鲜水产品。

④经加工和烹饪的水产品与水产制品。

盐渍或腌制水产品与其制品：以无菌操作方式捡取25g样品，放入含有225mL磷酸盐缓冲液或相应增菌液中，均质1~2min。如果样品盐含量高，应适当提高稀释倍数。

干制水产品与其制品：以无菌操作方式剪取25g样品放入含有225mL磷酸盐缓冲液或相应增菌液中，均质1~2min。若鱼干无法软化应于室温浸泡样品1h以复水。

其他经加工和烹饪的水产品及其制品：以无菌操作方式取25g样品，剪碎后放入含有225mL磷酸盐缓冲液或相应增菌液中，均质1~2min。具有硬壳的水产品，应以无菌操作方式去除硬壳，取内容物或可食用部分进行检验。具有甲壳的水产品，可保留部分甲壳，以无菌操作方式去除大部分甲壳，小型的甲壳类水产品可保留甲壳，取可食用部位进行检验。

⑤要求进行商业无菌检验的水产品与水产制品。按照GB 4789. 26—2023执行。

5. 食品生产环境样品的采集

1) 车间水样的采集

由于水中含有大量的细菌，因此进行水的微生物检验，在保证饮水和食品安全及控制传染病方面具有十分重要的意义。取自来水时，如果从水龙头取样，水龙头嘴的内外要擦干净，打开水龙头让水流几分钟，关上用酒精灯灼烧，再打开水龙头让水流几分钟后取样。如果要检测龙头自身污染的可能性，则不需灭菌，打开水龙头直接取样，并用棉拭子涂抹内外表面。应用于理化检验时应防止其理化指标发生变化。

从车间水龙头采水样的操作方法如下。

(1)取下水龙头过滤网。

(2)打开水阀让水流1~3min。

(3)关闭水阀。

(4)擦干水龙头。

(5)用镊子夹酒精棉球擦拭水龙头口，先擦内壁，再擦外壁，反复2次即可。

(6)点燃酒精棉球。

(7)灼烧水龙头口2min。

(8)再次打开水阀，让水流2min。

(9)取样。

注意：全程手不要接触到水龙头口和水。

2) 车间台面、用具及工人手表面的采集

(1)车间台面、用具的采集：将经灭菌的内径为5cm×5cm的灭菌规格板放在被检物体表面。用浸有灭菌生理盐水的棉签在其内涂抹10次。将棉签放入含10mL灭菌生理盐水的采样管内送检。

(2)工人手表面的采集：被检人五指并拢。用浸湿生理盐水的棉签在右手指曲面，从指尖到指端来回涂擦10次。将棉签放入含10mL灭菌生理盐水的采样管内送检。

注意：擦拭时棉签要随时转动，保证擦拭的准确性。对每个擦拭点应详细记录所在的具体位置、擦拭时间及所擦拭环节的消毒时间。

3) 车间空气的采集

采用直接降尘法。

在动态下进行。室内面积不超过 $30m^2$，在对角线上设里、中、外 3 点，里、外点位置距墙 1m；室内面积超过 $30m^2$，设东、西、南、北、中 5 点，周围 4 点距墙 1m。

采样时，将含平板计数琼脂培养基的平板(直径 90mm)置采样点(约桌面高度)，并避开空调、门窗等空气流通处，打开平皿盖，使平板在空气中暴露 5min。采样后必须尽快对样品进行相应指标的检验，送检时间不得超过 4h，若样品保存于 0~4℃时，送检时间不得超过 24h。

问题思考

(1) 假定要对校园超市进行食品安全监督检查，由你来完成样品的采集工作，要提前做好哪些具体的准备工作？

(2) 请简要说明瓶装饮料食品如何进行样品处理。

(3) 请根据学校微生物实验室的具体面积，设计空气样品采集的详细方案。

知识拓展

国际上常见的取样方案

目前国内外使用的取样方案多种多样，如一批产品采若干个样后混合在一起检验，按百分比抽样；按食品的危害程度不同抽样；按数理统计的方法决定抽样个数等。无论采取何种方案，对抽样代表性的要求是一致的。最好对整批产品的单位包装进行编号，实行随机抽样。下面列举当今世界上较为常见的几种取样方案。

1. ICMSF 的取样方案

国际食品微生物规范委员会(简称 ICMSF)的取样方案是依据事先给食品进行的危害程度划分来确定的，将所有食品分成 3 种危害度：Ⅰ类危害是指老人和婴幼儿食品及在食用前可能会增加危害的食品；Ⅱ类危害是指立即食用的食品，在食用前危害基本不变；Ⅲ类危害是指食用前经加热处理，危害减小的食品。另外，将检验指标对食品卫生的重要程度分成一般、中等和严重 3 档，根据以上危害程度的分类，又将取样方案分成二级法和三级法。

1) 二级法

设定取样数 n，指标值 m，超过指标值 m 的样品数为 c，只要 $c>0$，就判定整批产品不合格。

2) 三级法

设定取样数 n，指标值 m，附加指标值 M，介于 m 与 M 之间的样品数 c。只要有一个样品值超过 M 或 c 规定的数值就判整批产品不合格。

具体使用方法见表 4-1-1 所列。

表 4-1-1　ICMSF 按微生物指标的重要性和食品危害度分类后确定的取样方案

取样方法	指标重要性	指标菌	食品危害度		
			Ⅲ(轻)	Ⅱ(中)	Ⅰ(重)
三级法	一般	菌落总数 大肠菌群 大肠埃希菌 葡萄球菌	$n=5$ $c=3$	$n=5$ $c=2$	$n=5$ $c=1$
	中等	金黄色葡萄球菌 蜡样芽孢杆菌 产气荚膜杆菌	$n=5$ $c=2$	$n=5$ $c=1$	$n=5$ $c=1$
二级法	中等	沙门菌 副溶血性弧菌 致病性大肠埃希菌	$n=5$ $c=0$	$n=10$ $c=0$	$n=20$ $c=0$
	严重	肉毒梭菌 霍乱弧菌 伤寒沙门菌 副伤寒沙门菌	$n=15$ $c=0$	$n=30$ $c=0$	$n=60$ $c=0$

注：引自魏明奎等，食品微生物检验技术，2010。

2. 美国 FDA 的取样方案

美国食品药品监督管理局(FDA)的取样方案与 ICMSF 的取样方案基本一致，所不同的是严重指标菌所取的 15、30、60 个样可以分别混合，混合的样品量最大不超过 375g。也就是说所取的样品每个为 100g，从中取出 25g，然后将 15 个 25g 混合成一个 375g 样品，混匀后再取 25g 作为试样检验，剩余样品妥善保存备用。食品危害度不同，混合样品的最低数也不同，分别为食品危害度Ⅰ，混合样品的最低数为 4；食品危害度Ⅱ，混合样品的最低数为 2；食品危害度Ⅲ，混合样品的最低数为 1。

3. 联合国粮食及农业组织(FAO)规定的取样方案

1979 年版《FAO 食品与营养报告》中的《食品质量控制手册》的微生物学分析中列举了各种食品的微生物限量标准，由于是按 ICMSF 的取样方案判定的，所以在此引用，见表 4-1-2 所列。

表 4-1-2　联合国粮食及农业组织(FAO)规定的各种食品的微生物限量标准

食品	检验项目	采样数/n	污染样品数/c	m	M
液蛋、冰蛋、干蛋	嗜中温性需氧菌	5	2	5×10^4	10^6
	大肠菌群	5	2	10	10^3
	沙门菌	10	0	0	
干奶	嗜中温性需氧菌	5	2	5×10^4	5×10^5
	大肠菌群	5	2	2	10^2
	沙门菌	10	0	0	
	葡萄球菌	5	1	10	10^2

（续）

食品	检验项目	采样数/n	污染样品数/c	m	M
冰激凌	嗜中温性需氧菌	5	2	2.5×10^4	2.5×10^5
	大肠菌群	5	2	10^2	10^3
	沙门菌	10	0	0	
	葡萄球菌	5	1	10	10^2
生肉及禽肉	嗜中温性需氧菌	5	3	10^6	10^7
	沙门菌	5	0	0	
冻鱼、冻虾、冻大红、虾尾	嗜中温性需氧菌	5	3	10^6	10^7
	大肠菌群	5	3	4	4×10^2
	沙门菌	5	0	0	
	葡萄球菌	5	3	10^3	5×10^3
冷熏鱼、冷虾、对虾、大红虾尾、蟹肉	嗜中温性需氧菌	5	2	10^5	10^5
	大肠菌群	5	2	4	10^2
	沙门菌	5	0	0	
	葡萄球菌	5	2	5×10^5	5×10^5
	副溶血性弧菌	5	0	10^2	
生及冷蔬菜	大肠埃希菌	5	2	10	10^3
干菜	大肠埃希菌	5	2	2	10^2
干果	大肠埃希菌	5	2	2	10
婴幼儿食品、挂糖衣饼干	大肠菌群	5	2	2	20
	沙门菌	10	0	0	20
干食品及速食食品	嗜中温性需氧菌	5	2	10^3	10^4
	大肠菌群	5	1	2	20
	沙门菌	10	0	0	
食前需加热的干食品	嗜中温性需氧菌	5	3	10^4	10^5
	大肠菌群	5	2	2	10^2
	沙门菌	5	0	0	
冷冻食品	嗜中温性需氧菌	5	2	10^5	10^5
	大肠菌群	5	2	10^2	10^4
	沙门菌	10	0	0	
	葡萄球菌	5	2	10	10^3
	大肠埃希菌	5	2	2	10^2
坚果	霉菌	5	2	10^2	10^4
	大肠菌群	5	2	10	10^3
	沙门菌	10	0	0	

（续）

食品	检验项目	采样数/n	污染样品数/c	m	M
谷类及产品	嗜中温性需氧菌	5	3	10^4	10^5
	大肠埃希菌	5	2	2	10
	霉菌	5	2	10^2	10^4
调味料	嗜中温性需氧菌	5	2	10	10^3
	大肠菌群	5	2	10^4	10^6
	霉菌	5	2	10^2	10^4
	大肠埃希菌	5	2	10	10^3

注：引自魏明奎等，食品微生物检验技术，2010。

任务 4-2　样品的送检与检验

工作任务

《食品安全国家标准　食品微生物学检验　总则》(GB 4789.1—2016)要求采样过程中，应对所采样品进行及时、准确地标记。采样结束后，应由采样人写出完整的采样报告。样品应尽可能在原有状态下迅速运送或发送到实验室。

本任务依照《食品安全国家标准　食品微生物学检验　总则》(GB 4789.1—2016)学习食品样品的送检与检验技术。

知识准备

1. 样品的标记

(1)采集的样品要进行及时、准确地记录和标记，内容包括采样人、采样地点、时间、样品名称、来源、批号、数量、保存条件等信息。

(2)标记应牢固并具有防水性，确保字迹不会被擦掉或脱色。

(3)当样品需要托运或由非专职人员运送时，必须密封样品容器。

2. 样品的贮存和运输

(1)采集到的样品标记后，要尽快送往实验室检验。

(2)不得在样品中加入防腐剂、固定剂等。

(3)要在接近原有贮存温度条件下贮存样品，或采取必要措施(如密封、冷藏等)防止样品中微生物数量的变化。

(4)在运输过程中保持样品完整。

(5)如不能由专人携带送样，也可托运。托运前必须将样品包装好，应能防破损、防结块或防冷冻样品升温或融化。在包装上注明“防碎”“易腐”“冷藏”等字样。

3. 样品的处理

实验室接到送检样品后应认真核对登记，确保样品的相关信息完整并符合检验要求。实验室应按要求尽快检验。若不能及时检验，应采取必要的措施，防止样品中原有微生物因客观条件的干扰而发生变化。各类食品样品处理应按相关食品安全标准检验方法的规定执行。

(1)液体样品的处理：以无菌吸管吸取25mL样品，置盛有225mL磷酸盐缓冲液或生理盐水的无菌锥形瓶(瓶内预置适当数量的无菌玻璃珠)中，充分混匀，制成1∶10的样品匀液。在打开样品容器时，一定要注意表面消毒，无菌操作。

(2)固体或半固体样品的处理：无菌称取25g样品，置盛有225mL磷酸盐缓冲液或生理盐水的无菌均质杯内，8000~10 000r/min均质1~2min，或放入盛有225mL稀释液的无菌均质袋中，用拍击式均质器拍打1~2min，制成1∶10的样品匀液。

4. 样品的检验

(1)样品检验时检验项目按照现行有效的食品安全相关标准的方法实施。

(2)食品微生物检验方法标准中对同一检验项目有两个及两个以上定性检验方法时，应注意每种方法的适用范围。

5. 记录与报告

1)记录

检验过程中应及时、客观地记录观察到的现象、结果和数据等信息。

实验室的记录可以以任何媒介的形式存在，如纸张、照片、磁盘和光盘等。应当根据质量管理活动和检验工作制订记录格式。记录的格式应该内容完整，结构合理，方便记录和查询。凡能列表记录的，应设置清晰明了的记录格式。

实验室的记录一般包括样品的接收记录、检验原始记录、设备的校准记录、核查记录和使用记录、最终的书面报告。记录填写要求：①应如实记录，不得失真，严禁虚假伪造；②记录应完整准确，不得遗漏，文字表达应准确简明；③记录应字迹清晰，排列有序，书写密度适中；④如无特殊要求，应用黑色钢笔或圆珠笔书写；⑤记录上有记录人签字、审核、批准要求的，应有相应的签名和授权审核批准人的签字；若需要修改，应采用杠改法，在错误的地方加以横杠，横杠在字的中间，并在附近地方写上正确的内容，签上修改人的姓名和修改日期，实验室对相关人员的签名应保留备案。

设计检验原始记录格式时，应考虑包含足够信息，以便识别不确定度的影响因素，并保证该检验在尽可能接近原始条件的情况下能够复现，以下对部分技术记录所包含的信息进行举例。

(1)样品接收记录：内容应包括(但不限于)样品的编号、名称、来源、数量、检验项目、接收时间、处理时间、处理方式等信息。样品应符合测试委托单上的描述，样品的数量应足够完成检验项目。

(2)测试委托单：内容应包括客户信息、样品信息、样品的数量、样品的贮藏条件、检验方法、出报告的时间、委托人和确认人。

(3)实验室的原始检验记录：应包括样品编号、样品名称、收样和开始检验的日期、检验项目各个步骤所用培养基、生长状况、操作人及设备、检验方法和最终确认人。

(4)培养基的配制记录：包括配制日期、培养基的批号、配制体积、质量、灭菌温度、灭菌时间、所用设备编号、配制人、核查人等信息。

应对记录进行唯一性编号，以便于查询。

食品微生物实验室应制订、形成文件并维护程序，以对构成质量文档的所有文件和信息(内源性及外源性)进行控制。应将每一份受控的文件和信息制作一份备份存档以备日后参考。

实验室应提供一个适宜的文件存放环境，以防损毁、破坏、丢失或被人盗用。实验室记录应保留多长时间没有硬性的规定，一般来说保留两年(仪器设备的记录要终身保留)。无论保留多长时间，记录的贮存应依要求便于审核。

2)报告

实验室应按照检验方法中规定的要求，准确、客观地报告检验结果，并及时上报相关部门。

报告书的格式(如电子或书面)要规范。检验结果应清晰易懂，文字描述正确，并且应报告给经授权的可以接收并使用相关食品微生物信息的人员。报告中应包括(但不限于)：清晰明确的检验标识和检验方法；发布报告的实验室标识；客户的唯一标识和地点，如可能，注明报告的送达地；检验申请者的姓名或其他唯一性标识和申请者的地址；原始样品采集的日期和时间，如果没有在报告中注明，也应保证在需要时可以随时查到；原始样品的来源和系统；使用的方法，若使用标准菌株/毒株，记下菌株/毒株的名称并简要描述；结果的描述，以及从结果中得到的试验或测试结论；其他注释(如可能影响检验结果的原始样品的质或量，委托实验室的检验结果/解释，新标准方法的使用)；报告中应区分出所用检验方法是标准方法还是实验室新开发的方法，需要时应有检出限和测量不确定度资料供查询；报告授权发布人的标识；相关时，应提供原始结果和修正后的结果；如可能，应有审核并发布报告的授权人签名。

实验室保证经电话或其他电子方式发布的检验结果，只有经授权的人员才能得到。口头报告检验结果后应提供书面报告。如果所收到的原始样品不适于培养，或可能影响检验结果，应在报告中予以说明。

实验室应保留所报告结果的文档和备份，以备快速检索。这些资料保存的时间长短可不相同；但报告结果的保留期限(一般为两年)应符合国际、国家、地区、地方或行业的法规和标准规范，以便查询。

实验室应有关于更改报告的书面政策和程序。报告更改时，均应在记录上显示出改动的日期、时间及责任人的姓名；经改动后，原内容还应清晰可辨；应该保存原始电子记录并利用适当的编辑程序改动添加记录，以清楚地表明对报告所做的改动；对已用于生产监督的检验结果的修改应当与原报告一同保存，并清楚地标明其被修改内容。如果报告系统不能发现修改、变更或更改，应采用审核日志的方法注明。

6. 检验后样品的处理

(1)检验结果报告后，被检样品方能处理。
(2)检出致病菌的样品要经过无害化处理。
(3)检验结果报告后，剩余样品和同批产品不进行微生物项目的复检。

问题思考

假定你是一名检验人员，在完成某一具体食品的菌落总数和大肠菌群检验后，要出具检验报告。请根据食品的具体信息，假定一种检验结果，完成下面的检验报告表。

食品微生物检验报告

样品编号：　　　　　　　　　　　　　　　　检验编号：
报告日期：　　　　　　　　　　　　　　　　共　　页，第　　页

样品名称		生产日期	
收(采)样时间		收(采)样人	
供样单位		样品状态/包装	
检验日期		样品规格数量	
检验项目	检验依据	检验结果	检验结论
菌落总数			
大肠菌群			
样品结论			
检验人	复核人	审核人	
备注			

授权签字人：

知识拓展

食品检验方面的主要机构

联合国粮食及农业组织(Food and Agriculture Organization of the United Nations，FAO)，简称粮农组织。1945年10月16日正式成立，是联合国系统内最早的常设专门机构，是各成员国间讨论粮食和农业问题的国际组织。其宗旨是提高人民的营养水平和生活标准，改

进农产品的生产和分配，改善农村和农民的经济状况，促进世界经济的发展并保证人类免于饥饿。

世界卫生组织（World Health Organization，WHO）简称世卫组织，是联合国下属的一个专门机构，总部设在瑞士日内瓦，是国际上最大的政府间卫生组织。世界卫生组织的宗旨是使全世界人民获得尽可能高水平的健康。世界卫生组织的主要职能包括：促进流行病和地方病的防治；提供和改进公共卫生、疾病医疗和有关事项的教学与训练；推动确定生物制品的国际标准。

食品药品监督管理局（Food and Drug Administration，FDA）的简称FDA有时也代表美国食品药品监督管理局。FDA由美国国会即联邦政府授权，是专门从事食品与药品管理的最高执法机关，也是一个由医生、律师、微生物学家、化学家和统计学家等专业人士组成的致力于保护、促进和提高国民健康的政府卫生管制的监控机构。其他许多国家都通过寻求和接受FDA的帮助来促进并监控其本国产品的安全。FDA主管食品、药品（包括兽药）、医疗器械、食品添加剂、化妆品、动物食品及药品、酒精含量低于7%的葡萄酒饮料以及电子产品的监督检验；产品在使用或消费过程中产生的离子、非离子辐射影响人类健康和安全项目的测试、检验和出证。

日本厚生劳动省，是日本负责医疗卫生和社会保障的主要部门，设有11个局及7个部门，主要负责日本的国民健康、医疗保险、医疗服务提供、药品和食品安全、社会保险和社会保障、劳动就业、弱势群体社会救助等职责。在卫生领域，其涵盖了如中国的国家卫生健康委员会、国家药品监督管理局、国家发展和改革委员会、人力资源和社会保障部、民政部、国家市场监督管理总局等部门的相关职能。这样的职能设置，可以使主管部门能够通盘考虑卫生系统的供需双方、筹资水平和费用控制、投资与成本等各方面的情况，形成整体方案。

中国计量认证（China Metrology Accreditation，CMA）是评价检测机构检测能力的一种有效手段，也是第三方检测机构进入市场的准入证。根据《中华人民共和国计量法》第二十二条的规定："为社会提供公证数据的产品质量检验机构，必须经省级以上人民政府计量行政部门对其计量检定、测试的能力和可靠性考核合格。"因此，所有对社会出具公正数据的产品质量监督检验机构及其他各类实验室必须取得中国计量认证，即CMA认证。只有取得计量认证合格证书的检测机构，才能够从事检测检验工作，并允许其在检验报告上使用CMA标记。有CMA标记的检验报告可用于产品质量评价、成果及司法鉴定，具有法律效力。所以，找检测机构一定要找具有CMA资质的机构，否则，检测结果没有法律效力。

项目小结

食品微生物检验是一门应用微生物学理论和实验方法的学科，是对食品中微生物存在与否及种类和数量的验证。在食品微生物检验的过程中，采样的方法、样品的制备技术是非常重要的环节。样品的选择要有代表性，根据样品的种类确定采样的数量和方法。运送要尽可能保持样品原有的物理和微生物状态。根据食品样品的种类，经过相应的预处理，进行卫生学及致病菌的检测检验。检验工作必须确保公正、准确，遵守检验的规则和程序。食品微生物检验还包括食品接触的生产环境检验。

自测练习

一、单选题

1. 采集车间水样时，灼烧水龙头后，打开水阀，再次放水(　　)。

A. 1min　　B. 2min　　C. 3min　　D. 4min

2. 车间台面取样用规格板的规格为(　　)。

A. 2cm×2cm　　B. 4cm×4cm　　C. 5cm×5cm　　D. 8cm×8cm

3. 食品微生物检验中常用的稀释液不包括(　　)。

A. 灭菌生理盐水　　B. 灭菌磷酸盐缓冲液

C. 灭菌 75%乙醇溶液　　D. 灭菌 0.1%蛋白胨水

4. 对液体样品进行处理时，以无菌吸管吸取(　　)样品，置盛有 225mL 磷酸盐缓冲液或生理盐水的无菌锥形瓶中。

A. 25mL　　B. 50mL　　C. 75mL　　D. 100mL

5. 在三级采样方案中，如 $n=5$，$c=2$，$m=100$CFU/g，$M=1000$CFU/g，以下说法不正确的是(　　)。

A. 若 5 个样品的检验结果均小于或等于 m 值(≤100CFU/g)，则这种情况是允许的

B. 若≤2 个样品的结果(X)位于 m 值和 M 值之间(100CFU/g<X≤1000CFU/g)，则这种情况是允许的

C. 若有 3 个及以上样品的检验结果位于 m 值和 M 值之间，则这种情况是允许的

D. 若有任一样品的检验结果大于 M 值(>1000CFU/g)，则这种情况是不允许的

二、判断题

1. 采样必须符合无菌操作的要求，防止一切外来污染，一件用具只能用于一个样品，防止交叉污染。　　(　　)

2. 空气样品采样时，将含营养琼脂的平皿(直径 90mm)置采样点(约桌面高度)，打开平皿盖，使平皿在空气中暴露 2min。　　(　　)

3. 车间空气样品的采集多采用自然沉降法。　　(　　)

4. 检测工人手时，被检人五指并拢，用浸湿生理盐水的棉签在右手指曲面，从指尖到指端来回涂擦 3 次。　　(　　)

5. 大于 $30m^2$ 的车间采集空气样品时要设置 5 个采样点，四周墙角各设置 1 点，室内中心为 1 点。　　(　　)

6. 为防止在样品运送过程中样品中微生物数量的变化，可在样品采集后添加适量的防腐剂。　　(　　)

7. 对于散装食品或现场制作食品，用无菌采样工具从 n 个不同部位现场采集样品，计为 n 件食品样品。　　(　　)

8. 由于微生物检验项目的特殊性，因此，微生物样品不可托运，必须尽快检验。　　(　　)

9. 委托人收到检验报告，当对检验结果存在质疑时，可要求实验室利用剩余样品进行微生物项目复检。　　(　　)

10. 实验室出具的检验报告内容不得随意更改，如需更改必须按照相关程序完成。（　　）

三、简答题

1. 食品微生物样品采集的原则是什么？
2. 实验室原始记录的填写要求是什么？

项目5 食品微生物检验基本操作技术训练

在食品安全检验中，微生物检验是一个重要环节，微生物检验水平的高低直接影响着食品质量和卫生安全。食品微生物检验是指在一定的环境条件下，通过对食品中的微生物进行分离、培养、鉴定和计数，以达到对食品中细菌、霉菌及酵母菌数量等卫生质量指标进行控制和测定的目的。本项目将介绍食品微生物检验的基本操作技术，包含培养基的制备、消毒和灭菌、纯培养技术、显微镜的使用、微生物的染色、微生物大小的测定、血球计数板计数等操作技能。通过本项目学习，可以熟练掌握微生物检验的基本操作技能，提高专业技术水平，具备较好的质量意识，在相应的工作岗位上，能独立地实施微生物检验工作。

学习目标

知识目标

1. 掌握玻璃器皿干热灭菌原理。
2. 掌握培养基配制的原理，掌握高压蒸汽灭菌的原理。
3. 掌握显微镜的结构和使用原理，掌握细菌简单染色和革兰染色法的原理。
4. 掌握目镜测微尺和镜台测微尺的构造和使用原理。
5. 掌握血球计数板的构造及使用原理。
6. 掌握纯培养技术的原理，掌握菌种纯化分离培养的基本原理。
7. 掌握菌种保藏的原理。
8. 掌握微生物生理生化试验的原理。

技能目标

1. 能够熟练进行玻璃器皿的清洗与包扎操作，并能运用干燥箱进行干热灭菌。
2. 能够熟练配制培养基，并能运用高压蒸汽灭菌锅进行湿热灭菌。
3. 能够熟练进行细菌的简单染色和革兰染色，并运用显微镜进行细菌观察。
4. 能够熟练运用目镜测微尺和镜台测微尺测定微生物细胞大小。
5. 能够熟练运用血球计数板测定微生物细胞个数。
6. 能够熟练运用纯培养技术，进行菌种纯化、分离与培养。
7. 能够熟练运用纯培养技术，进行菌种保藏。
8. 能够熟练运用微生物生理生化试验方法，进行微生物的鉴定。

素质目标

1. 培养实事求是、求真务实的学习和工作态度。
2. 培养严谨、踏实、规范的职业态度。
3. 培养团队合作意识与纪律意识。

任务5-1 常用玻璃器皿清洗、包扎及干热灭菌

工作任务

在食品微生物检验过程中，会使用到大量的玻璃器皿，如玻璃器皿上附着污渍或灭菌不彻底，都将会对检验结果造成一定影响。因此，必须选取有效可靠的清洗方法，确保所使用的玻璃器皿被彻底清洁；另外，玻璃器皿在使用之前，必须对其进行正确的包扎，并经过规范的灭菌，从而消除杂菌的影响。这些工作看起来很普通简单，但如果操作不当或不按操作规定去做，则会影响检验结果，甚至导致检验的失败。

本任务学习食品微生物检验所需玻璃器皿的清洗、包扎与灭菌。

工具材料

1. 设备和材料

干燥箱、培养皿、移液管、试管、锥形瓶、剪刀、棉线绳、牛皮纸或报纸。

2. 培养基和试剂

2%盐酸溶液、3%~5%来苏尔或5%石炭酸溶液、5%碳酸氢钠溶液、蒸馏水。

知识准备

1. 常用玻璃器皿的清洗

清洁的玻璃器皿是食品微生物检验得到正确结果的先决条件，因此，玻璃器皿的清洗是食品微生物检验前的一项重要准备工作。清洗方法根据微生物检验目的、器皿的种类、所盛放的物品、洗涤剂的类别等情况的不同而有所不同。

2. 玻璃器皿的包扎

玻璃器皿灭菌后到使用前，这期间不能保证周围外部环境是无菌的，很容易造成微生

物污染。因此，为保持灭菌后的无菌状态，在灭菌前需要对试管和锥形瓶等玻璃器皿加胶塞，并用牛皮纸或报纸进行包扎，防止灭菌后再次被污染。

根据玻璃器皿的不同种类采用不同的包扎方式，可分为培养皿的包扎、吸管的包扎、试管和锥形瓶的包扎等。

3. 消毒与灭菌

在我们周围的环境中，微生物无处不在，其中有一部分是对人类有害的微生物，它们通过气流、相互接触或人工接种等方式，传播到合适的基质或生物对象上而造成种种危害，而借助于不同的消毒和灭菌技术手段，可不同程度地减少或完全杀灭环境中的微生物，这是从事微生物工作的基础。虽然消毒与杀菌这两个术语经常被混用，但它们实际上具有不同的含义和目的。

消毒是一种采用较温和的理化因素，仅杀死物体表面或内部对人体有害的病原菌，而对被消毒的物体基本无害的措施，如一些常用的对皮肤、水果、饮用水进行药剂消毒的方法，对啤酒、牛奶、果汁和酱油等进行消毒处理的巴氏消毒法等。

灭菌是指采用强烈的理化因素使任何物体内外部的一切微生物永久丧失其生长繁殖能力的措施，如高温灭菌法。灭菌可分为杀菌和溶菌两种，前者指菌体虽死，但形体尚存；后者则指菌体被杀死后，其细胞溶化、消失的现象。

4. 高温灭菌

高温灭菌的原理是当高温作用于微生物细胞时，引起微生物细胞内原生质体的变性，酶结构的破坏，从而细胞失去了生化机能上的协调，停止了生长发育，直至细胞内的原生质体发生凝固，酶结构完全破坏、失活，生化反应停止，新陈代谢终止，细胞随即死亡，从而达到灭菌的效果。常见的高温灭菌方法主要有干热灭菌和湿热灭菌两大类。

1）干热灭菌

干热灭菌一般包括火焰烧灼灭菌和热空气灭菌两种。

火焰烧灼灭菌是将待灭菌的物品放在酒精灯的火焰外焰上灼烧，是一种最彻底的干热灭菌法，适用于接种环、接种针和金属用具（如镊子等）；另外，无菌操作时试管和锥形瓶的瓶口也要在火焰上做短暂烧灼灭菌。

热空气灭菌（俗称干热灭菌），是指在干燥箱内通过热空气进行灭菌，此法适用于空玻璃器皿的灭菌，如试管、培养皿、锥形瓶、移液管等的灭菌。热空气灭菌的原理是利用高温干燥空气使微生物细胞内的蛋白质凝固变性而达到灭菌的目的。细胞内的蛋白质凝固性与其本身的含水量有关，菌体受热时，当环境和细胞内含水量越大，则蛋白质凝固就越快，反之含水量越小，凝固越慢。因此，与湿热灭菌相比，干热灭菌所需温度高（160~170℃）、时间长（1~2h）。但干热灭菌温度不能超过180℃，否则，包器皿的纸或棉塞就会烤焦，甚至引起燃烧。

2）湿热灭菌

湿热灭菌是一种用煮沸或饱和热蒸汽杀死微生物的方法。在相同温度下，湿热灭菌比干热灭菌效果好，这是因为水蒸气具有很强的穿透力，能更有效地杀灭微生物；水蒸气存在潜热，当蒸汽液化为水时可放出大量热量，故可迅速提高灭菌物品的温度，缩短灭菌时间；蛋白质的凝固点随含水量的增加而降低，因此，湿热更易将蛋白质的氢键打断，使其发生变性凝固。

(1)煮沸消毒法：本法仅是消毒方法，应用范围较广。物品在水中煮沸(100℃)维持15min以上，可杀死细菌和真菌的营养细胞，但是不能杀死全部细菌芽孢和真菌孢子。延长煮沸时间或在水中加入1%Na_2CO_3溶液或2%~5%石炭酸溶液可增加消毒效力。煮沸法方便易行，常用于家庭中餐具、衣物和饮用水的消毒。

(2)高压蒸汽灭菌法：是利用高温高压蒸汽进行灭菌的方法，这种方法可以杀死一切微生物，包括休眠孢子，是目前应用最广、最有效的灭菌手段，被广泛应用于培养基和发酵设备的灭菌。具体方法是将物品置于压力为0.103MPa(1.05kg/cm^2)，温度为121.3℃的高压蒸汽内，进行蒸煮15~20min。

(3)间歇灭菌法：又称分段灭菌法或丁达尔灭菌法。具体方法是将物品放在80~100℃下蒸煮15~60min，以杀灭其中所有微生物营养体，再搁置室温(28~37℃)下过夜，诱导其中残存的芽孢发芽，并连续重复该过程3次以上。这种方法可以在较低的灭菌温度下达到彻底灭菌的良好效果；但流程烦琐，时间长。本法适用于不耐高温的培养基、药液、酶制剂、血清等的灭菌。如培养硫细菌的含硫培养基采用此法灭菌，可保证培养基内所含元素硫在99~100℃下保持正常结晶性，若用121℃加压法灭菌，就会引起硫的熔化。

1. 清洗及灭菌程序

玻璃器皿清洗及灭菌程序如图5-1-1所示。

2. 操作步骤

1)玻璃器皿的清洗

(1)新玻璃器皿的清洗：新购买的玻璃器皿含游离碱较多，使用前应在酸溶液内浸泡2~3h，酸溶液一般用2%盐酸溶液。浸泡后用刷子刷洗，再用流动的自来水冲净，最后用蒸馏水再次冲洗干净即可。

(2)旧玻璃器皿的清洗：旧玻璃器皿如果确实无病原菌或未被带菌物污染的，使用前可以将其放入洗涤剂中浸泡数小时，浸泡后用刷子刷洗，再用流动的自来水冲洗2~3次，最后用蒸馏水再次冲洗干净即可。

带菌的玻璃器皿，必须经过高温灭菌或消毒才能进行常规刷洗。带菌培养皿、试管、锥形瓶等物品，做完实验后应放入灭菌锅内，经121℃灭菌20~30min，再进行常规刷洗。带菌的吸管、滴管，使用后不得放在桌子上，应立即放入盛有3%~5%来苏尔或5%石炭酸溶液的玻璃缸内消毒24h，经121℃灭菌20min，再进行常规刷洗。带菌载玻片及盖玻

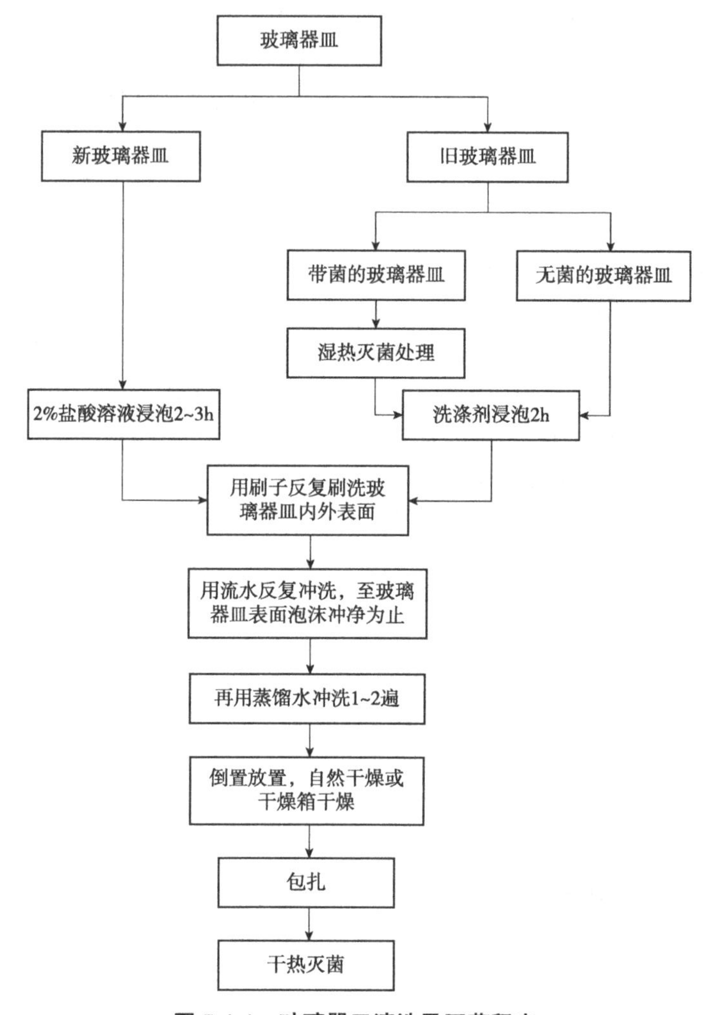

图 5-1-1　玻璃器皿清洗及灭菌程序

片，使用后不得放在桌子上，应立即放入盛有 3%~5%来苏尔或 5%石炭酸溶液的玻璃缸内消毒 24h 后，再进行常规刷洗。含油脂带菌玻璃器皿要单独经 121℃灭菌 20~30min，趁热倒去污物，倒放在铺有吸水纸的篮子上，经 100℃烘烤 30min，再用 5%碳酸氢钠溶液水煮两次，最后用洗涤剂进行常规刷洗。

(3)玻璃器皿清洗标准：判断玻璃器皿是否清洗干净的标准是将清洗后的玻璃器皿倒置过来，其内壁被水均匀润湿而无条纹，水流出后器壁不挂水珠。

(4)玻璃器皿的干燥：不急用的玻璃器皿，可以倒置于洗涤架上自然晾干；急用的玻璃器皿，可以放入干燥箱内，80~120℃烘干，当温度下降到 60℃以下再打开取出器材使用。

2)玻璃器皿的包扎

(1)培养皿的包扎：

①洗净、烘干的培养皿，每 8 套一组进行包扎(也可根据实际需要确定每组培养皿的数量)。

②将培养皿按照一个方向立向叠放，并置于牛皮纸的一侧。

③用牛皮纸将培养皿慢慢卷起，边卷边将两头的纸下压，并折叠。

④将纸头插入折缝里，如图 5-1-2 所示。

图 5-1-2 培养皿的包扎

(2)吸管的包扎：

①准备好干燥的吸管，在距其粗头顶端约 0.5cm 处，塞一小段 1.5cm 长的少许脱脂棉花，以免使用时将杂菌吹入其中或不慎将微生物吸出管外。棉花要塞得松紧恰当，过紧，吹吸液体太费力；过松，吹气时棉花会下滑。

②取一条宽 4~5cm 的牛皮纸条(或报纸条)，然后将吸管尖端斜放在牛皮纸条的右端，与报纸呈 30°~50°角(图 5-1-3)，并将牛皮纸端角向上折叠，包裹住吸管尖端。

③将右端多余的一段纸覆盖在吸管上，再将整根吸管以螺旋形式滚动，最后将整根吸管紧紧地卷入报纸内。

④左端多余的牛皮纸打一小结。

如此包好的很多吸管可再用一张大牛皮纸包好，进行干热灭菌。

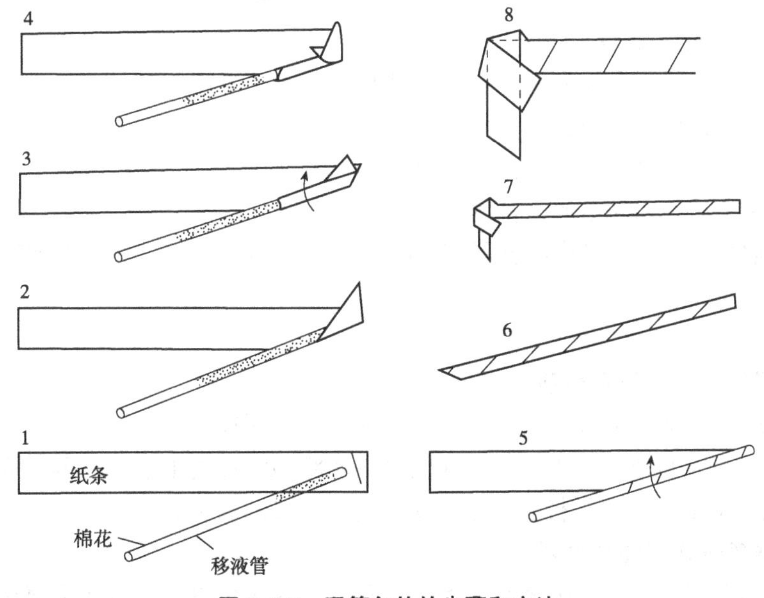

图 5-1-3 吸管包扎的步骤和方法

(引自周桃英等，食品微生物，2020)

(3)试管和锥形瓶等的包扎：

①将牛皮纸拆成大小合适的长方形。

②用牛皮纸将锥形瓶或试管的瓶口处卷起来。

③多余的部分向下折叠。

④取一根适当长度的棉绳，棉绳的一端用左手大拇指摁住，顺时针旋转棉绳，第一圈绕过大拇指，第二圈以后从大拇指下方穿过。

⑤当棉绳旋转剩余较少时，将剩余部分穿过大拇指，同时大拇指往下扣棉绳的剩余部

分，右手向上拉动先前被大拇指摁住的一端，将剩余部分棉绳固定牢固，如图 5-1-4 所示。

注意：试管可以单个进行包扎，也可以若干支包扎在一起。

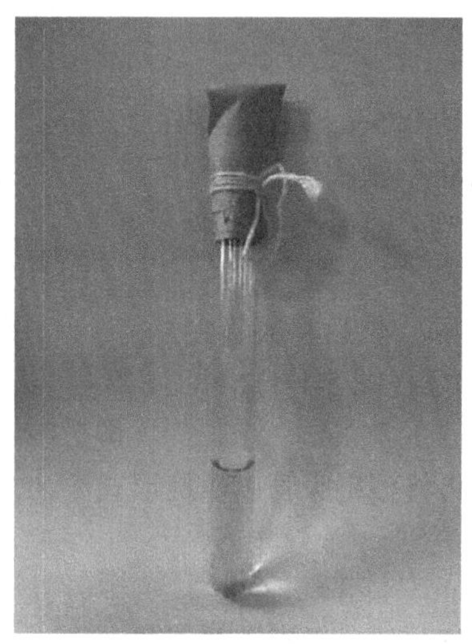

图 5-1-4　试管和锥形瓶的包扎

3) 玻璃器皿的干热灭菌

(1)将包扎好的待灭菌物品(培养皿、吸管等)放入干燥箱内。

(2)打开开关，设定灭菌温度和灭菌时间。

(3)在调节器的控制下，进入自动灭菌状态。

(4)灭菌结束后，切断电源，自然降温。

(5)开箱取物。待干燥箱内温度降到 60℃以下后，打开箱门，取出灭菌物品。

注意事项

1. 玻璃器皿清洗的注意事项

①带菌的玻璃器皿一定要进行灭菌处理，防止发生污染。

②洗涤剂浸泡后的玻璃器皿，一定用流动的水将泡沫冲洗干净后，再用蒸馏水冲洗。

③洗涤玻璃器皿时，要戴橡胶手套，防止洗涤剂腐蚀双手。

2. 玻璃器皿包扎的注意事项

①培养皿包扎时一定要包扎紧实、全面，不要有暴露的地方，防止外界微生物的污染。

②吸管的吸口端一定要塞入脱脂棉，防止使用时将杂菌吹入其中，或不慎将微生物吸出管外。另外，塞入的棉花量要适宜，多余的棉花可用酒精灯火焰烧掉。

3. 玻璃器皿干热灭菌的注意事项

①物品不要摆得太挤，一般不能超过总容量的 2/3，灭菌物品之间应留有间隙，以免妨碍热空气流通，影响温度的均匀上升。

②升温时打开通气孔，排除箱内冷空气和水汽，待温度升至 100℃，将通气孔关闭，使箱内温度一致。

③灭菌温度以控制在 160～170℃，维持 2h 为宜。超过 170℃，包装纸即变黄；超过

180℃，纸或棉花等容易烤焦甚至燃烧。

④干燥箱内温度未降到60℃以前，切勿自行打开箱门，以免玻璃器皿炸裂。

⑤灭菌后的物品，使用时再从包装内取出。

考核评价

常用玻璃器皿清洗、包扎及干热灭菌的评分标准

内容	分值	评分细则	评分标准	得分
玻璃器皿清洗	1	是否正确清洗玻璃器皿	根据不同玻璃器皿选择正确的清洗方法	
	2	是否达到玻璃器皿清洗标准	玻璃器皿倒置过来，其内壁被水均匀润湿而无条纹，水流出后器壁不挂水珠	
玻璃器皿包扎	1	是否正确包扎玻璃器皿	玻璃器皿包扎步骤准确，包扎紧实，无松动现象，无漏包扎现象	
	1	是否正确放置移液管口的棉花	距移液管粗头顶端约0.5cm处，塞1.5cm长度的脱脂棉花，棉花要塞得松紧恰当	
玻璃器皿干热灭菌	2	是否正确选择灭菌温度和时间	灭菌温度160~170℃，灭菌时间1~2h	
	1	是否正确摆放玻璃器皿	灭菌物品之间应留有间隙，一般不能超过干燥箱总容量的2/3	
	1	是否正确打开通气孔	升温时打开通气孔，排除箱内冷空气和水汽，待温度升至100℃，将通气孔关闭	
	1	是否正确打开灭完菌的干燥箱	干燥箱内温度未降到60℃以前，切勿自行打开箱门	
合　计				
考核教师签字：				

知识拓展

紫外线杀菌与过滤除菌

1. 紫外线杀菌

紫外线是一种短波光，波长在100~400nm。其中，265nm波长的紫外光对微生物最具杀伤力。当微生物被照射时，细胞的DNA吸收能量，形成胸腺嘧啶二聚体，此时腺嘌呤无法正确配对，从而干扰DNA的复制和蛋白质的合成，造成微生物的死亡；另外，辐射能使空气中的氧气电离成活性氧，氧化成臭氧而臭氧也有杀菌作用。

紫外线杀菌效果较好，但对真菌的杀灭作用和对物体的穿透能力很差，易被固形物吸收，不能透过普通玻璃和纸张，当空气湿度超过55%~60%时，紫外线的杀菌效果迅速下降。因此，紫外线杀菌只适用于物体的表面消毒和空气的消毒，常用作接种室、培养室和手术室等空间的杀菌处理。另外，使用紫外线杀菌时，必须防止紫外线对人体的直接照射，以免损伤皮肤和眼角膜。

紫外线灯有30W、20W、15W等多种规格。紫外线灯的功率越大，效能越高，紫外线的灭菌作用随其剂量的增加而加强。剂量是照射强度与照射时间的乘积。如果紫外线灯的功率和照射距离不变，可以用照射时间表示相对剂量。紫外线对不同的微生物有不同的致死剂量。根据照射规律，照度与光源发光强度成正比而与距离的平方成反比，在固定光源情况下，物体越远，被照效果越差。因此，应根据被照面积、距离等因素安装紫外线灯。一般灭菌常选用30W，菌种诱变多选用15W紫外线灯。消毒的有效区是在灯管照射范围2.0m内，以1m内效果最好，照射时间为20~30min即可。照射前，可以适量喷洒75%乙醇溶液等消毒剂，并且将用于消毒的场所光线处置稍暗，从而增强消毒效果。

2. 过滤除菌

为了控制液体中微生物的群体，可以采用将微生物从液体中移走而不是用杀死的方法来实现。通常所采用的方法就是过滤除菌，即将液体通过某种微孔的材料，使微生物与液体分离。其基本原理是利用一种具有极其微小孔径的物体作为介质，使液体由孔径通过，而将细菌或其他悬浮物截留。过滤除菌的使用范围主要是用于因加热而改变性质的溶液的灭菌，如含酶或维生素的溶液、血清等。

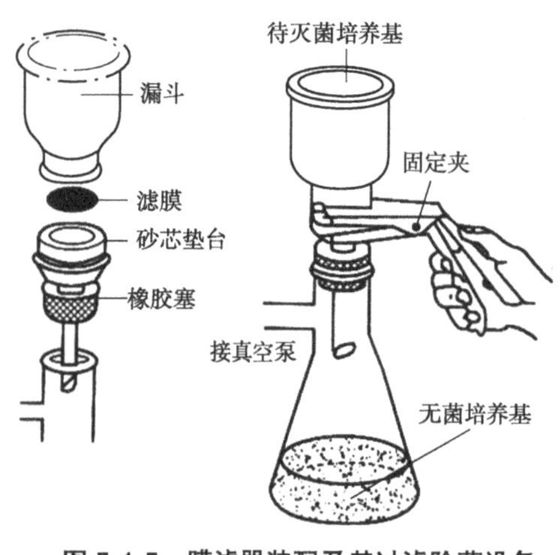

图5-1-5　膜滤器装配及其过滤除菌设备
（引自陈建军，微生物学基础，2006）

早年曾采用硅藻土等材料装入玻璃柱中，当液体流过柱子时菌体因其所带的静电荷而被吸附在多孔的材料上，但现今已基本为膜滤器(图5-1-5)所替代。

膜滤器用微孔滤膜作材料，通常由硝酸纤维素制成，可根据需要使之具有0.025~25nm不同大小的特定孔径。当含有微生物的液体通过微孔滤膜时，大于滤膜孔径的微生物不能过滤膜而被阻留在膜上，和通过的滤液分离开来。微孔滤膜具有孔径小、价格低、可高压灭菌、不易堵塞、滤速快、可处理大容量的液体等优点。但是当滤膜孔径小于0.22nm时易引起孔阻塞，且过滤除菌无法滤除病毒、噬菌体和支原体。

任务5-2　培养基配制及灭菌

工作任务

在进行食品微生物检验时，需要对微生物进行相应的培养，所以必须提供微生物生长所需的营养物质，培养基就是供微生物生长和繁殖用的人工配制的养料。培养基是食品微生物检验实践中重要的基础物质，配制适合的培养基是一项最基本的工作，直接影响食品微生物检验结果的准确性。同时，检验中必须避免杂菌污染，因此要对所用培养基进行灭菌。

本任务学习营养琼脂培养基的配制及灭菌。

工具材料

1. 设备和材料

干燥箱、电子天平(感量 0.1g)、高压蒸汽灭菌器、微波炉、pH 试纸、试管、烧杯、量筒、锥形瓶、玻璃漏斗、胶皮管、药匙、称量纸、玻璃棒、橡胶塞、线绳、记号笔、牛皮纸、报纸等。

2. 培养基和试剂

牛肉膏、蛋白胨、氯化钠、琼脂、1mol/L NaOH 溶液、1mol/L HCl 溶液，蒸馏水。培养基成分详见附录 1.1A。

知识准备

1. 培养基的概念

培养基是人工配制的，适合微生物生长繁殖或产生代谢产物的营养基质。不同微生物所需的培养基的组成成分是不同的。无论是以微生物为材料的研究，还是利用微生物生产生物制品，都必须进行培养基的配制，它是微生物学研究和微生物发酵生产的基础。

2. 培养基配制的原则

1) 选择适宜的营养物质

所有微生物生长繁殖均需要培养基含有碳源、氮源、无机盐、生长因子、水及能源，但由于微生物营养类型复杂，不同微生物对营养物质的需求是不一样的，因此首先要根据不同微生物的营养需求配制针对性强的培养基。

就微生物主要类型而言，有细菌、放线菌、酵母菌、霉菌、原生动物、藻类及病毒之分，培养它们所需的培养基各不相同。在实验室中常用牛肉膏蛋白胨培养基(简称普通肉汤培养基)培养细菌，用高氏Ⅰ号合成培养基培养放线菌，培养酵母菌一般用麦芽汁培养基，培养霉菌则一般用查氏培养基。

2) 营养物质浓度及配比合适

培养基中营养物质浓度合适时微生物才能生长良好，营养物质浓度过低时不能满足微生物正常生长所需，浓度过高时则可能对微生物生长起抑制作用，如高浓度糖类物质、无机盐、重金属离子等不仅不能维持和促进微生物的生长，反而起到抑菌或杀菌作用。

另外，培养基中各营养物质之间的浓度配比也直接影响微生物的生长繁殖和(或)代谢产物的形成和积累，其中碳氮比(C：N)的影响较大。严格地讲，碳氮比指培养基中碳元素与氮元素的物质的量比值，有时也指培养基中还原糖与粗蛋白之比。例如，在利用微生物发酵生产谷氨酸的过程中，培养基碳氮比为 4：1 时，菌体大量繁殖，谷氨酸积累少；当培养基碳氮比为 3：1 时，菌体繁殖受到抑制，谷氨酸产量则大量增加。再如，在抗生素发酵生产过程中，可以通过控制培养基中速效氮(或碳)源与迟效氮(或碳)源之间的比例来控制菌体生长与抗生素的合成协调。

3)控制 pH 值条件

培养基的 pH 值必须控制在一定的范围内，以满足不同类型微生物的生长繁殖或产生代谢产物。各类微生物生长繁殖或产生代谢产物的最适 pH 值条件各不相同，一般来讲，细菌与放线菌适于在 pH 7~7.5 生长，酵母菌和霉菌通常在 pH 4.5~6 生长。

4)控制氧化还原电位

不同类型微生物生长对氧化还原电位(Φ)的要求不一样，一般好氧性微生物在 Φ 值为+0.1V 以上时可正常生长，一般以+0.3~+0.4V 为宜；厌氧性微生物只能在 Φ 值低于+0.1V 条件下生长；兼性厌氧微生物在 Φ 值为+0.1V 以上时进行好氧呼吸，在+0.1V 以下时进行发酵。

Φ 值与氧分压和 pH 值有关，也受某些微生物代谢产物的影响。在 pH 值相对稳定的条件下，可通过增加通气量(如振荡培养、搅拌)提高培养基的氧分压，或加入氧化剂，从而增加 Φ 值；在培养基中加入抗坏血酸、硫化氢、半胱氨酸、谷胱甘肽、二硫苏糖醇等还原性物质可降低 Φ 值。

5)原料来源的选择

在配制培养基时应尽量利用廉价且易于获得的原料作为培养基成分，特别是在发酵工业中，培养基用量很大，利用低成本的原料更体现出其经济价值。例如，在微生物单细胞蛋白的工业生产过程中，常常利用糖蜜(制糖工业中含有蔗糖的废液)、乳清(乳制品工业中含有乳糖的废液)、豆制品工业废液及黑废液(造纸工业中含有戊糖和己糖的亚硫酸纸浆)等作为培养基的原料。再如，工业上的甲烷发酵主要利用废水、废渣作原料，而在我国农村，已推广利用人畜粪便及禾草为原料发酵生产甲烷作为燃料。另外，大量的农副产品或制品，如麸皮、米糠、玉米浆、酵母浸膏、酒糟、豆饼、花生饼等都是常用的发酵工业原料。

6)灭菌处理

要获得微生物纯培养，必须避免杂菌污染，因此必须对所用器材及工作场所进行消毒与灭菌。对培养基而言，更是要进行严格灭菌。对培养基一般采取高压蒸汽灭菌，一般培养基用 0.103MPa(1.05kg/cm^2)、121.3℃条件下维持 15~20min 可达到灭菌目的。在高压蒸汽灭菌过程中，长时间高温会使某些不耐热物质遭到破坏，如使糖类物质形成氨基糖、焦糖，因此含糖培养基常在 0.055MPa(0.56kg/cm^2)、112.6℃条件下 15~20min 进行灭菌。某些对糖类要求较高的培养基，可先将糖进行过滤除菌或间歇灭菌，再与其他已灭菌的成分混合。

3. 培养基的类型

培养基种类繁多，根据其成分、物理状态和用途可将培养基分成多种类型。

1) 按成分不同划分

(1) 天然培养基：这类培养基含有化学成分还不清楚或化学成分不恒定的天然有机物，也称非化学限定培养基。

常用的天然有机营养物质包括牛肉浸膏、蛋白胨、酵母浸膏、豆芽汁、玉米粉、土壤浸液、麸皮、牛奶、血清、稻草浸汁、羽毛浸汁、胡萝卜汁、椰子汁等。天然培养基成本较低，除在实验室经常使用外，也适于工业上大规模的微生物发酵生产。

(2) 合成培养基：是由化学成分完全了解的物质配制而成的培养基，也称化学限定培养基，高氏Ⅰ号培养基和查氏培养基就属于此种类型。

配制合成培养基时重复性强，但与天然培养基相比其成本较高，微生物在其中生长速度较慢，一般适于在实验室用来进行有关微生物营养需求、代谢、分类鉴定、生物量测定、菌种选育及遗传分析等方面的研究工作。

2) 根据物理状态划分

根据培养基中凝固剂的有无及含量的多少，可将培养基划分为固体培养基、半固体培养基和液体培养基3种类型。

(1) 固体培养基：在液体培养基中加入一定量凝固剂，使其成为固体状态。

理想的凝固剂应具备以下条件：①不被所培养的微生物分解利用。②在微生物生长的温度范围内保持固体状态，在培养嗜热细菌时，由于高温容易引起培养基液化，通常在培养基中适当增加凝固剂来解决这一问题。③凝固剂凝固点温度不能太低，否则将不利于微生物的生长。④凝固剂对所培养的微生物无毒害作用。⑤凝固剂在灭菌过程中不会被破坏。⑥透明度好，黏着力强。⑦配制方便且价格低廉。

常用的凝固剂有琼脂、明胶和硅胶等。对绝大多数微生物而言，琼脂是最理想的凝固剂。琼脂是由藻类(海产石花菜)中提取的一种高度分支的复杂多糖。固体培养基中琼脂含量一般为1.5%~2%。在实验中，固体培养基一般是加入平皿或试管中，制成培养微生物的平板或斜面。固体培养基为微生物提供一个营养表面，单个微生物细胞在这个营养表面进行生长繁殖，可以形成单个菌落。固体培养基常用来进行微生物的分离、鉴定、活菌计数及菌种保藏等。

(2) 半固体培养基：半固体培养基中凝固剂的含量比固体培养基少，琼脂含量一般为0.2%~0.7%。半固体培养基常用来观察微生物的运动特征、分类鉴定及噬菌体效价滴定等。

(3) 液体培养基：液体培养基中未加任何凝固剂。在用液体培养基培养微生物时，通过振荡或搅拌可以增加培养基的通气量，同时使营养物质分布均匀。液体培养基常用于工业上的大规模发酵生产以及在实验室微生物的基础理论和应用方面的研究。

3) 按用途划分

(1) 基础培养基：尽管不同微生物的营养需求各不相同，但大多数微生物所需的基本营养物质是相同的。基础培养基是含有一般微生物生长繁殖所需的基本营养物质的培养基。牛肉膏蛋白胨培养基就是最常用的基础培养基之一。基础培养基也可以作为一些特殊培养基的基础成分，再根据某种微生物的特殊营养需求，在基础培养基中加入所需营养物质。

(2)加富培养基：也称营养培养基，即在基础培养基中加入某些特殊营养物质制成的一类营养丰富的培养基，这些特殊营养物质包括血液、血清、酵母浸膏、动植物组织液等。加富培养基一般用来培养营养要求比较苛刻的异养型微生物，如培养百日咳博德特氏菌需要含有血液的加富培养基。

加富培养基还可以用来富集和分离某种微生物，这是因为加富培养基含有某种微生物所需的特殊营养物质，该种微生物在这种培养基中较其他微生物生长速度快，并逐渐富集而占优势，逐步淘汰其他微生物，从而容易达到分离该种微生物的目的。

(3)鉴别培养基：是用于鉴别不同类型微生物的培养基。在培养基中加入某种特殊化学物质，某种微生物在培养基中生长后能产生某种代谢产物，而这种代谢产物可以与培养基中的特殊化学物质发生特定的化学反应，产生明显的特征性变化，根据这种特征性变化，可将该种微生物与其他微生物区分开来。鉴别培养基主要用于微生物的快速分类鉴定，以及分离和筛选产生某种代谢产物的微生物菌种。

(4)选择培养基：是用来将某种或某类微生物从混杂的微生物群体中分离出来的培养基。根据不同种类微生物的特殊营养需求或对某种化学物质的敏感性不同，在培养基中加入相应的特殊营养物质或化学物质，抑制不需要的微生物的生长，有利于所需微生物的生长。

一种类型选择培养基是依据某些微生物的特殊营养需求设计的。例如，利用以纤维素或石蜡油作为唯一碳源的选择培养基，可以从混杂的微生物群体中分离出能分解纤维素或石蜡油的微生物；利用以蛋白质作为唯一氮源的选择培养基，可以分离产胞外蛋白酶的微生物；缺乏氮源的选择培养基可用来分离固氮微生物。

另一种类型选择培养基是在培养基中加入某种化学物质，这种化学物质没有营养作用，对所需分离的微生物无害，但可以抑制或杀死其他微生物。例如，在培养基中加入数滴10%酚可以抑制细菌和霉菌的生长，从而由混杂的微生物群体中分离出放线菌；在培养基中加入亚硫酸铵，可以抑制革兰阳性细菌和绝大多数革兰阴性细菌的生长，而革兰阴性的伤寒沙门菌可以在这种培养基上生长；在培养基中加入染料亮绿或结晶紫，可以抑制革兰阳性细菌的生长，从而达到分离革兰阴性细菌的目的；在培养基中加入青霉素、四环素或链霉素，可以抑制细菌和放线菌生长，而将酵母菌和霉菌分离出来。

从某种意义上讲，加富培养基类似选择培养基，两者区别在于：加富培养基是用来增加所要分离的微生物的数量，使其形成生长优势，从而分离到该种微生物；选择培养基则一般是抑制不需要的微生物的生长，使所需要的微生物增殖，从而达到分离所需微生物的目的。

操作流程

1. 培养基的配制

1)配制程序

培养基配制程序如图 5-2-1 所示。

2)操作步骤

(1)称量：根据培养基配方(除了琼脂先不加)依次准确称取各种药品，并放入适当大小的烧杯中。

(2)溶解：用量筒取一定量蒸馏水，约占培养基总体积的 2/3，倒入装有药品的烧杯中，用磁力搅拌器进行搅拌，至各种药品完全溶解(可适当加热促进药品溶解)，用量筒定容至 1000mL。

(3)调节 pH 值：用玻璃棒蘸取少许培养基，涂抹于 pH 试纸上，测试培养基的 pH 值。如培养基偏酸或偏碱时，可用 1mol/L NaOH 溶液或 1mol/L HCl 溶液，逐滴缓慢加入，边加边搅拌，并随时用 pH 试纸测试，直到调至 pH 7.2~7.4。

(4)分装：配制好的培养基，分装到锥形瓶或试管中。

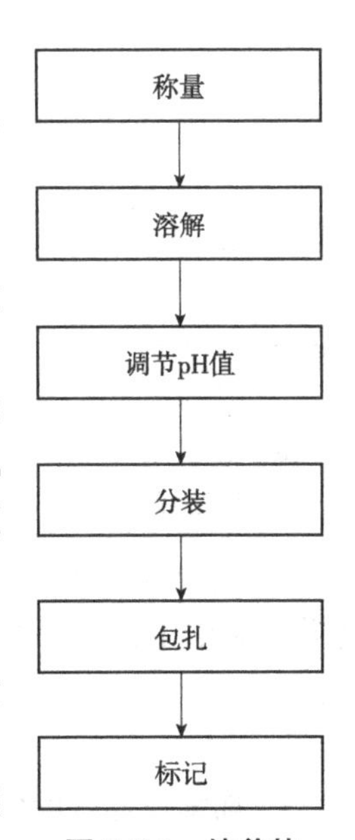

图 5-2-1　培养基配制程序

分装到锥形瓶时，液体培养基可直接分装到锥形瓶中，加入量大约为锥形瓶容量的 1/3。固体培养基则需在液体培养基基础上，按照 1.5%~2%的比例加入琼脂。可先将一定量的液体培养基分装于锥形瓶中，然后按照比例将琼脂直接加入锥形瓶中。

分装到试管时，固体培养基为避免琼脂分装不均，可将统一配制好的固体培养基放入烧杯中，然后用微波炉加热熔化琼脂。微波炉加热时，应注意不要加热过度，避免培养基剧烈沸腾。将熔化的固体培养基放入事先准备好的漏斗中。然后用左手拿住空试管中部，一般为 3~4 个试管，将漏斗下的玻璃管嘴插入试管内，以右手拇指及食指开放弹簧夹，中指及无名指夹住玻璃管嘴，使培养基直接流入试管内。注意勿使培养基沾在管口上，以免沾染试管塞而引起污染。液体培养基可直接加入漏斗中，不用进行加热，其他步骤和固体培养基分装试管相同。培养基分装到试管的高度：一般液体培养基分装量以试管高度的 1/4 左右为宜；固体培养基分装量为试管高度的 1/5。

(5)包扎：培养基分装后，将锥形瓶口或试管口塞上胶塞，包上一层牛皮纸，用棉绳系好。

(6)标记：包装完毕，加贴标签，标明培养基名称、日期等。

2. 培养基的灭菌

1)灭菌程序

以手提式高压蒸汽灭菌器为例，培养基灭菌程序如图 5-2-2 所示。

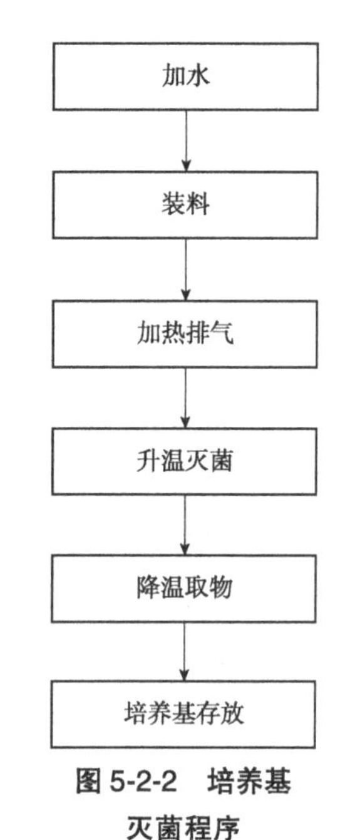

图 5-2-2 培养基灭菌程序

2)操作步骤

(1)加水：首先打开灭菌器盖，将内层锅套取出，再向外层锅内加入适量的水，使水面与三角搁架相平为宜。切勿忘记加水，保证水量不可过少，以防灭菌器烧干而引起炸裂事故。

(2)装料：将内层锅套放回内层锅，并装入待灭菌物品。将盖上的排气软管插入内层锅的排气槽内。以两两对称的方式同时旋紧相对的两个螺栓。

(3)加热排气：接通电源，同时打开排气阀，开始加热。使锅内水沸腾，以排除锅内的冷空气。

(4)升温灭菌：自锅内产生蒸汽开始，计时 3min，待冷空气完全排尽后，关上排气阀，锅内的温度随蒸汽压力增加而逐渐上升。当锅内压力升到所需压力时，控制热源，维持温度在 121℃，灭菌 20min。

(5)降温取物：灭菌结束后，切断电源，让灭菌锅内温度自然下降，当压力表的压力降至"0"时，打开排气阀，旋松螺栓，打开盖子，取出灭菌物品。

(6)培养基存放：取出灭菌好的培养基，待冷却后放入 37℃ 培养箱中培养 24h，经检查若无杂菌生长，即可使用。斜面培养基自锅内取出后要趁热摆成斜面。

注意事项

1. 配制培养基的注意事项

①待各种试剂完全溶解后，再用量筒定容；如果试剂比较难溶解，可以适当加热来加速溶解。

②配制固体培养基时，一定要先调节 pH 值，再加入一定量的琼脂。

③加酸或碱溶液调节 pH 值时，要缓慢少量加入，并不断搅拌，防止局部过酸或过碱，破坏培养基的营养成分。

④pH 值不要调过，尽量一次调节成功，否则回调会影响培养基的渗透压。

2. 高压蒸汽灭菌的注意事项

①灭菌前一定注意检查灭菌锅内的水位，防止灭菌器烧干而引起炸裂事故。

②注意物品不要装得太挤，以免妨碍蒸汽流通而影响灭菌效果。

③锥形瓶与试管口端均不要与锅壁接触，以免冷凝水淋湿包口的纸。

④盖锅盖时，要以两两对称的方式同时旋紧相对的两个螺栓，使螺栓松紧一致，避免锅盖漏气。

⑤灭菌时一定要先打开排气阀，充分排净冷空气，再进行升压灭菌。防止锅内温度不达标，影响灭菌效果。

⑥灭菌温度一定要保持在 121℃，超过后会有损培养基。

⑦压力一定要降到"0"时，才能打开排气阀，开盖取物。否则，锅内压力突然下降，容器内的培养基由于内外压力不平衡，会冲出锥形瓶口或试管口，造成塞子沾染培养基而

发生污染，甚至灼伤操作者。

⑧取放物品时注意不要被蒸汽烫伤(可戴上线手套)。

⑨灭菌锅要定期排污，防止影响灭菌效果。

考核评价

培养基的配制及灭菌技术评分标准

内容	分值	评分细则	评分标准	得分
培养基配制	1	是否试剂称量精准	依据培养基的配方及配制培养基的体积，能够正确使用天平，准确称取各种试剂	
	1	是否正确进行定容	试剂完全溶解后，再进行定容	
	2	是否调节 pH 值精准	搅拌培养基，同时缓慢少量加入酸碱液，并时刻测定 pH 值，一次性调节成功，禁止将 pH 值调节过头	
	1	是否准确添加琼脂	琼脂在调节 pH 值后添加，按 1.5%~2%添加	
高压蒸汽灭菌	1	是否进行水位检查	灭菌前检查锅内水位，没过加热圈	
	1	是否正确摆放物品	物品摆放量适当，锥形瓶与试管口端均不与锅壁接触	
	1	是否正确盖紧灭菌锅盖	螺栓两两对称旋紧，且松紧一致	
	1	是否正确排放冷空气	打开排气阀，待蒸汽排放 3min 后，关闭排气阀	
	1	是否正确控制灭菌温度和时间	控制温度 121℃，并维持 15~20min	
合　计				
考核教师签字：				

知识拓展

微生物的营养与吸收

1. 微生物的营养要素

1)微生物细胞的化学组成

微生物细胞的化学成分以有机物和无机物两种状态存在。有机物包含各种大分子，它们是蛋白质、核酸、类脂和糖类，占细胞干重的 99%。无机成分包括小分子无机物和各种离子，占细胞干重的 1%。

根据微生物细胞中的化学元素在微生物体内的含量多少，可以分为主要元素(也称大量元素)和微量元素两种。微生物细胞的元素构成由 C、H、O、N、P、S、K、Na、Mg、Ca、Fe、Mn、Cu、Co、Zn、Mo 等组成，其中 C、H、O、N、P、S 6 种元素占微生物细胞干重的 97%，其他为微量元素。微生物细胞的化学元素组成的比例常因微生物种类的不同而各异。

组成微生物细胞的化学元素分别来自微生物生长所需要的营养物质，即微生物生长所需的营养物质应该包含组成细胞的各种化学元素。这些物质概括为提供构成细胞物质碳素来源的碳源物质，构成细胞物质氮素来源的氮源物质和一些含有 K、Na、Mg、Ca、Fe、Mn、Cu、Co、Zn、Mo 等元素的无机盐。

2)微生物的营养物质及其生理功能

微生物生长所需要的营养物质主要是以有机物和无机物的形式提供，小部分由气体物质供给。微生物的营养物质按其在机体中的生理作用可区分为：碳源、氮源、无机盐、生长因子和水五大类。

(1)碳源：是指在微生物生长过程中为微生物提供碳素来源的物质。

从简单的无机含碳化合物(如 CO_2 和碳酸盐)到各种各样的天然有机化合物都可以作为微生物的碳源，但不同的微生物利用含碳物质具有选择性，利用能力也有差异。

碳源的生理作用主要为构成微生物自身的细胞物质和代谢产物。同时，多数碳源在细胞内生化反应过程中，还能为机体提供维持生命活动的能量。

(2)氮源：是指凡是可以被微生物用来构成细胞物质或代谢产物中氮素来源的营养物质。

能被微生物所利用的氮源有蛋白质及其各类降解产物、铵盐、硝酸盐、亚硝酸盐、分子态氮、嘌呤、嘧啶、脲、酰胺、氰化物等。氮源常被微生物用来合成细胞中含氮物质，少数情况下可作能源物质，如某些厌氧微生物在厌氧条件下可利用某些氨基酸作为能源。微生物对氮源的利用具有选择性，如玉米浆相对于豆饼粉、NH_4^+ 相对于 NO_3^- 均为速效氮源。

(3)无机盐：是指为微生物细胞生长提供碳、氮源以外的多种重要物质。

无机盐是微生物生长必不可少的一类营养物质，它们在机体中的生理功能主要是作为酶活性中心的组成部分、维持生物大分子和细胞结构的稳定性、调节并维持细胞的渗透压平衡、控制细胞的氧化还原电位和作为某些微生物生长的能源物质等。

(4)生长因子：通常指那些微生物生长所必需而且需要量很少，但微生物自身不能合成或合成量不足以满足机体生长需要的有机化合物。

根据生长因子的化学结构和它们在机体中的生理功能的不同，可将生长因子分为维生素、氨基酸、嘌呤与嘧啶三大类。维生素在机体中所起的作用主要是作为酶的辅基或辅酶参与新陈代谢；有些微生物自身缺乏合成某些氨基酸的能力，因此必须在培养基中补充这些氨基酸或含有这些氨基酸的小肽类物质，微生物才能正常生长；嘌呤与嘧啶作为生长因子在微生物机体内的作用主要是作为酶的辅酶或辅基，以及用来合成核苷、核苷酸和核酸。

(5)水：是微生物生长所必不可少的。水在细胞中的生理功能主要如下。

①起到溶剂与运输介质的作用，营养物质的吸收与代谢产物的分泌必须以水为介质才能完成。

②参与细胞内一系列化学反应。

③维持蛋白质、核酸等生物大分子稳定的天然构象。

④因为水的比热高，是热的良好导体，能有效地吸收代谢过程中产生的热并及时地将热迅速散发出体外，从而有效地控制细胞内温度的变化。

⑤保持充足的水分是细胞维持自身正常形态的重要因素。

⑥微生物通过水合作用与脱水作用控制由多亚基组成的结构，如酶、微管、鞭毛及病毒颗粒的组装与解离。

2. 微生物对营养的吸收

营养物质能否被微生物利用的一个决定性因素是这些营养物质能否进入微生物细胞。只有营养物质进入细胞后才能被细胞内的新陈代谢系统分解利用，进而使微生物正常生长繁殖。根据物质运输过程的特点，可将物质的运输方式分为单纯扩散、促进扩散、主动运输与基团转位。

1）单纯扩散

单纯扩散是指被输送的物质，以细胞内外浓度差为动力，以透析或扩散的形式从高浓度区向低浓度区进行扩散。

单纯扩散是一种最简单的物质跨膜运输方式，为纯粹的物理学过程，在扩散过程中不消耗能量，物质扩散的动力来自参与扩散的物质在膜内外的浓度差，营养物质不能逆浓度运输。物质扩散的速率随原生质膜内外营养物质浓度差的降低而减小，直到膜内外营养物质浓度相同时才达到一个动态平衡。

单纯扩散并不是微生物细胞吸收营养物质的主要方式，水是唯一可以通过单纯扩散自由通过原生质膜的分子，脂肪酸、乙醇、甘油、苯、一些气体分子（O_2、CO_2）及某些氨基酸在一定程度上也可通过单纯扩散进出细胞。

2）促进扩散

与单纯扩散一样，促进扩散也是一种被动的物质跨膜运输方式，在这个过程中不消耗能量。参与运输的物质本身的分子结构不发生变化，不能进行逆浓度运输，运输速率与膜内外物质的浓度差成正比。通过促进扩散进入细胞的营养物质主要有氨基酸、单糖、维生素及无机盐等。

促进扩散与单纯扩散的主要区别在于：通过促进扩散进行跨膜运输的物质需要借助于载体的作用力才能进入细胞，而且每种载体只运输相应的物质，具有较高的专一性。参与促进扩散的载体主要是一些蛋白质，这些蛋白质能促进物质进行跨膜运输，物质自身在这个过程中不发生化学变化。而且在促进扩散中载体只影响物质的运输速率，并不改变该物质在膜内外形成的动态平衡状态。被运输物质在膜内外浓度差越大，促进扩散的速率越快，但是当被运输物质浓度过高而使载体蛋白饱和时，运输速率就不再增加，这些性质都类似于酶的作用特征，因此载体蛋白也称透过酶。透过酶大多是诱导酶，只有在环境中存在机体生长所需的营养物质时，相应的透过酶才合成。

3）主动运输

主动运输是广泛存在于微生物中的一种主要的物质运输方式。与单纯扩散及促进扩散这两种被动运输方式相比，主动运输的一个重要特点是在物质运输过程中需要消耗能量，而且可以进行逆浓度运输。在主动运输过程中，运输物质所需能量来源因微生物不同而不同，好氧型微生物与兼性厌氧型微生物直接利用呼吸能，厌氧型微生物利用化学能（ATP），光合微生物利用光能。

主动运输与促进扩散类似之处在于物质运输过程中同样需要载体蛋白，载体蛋白通过构象变化而改变与被运输物质之间的亲和力大小，使两者之间发生可逆性结合与分离，从而完成相应物质的跨膜运输，区别在于主动运输过程中的载体蛋白构象变化需要消耗能量。

4) 基团转位

基团转位与主动运输方式的不同之处在于它由一个复杂的运输系统来完成物质的运输，而物质在运输过程中发生化学变化。基团转位主要存在于厌氧型和兼性厌氧型细菌中，主要用于糖的运输，脂肪酸、核苷、碱基等也可通过这种方式运输。目前，尚未在好氧型细菌及真核生物中发现这种运输方式，也未发现氨基酸通过这种方式进行运输。

任务5-3 微生物纯培养

工作任务

微生物通常是肉眼看不到的微小生物，而且无处不在。因此，接种、分离与纯培养微生物等实验的关键在于严格进行无菌操作技术。无菌操作技术一方面可以保证纯培养物不被环境中的微生物污染；另一方面防止微生物培养物在操作过程中污染环境或感染操作人员。

本任务学习采用无菌操作技术对微生物进行纯培养。

工具材料

1. 设备和材料

无菌平皿、接菌环、酒精灯、超净工作台、恒温培养箱等。

2. 培养基和试剂

菌种：大肠埃希菌菌种。

培养基：营养琼脂培养基。培养基配制详见附录1.1A。

试剂：75%乙醇。

知识准备

1. 原理概述

自然界中的微生物都是以混杂形式存在的，这种自然混杂的微生物往往不能够满足实验及生产使用的要求。在微生物学上，把特定微生物从自然界混杂状态中分离、纯化出来的技术称为微生物纯培养技术。在人为规定的条件下培养、繁殖得到的微生物群体称为培养物，而只有一种微生物的培养物称为纯培养物。

微生物的纯培养是在无菌条件下，对单独一种微生物进行培养的方法。因此，在微生物的分离、转接、培养过程中，需采取一定措施，尽量减少杂菌的传入，从而保证微生物的纯培养。所有为防止杂菌污染而采取的操作方法统称无菌操作技术，这也是微生物实验与研究中最重要、最基本的技术。

接种技术是在无菌条件下，利用相应的接种工具，采用无菌操作技术，将微生物纯种或含菌材料移接到已灭菌且适合其生长繁殖的培养基中的过程。在食品微生物检验过程中，微生物的分离、培养、鉴定以及形态观察和生理研究等，都必须用到接种技术。接种技术是食品微生物检验中的一个重要环节和最基本的操作技术之一。

常见的接种方法如下。

(1)斜面接种：从已生长好的菌种斜面上挑取少量菌种，移植至另一新鲜斜面培养基上的接种方法。

(2)划线接种：将菌种接到平板培养基上的方法。

(3)液体接种：将菌种接入液体培养基中的方法。

2. 微生物无菌操作技术

1)空间环境消毒

空间环境的消毒涉及接种室的消毒和超净工作台的消毒。

接种室消毒的要求是：每日(使用前)紫外线灯照射(1～2h)。每周用甲醛、乳酸、过氧乙酸熏蒸(2h)。每月用新洁尔灭擦拭地面和墙壁一次。定期做室内沉降菌计数，接种室内空气测试应基本达到相应要求。

超净工作台在使用前和使用后都要按照标准操作方法，进行相应消毒灭菌处理。

2)实验材料灭菌

实验过程中用到的器具及实验试剂一律要求灭菌。空平皿、吸管等采用干热灭菌方法；接种针、涂布棒等采用火焰灼烧灭菌；培养基、生理盐水等采用高压蒸汽灭菌；对热敏感的实验试剂，采用过滤除菌。

3)检验人员消毒

检验人员做实验前，先在缓冲室内换上洗净并经紫外线灯照射过的工作衣、帽、鞋。进入接种室前，按规定先用肥皂洗手，然后用酒精棉球将手擦干净。在超净工作台内工作时，应对手进行酒精消毒，消毒后不能随便离开工作台面。如果离开，应再次消毒。操作过程尽量少说话，尽量减少人员流动。

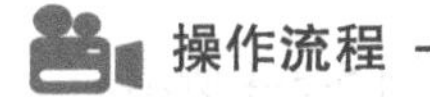

1. 斜面接种

1)接种程序

斜面接种程序如图5-3-1所示。

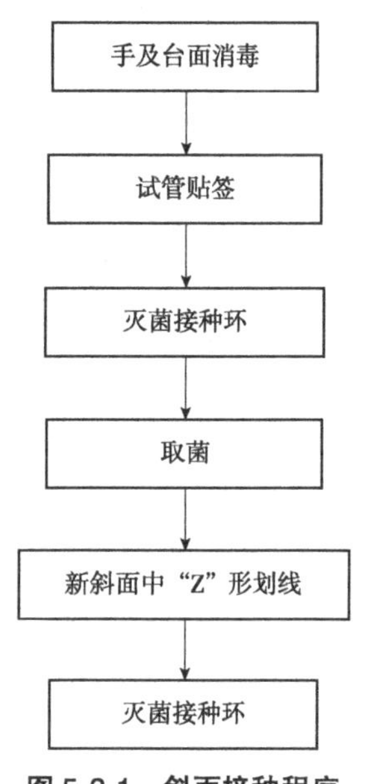

图 5-3-1　斜面接种程序

2)操作步骤

(1)坐在超净工作台前，用酒精棉球将手擦干净，进行消毒，再用酒精棉球将台面进行擦拭消毒。

(2)贴标签。在待接斜面试管壁距试管口 2~3cm 处贴上标签，注明菌名、接种日期等。

(3)点燃酒精灯。

(4)将菌种和待接斜面的两支试管用大拇指和其他四指握在左手中，使中指位于两试管之间部位。斜面面向操作者，并使它们处于水平位置。用手旋松试管塞，以便接种时容易拔出。

(5)接种环灭菌。右手拿接种环，在火焰上将环端及将有可能伸入试管的其余部分灼烧灭菌，对镍镉丝与柄的连接部位要着重灼烧，重复此操作，再灼烧一次(图 5-3-2)。

(6)接种环灭菌完毕后，用右手的无名指、小指和手掌先后取下菌种管和待接试管的管塞。

(7)让试管口缓缓过火灭菌(切勿烧得过烫)。

(8)将灼烧过的接种环伸入菌种管，先使接种环接触没有长菌的培养基部分，使其冷却。待接种环冷却后，轻轻蘸取斜面上的少量菌体，然后将接种环移出菌种管，注意不要使接种环的部位碰到管壁，取出后不可使带菌接种环通过火焰。

(9)在火焰旁迅速将沾有菌种的接种环伸入另一支待接斜面试管。从斜面培养基的底部向上部作“Z”形来回密集划线，切勿划破培养基。

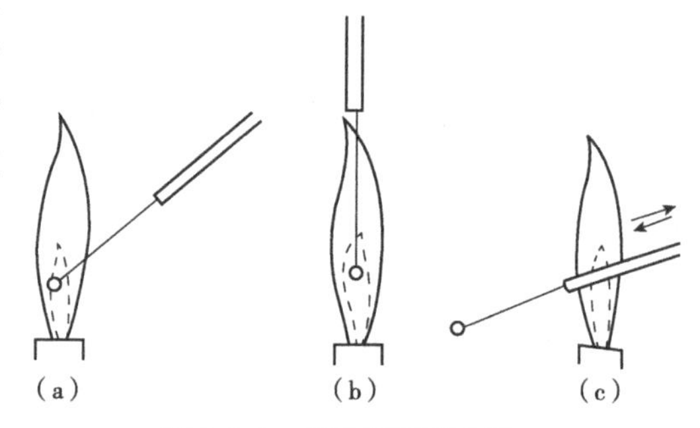

图 5-3-2　接种环灭菌方法

(10)接种完毕，取出接种环，灼烧试管口，并在火焰旁将管塞旋上。旋管塞时不要用试管去迎管塞，以免试管在移动时纳入不洁空气。最后，使用完毕的接种环再次进行灼烧灭菌，整个接种过程如图 5-3-3 所示。

2. 平板划线接种

平板划线的方式有斜线法、曲线法、方格法、放射法和四格法等，如图 5-3-4 所示。

斜线法平板划线接种的操作过程如下。

1)制平板

将已热熔并冷至 50℃左右的固体营养琼脂培养基，以无菌操作方法倒入已灭菌培养皿中，如图 5-3-5 所示。每皿 15mL 左右，待其凝固后即可使用。

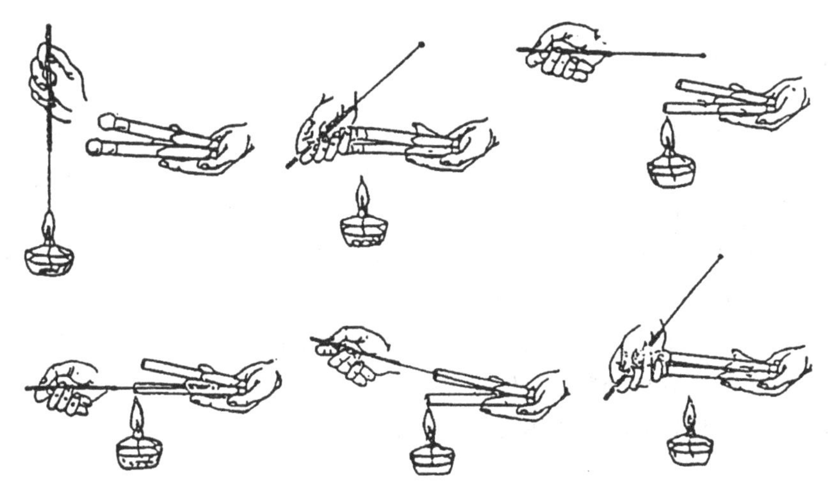

图 5-3-3　斜面接种无菌操作图

（引自周桃英等，食品微生物，2020）

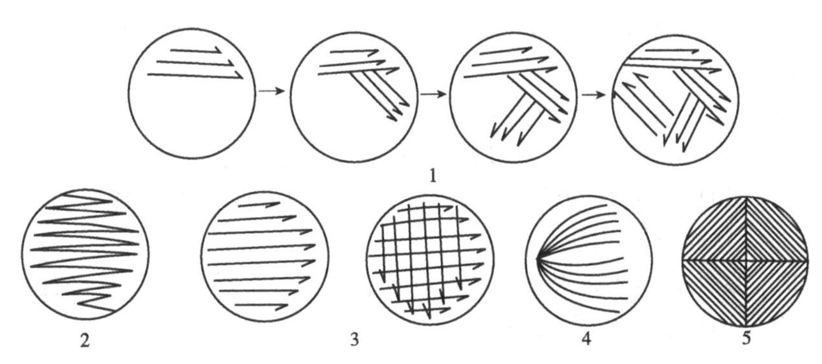

图 5-3-4　平板划线接种

（引自魏明奎等，食品微生物检验技术，2009）

1. 斜线法　2. 曲线法　3. 方格法　4. 放射法　5. 四格法

2) 接种

以无菌操作方法用接种环沾取少量待分离的菌种，左手拿起平板，用大拇指和中指夹住皿盖的两边，无名指和小指托住皿底。大拇指稍稍用力把皿盖打开一缝隙，右手把已沾上菌的接种环迅速通过缝隙伸入平板划线。

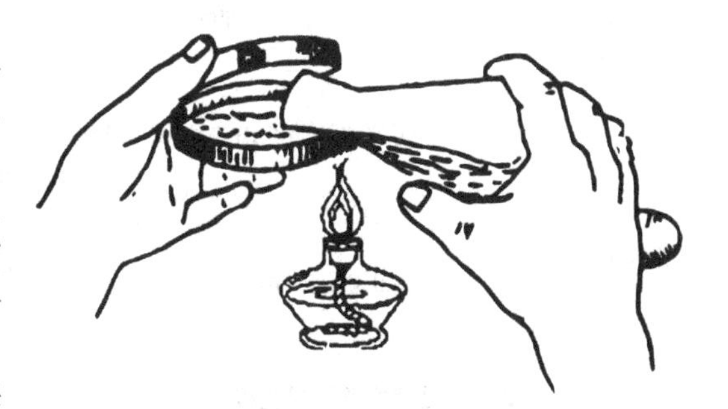

图 5-3-5　倒平皿示意图

划线时要注意，不要把培养基划破。每进行完一区划线，都要对接种环进行灼烧灭菌，以烧死环上残存的微生物，冷却后从上一区引线出来，进行下一区划线，以获得更大的分离纯化效果。

3) 灭菌接种环

取出接种环，合上皿盖，接种环火焰灭菌。

3. 液体接种

液体接种是将纯种接入液体培养基中的方法。在测定微生物生理特性及其代谢产物，以及进行扩大培养时，常采用此法进行培养。液体接种包括斜面菌种接入液体培养基和液体菌种接入液体培养基两种方式。

斜面菌种接入液体培养基的操作方法与斜面接种基本相同，不同的是：要将液体培养基的试管口或锥形瓶口略高一点，避免液体培养基流出；用接种环蘸取的菌体涂抹在液体培养基液面处的管内壁上(或涂抹在液体培养基液面下的管内壁上)，再振摇液体培养基，使管内壁上的菌体脱离管壁分散到液体培养基中。

液体菌种接入液体培养基，可用无菌吸管定量吸出液体菌种，再加入新的液体培养基中，摇匀即可。

注意事项

(1)操作前，用酒精棉球擦拭双手，擦拭后双手不要拿出超净工作台。

(2)接种时，动作要轻，切勿刮破培养基。

(3)接种时，要在酒精灯火焰附近操作。

(4)接种时，松开或旋紧试管、锥形瓶的胶塞时，要灼烧试管口或锥形瓶口。

(5)接种时，要防止接种环上的微生物散落到平板的其他区域，或者空气中的微生物降落到培养基上，从而引起污染。

(6)接种时，要注意不要将灭好菌的接种环、枪头等接种工具随意接触台面及手部，另外试管、锥形瓶内壁也不要用手去接触。

微生物纯培养技术评分标准

内容	分值	评分细则	评分标准	得分
微生物纯培养技术	5	是否严格按照纯培养技术进行操作	无菌操作前，超净工作台开启紫外线灯照射30min以上；纯培养操作过程中，动作流畅，规范严格，步骤没有遗漏；纯培养操作过程中，没有刮破培养基	
	2	是否正确进行培养	能够根据不同微生物选择适宜的温度培养；能够正确操作培养箱；能够正确采取倒置方式进行培养	
	2	是否实验结果正确	能够培养出目的微生物；培养的目的微生物没有污染	
	1	是否台面清洁干净	台面干净整洁，无废弃物残留，器皿及时刷洗	
合　计				
考核教师签字：				

知识拓展

微生物的其他接种方法

1. 三点接种

在研究霉菌形态时常用三点接种，即把少量的微生物接种在平板表面上，成等边三角形的三点，让它各自独立形成菌落后，来观察研究它们的形态。除三点外，也有一点或多点进行接种的。三点接种不仅可同时获得3个重复的霉菌菌落，还可以在3个彼此相邻的菌落间形成一个菌丝生长较稀疏且较透明的狭窄区域，在该区域内的气生菌丝仅可分化出少数子实器官，因此直接将培养皿放低倍镜下就可观察到子实体的形态特征，从而省略了制片的麻烦，并避免了由于制片而破坏子实体自然生长状态的弊端。

2. 穿刺接种

在保藏厌氧菌种或研究微生物的动力时常采用穿刺接种。做穿刺接种时，采用的接种工具是接种针，采用的培养基一般是半固体培养基。它的做法是：用接种针蘸取少量的菌种，沿半固体培养基中心向管底做直线穿刺。如某细菌具有鞭毛而能运动，培养一段时间后，则微生物在穿刺线周围扩散生长。

3. 浇混接种

浇混接种是先将待接的微生物制备成菌悬液，用滴管或移液管接种到培养皿中，然后倒入冷却至45℃左右的固体培养基，迅速轻轻摇匀，这样菌液就达到稀释的目的。待平板凝固之后，置合适温度下培养，就可长出单个的微生物菌落。稀释倾注平板法就是采用浇混的方式进行接种。

4. 涂布接种

与浇混接种略有不同，涂布接种就是先倒好平板，让其凝固，然后将菌液倒入平板上面，迅速用涂布棒在表面做来回左右的涂布，让菌液均匀分布，就可长出单个的微生物的菌落。

5. 注射接种

注射接种是用注射的方法将待接微生物转接至活的生物体(如人或其他动物)内，常见的疫苗预防接种就是用注射接种，接入人体来预防某些疾病。

6. 活体接种

活体接种是专门用于培养病毒或其他病原微生物的一种方法，所用的活体可以是整个动物，也可以是某个离体活组织。活体接种的方式可以是注射，也可以是拌料饲喂。

任务5-4 微生物染色及形态观察

工作任务

微生物是指一类形体微小、构造简单的单细胞、多细胞，甚至没有细胞结构的低等生物。微生物的最显著特点就是个体微小，必须借助显微镜才能观察到它们的个体形态和细胞结构。因此，熟悉显微镜，并掌握其操作技术是研究微生物不可缺少的技能。

在对食品进行微生物检验时，需要对微生物进行观察，了解微生物结构并鉴定其种类。微生物形体微小，无色而透明，折射率低，在普通光学显微镜下不易识别，因此必须借助染色方法，将其折射率增大而与背景形成明显的色差，再经显微镜的放大作用，即能更清楚地观察到其形态和结构。

本任务学习细菌的简单染色和革兰染色，并利用光学显微镜进行微生物的形态观察。

工具材料

1. 设备和材料

光学显微镜、酒精灯、载玻片、接种环、双层瓶(内装香柏油和二甲苯，因二甲苯有毒及容易损坏镜头，可用乙醚-乙醇混合液替代)、生理盐水、擦镜纸、吸水滤纸、纱布、火柴、玻璃铅笔、记号笔、玻片夹或镊子等。

2. 培养基和试剂

菌种：大肠埃希菌菌种。

试剂：碱性美蓝(亚甲基蓝)染液、石炭酸复红染液、结晶紫染液、革兰碘液、95%乙醇、沙黄复染液，配制方法详见附录 1.2。

知识准备

1. 光学显微镜基础知识

1) 光学显微镜的结构

一般在微生物形态、排列观察中，以普通光学显微镜(图 5-4-1)最为常用，它的主要构造包括机械和光学两部分。机械部分：镜座、镜臂、载物台、镜筒、物镜转换器、粗调节螺旋和细调节螺旋、标本移动螺旋、聚光器升降螺旋等部件；光学部分：目镜、物镜、反光镜、聚光器、虹彩光圈。有的配备特殊的光源部件。

显微镜各部位的名称和功能如下。

(1) 物镜转换器：由两个金属圆盘叠合而成，上有 3~4 个螺旋口，用于安装各种放大倍数的物镜。根据需要用转换器使某一物镜和镜筒接通，与镜筒上的目镜配合，构成一个放大系统。转换物镜时，用手指捏住转换器下的金属盘，使之旋转，不得用手捏物镜转动，防止镜头脱落造成损坏。

(2) 接物镜：简称物镜，物镜安装在镜筒下端的转换器上，因接近被观察的物体，故称接物镜。其作用是将物体做第一次放大，是决定成像质量和分辨能力的重要部件。一台显微镜有 3~4 个接物镜，分为低倍镜(4 倍、10 倍等)、高倍镜(40 倍等)和油镜(90 倍、100 倍等)。

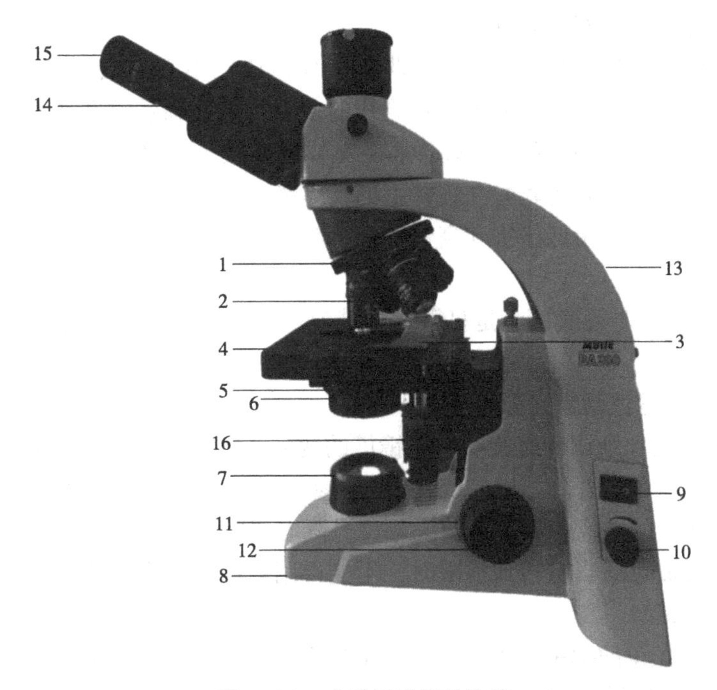

图 5-4-1　光学显微镜的构造

1. 物镜转换器　2. 物镜　3. 标本夹　4. 载物台　5. 聚光器　6. 虹彩光圈　7. 光源　8. 镜座　9. 电源开关
10. 光亮调节旋钮　11. 粗调节螺旋　12. 细调节螺旋　13. 镜臂　14. 镜筒　15. 接目镜　16. 标本移动螺旋

物镜上通常标有数值孔径、放大倍数、镜筒长度、焦距等主要参数。如 0. 10、100×、160/0. 17。其中，“0. 10”表示数值孔径，“100×”表示放大倍数，“160/0. 17”分别表示镜筒长度 160mm 和盖玻片厚度 0. 17mm，如图 5-4-2 所示。

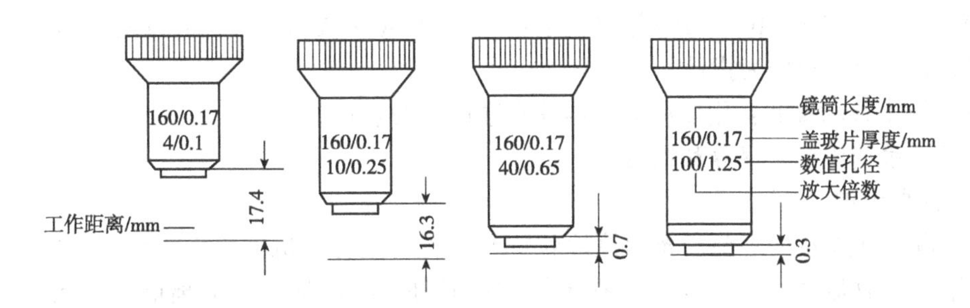

图 5-4-2　显微镜的物镜

（引自胡会萍，微生物基础，2023）

(3)标本夹：在载物台上，有的装有两个金属压夹，称为标本夹，用于固定标本；有的装有标本推动器，将标本固定后，能向前后左右推动。有的推动器上还有刻度，能确定标本的位置，便于找到变换的视野。

(4)载物台：位于镜筒下方，呈方形或圆形，中间有一较大圆孔，用于透光。

(5)聚光器：位于电源上方，由透镜组成，其作用是将光源光线聚为一束强的光锥于载玻片标本上，并增强照明度和得到适宜的光锥角度，提高物镜的分辨力。可根据光线的需要，调节聚光镜的高度，可得到适当的光照和清晰的图像。一般用低倍镜时降低聚光器，用油镜时聚光器应升至最高处。

(6)虹彩光圈：位于聚光器下方，由薄金属片组成，中心形成圆孔，推动光圈把手，可开大或缩小光圈，用以调节射入聚光器光线的多少，进而调整透进光的强弱。

(7)光源：较新式的显微镜其光源通常是安装在显微镜的镜座内，通过按钮开关来控制；老式的显微镜大多是采用附着在镜臂上的反光镜，反光镜是一个两面镜子，一面是平面，另一面是凹面。在使用低倍镜和高倍镜观察时，用平面反光镜；使用油镜或光线弱时可用凹面反光镜。

(8)镜座：位于显微镜底部，是显微镜的基座，呈马蹄形、长方形、三角形等，用以支撑整个显微镜。

(9)光亮调节旋钮：调节光源亮度。

(10)粗调节螺旋和细调节螺旋：位于镜筒的两旁，粗调节螺旋在内侧，细调节螺旋在外侧，用以调节载物台的升降，以改变物镜与观察物之间的距离。当物体在物镜和目镜焦点上时，则得到清晰的图像。要使镜筒大幅度升降时用粗调节螺旋，细调节螺旋只能使镜筒做甚微升降(100μm)。当旋转到极限时，不能再用力旋转，应调节粗调节螺旋，然后反方向调节细调节螺旋。

(11)镜臂：显微镜的把手，上连镜筒，下连镜座，用以支撑镜筒。镜臂有固定式和活动式两种，活动式的镜臂可改变角度。

(12)镜筒：是由金属制成的圆筒，上接目镜，下接转换器。镜筒有单筒和双筒两种，单筒又可分直立式和后倾式两种。而双筒则都是倾斜式的，倾斜式镜筒倾斜 45°。双筒中的一个目镜有屈光度调节装置，以备在两眼视力不同的情况下调节使用。

(13)接目镜：简称目镜，安装在镜筒上方，由两块透镜组成，它只能将物镜所造成的实像进一步放大形成虚像映入眼内，不具有辨析性能。每台显微镜上带多种放大倍数的目镜(上面一般标有 7×、10×、15×等放大倍数)，可根据需要选用。为便于指示物像，有的目镜中装有黑色细丝作为指针。

(14)标本移动螺旋：用以移动标本片观察位置的装置。

2) 显微镜的维护、保养和维修

(1)日常维护：

①防潮。如果室内潮湿，光学镜片就容易生霉、生雾。机械零件受潮后，容易生锈。为了防潮，存放显微镜时，除了选择干燥的房间外，存放地点也应离墙、离地、远离湿源。显微镜箱内应放置 1~2 袋硅胶作为干燥剂，在其颜色变粉红后，应及时烘烤后再继续使用。

②防尘。光学元件表面落入灰尘，不仅影响光线通过，而且经光学系统放大后，会生成很大的污斑，影响观察。灰尘、沙粒落入机械部分，引起运动受阻，还会增加磨损。因此，闲置时必须罩上显微镜罩，经常保持显微镜的清洁。

③防腐蚀。显微镜不能和具有腐蚀性的化学试剂放在一起，如硫酸、盐酸、强碱等。

④防热。应避免热胀冷缩引起镜片的开胶与脱落。

综上所述，显微镜要放置在干燥、阴凉、无尘、无腐蚀的地方。当显微镜长时间不使用时，要用塑料罩盖好，并存放在干燥的地方，防尘防霉。将物镜和目镜保存在干燥器之类的容器中，并放些干燥剂。同时，为了保护显微镜的性能稳定，要定期进行检查和保养。

(2)光学系统的擦拭：平时对显微镜的各光学部分的表面用干净的毛刷清扫或用擦镜纸擦拭干净即可。在镜片上有抹不掉的污物、油渍、手指印时，或镜片生霉、生雾以及长期停用后复用时，都需要先进行擦拭再使用。

目镜和聚光镜允许拆开擦拭。物镜因结构复杂，装配时又要专门的仪器来校正才能恢复原有的精度，故严禁拆开擦拭。拆卸目镜和聚光镜时，要注意以下几点：

①小心谨慎。

②拆卸时，要标记各元件的相对位置、相对顺序和镜片的正反面，以防重装时弄错。

③操作环境应保持清洁、干燥。

拆卸目镜时，只要从两端旋出上下两块透镜即可。目镜内的视场光栏不能移动。否则，会使视场界线模糊。聚光镜旋开后严禁进一步分解其上透镜。因其上透镜是油浸的，出厂时经过良好的密封，再分解会破坏其密封性能而致损坏。擦拭方法：先用干净的毛刷或洗耳球除去镜片表面的灰尘，然后用干净的绒布从镜片中心开始向边缘做螺旋形单向运动。擦完一次把绒布换一个地方再擦，直至擦净为止。

如果镜片上有油渍、污物或指印等擦不掉时，可用棉签蘸少量乙醇-乙醚混合液擦拭。如果有较重的霉点或霉斑无法除去时，可用棉签蘸水润湿后蘸上碳酸钙粉进行擦拭。擦拭后，应将粉末清除干净。镜片是否擦净，可用镜片上的反射光线进行观察检验。要注意的是，擦拭前一定要将灰尘除净，否则灰尘中的沙粒会将镜面划出沟纹。不准用毛巾、手帕、衣服等擦拭镜片。乙醇-乙醚混合液不可用得太多，以免液体进入镜片的粘接部使镜片脱胶。镜片表面有一层紫蓝色的透光膜，不可误作污物而将其擦去。

(3)机械部分的擦拭：表面涂漆部分可用布擦拭，不能使用乙醇、乙醚等有机溶剂擦，以免脱漆。没有涂漆的部分若有锈，可用布蘸汽油擦去。擦净后重新上好防护油脂即可。

(4)故障的排除维修：

①粗调部分故障的排除。粗调的主要故障是自动下滑或升降时松紧不一。自动下滑是指镜筒、镜臂或载物台静止在某一位置时，不经调节，在它本身重力的作用下，自动地慢慢落下来的现象，其原因是镜筒、镜臂、载物台本身的重力大于静摩擦力引起的。解决的办法是增大静摩擦力，使之大于镜筒或镜臂本身的重力。

对于斜筒及大部分双目显微镜的粗调部分来说，当镜臂自动下滑时，可用两手分别握住粗调手轮内侧的止滑轮，双手均按顺时针方向用力拧紧，即可制止下滑。如果不奏效，则应找专业人员进行修理。

此外，由于粗调部分长久失修，润滑油干枯，升降时会产生不自如，甚至可以听到机件的摩擦声。这时，可将机械装置拆下清洗，上油脂后重新装配。

②微调部分故障的排除。微调部分最常见的故障是卡死与失效。微调部分安装在仪器内部，其机械零件细小、紧凑，是显微镜中最精细、复杂的部分。微调部分的故障应由专业技术人员进行修理，不可随便乱拆。

③物镜转换器故障的排除。物镜转换器的主要故障是定位装置失灵。一般是定位弹簧片损坏所致。更换新弹簧片时，暂不要把固定螺钉旋紧，应先做光轴较正，等合轴以后，

再旋紧螺丝。若是内定位式的转换器，则应旋紧转动盘中央的大头螺钉，取下转动盘，才能更换定位弹簧片，光轴较正的方法与前面相同。

④遮光器定位失灵。这可能是遮光器固定螺钉太松，定位弹珠逃出定位孔造成。只要把弹珠放回定位孔内，旋紧固定螺丝就行了。如果旋紧后，遮光器转动困难，则需在遮光板与载物台间加一个垫圈，垫圈的厚度以螺钉旋紧后，遮光器转动轻松，定位弹珠不外逃，遮光器定位正确为佳。

⑤镜架、镜臂倾斜时固定不住。这是镜架和底座的连接螺丝松动所致。可用专用的双头扳手或用尖嘴钳卡住双眼螺母的两个孔眼用力旋紧即可，如旋紧后不解决问题，则需在螺母里加垫适当厚度的垫片。

2. 细菌简单染色法的基本原理

细菌形体微小，无色而透明，折射率低，在普通光学显微镜下不易识别，因此必须借助染色方法，将其折射率增大而与背景形成明显的色差，再经显微镜的放大作用，即能更清楚地观察到其形态和结构。

简单染色法是利用单一染料对细菌进行染色的一种方法。此法操作简便，适用于菌体一般形状和细菌排列的观察。常用碱性染料进行简单染色，这是因为在中性、碱性或弱酸性溶液中，细菌细胞通常带负电荷，而碱性染料在电离时，其分子的染色部分带正电荷，故碱性染料的染色部分很容易与细菌结合使细菌着色。经染色后的细菌细胞与背景形成鲜明的对比，在显微镜下更易于识别。简单染色的常用染料有美蓝、结晶紫、碱性复红等。

当细菌分解糖类产酸使培养基 pH 值下降时，细菌所带正电荷增加，此时可用伊红、酸性复红或刚果红等酸性染料染色。

3. 细菌革兰染色法的基本原理

革兰染色法是细菌学中最重要的鉴别染色法。由于细菌细胞壁的结构和化学组成不同，经革兰染色后，呈现不同的染色反应，可将所有细菌区分为两大类，即革兰阳性菌(用 G^+表示)和革兰阴性菌(用 G^-表示)(图 5-4-3)。当细菌用结晶紫初染后，像简单染色法一样，所有细菌都被染成初染剂的蓝紫色。碘作为媒染剂，它能与结晶紫结合成结晶紫-碘的复合物，从而增强了染料与细菌的结合力。染色关键在于脱色剂的脱色作用。当用乙醇(或丙酮)处理时，两类细菌的脱色效果不同。

G^+细菌的细胞壁主要是由肽聚糖形成的网状结构组成，壁厚、类脂质含量较低，用乙醇(或丙酮)脱色时细胞壁脱水，使肽聚糖层的网状结构孔径缩小，通透性降低，从而使结晶紫-碘的复合物不易被洗脱而保留在细胞内，经脱色和复染后仍保留初染剂的蓝紫色。

G^-细菌则不同，由于其细胞壁肽聚糖层较薄、类脂含量较高，所以当脱色处理时，类脂质被乙醇(或丙酮)溶解，细胞壁通透性增大，使结晶紫-碘的复合物比较容易被洗脱出来，用复染剂复染后，细胞被染上复染剂的红色。

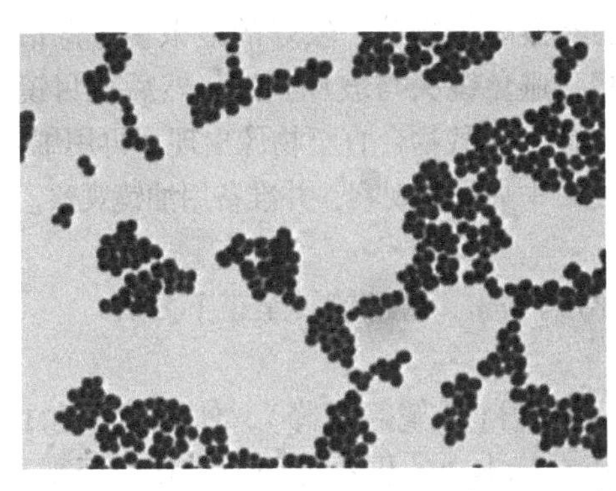
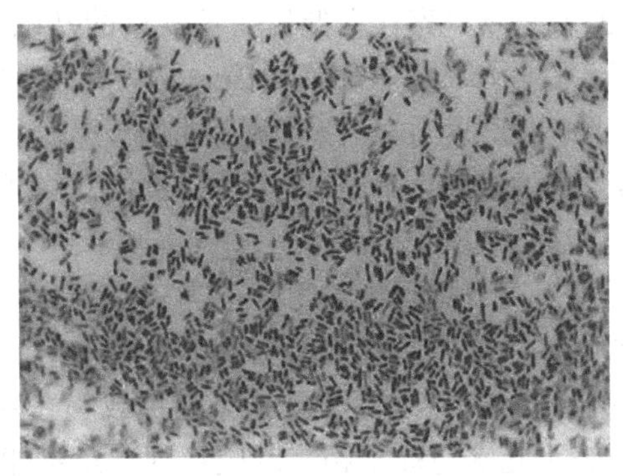

图 5-4-3　革兰阳性菌(左)和革兰阴性菌(右)的染色结果示意图

操作流程

1. 光学显微镜观察微生物的形态

1)形态观察程序

显微镜观察微生物形态程序如图 5-4-4 所示。

2)操作步骤

(1)观察前的准备:

①取镜。显微镜从显微镜柜或镜箱内拿出时，要用右手紧握镜臂，左手托住镜座，平稳地将显微镜搬运到实验桌上。

②放置。将显微镜放在自己身体的左前方，离桌子边缘约 10cm 左右，右侧放记录本或绘图纸。

③调节光照。不带光源的显微镜，可利用灯光或自然光通过反光镜来调节光照，光线较强的天然光源宜用平面镜；光线较弱的天然光源或人工光源宜用凹面镜，但不能用直射阳光，直射阳光会影响物像的清晰度并刺激眼睛。将 10×物镜转入光孔，将聚光器上的虹彩光圈打开到最大位置，用肉眼观察目镜中视野的亮度，转动反光镜，使视野的光照达到最明亮、最均匀为止。

自带光源的显微镜，可通过光亮调节螺旋来调节光照强弱。凡检查染色标本时，光线应强；检查未染色标本时，光线不宜太强。可通过扩大或缩小光圈、升降聚光器、旋转反光镜调节光线。

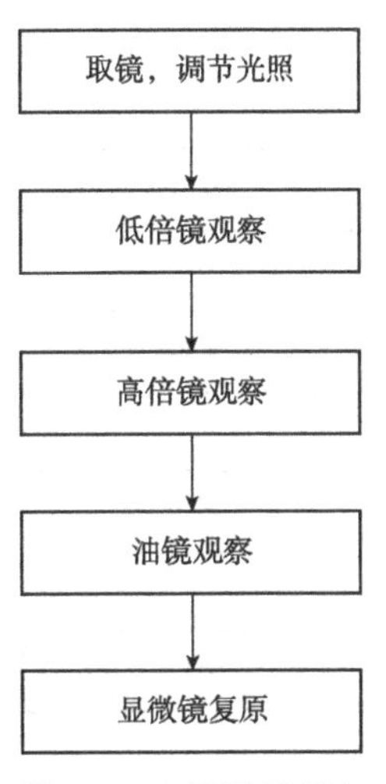

图 5-4-4　显微镜观察微生物形态程序

(2)低倍镜观察：镜检任何标本都要养成必须先用低倍镜观察的习惯。因为低倍镜视野较大，易于发现目标和确定检查的位置。

将标本片放置在载物台上，用标本夹夹住，移动推动器，使被观察的标本处在物镜正下方，转动粗调节螺旋，使物镜调至接近标本处，用目镜观察并同时用粗调节螺旋慢慢下降载物台，直至物像出现，再用细调节螺旋使物像清晰为止。用推动器移动标本片，找到合适的目的像并将它移到视野中央进行观察。

(3)高倍镜观察：在低倍物镜观察的基础上转换高倍物镜。较好的显微镜，低倍镜头、高倍镜头是同焦的，在转换物镜时要从侧面观察，避免镜头与玻片相撞。然后从目镜观察，调节光照，使亮度适中，缓慢调节粗调节螺旋，慢慢下降载物台直至物像出现，再用细调节螺旋调至物像清晰为止，找到需观察的部位，移至视野中央进行观察，并准备用油镜观察。

(4)油镜观察：

①用粗调节螺旋将载物台下降(或镜筒提升)约2cm，将油镜转至正下方。

②在玻片标本的镜检部位滴上一滴香柏油。

③从侧面注视，用粗调节螺旋将载物台缓慢上升(或镜筒下降)，使油镜浸在香柏油中，其镜头几乎与标本相接。应特别注意不能压在标本上，更不可用力过猛，否则不仅压碎玻片，也会损坏镜头。

④从接目镜内观察，进一步调节光线，使光线明亮，再用粗调节螺旋将载物台缓慢下降(或镜筒上升)，直至视野出现物像为止，然后用细调节螺旋校正焦距。如油镜已离开油面而仍未见物像，必须再从侧面观察，重复操作至物像看清为止。

(5)显微镜复原：下降载物台，将油镜头转出，先用擦镜纸擦去镜头上的油迹，再用擦镜纸蘸少许二甲苯(香柏油溶于二甲苯)擦去镜头上残留油迹，最后用干净擦镜纸擦去残留的二甲苯，注意向一个方向擦拭。切忌用手或其他纸擦镜头，以免损坏镜头。

将显微镜各部分还原，转动物镜转换器，使物镜头不与载物台通光孔相对，而是呈“八”字形位置，再将载物台下降至最低，降下聚光器，反光镜与聚光器垂直，最后用柔软纱布清洁载物台等机械部分，将显微镜放回柜内或镜箱中。

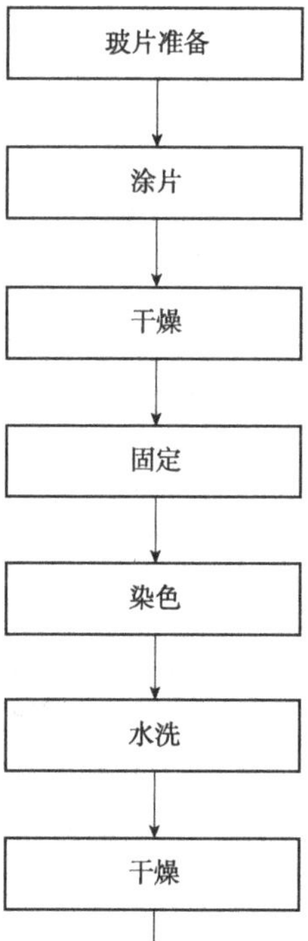

玻片准备 → 涂片 → 干燥 → 固定 → 染色 → 水洗 → 干燥 → 镜检

图5-4-5　细菌简单染色程序

2. 细菌的简单染色

1)简单染色程序

细菌简单染色程序如图5-4-5所示。

2)操作步骤

(1)玻片准备：取保存于95%乙醇中的洁净而无油渍的载玻片，用洁净纱布擦去乙醇。如载玻片有油渍可滴95%乙醇2~3滴或1~2滴冰乙酸，用纱布揩擦，然后在酒精灯火焰上烤几次，再用纱布反复擦拭干净。待冷却后，用玻璃铅笔或特种记号笔于玻片右侧注明菌名或菌号。

如有多个样品同时制备涂片时，只要染色方法相同，也可在同一张载玻片上有秩序地排好，用玻璃铅笔在载玻片上划分成若干小方格，每方格涂抹一种菌种，如此一张载玻片可同时完成多种菌的染色任务。

(2)涂片：所用材料不同，涂片方法各异。

①固体材料。固体材料为斜面菌苔、平板菌落等培养物。先将生理盐水滴一小滴(或用灭菌接种环挑取1~2环)于玻片中央，而

后用接种环以无菌操作方式，从大肠埃希菌斜面上挑取少许菌苔于水滴中，混匀并涂成薄膜(图 5-4-6)。

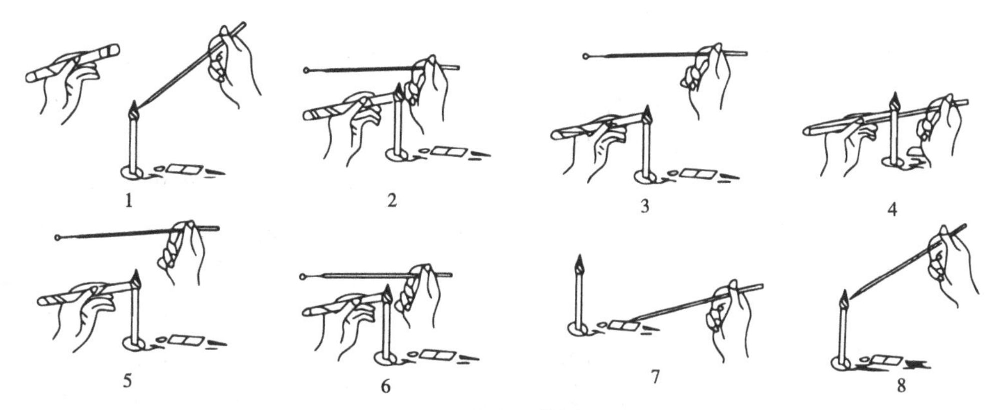

图 5-4-6　涂片无菌操作过程

(引自朱乐敏，食品微生物，2006)

1. 灼烧接种环　2. 拔去棉塞　3. 灼烧试管口　4. 挑取少量菌体　5. 再灼烧试管口　6. 将棉塞塞好　7. 涂片　8. 烧去残留菌体

②液体材料。对液体培养基培养物、菌悬液等材料，可直接用灭菌接种环取 2~3 环菌液于载玻片中央，均匀涂抹成适当大小的薄膜。

③组织材料。对肉类及其制品等材料，应先以镊子夹持局部，然后以灭菌剪刀切一小块，用新鲜切面于载玻片上压印或涂成薄膜。

(3) 干燥：室温下自然干燥。有时为加速干燥，也可将涂面朝上在酒精灯上方稍微加热，使其干燥，但切勿紧靠火焰。

(4) 固定：所用材料不同，固定方法各异。其目的有二：一是杀死菌体细胞，使细胞质凝固，以固定细胞形态，并使菌体牢固附着于载玻片上，以免水洗时被冲掉；二是使菌体蛋白变性，改变对染色剂的通透性，增加其对染料的亲和力，使其更易着色。

①加热固定。对于斜面菌苔、平板菌落、液体培养物等涂片以火焰加热固定。将干燥好的涂片的涂面朝上，以钟摆速度通过火焰 3~4 次，略微加热固定。

②化学固定。对于血液、组织脏器等涂片以甲醇固定。将已干燥的涂片浸入甲醇中，2~3min 后取出，甲醇自然挥发。

(5) 染色：将玻片平放于玻片搁架上，滴加染液于涂片上(染液刚好覆盖涂片薄膜为宜)。碱性美蓝染色 2~3min；石炭酸复红(或结晶紫)染色 1~2min。

(6) 水洗：倒去染液，用自来水冲洗，直至涂片上流下的水无色为止。

(7) 干燥：自然干燥，也可用吸水滤纸吸干。

(8) 镜检：涂片干燥后镜检。

3. 细菌的革兰染色

1) 革兰染色程序

细菌革兰染色程序如图 5-4-7 所示。

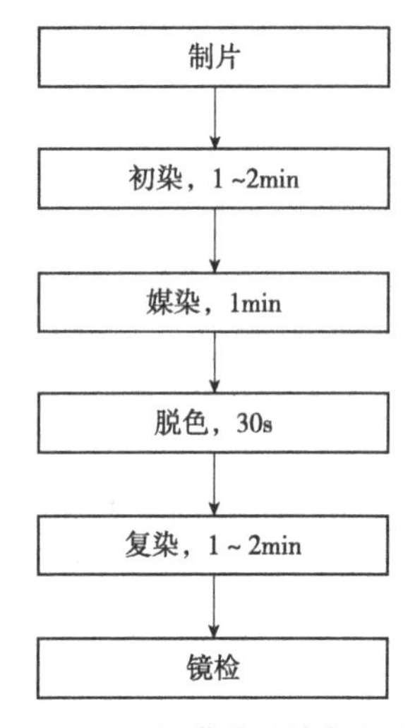

图 5-4-7　细菌革兰染色程序

2)操作步骤

(1)制片：取菌种培养物按简单染色法中的常规涂片、干燥、固定进行制片。

(2)初染：在涂片菌膜处滴加适量结晶紫染液(以刚好将菌膜覆盖为宜)，染色 1~2min，倾去染色液，流水冲洗至洗出液为无色。

(3)媒染：滴加革兰碘液于涂片上，作用 1min，水洗。

(4)脱色：用滤纸吸去玻片上的残水，滴加 95%乙醇于涂片上，轻轻摆动玻片，直至乙醇脱色刚好不出现紫色为止，一般 30s(如牛乳培养物用 60s)后立即水洗，终止脱色。

(5)复染：沙黄复染液复染 1~2min，水洗。

(6)镜检：用滤纸吸干或自然干燥，用油镜检查。G^+菌呈蓝紫色，G^-菌呈红色。

注意事项

1. 显微镜使用的注意事项

①不准擅自拆卸显微镜的禁拆部件，以免损坏。

②镜面只能用擦镜纸擦，不能用手指或粗布，以保证光洁度。

③观察标本时，必须依次用低倍镜、高倍镜，最后用油镜。当目视接目镜时，特别在使用油镜时，切不可使用粗调节螺旋，以免压碎玻片或损伤镜面。

④观察时，两眼睁开，养成两眼能够轮换观察的习惯，以免眼睛疲劳，并且能够在左眼观察时，右眼注视绘图。

⑤拿显微镜时，一定要右手拿镜臂，左手托镜座，不可单手拿，更不可倾斜拿。

⑥微调节螺旋是显微镜机械装置中较精细而又容易损坏的元件，拧到了限位以后，就拧不动了。此时，决不能强拧，否则必然造成损坏。调节焦距时，遇到这种情况，应将微调节螺旋退回 3~5 圈，重用粗调节螺旋调焦，待初见物像后，再改用微调。

⑦使用高倍镜观察液体标本时，一定要加盖玻片。否则，不仅清晰度下降，而且试液容易浸入高倍镜的镜头内，使镜片遭受污染和腐蚀。

⑧油镜使用后，一定要擦拭干净。香柏油在空气中暴露时间过长，就会变稠和干涸，很难擦拭。镜片上留有油渍，清晰度必然下降。

⑨仪器出了故障，不要勉强使用。否则，可能引起更大的故障和不良后果。例如，在粗调节螺旋不灵活时，如果强行旋动，会使齿轮、齿条变形或损坏。

2. 细菌简单染色的注意事项

①涂片时要严格按照无菌操作的要点进行：试管或锥形瓶在开塞后及回塞前，其口部应在火焰上烧灼灭菌，除去可能附着于管口或瓶口的微生物。开塞后的管口或瓶口应靠近酒精灯火焰，并尽量平置，以防直立时空气中尘埃落入，造成污染。接种环在每次使用前后均应在火焰上彻底烧灼灭菌。

②挑菌前，必须待接种环冷却后进行。

③载玻片要洁净无油迹，否则菌液涂不开；滴生理盐水和取菌不宜过多；涂片要涂抹均匀，不宜过厚，以淡淡的乳白色为宜，涂布面积直径约 1cm。

④加热固定温度不能过高，以玻片不烫手背为宜，否则会改变甚至破坏细胞形态。

⑤水洗时，不要直接冲洗涂抹面，而应使水从载玻片的一端流下。水流不宜过急、过大，以免涂片薄膜脱落。

⑥干燥时，注意勿擦去菌体。

⑦涂片后，必须完全干燥后才能用显微镜进行观察。

3. 细菌革兰染色的注意事项

在细菌简单染色的基础上，革兰染色还应注意：

①滴加染色液与乙醇时一定要覆盖整个菌膜，否则部分菌膜未受处理，也可造成假象。

②乙醇脱色是革兰染色操作的关键环节。如脱色过度，则 G^+菌被误染成 G^-菌；而脱色不足，G^-菌被误染成 G^+菌。在染色方法正确无误的前提下，如菌龄过长，死亡或细胞壁受损伤的 G^+菌也会呈阴性反应，故革兰染色要用活跃生长期的幼龄培养物。

考核评价

微生物的染色及形态观察评分标准

内容	分值	评分细则	评分标准	得分
显微镜观察	1	是否正确取放显微镜	右手紧握镜臂，左手托住镜座，平稳地搬运显微镜	
	1	是否正确选取物镜观察	观察标本时，必须依次用低倍镜、高倍镜，最后用油镜	
	1	是否清晰看见目标物	能够独立观察到清晰的目标物	
	1	使用完毕后是否正确清洁	镜面只能用擦镜纸擦，不能用手指或粗布；油镜擦拭时，用擦镜纸擦去镜头上的油迹，再用擦镜纸蘸少许二甲苯擦去镜头上残留油迹，最后用干净擦镜纸擦去残留的二甲苯，注意向一个方向擦拭	
细菌简单染色	1	是否正确挑取细菌	按照无菌操作流程进行	
	1	是否正确涂片和固定	涂片要涂抹均匀，不宜过厚；固定温度不能过高，以玻片不烫手背为宜，细胞完整	
	1	是否正确采用水洗方式水洗	使水从载玻片的一端流下，水流不宜过急、过大	
革兰染色	1	是否按照染色顺序进行染色	初染（草酸铵结晶紫，染色 1～2min）；媒染（滴加碘液于涂片上，作用 1min）；脱色（滴加 95%乙醇于涂片上，轻轻摆动玻璃片，直至乙醇脱色刚好不出现紫色为止，一般 30s）；复染（沙黄复染 1～2min）	
	1	是否滴加染色液时覆盖全部菌膜	滴加染色液与乙醇时一定要覆盖整个菌膜	
	1	是否得到正确染色结果	革兰阳性菌为蓝紫色；革兰阴性菌为红色	
合　计				
考核教师签字：				

知识拓展

光学显微镜油镜的基本原理

微生物学研究用的光学显微镜的物镜通常有低倍镜(16mm，10×)、高倍镜(4mm，40×~45×)和油镜(1.8mm，95×~100×)3种。油镜通常标有黑圈或红圈，也有的以“Oil”字样表示，它是三者中放大倍数最大的。根据使用不同放大倍数的目镜，可以使被检物体放大1000~2000倍。油镜的焦距和工作距离(标本在焦点上看得最清晰时，物镜与样品之间的距离)最短，光圈则开得最大，因此，在使用油镜观察时，镜头离标本十分近，需特别小心。

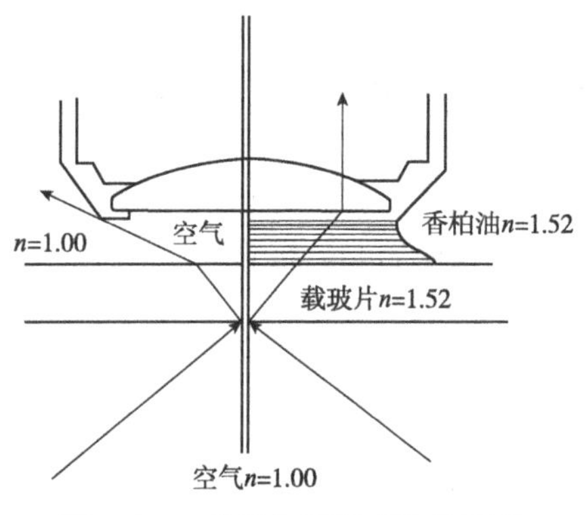

图5-4-8 物镜与干燥系和油浸系光线通路

(引自朱乐敏，食品微生物，2006)

使用时，油镜与其他物镜的不同在于载玻片与物镜之间不是隔一层空气，而是隔一层油质，称为油浸系。这种油常选用香柏油，因香柏油的折射率$n=1.52$，与玻璃相同。当光线通过载玻片后，可直接通过香柏油进入物镜而不发生折射。如果玻片与物镜之间的介质为空气，则称为干燥系，当光线通过玻片后，受到折射发生散射现象，进入物镜的光线显然减少，这样就降低了视野的照明度(图5-4-8)。

利用油镜不但能增加照明度，更主要的是能增加数值孔径，因为显微镜的放大效能是由其数值孔径决定的。数值孔径，即光线投射到物镜上的最大角度(称为镜口角)的一半正弦乘上玻片与物镜间介质的折射率所得的乘积，可用公式表示为：

$$NA=n \cdot \sin\alpha$$

式中 NA——数值孔径；

n——介质折射率；

α——最大入射角的半数，即镜口角的半数。

因此，光线投射到物镜的角度越大，显微镜的效能就越大，该角度的大小决定于物镜的直径和焦距。同时，α的理论限度为90°，sin90°=1，故以空气为介质时($n=1$)，数值孔径不能超过1；如以香柏油为介质时，则n增大，其数值孔径也随之增大。如光线入射角为120°，其半数的正弦为sin60°=0.87，则

以空气为介质时：　$NA=1\times0.87=0.87$

以水为介质时：　$NA=1.33\times0.87=1.15$

以香柏油为介质时：　$NA=1.52\times0.87=1.32$

显微镜的分辨力是指显微镜能够辨别两点之间最小距离的能力。它与物镜的数值孔径成正比，与光波长度成反比。因此，物镜的数值孔径越大，光波波长越短，则显微镜的分辨力越大，被检物体的细微结构也越能明晰地区别出来。因此，一个高的分辨力意味着一

个小的可分辨距离，这两个因素是成反比关系的，通常有人把分辨力说成是多少微米或纳米，这实际上是把分辨力和最小分辨距离混淆起来了。显微镜的分辨力是用可分辨的最小距离来表示的。

$$能辨别两点之间最小距离=\frac{\lambda}{2NA}$$

式中　λ——光波波长。

我们肉眼所能感受的光波平均长度0.55μm，假如数值孔径为0.65的高倍镜，它能辨别两点之间的距离为0.42μm。而在0.42μm以下的两点之间的距离就分辨不出，即使用倍数更大的目镜，使显微镜的总放大率增加，也仍然分辨不出。只有改用数值孔径更大的物镜，增加其分辨力才行。

例如，用数值孔径为1.25的油镜时，能辨别两点之间的最小距离为：$\frac{0.55}{2\times1.25}=0.22\mu m$。

因此可以看出，假如采用放大率为40倍的高倍镜($NA=0.65$)和放大率为24倍的目镜，虽然总放大率为960倍，但其分辨的最小距离只有0.42μm。假如采用放大率为90倍的油镜($NA=1.25$)和放大率为9倍的目镜，虽然总的放大率为810倍，却能分辨出0.22μm的距离。

任务5-5　微生物细胞大小测定

工作任务

微生物细胞的大小是微生物分类鉴定的重要依据之一。微生物个体很小，必须借助显微镜才能观察到，其长度、宽度或直径常以微米(μm)为单位。若要测定微生物细胞的大小，必须借助于镜台测微尺和目镜测微尺在显微镜下进行测量。由于微生物的形态和大小受培养条件影响，因此测定时以最适培养条件下培养的微生物为准。

本任务学习使用目镜测微尺和镜台测微尺进行微生物细胞大小的测定。

工具材料

1. 设备和材料

金黄色葡萄球菌、大肠埃希菌、枯草芽孢杆菌等染色标本片；目镜测微尺、镜台测微尺、载玻片、盖玻片、显微镜、擦镜纸等。

2. 培养基和试剂

试剂：95%乙醇、蒸馏水等。

知识准备

1. 测微尺结构组成

若要测定微生物细胞的大小，必须借助于镜台测微尺和目镜测微尺在显微镜下进行。

镜台测微尺并不直接用来测定细胞的大小，而是用于校正目镜测微尺每格的相对长度。它是中央部分刻有精确等分线的载玻片(图 5-5-1)，一般是将 1mm 等分为 100 格，每格长 0. 01mm(即 10μm)。

目镜测微尺可直接用于测定细胞大小。它是一块圆形玻璃片(图 5-5-2)，其中央有精确等分为 50 或 100 小格的刻度尺，测定时将其放在接目镜中的隔板上。

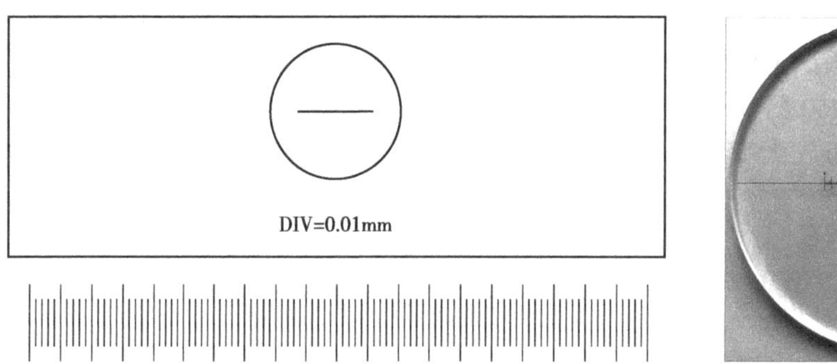

图 5-5-1　镜台测微尺

图 5-5-2　目镜测微尺

2. 目镜测微尺校正

由于目镜测微尺所测定的是微生物细胞经过显微镜放大之后所成像的大小，其刻度实际代表的长度会随使用目镜和物镜放大倍数及镜筒长度而发生改变。故使用前，须先用镜台测微尺进行校正，以求出在一定放大倍数下，目镜测微尺每一小格所代表的相对长度，然后用目镜测微尺直接测量细胞的实际大小。

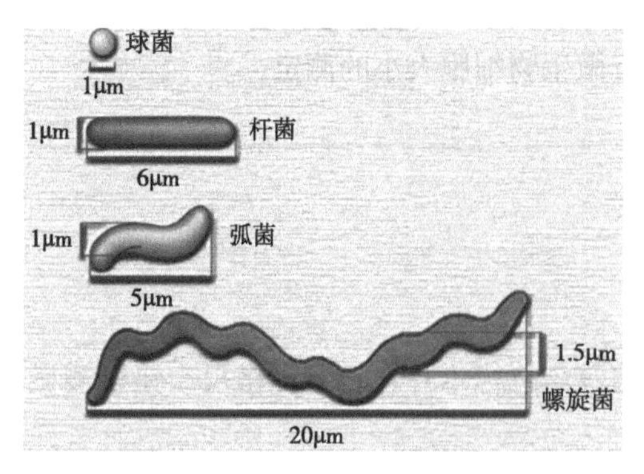

图 5-5-3　微生物细胞大小示例

3. 测定微生物细胞的大小

微生物细胞测定结果表示方法为：球状细菌用直径表示；杆状、弧状和螺旋状细菌用宽度和长度来表示，如图 5-5-3 所示。

操作流程

1. 测定程序

微生物细胞大小测定的程序如图 5-5-4 所示。

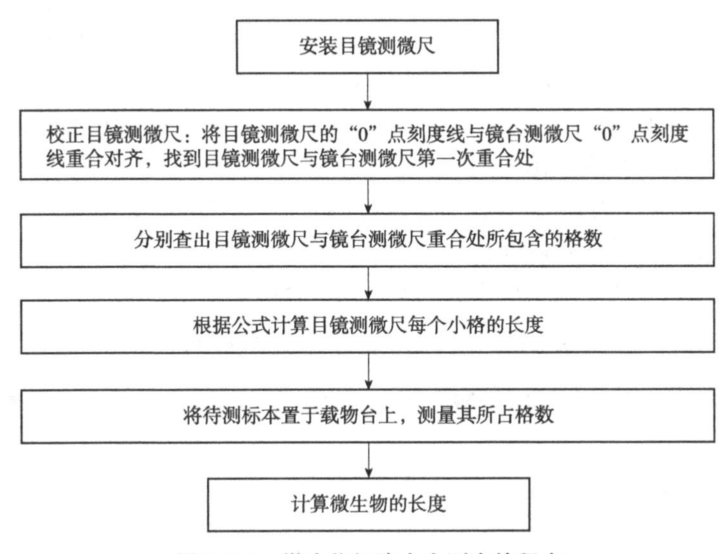

图 5-5-4　微生物细胞大小测定的程序

2. 操作步骤

1) 目镜测微尺校正

(1) 安装目镜测微尺：取出目镜，将目镜上的透镜旋下，将目镜测微尺刻度朝下放入目镜镜筒内的隔板上，然后旋上目镜透镜，再将目镜插入镜筒内。

(2) 校正目镜测微尺：将镜台测微尺刻度面朝上平置在载物台上。先用低倍镜观察镜台测微尺的刻度，换用高倍镜测量。移动镜台测微尺和转动目镜，使两者的刻度平行，并使两者的“0”点刻度线重合，然后向右仔细寻找第二条完全重合的刻度，分别记录两重合线之间镜台测微尺和目镜测微尺所占的格数(图 5-5-5)。

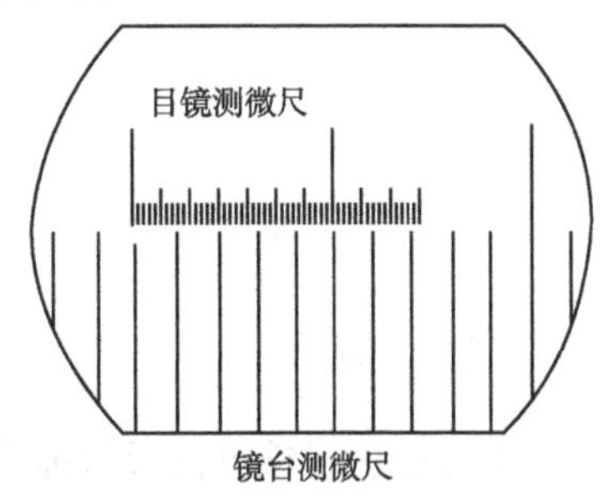

图 5-5-5　目镜测微尺校正示意图

(3) 计算目镜测微尺每个格的长度：由于已知镜台测微尺每小格长为 10μm，因此可以由式(5-5-1)计算出在不同放大倍数下，目镜测微尺每格所代表的实际长度。

$$\text{目镜测微尺每格长度}(\mu m)=\frac{\text{两重合线间镜台测微尺的格数}\times 10}{\text{两重合线间目镜测微尺的格数}} \tag{5-5-1}$$

举例说明，假设目镜测微尺的30小格正好与镜台测微尺的5小格重合，则目镜测微尺的每小格长度为：5×10μm÷30＝1.67μm。

2)测定微生物细胞的大小

(1)取下镜台测微尺，换上微生物染色玻片，在高倍镜下分别测定宽度和长度。测定时通过转动目镜测微尺和移动载玻片，测出微生物直径或宽和长所占目镜测微尺的格数。

(2)将所测得的格数乘以目镜测微尺每格所代表的长度，即为该菌的实际大小。

举例说明，假设微生物的长度占目镜测微尺格数为3格，结合目镜测微尺的每小格长度为1.67μm，按上述公式求出微生物长度等于5.01μm。

一般测定微生物细胞的大小，用同一放大倍数在同一标本上任意测定10~20个菌体后，求出其平均值即可代表该菌的大小。

(3)测定完毕，取出目镜测微尺，将目镜放回镜筒，再将目镜测微尺和镜台测微尺分别用擦镜纸擦拭干净，放回盒内保存。

将微生物细胞大小测定结果填入表5-5-1、表5-5-2中。

表5-5-1 不同放大倍数下的校准统计表

物镜	物镜放大倍数	目镜测微尺格数	镜台测微尺格数	目镜测微尺每格代表长度/μm
低倍				
高倍				

表5-5-2 高倍镜下测定微生物大小的结果统计表

菌体编号	宽/μm			长/μm			菌体宽×长/μm
	目镜测微尺格数	菌体宽	平均值	目镜测微尺格数	菌体长	平均值	
1							
2							
3							
4							

注意事项

(1)校正目镜测微尺只能在特定的情况下重复使用，若更换物镜或目镜的放大倍数时，必须重新校正目镜测微尺每格所代表的长度。

(2)校正目镜测微尺时，必须将目镜测微尺和镜台测微尺保持平行，且“0”点对齐。

(3)实验结束后，一定要将测微尺用擦镜纸擦拭干净，放入盒内，防止刮花。

考核评价

微生物细胞大小的测定评分标准

内容	分值	评分细则	评分标准	得分
微生物细胞大小的测定	1	是否正确安装目镜测微尺	将目镜上的透镜旋下，将目镜测微尺刻度朝下放入目镜镜筒内的隔板	
	3	是否正确校正目镜测微尺	将目镜测微尺和镜台测微尺的刻度平行，并使两者的“0”点刻度线重合，然后向右仔细寻找第二条完全重合的刻度	
	3	是否正确计算出目镜测微尺的刻度	$\text{目镜测微尺每格长度}(\mu m)=\frac{\text{两重合线间镜台测微尺的格数}\times 10}{\text{两重合线间目镜测微尺的格数}}$	
	2	是否正确测量细菌的大小	利用校正好的目镜测微尺，准确测量细胞大小	
	1	是否正确进行物品整理	实验结束后，取出目镜测微尺，目镜测微尺和镜台测微尺用擦镜纸擦拭，收入盒中	
合　计				
考核教师签字：				

知识拓展

细菌细胞的大小

细菌细胞大小的常用度量单位是微米(μm)，而细菌亚细胞结构的度量单位是纳米(nm)。不同细菌的大小相差很大。一个典型细菌的大小可用大肠埃希菌作代表，它的细胞平均长度为2μm、宽0.5μm。迄今为止所知的最小细菌是纳米细菌，其细胞直径仅有50nm，比最大的病毒还要小。而最大细菌是纳米比亚珍珠硫细菌，它的细胞直径为0.32~1.00mm，肉眼清楚可见。

细菌细胞微小，一般采用显微镜测微尺测量它们的大小，也可通过投影法或照相制成图片，再按照放大倍数测算。

球菌大小以直径表示，一般为0.5~1μm；杆菌和螺旋菌都是以宽×长表示，一般杆菌为(0.5~1)μm×(1~5)μm，螺旋菌为(0.5~1)μm×(1~50)μm。但螺旋菌的长度是菌体两端空间距离，而不是真正的长度，它的真正长度应按其螺旋的直径和圈数来计算。

在显微镜下观察到的细菌大小与所用固定染色的方法有关。经干燥固定的菌体比活菌体的长度一般要缩短1/3~1/4；若用衬托菌体的负染色法，其菌体往往大于普通染色法，甚至比活菌体还大。

细菌的大小和形态除了随种类变化外，还受环境条件(如培养基成分、浓度、培养温度和时间等)的影响。在适宜的生长条件下，幼龄细胞或对数期培养物的形态一般较为稳定，因而适合进行形态特征的描述。在非正常条件下生长或衰老的培养体，常表现出膨大、分枝或丝状等畸形。例如，巴氏醋酸菌在高温下由短杆状转为纺锤状、丝状或链状，干酪乳杆菌的老龄培养体可从长杆状变为分枝状等。少数细菌类群（如芽孢细菌、鞘细菌和黏细菌）具有几种形态不同的生长阶段，共同构成一个完整的生活周期，应作为一个整体来描述研究。

任务 5-6 微生物血球计数板显微计数

工作任务

研究微生物的生长过程，需要对微生物的生长做定量测定，目前微生物生长的测定方法有多种，血球计数板计数是其中一种。血球计数板被用作对人体内红、白细胞进行显微计数，也常用于计算一些细菌、真菌、酵母等微生物的数量，是一种常见的生物学工具。

本任务学习利用血球计数板测定微生物细胞的数量。

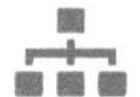

工具材料

1. 设备和材料

载玻片、盖玻片、显微镜、血球计数板、擦镜纸等。

2. 培养基和试剂

菌种：啤酒酵母培养液。

试剂：0.1%亚甲基蓝、无菌生理盐水、95%乙醇、蒸馏水等。

知识准备

1. 原理概述

血球计数板是一块特制的厚型载玻片，载玻片上由 4 个槽构成 3 个平台。中间的平台较宽，其中间又被一短横槽分隔成两半，每个半边上面各刻有一小方格网，每个方格网共分 9 个大方格，中央的一大方格作为计数用，称为计数区（图 5-6-1）。

血球计数板计数法是将菌悬液（或孢子悬液）加入血球计数板与盖玻片之间的计数区内，计数区边长为 1mm，则计数区的面积为 $1mm^2$。盖上盖玻片后，计数区的高度为 0.1mm，所以计数区的体积为 $0.1mm^3$。由于该区的容积一定，先测定计数区内若干个方格中的微生物数量，再换算成每毫升样品（或每克样品）中微生物的细胞数量。

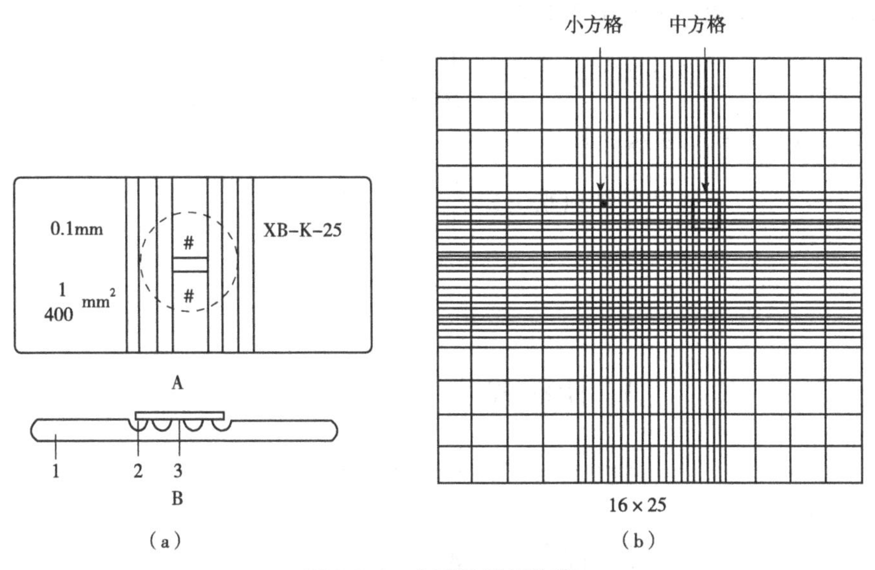

图 5-6-1　血球计数板构造

(a)A. 正面图　B. 纵切面图　1. 血球计数板　2. 盖玻片　3. 计数室;

(b)放大后的方网格，中间大方格为计数室

计数区的方格规格有两种：一种是计数区分为 16 个中方格(大方格用三线隔开)，而每个中方格又分成 25 个小方格；另一种是一个计数区分成 25 个中方格(中方格之间用双线分开)，而每个中方格又分成 16 个小方格。但是不管计数区是哪一种构造，它们都有一个共同特点，即计数区都由 400 个小方格组成(图 5-6-2)。

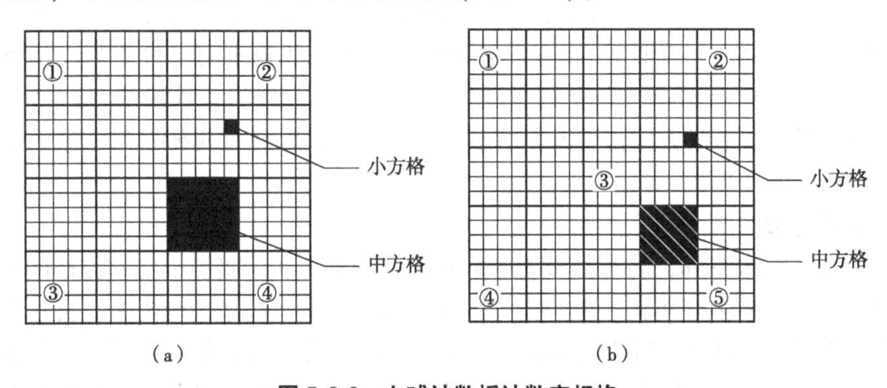

图 5-6-2　血球计数板计数室规格

(a)16×25 型；(b)25×16 型

对不同规格计数板的微生物计数方法略有差异。若是 16×25 型，需要按对角线方位，数左上角、右上角、右下角和左下角 4 个中方格(即 100 小格)的菌数。若是 25×16 型，除数上述 4 个中方格外，还需数中央 1 个中方格(即 80 小格)的菌数。

2. 血球计数板计数公式

样品中微生物细胞数量的计算公式如下：

1)16×25 型的血球计数板计算公式

$$微生物细胞数/mL=\frac{100\ 小格内酵母细胞个数}{100\times400\times10^{4}\times稀释倍数}$$

2)25×16 型的血球计数板计算公式

$$微生物细胞数/mL=\frac{80\ 小格内酵母细胞个数}{80\times400\times10^{4}\times稀释倍数}$$

操作流程

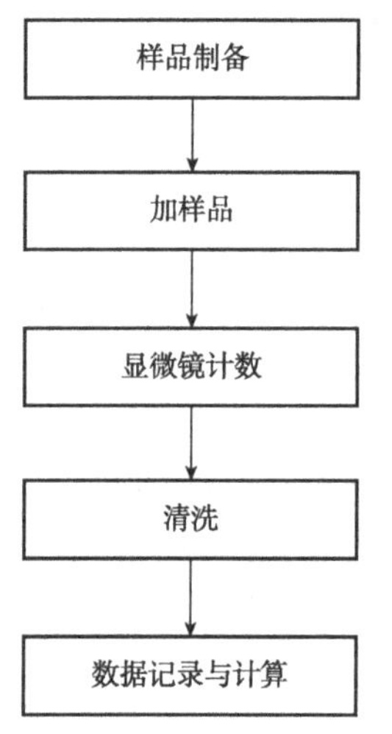

图 5-6-3　血球计数板显微计数程序

1. 计数程序

血球计数板显微计数程序如图 5-6-3 所示。

2. 操作步骤

1)制备样品的稀释液

将待检验的酵母培养液按稀释梯度的方法进行稀释，然后选择一个适宜的稀释梯度菌液作为样品进行计数(选择稀释度的标准是以计数板内每小格中有 3~5 个酵母细胞为宜)。

2)加样品

在洁净干燥的血球计数板计数室上盖上盖玻片，用无菌滴管(或吸管)将摇匀的稀释菌液从计数板中间平台两侧的沟槽内，沿盖玻片的下边缘滴入 1 小滴(不宜过多)，使菌液自行渗入平台的计数室，并用吸水滤纸吸去沟槽中流出的多余菌液。取样时注意先要摇匀菌液，加样时计数室内不可有气泡产生。

3)显微镜计数

加样后，静置约 5min，将计数板置于载物台的中央，在低倍镜下找到方格网的中央大方格(计数区)，再转换高倍镜，调节光亮度至菌体和计数室线条清晰为止，再将计数室左上角的中方格移至视野中进行观察和计数。依次对左上角、右上角、右下角、左下角和中央 1 个中方格计数。凡是位于中方格双线上的酵母细胞，计数时则数上线和左线上的细胞(或只数下线和右线的细胞)，以减少误差。酵母菌的芽体达到母体细胞大小一般的时候，即可作为两个菌体计数。

将计数的细胞数填入结果表中，对每个样品重复计数 2~3 次(每次数值不应相差太大，否则应重新操作)，取其平均值，代入相应公式中，计算每毫升或每克样品中的菌数。

4)清洗

测数完毕，将血球计数板用水冲净。镜检观察每小格内是否残留菌体或其他沉淀物，若不干净，则必须重复洗涤至洁净为止。洗净后自行晾干或用吹风机吹干，放入盒内保存。

5)数据记录与计算

将酵母菌悬液中的菌数结果记录于表 5-6-1 中。

表 5-6-1 酵母菌悬液中的菌数结果统计表

计数次数	各个中方格中的菌数					5 个中方格的总菌数	平均值	稀释倍数	菌数/(个/mL)
	左上角	右上角	右下角	左下角	中央				
1									
2									
3									

注意事项

(1)由于活细胞的折射率和水的折射率相近，为了清晰可见，观察时可通过适当关小虹彩光圈、降低聚光器和调节光源亮度来减弱光照强度，否则视野中计数室的方格线不清晰，或只见竖线或只见横线。

(2)不能出现盖玻片被菌液顶浮的情况，否则改变计数室容积，影响计数的准确性。

(3)计数时要不断调节细微螺旋，以便能看到悬浮在计数室内不同深度的细胞。

(4)加样后应静置数分钟，待菌体细胞不再流动，全部沉降到计数区底部，才可计数。

(5)在计数前若发现菌液太浓或太稀，需重新调节稀释度后再计数。

(6)冲洗血球计数板时，切勿用硬物洗刷或抹擦，以免损坏网格刻度。

考核评价

微生物血球计数板显微计数的评分标准

内容	分值	评分细则	评分标准	得分
微生物血球计数板显微计数	2	是否正确选择稀释梯度	以计数板内每小格中有 3~5 个酵母细胞为宜	
	2	是否正确滴加待测样品	从计数板中间平台两侧的沟槽内，沿盖玻片的下边缘滴入 1 小滴(不宜过多)，不出现盖玻片被菌液顶浮的情况	
	3	是否正确查数	依次对左上角、右上角、右下角、左下角和中央 1 个中方格计数，计数时数上线和左线上的细胞(或只数下线和右线的细胞)	
	2	是否实验结果正确	计算无误，微生物数目准确，无偏差	
	1	是否台面清洁干净	台面干净整洁，无废弃物残留，器皿及时刷洗	
合　计				
考核教师签字：				

知识拓展

微生物的生长繁殖

微生物生长是代谢的结果，当合成代谢超过分解代谢时，单个细胞物质量增加，表现为个体质量和体积增大，这就是生长。当个体生长达到一定程度时，细胞开始出现数量的增多，这就是繁殖。可以说生长是繁殖的基础，繁殖则是生长的结果。

1. 微生物生长繁殖的概念

微生物生长是细胞物质有规律地、不可逆增加，导致细胞体积增大的生物学过程。这是微生物个体生长的定义。当微生物生长到一定阶段，由于细胞结构的复制与重建并通过特定方式产生新的生命个体，即引起个体数量增加，这是微生物的繁殖。微生物的生长是一个逐步发生的量变过程，而繁殖是一个产生新的生命个体的质变过程。在高等生物中生长与繁殖这两个过程可以明显分开，但在低等生物中特别是在单细胞的微生物世界里，由于个体微小，生长与繁殖这两个过程是紧密联系又很难划分的过程。因此，在讨论微生物生长时，往往将这两个过程放在一起讨论，这样，微生物生长又可以定义为在一定时间和条件下细胞数量的增加，这是微生物群体生长的定义。

2. 微生物的群体生长及其规律

1)微生物群体的生长曲线

如将少量微生物纯培养物接种到新鲜的液体培养基，在适宜的条件下培养，定期取样测定单位体积培养基中的菌体(细胞)数，可发现开始时群体生长缓慢，然后逐渐加快，进入一个生长速率相对稳定的高速生长阶段，随着培养时间的延长，生长达到一定阶段后，生长速率又表现为逐渐降低的趋势，随后出现一个细胞数目相对稳定的阶段，最后转入细胞衰老死亡。如用坐标法作图，以培养时间为横坐标，以计数获得的细胞数的对数为纵坐标，可得到一条定量描述液体培养基中微生物生长规律的实验曲线，该曲线称为生长曲线。生长曲线可划分为4个阶段，即延滞期、指数期、稳定期和衰亡期，如图5-6-4所示。

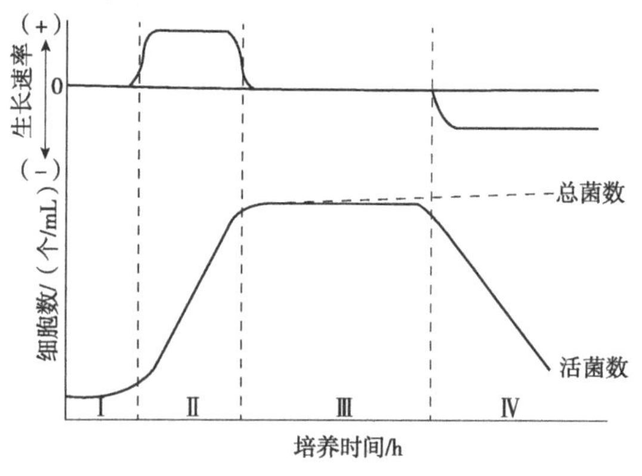

图5-6-4　微生物群体典型生长曲线

(引自周桃英等，食品微生物，2020)

Ⅰ. 延滞期；Ⅱ. 指数期；Ⅲ. 稳定期；Ⅳ. 衰亡期

2)微生物生长曲线的规律

(1)延滞期：这是培养基接种之后开始的一个适应期。当微生物进入新的培养环境时，必须重新调整其小分子和大分子的组成，包括酶和细胞结构成分，以适应新环境，因而又称调整期。这个时期的生长曲线平坦稳定，细菌繁殖极少。工业生产上应尽可能缩短延滞期。

(2)指数期：又称对数期，此期在生长曲线上表现为活菌数直线上升，细菌以稳定的几何级数快速增长。此期细菌形态、染色性、生物活性都很典型，对外界环境因素的作用敏感，因此在研究微生物的代谢和遗传时，宜用这个时期的细胞；在微生物发酵中以该生长后期的细胞作为种子，接种合适的发酵培养基可以缩短延滞期，从而缩短发酵周期，提高劳动生产率与经济效益。

(3)稳定期：由于培养基中营养物质消耗、毒性产物(有机酸、过氧化氢等)积累、pH

值下降等不利因素的影响，微生物繁殖速度渐趋下降，死亡数开始逐渐增加，此期微生物增殖数与死亡数渐趋平衡。到指数末期，微生物生长速度降低，繁殖率与死亡率逐渐趋于平衡，活菌数基本保持稳定，从而进入稳定期，该时期可以维持相当长的时间。

(4)衰亡期：随着稳定期的继续发展，生长环境的继续恶化和营养物质的短缺，细菌繁殖速度越来越慢，死亡菌数明显增多。活菌数与培养时间成反比关系，此期细菌变长、肿胀或畸形衰变，甚至菌体自溶，难以辨认其形态，生理代谢活动趋于停滞。

微生物群体生长曲线各阶段特征见表5-6-2所列。

表5-6-2　微生物群体生长曲线各阶段特征

生长阶段	特征
延滞期	细胞不分裂，但细胞变大，细胞内RNA含量增高，原生质呈碱性，合成代谢活跃，易合成新的诱导酶，对外界环境变化敏感；接种物中死细胞较多或培养基不丰富时延滞期较长
指数期	细胞分裂最快，细胞进行平衡生长，酶系活跃，代谢旺盛；生长速率由营养成分和培养条件决定
稳定期	新繁殖的细胞与死亡细胞数目相等，菌体产量达到最高，细胞开始贮藏糖原、脂肪等贮藏物，产芽孢的细菌开始形成芽孢，开始合成次生代谢产物；由于营养物的消耗或抑制生长的代谢产物积累，细胞停止增殖，但仍存活
衰亡期	死亡细胞数目超过新生细胞数目，细胞形态多样，细胞开始自溶，开始释放次生代谢产物

微生物的生长曲线，反映了一种微生物在一定的生活环境(如试管、摇瓶、发酵罐)的生长繁殖和死亡规律。它既可作为营养物和环境因素对生长繁殖影响的理论研究指标，也可作为调控微生物生长代谢的依据，以指导微生物生产实践。

3. 微生物生长量的测定

研究微生物的生长过程，需要对微生物的生长做定量测定。目前，微生物生长的测定方法有多种，根据研究对象或目的不同主要有以下几种。

1)细胞总数计数法

细胞总数计数法是用来计量细胞悬液中细胞数量的一种方法。一般包括显微镜直接计数法、涂片计数法和比浊法。

(1)显微镜直接计数法：这类方法是利用特定的血球计数板，在显微镜下计算一定容积里样品中微生物的数量。此法的缺点是不能区分死菌与活菌。

(2)涂片计数法：用计数板附带的0.01mL吸管，吸取定量稀释的细菌悬液，放置刻有1mm^{2}面积的载玻片上，使菌液均匀地涂布在1mm^{2}面积上，固定后染色，在显微镜下任意选择几个乃至十几个视野来计算细胞数量。

根据计算出的视野面积核算出1mm^{2}中的菌数，然后按1mm^{2}面积上的菌液量的稀释度，计算每毫升原液中的含菌数，计算公式为：

$$每毫升原液的含菌数=\frac{视野中的平均菌数\times 1mm^2}{视野面积\times 100\times 稀释倍数}$$

(3)比浊法：是测定菌悬液中细胞数量的快速方法。其原理是菌悬液中的细胞浓度与浑浊度成正比，与透光度成反比。细胞越多，浑浊度越大，透光量越少。因此，测定菌悬液的透光度(或光密度)可以反映细胞的浓度。将未知细胞数的菌悬液与已知细胞数的菌悬液相比，求出未知菌悬液所含的细胞数。

浊度计、分光光度仪是测定菌悬液细胞浓度的常用仪器。此法比较简便，但使用有局限性。菌悬液颜色不宜太深，不能混杂其他物质，否则不能获得正确结果。

2)活菌计数法

活菌计数法是通过测定样品在培养基上形成的菌落数来间接确定其活菌数的方法，故又称平板计数法(图 5-6-5)。活菌计数包括涂布平板法和稀释倒平板法。活菌计数法的特点是计算的结果是活菌落。在进行活菌计数时要注意样品的稀释度，保证一个活细胞可形成一个菌落。

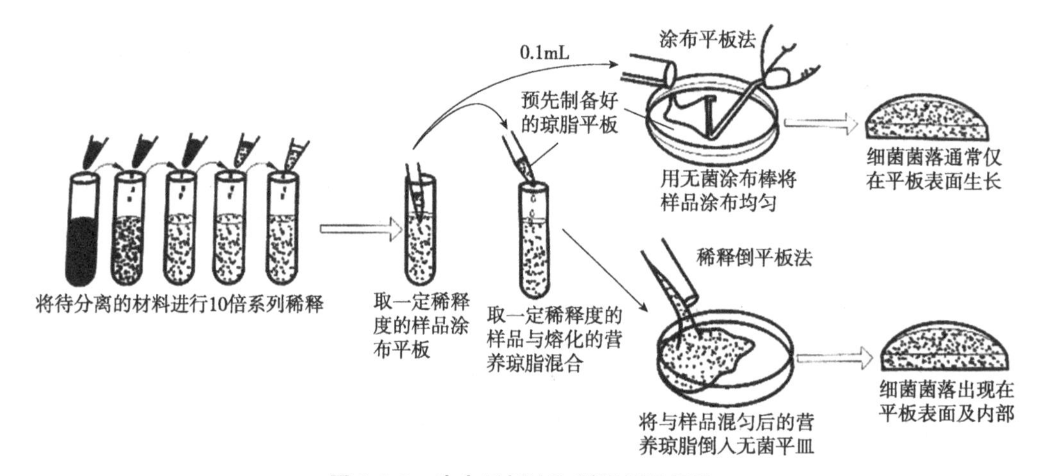

图 5-6-5 涂布平板法和稀释倒平板法

(引自周桃英等，食品微生物，2020)

(1)涂布平板法：用灭菌的涂布棒将一定体积(不大于 0.1mL)的适当稀释度的菌液涂布在琼脂培养基的表面，然后恒温培养到有菌落出现，记录菌落的数目并换算成每毫升样品中的活细胞数量。

(2)稀释倒平板法：将样品稀释到一定浓度，取一定体积(0.1~1mL)倒入冷却至 45℃的固体培养基中混合，然后倒入无菌平皿中制成平板，培养后出现菌落。由菌落数推算出样品中活菌总数。

3)微生物生理指标的测定方法

测定微生物生长的相关生理指标，也可以间接地反映出微生物的生长量，常用以下方法来测定。

(1)重量法：此法是根据每个细胞有一定的质量的原理而设计的。它可以用于单细胞、多细胞以及丝状体微生物生长量的测定。

将一定体积的样品通过离心或过滤将菌体分离出来，经洗涤、离心后直接称重，求出湿重。无论是细菌样品还是丝状菌样品，可以将它们放在已知质量的平皿或烧杯内，于105℃烘干至恒重，取出放入干燥器内冷却，再称量，求出微生物干重。一般来说，干重为湿重的 10%~20%。

(2)体积测量法：又称菌丝浓度测定法，是指通过测定一定体积培养液中所含菌丝的量来反映微生物的生长状况。具体方法是取一定量的待测培养液(如10mL)，放在有刻度的离心管中，设定一定的离心时间(如5min)和转速(如5000r/min)，离心后，倒出上清液，测出上清液体积为V，则菌丝浓度为$(10-V)/10$。

菌丝浓度测定法是大规模工业发酵生产中测定微生物生长量的一个重要监测指标。这种方法比较粗放，简便、快速。但由于离心沉淀物中夹杂着一些固体营养物，结果会有一定偏差，而且需要设定一致的处理条件，否则偏差会很大。

(3)测定菌种细胞内化学成分：菌种细胞内化学成分的多少，可反映出群体中菌体数量的多少。测定菌种细胞内化学成分的方法较复杂，操作困难，但较准确。

①测定含氮量。微生物细胞的含氮量一般比较稳定，所以常作为生长量的指标。大多数细菌的含氮量为其干重的12.5%，酵母菌为7.5%，霉菌为6.0%。根据其含氮量再乘以6.25，即可测得其粗蛋白的含量(包括杂环氮和氧化型氮)。细菌中蛋白质含量占细菌固形物的50%~80%，一般以65%为代表，因此总含氮量与蛋白质总量之间的关系可按下列公式计算：

蛋白质总量=含氮量×6.25

细胞总量=蛋白质总量÷[50%~80%(或65%)]=蛋白质总量×1.54

②氨基氮的测定。具体方法是离心发酵液，取上清液，加入甲基红和盐酸作指示剂，加入0.02mol/L NaOH溶液调色至颜色刚刚褪去，加入上清液18%的中性甲醛，反应片刻，加入0.02mol/L NaOH溶液使之变色，根据NaOH溶液的用量折算出氨基氮的含量。培养液中氨基氮的含量可间接反映微生物的生长状况。

③其他生理物质的测定。P、DNA、RNA、ATP、NAM(乙酰胞壁酸)等的含量以及产酸、产气、产CO_2(用标记葡萄糖作基质)、耗氧、黏度、产热等指标，都可用于生长量的测定。也可以根据反应前后的基质浓度变化、最终产气量、微生物活性等方面的测定反映微生物的生长。

④商业化快速微生物检测法。微生物检验的发展方向是快速、准确、简便、自动化。当前很多生物制品公司利用传统微生物检测原理，结合不同的检测方法，设计了形式各异的微生物检测仪器设备，这些仪器设备正逐步应用于医学微生物检测和科学研究领域。如全自动微生物快速检测系统，可以在数小时内获得检测结果，样本颜色及光学特征都不影响读数，对酵母菌和霉菌检测同样具有高度敏感性。

任务5-7 微生物菌种保藏

工作任务

菌种在传代过程中原有的生产性状会逐渐下降，这就是菌种的衰退。衰退是由菌株的自发突变引起的，一旦发现衰退就必须进行复壮。复壮就是通过纯种分离和性能测定等方法从衰退的群体中找出未衰退的个体以达到恢复该菌种原有性状的一种措施。要防止衰退，关键是做好菌种的保藏工作，即创造一定的物理或化学条件，如低温、干燥、缺氧或缺养料等，来降低微生物细胞内酶的活性，使微生物代谢作用缓慢，甚至处于休眠状态，从而达到菌种的原有性状不发生改变的目的。

本任务学习运用无菌操作技术进行菌种保藏。

工具材料

1. 设备和材料

接种环、接种针、无菌滴管、无菌吸管(1mL、5mL)、10mm×100mm 小试管、带螺口盖和密封圈的无菌试管或 1.5mL 无菌 Eppendorf 管、100mL 锥形瓶、高压蒸汽灭菌器、冰箱、超净工作台等。

2. 培养基和试剂

菌种：待保藏的细菌、放线菌、酵母菌和霉菌。

培养基：营养琼脂斜面和半固体深层培养基(培养细菌)、麦芽汁斜面和半固体培养基(培养酵母菌)、高氏Ⅰ号琼脂斜面培养基(培养放线菌)、马铃薯蔗糖斜面培养基(培养霉菌)、LB 液体培养基(培养细菌)。

试剂：无菌水、无菌液体石蜡、1mol/L HCl 溶液、1mol/L NaOH 溶液、河沙、黄土、无菌甘油(丙三醇)、五氧化二磷或无水氯化钙。

培养基及试剂配制方法详见附录 1.1。

知识准备

1. 菌种的衰退

一株良好的生产菌株对发酵工业来说至关重要，但不当的保藏措施容易导致菌种的衰退。菌种在培养或保藏过程中，由于自发突变的存在，出现某些原有优良生产性状的劣化、遗传标记的丢失等现象，称为菌种的衰退。常见的菌种衰退，在形态上是分生孢子减少或颜色改变，如放线菌和真菌在斜面上多次传代后产生“光秃”型等，从而造成生产上用孢子接种的困难；在生理上常指产量的下降，如黑根霉的糖化力下降等。

1) 菌种退化的原因

菌种衰退的主要原因有以下 3 个方面。

(1)基因突变：一是有关基因的负突变。如果控制产量的基因发生负突变，则表现为产量下降；如果控制孢子生成的基因发生负突变，则产生孢子的能力下降。二是表型延迟造成菌种衰退。表型延迟现象也会造成菌种衰退，如在诱变育种过程中，经常会发现某菌株初筛时产量较高，进行复筛时产量却下降了。三是质粒脱落导致菌种衰退。这种情况在抗生素生产中较多，不少抗生素的合成是受质粒控制的。

(2)连续传代：是加速菌种衰退的一个重要原因。一方面，传代次数越多，发生自发突变(尤其是负突变)的概率越高；另一方面，传代次数越多，群体中个别的衰退型细胞数量增加并占据优势越快，致使群体表型出现衰退。

(3)不适宜的培养和保藏条件：是加速菌种衰退的另一个重要原因。不良的培养条件如营养成分、温度、湿度、pH 值、通气量等，不仅会诱发衰退型细胞的出现，还会促进衰退细胞迅速繁殖，在数量上大大超过正常细胞，造成菌种衰退。

2)菌种衰退的防治

菌种衰退的防治措施主要从以下几个方面入手。

(1)合理的育种：选育菌种时所处理的细胞应使用单核的，避免使用多核细胞；合理选择诱变剂的种类和剂量或增加突变位点，以减少分离回复；在诱变处理后进行充分的后培养及分离纯化，以保证保藏菌种纯粹。

(2)分离纯化：菌种的退化过程是一个从量变到质变的过程。群体发生退化时，其中还有未退化的个体存在，它们往往是经过环境选择更具有生命力的部分。采取单细胞纯种分离的方法可以获得未退化的个体。

(3)控制传代次数：为防止菌种多次传代导致退化，在生产实践中，经过分离纯化与生产性能测定的菌种第一代应采用良好的方法保藏，尽量多保藏第一代菌种，控制菌种的传代次数。

(4)提供良好的培养条件：即按菌种的需要改变培养基成分，寻找有利于菌种培养和提高其生产能力的条件来防止菌种退化。例如，培养营养缺陷型菌株时应保证适当的营养成分，尤其是生长因子；培养一些抗性菌时应添加一定浓度的药物于培养基中，使回复的敏感型菌株的生长受到抑制，而生产菌能正常生长；控制好碳源、氮源等培养基成分和 pH 值、温度等培养条件，使之有利于正常菌株生长，限制退化菌株的数量，防止衰退。

(5)利用不易衰退的细胞移种传代：在放线菌和霉菌中，由于它们的菌丝细胞常含几个细胞核，甚至是异核体，因此用菌丝接种就会出现不纯和衰退，而孢子一般是单核的，用它接种时，就不会发生这种现象。在实践中，若用灭过菌的棉团轻巧地对放线菌进行斜面移种，由于避免了菌丝的接入，因而达到了防止衰退的效果。

(6)选用有效的保藏方法：在生产中，常需要根据菌种的类型采用有效的保藏方法，从而尽量避免菌种的退化。例如，啤酒酿造中常用的酿酒酵母，保持其优良发酵性能最有效的保藏方法是-70℃低温保藏，其次是 4℃低温保藏。

总之，防止菌种退化最好的方法是在菌种形态特征与生产性能尚未退化前，经常有意识地进行菌种的分离纯化和生产性能测定工作，从生产中不断选种，以保持或提高菌种的生产性能。

2. 菌种的复壮

狭义的复壮是指在菌种已发生衰退的情况下，通过纯种分离和生产性能测定等方法，从衰退的群体中找出未衰退的个体，以达到恢复该菌原有典型性状的措施；广义的复壮是指在菌种的生产性能未衰退前，有意识地经常进行纯种的分离和生产性能测定工作，以期菌种的生产性能逐步提高。实际上是利用自发突变(正变)不断地从生产中选种。

常用的复壮方法有以下3种。

1)纯种分离

发生衰退的菌种中仍然有一些保持原有优良特性的细胞，可以采用纯种分离的方法把这些细胞分离出来，经扩大培养后，就可恢复原菌株的典型性状。

2)寄主复壮

对于寄生性微生物的退化菌株，可通过接种至相应的寄主体内以提高菌株的毒性。如苏云金芽孢杆菌，长期人工培养会发生毒性减退、杀虫力降低现象，可将其感染菜青虫的幼虫，待虫体发病死亡后，从中重新分离典型产毒菌株。

3)遗传育种

以退化的菌株作为出发菌株，经诱变处理，淘汰衰退型，可能从中选出更高产的菌株。

3. 菌种的保藏

在发酵工业上，恰当的菌种保藏方法可以保证菌种不死亡、不衰退、不被杂菌污染。微生物菌种的保藏技术很多，但原理基本一致，即采用低温、干燥、缺氧、缺乏营养、添加保护剂或酸度中和剂等方法，挑选优良纯种，最好是它们的休眠体，使微生物生长在代谢不活跃、生长受抑制的环境中。目前，主要有以下几种方法。

1)斜面低温保藏法

将菌种接种在斜面培养基上，培养后菌种接种在适宜的固体斜面培养基上，待菌种充分生长后，试管口再用油纸包扎好，移至4℃冰箱中保藏。保藏时间依微生物的种类而有不同，霉菌、放线菌及有芽孢的细菌保存2~4个月移种一次，酵母菌2个月移种1次，细菌最好每月移种1次。

此法为实验室和工厂菌种室常用的保藏法，优点是操作简单，使用方便，不需特殊设备，能随时检查所保藏的菌株是否死亡、变异与污染杂菌等；缺点是容易变异，因为培养基的物理、化学特性不是严格恒定的，屡次传代会使微生物的代谢改变，而影响微生物的性状，污染杂菌的机会也较多。

2)液体石蜡保藏法

将菌种接种到斜面培养基上培养，长好后，将灭过菌并除去水分的液体石蜡倒入斜面，液面高出培养基顶部1cm，使菌种与空气隔绝。斜面直立放在室温或4℃冰箱中保藏，保藏时间可长达1年或以上。此法实用而效果好。霉菌、放线菌、芽孢细菌可保藏2年以上不死，酵母菌可保藏1~2年，一般无芽孢细菌也可保藏1年左右，甚至用一般方法很难保藏的脑膜炎球菌，在37℃保温箱内，也可保藏3个月之久。此法的优点是制作简单，不需特殊设备，且不需经常移种；缺点是保存时必须直立放置，所占位置较大，同时也不便携带。从液体石蜡下面取培养物移种后，接种环在火焰上烧灼时，培养物容易与残留的液体石蜡一起飞溅，应特别注意。

3)载体吸附保藏法

载体吸附保藏法是将菌种接种于适当的载体上进行保藏的方法，多适用于产孢子或芽孢的微生物保藏。

(1)滤纸保藏法：将滤纸剪成0.5cm×1.2cm的小长条，灭菌后蘸取用脱脂牛乳制作的浓菌悬液，装入0.6cm×8cm的灭菌安瓿中，每管1~2张，内置五氧化二磷作吸水剂，用真空泵抽气至干燥后，塞上棉塞，保存于低温下。细菌、酵母菌、丝状真菌均可用此法保藏，前两者可保藏2年左右，有些丝状真菌甚至可保藏14~17年之久，此法较液氮、冷冻干燥法简便，不需要特殊设备。

(2)沙土保藏法：取河沙过60目筛，用10% HCl溶液浸泡，然后用水漂洗至中性，烘干，然后装入高度约1cm的河沙于小试管中，121℃间歇灭菌3次。用无菌吸管将孢子悬液滴入沙粒小管中，经真空干燥8h，于常温或低温保存均可。此法多用于能产生孢子的微生物，如霉菌、放线菌。因此，在抗生素工业生产中应用最广，效果也好，可保存2年左右，但应用于营养细胞效果不佳。

(3)曲法保藏：将麸皮与水按1∶0.8~1∶1.5比例拌匀(含水量因菌种而异)，装入试管，灭菌后接入菌种培养，当形成孢子后即成曲。充分干燥后于室温下或低温下保藏。此法适用于保藏产生大量孢子的霉菌和放线菌，保藏时间在1年以上。

4)冷冻保藏法

冷冻保藏是指在-20℃以下进行的保藏。冷冻可以使微生物代谢活动停止，一般而言，冷冻温度越低，效果越好。冷冻保藏时为了保护微生物不受损伤，通常要加入一定的保护剂，如甘油等。同时，还要认真掌握冷冻速度和解冻速度。缺点是培养物的运输较困难。

(1)普通冷冻保藏技术：将长好的斜面菌种严格密封后于-20~-5℃保存，或收集细胞培养物后置于试管内，严格密封后于-20~-5℃保存。此法可以维持菌种活力1~2年。应注意的是经过一次解冻的菌株培养物不宜再用来保藏。此法虽简便易行，但不适宜多数微生物的长期保存。

(2)超低温冷冻保藏法：是指于-60℃以下的超低温冷藏柜中进行的保藏。一般方法是先离心收获对数生长中期到后期的微生物细胞，再用新鲜培养基重新悬浮收获细胞，然后加入等体积的20%甘油或10%二甲亚砜冷冻保护剂，混匀后分装入冷冻管或安瓿中，于-70℃超低温冰箱保藏。许多细菌和真菌可通过此方法保藏5年而活力不受影响。

(3)液氮冷冻保藏法：该法保藏菌种的存活率远比其他保藏方法高，且回复突变的发生率极低，液氮冷冻保藏法已成为工业微生物菌种保藏的最好方法。

把细胞悬浮于一定的分散剂中或把琼脂斜面上长好的培养物直接进行液体冷冻，然后转移至液氮(-196℃)或其蒸汽相中(-156℃)保藏。进行液氮冷冻保藏时应严格控制制冷速度。液氮冷冻保藏中最常用的保护剂是二甲亚砜和甘油，使用浓度一般为甘油10%、二甲亚砜5%。

5)真空冷冻干燥保藏法

将菌种用无菌脱脂牛乳制成高浓度菌悬液，分装在无菌安瓿瓶中，在低温下抽真空，同时使菌体充分干燥成菌块，然后将安瓿瓶在真空条件下加热熔封，放置在室温或低温下保存。此法对一般生活力强的微生物及其孢子以及无芽孢菌都适用，即使对一些很难保存的致病菌，如脑膜炎球菌与淋病球菌等也能保存。此法适用于菌种长期保存，一般可保存数年至10余年，但设备和操作都比较复杂。

1. 斜面低温保藏法

1)贴标签

将注有菌株名称和日期的标签，贴于试管斜面的正下方。

2)接种

将待保藏的不同菌种以划线接种法移接至适宜的斜面培养基上。

3)培养

细菌置37℃培养1~2d，酵母菌置25~28℃培养2~3d，放线菌和霉菌置28℃分别培养5~7d和3~5d。必须使用健壮的细胞或孢子作为保藏菌种。例如，细菌和酵母菌应采用对数生长期后期的细胞，不宜用稳定期后期的细胞(因该期细胞已趋向衰老)；对有芽孢的细菌、放线菌和霉菌，则宜采用芽孢和成熟的孢子保存。

4)保藏

将培养好的菌种置于4℃冰箱中保藏。保存温度不宜太低，否则斜面培养基因结冰脱水而加速菌种的死亡。必要时用熔化的固体石蜡熔封管口外的棉塞，以防止棉塞受潮长霉菌及培养基水分蒸发，延长保存时间。

2. 半固体穿刺保藏法

1)贴标签

将注有菌株名称和接种日期的标签，贴于半固体深层培养基试管上。

2)接种

将待保藏的不同菌种以穿刺接种法移接至适宜的半固体深层培养基中央部分，注意不要穿透底部。

3)培养

与斜面传代保藏法相同。

4)保藏

将培养好的菌种置于4℃冰箱中保藏。必要时用浸有石蜡的无菌软木塞或橡皮塞代替棉花塞并塞紧。

3. 液体石蜡保藏法

1)无菌液体石蜡制备

选用优质中性液体石蜡(相对密度0.865~0.890)装入100mL锥形瓶内，每瓶装10mL，塞上棉塞，外包牛皮纸，121℃灭菌30min后，置于105~110℃的干燥箱内干燥2h，以除去液体石蜡中的水分，经无菌检查后备用。

2)接种

将菌种划线接种于适宜斜面培养基上。

3)培养

在适宜温度下培养，使其充分生长。

4)保藏

用无菌吸管吸取无菌液体石蜡注入已长好菌的斜面上，液体石蜡的用量以高出斜面顶端1cm左右为准，使菌种与空气隔绝，直立于4℃冰箱或室温下保藏。保藏到期后，传代移种时，将菌种管倾斜使液体石蜡流至一边，将菌种转接至新的斜面培养基上，培养后加入适量灭菌液体石蜡，再行保藏。在移种时应尽可能去掉液体石蜡，以免影响菌种生长。

4. 沙土管保藏法

1)无菌沙土管制备

取河沙若干，用40目筛子(孔径为0.42mm)过筛，除去大的颗粒，再用10%HCl溶液浸泡(用量以浸没沙面为度)除去有机杂质。浸泡2~4h(或煮沸30min)后，倒出HCl溶液，用自来水冲洗至中性，烘干。另取非耕作层的贫瘠(不含腐殖质)黄土若干，磨细，用100目筛子(孔径为0.149mm)过筛。将土和沙按1：4或1：3比例混合均匀，装入小试管(10mm×100mm)中，装量约1cm高即可，塞上棉塞，0.11MPa灭菌1h，每天一次，连灭3d。将灭菌沙土管按10：1进行抽样检查。用接种环取少许沙土加入牛肉膏蛋白胨培养液中，37℃培养24h，观察有无杂菌生长。如果培养液长菌，则应全部重新灭菌。

2)制备菌悬液

将菌种划线接种于适宜斜面培养基上，在适宜温度下培养，得到健壮的菌体细胞或丰满的孢子。用无菌吸管吸取3~5mL无菌水加至1支菌种斜面试管中，用接种环轻轻搅动培养物，使其成菌悬液。

3)加样与干燥

用无菌吸管吸取菌悬液，在每支沙土管中滴加5滴左右菌悬液，以管内的沙土全部湿润为宜，塞上棉塞，振荡混匀后，置于预先放有五氧化二磷或无水氯化钙的干燥器内。当五氧化二磷或无水氯化钙因吸水变成糊状时，应及时更换。如此数次，沙土管即可干燥。也可将干燥器连接真空泵连续抽气3~6h，抽干时间越短越好，以沙土呈分散状态为准。

4)抽样检查

将抽干的沙土管按10：1进行抽样检查。用接种环取少许沙土接种到适合于所保藏菌种生长的斜面上，进行培养，观察所保藏菌种的生长情况及有无杂菌生长。

5)保藏

检查合格后用以下方法保藏。

(1)沙土管继续放入干燥器中，置于室温或冰箱中。

(2)将沙土管带塞一端浸入熔化的石蜡中，密封管口。

(3)用火焰封口器将沙土管的棉塞下端的玻璃烧熔，熔封管口，置4℃冰箱中保藏。

5. 冷冻保藏法

1)无菌甘油制备

将甘油置于100mL锥形瓶内，每瓶装10mL，塞上棉塞，外包牛皮纸，121℃灭菌20min后，置于40℃温箱中2周，蒸发除去甘油中的水分，经无菌检查后备用。

2)接种、培养

挑取一环菌种接入LB液体培养基试管中，37℃振荡培养至充分生长。

3)保藏

用无菌吸管吸取0.85mL培养液，置入一支带有螺口盖和空气密封圈的试管中或一支1.5mL Eppendorf管中，再加入0.15mL无菌甘油，封口，振荡混匀。然后将其置于乙醇-干冰或液氮中速冻。最后将已冰冻含甘油的培养物置-70℃超低温冰柜或-20℃低温冰柜中保藏。保藏到期后，用接种环从冻结的表面刮取培养物，接种至LB斜面培养基上，37℃培养48h。然后用接种环从斜面上挑取一环长好的培养物，置入装有2mL LB培养液的试管中，再加入2mL含30%无菌甘油的LB液体培养基，振荡混匀。最后分装于带有螺口盖和密封圈的无菌试管中或1.5mL Eppendorf管中，按上述方法速冻保藏。

注意事项

(1)严格按照纯培养操作技术的要求进行菌种保藏，避免外源微生物的污染。

(2)标记好菌种的名称，避免出现菌种混淆。

(3)标记好保藏日期，定期检查菌种保藏情况，临近菌种保藏期限的，应及时重新进行菌种保藏。

考核评价

微生物的菌种保藏技术评分标准

内容	分值	评分细则	评分标准	得分
微生物的菌种保藏技术	5	是否严格按照纯培养技术进行操作	无菌操作前，超净工作台开启紫外线灯照射30min以上；纯培养操作过程中，动作流畅，规范严格，操作步骤没有遗漏	
	2	标签填写是否合格	标签填写应包含菌种名称、保藏时间、保藏者姓名	
	2	是否实验结果正确	能够正确选择菌种保藏方式，并无杂菌污染	
	1	是否台面清洁干净	台面干净整洁，无废弃物残留，器皿及时刷洗	
合计				
考核教师签字：				

终生实践借鉴与创新的科学家
——纪念方心芳百年诞辰(节选)

方心芳(1907—1992)，1907年3月16日生于河南省临颍县石桥乡方庄。曾任黄海化学工业研究社副社长、发酵菌学研究室主任、中国科学院菌种保藏委员会领导人、中国科学院北京微生物研究室研究员兼副主任、微生物研究所副所长兼工业微生物室主任、中国微生物学会副理事长、中国微生物学会酿造学会名誉理事长、中国微生物菌种保藏管理委员会主任委员、中国科学院学部委员等职。

方心芳在河南卫辉法文学校毕业后，到上海中法工业专科学校附中班就读，1927年考入上海劳动大学农学院农艺化学系。1931年毕业后到天津塘沽黄海化学工业研究社(以下简称黄海社)发酵菌学研究室工作，1935年秋到比利时鲁文大学农学院酿酒专修科学习，1936年夏获酿酒师学位，1936年到荷兰巴恩中央菌种保藏中心研究中国酒曲中的根霉，同年冬天去法国巴黎大学季也蒙教授研究室鉴定中国酒曲中分离出的酵母菌。1937年春到伦敦访问有关微生物及发酵科研单位，一个月后去丹麦嘉士伯研究所，师从尼尔森教授研究霉菌及酵母菌生长素，9月返回中国继续在黄海社发酵菌学研究室工作。1938年8月黄海社正式迁至四川乐山五通桥(镇)，方心芳在此工作到1949年12月。1950年初到北京的黄海社新址筹建发酵微生物研究室。1952年中国科学院接管黄海社的发酵菌室，从此方心芳即在中国科学院工作直到逝世。

方心芳一生的工作是在工业微生物学领域，然而，作为一位有相当学识造诣和丰富实践经验的微生物学家，他同时注意到与我国经济发展和社会进步有重要关系的土壤微生物学及环境微生物学等领域。到了晚年，他还提出过“创立微生物学中国学派的一个设想”。1975年9月1日，方心芳在笔记本中第一次写下了“创立微生物学中国学派的一个设想”，主要内容是：①控制微生物的代谢，按人们要求做出最大贡献；②调查研究我国微生物资源，培育优良品种，发展提高微生物的应用；③了解土壤微生物，改造土壤微生物，促进农业丰产；④用中国特有的丰富原料发酵生产国民经济急需的产品；⑤发酵处理废水、废物，生产肥料、饲料。他认为，人类和微生物的关系，就是利用有益微生物和防除有害微生物。中国的自然环境特殊，雨季正在伏天，高温而湿度大，适于霉菌繁殖。人们与微生物接触多，因此很早就掌握了利用微生物生产食品的技术。几千年来，中国利用微生物的技术不断发展，形成了世界上一个独特的应用微生物学支派。我们必须用现代的科学知识与方法，结合国民经济的需要，整理和发扬这些成就，总结经验，找出规律及需要解决的问题，进一步深入研究，创立新的理论。他认为这就是我国应用微生物学实现现代化的目标，也是微生物中国学派的特点。

方心芳一生为我国的菌种保藏付出了大量的心血。从大学毕业开始，他终生注意收集、保藏各类微生物菌种，无论出国访问或到外地出差，都要尽量带回新的菌种。1935—1937年在欧洲进修期间，他从国外收集了上百株菌种寄回国内。在荷兰菌种保藏中心学习期间，由于方心芳对菌种保藏事业的积极投入和认真精神，被J. Wester Dijk

教授聘请为该中心的国际赞助委员会委员。在抗日大后方，为躲避日本飞机轰炸，他在进防空洞时，总会携带上菌种，把它们看得和身家性命一样重要。中华人民共和国成立后他奉命立即到北京组建菌学与发酵研究室时，曾自费请他的学生精心保管菌种，后来得以全部运到北京。1950年冬，中国科学院竺可桢副院长到黄海社征询如何妥善保管保藏在大连科学研究所内的微生物菌种时，方心芳提出了设立全国性菌种保藏机构的建议。这个建议得到了采纳，1951年中国科学院成立了全国性的菌种保藏委员会，就菌种的收集、保藏和各有关单位的分工合作等提出了有益的建议。1953年初，菌种保藏委员会成为具有实体的科研机构，在方心芳的领导下着手积极开展菌种收集、保藏和研究工作，1958年中国科学院微生物研究所成立，他作为副所长，使菌种保藏组成为全国最大的菌种保藏机构，每年向国内科研、教学和生产单位提供数以千计的菌种。1979年，方心芳被任命为中国微生物菌种管理保藏委员会主任委员。该委员会下设7个国家级专业菌种保藏管理中心，分别负责农业、工业、林业、医学、兽医、药用及普通微生物菌种资源的收集、鉴定、保藏、供应及国际交流任务，它履行了在国际菌种保藏联合会(WFCC)注册的手续，制订了国家微生物菌种保藏管理条例。今天，曾经由方心芳直接领导的普通微生物菌种保藏中心，已经成为亚洲最大、世界著名的普通微生物菌种保藏中心，用当代最先进的手段保藏着数万株菌种，在我国有关生产领域和微生物学的科研教学中发挥了重要作用。

方心芳在他60多年的科学生涯中，自觉地克服一切困难，为国家、为人民解决实际问题。在选定科研课题时，始终把国家和人民的急需作为他的主要出发点。他在某些重大的课题中做出过自己的贡献，对关系到千家万户日常生活的小问题，也同样兢兢业业去研究。当总结从事工业微生物学研究50年的时候，他的结论是：人民的需要就是方向，国家需要工业微生物学为发展农副产品加工工业服务。需要就是催他出征的战鼓。在他上百篇的著作中，我们可以看到他工作中锲而不舍的钻研精神和百折不挠的毅力。为了祖国的需要，为认识、应用、驾驭和改造微生物付出了毕生的心血。他对我国工业微生物学发展的功绩将常留史册。

任务5-8 微生物生理生化鉴定

工作任务

微生物细胞在酶的催化下进行各种各样的生理生化反应，不同微生物体内的酶系统不同，新陈代谢的类型不同，所以对各种物质利用后所产生的代谢产物也不同。把微生物细胞在一定的条件下进行培养，通过观察生理现象和检查代谢产物，可以了解微生物的代谢过程和代谢特点。因此，可以利用微生物的生理生化反应来测定微生物的代谢产物，来鉴定在形态上难以区别的微生物。微生物的生理生化反应是微生物分类鉴定的重要指标之一。

本任务学习运用微生物生理生化鉴定技术进行微生物鉴定。

工具材料

1. 设备和材料

试管、锥形瓶、滴管、微量移液器、接种环、培养皿、Eppendorf管、枪头、培养箱、超净工作台、高压蒸汽灭菌器、冰箱等。

2. 培养基和试剂

菌种：大肠埃希菌、枯草芽孢杆菌、产气肠杆菌、普通变形杆菌。

培养基：缓冲葡萄糖蛋白胨水、蛋白胨水、柠檬酸盐培养基、葡萄糖发酵培养基、蔗糖发酵培养基、乳糖发酵培养基、淀粉培养基、醋酸铅柱状培养基。

试剂：40% KOH溶液、6%α-萘酚-乙醇溶液、甲基红试剂、乙醚、靛基质试剂、碘液。

培养基和试剂配制详见附录1.3。

知识准备

1. 靛基质试验(吲哚试验)原理

靛基质试验是用来检测吲哚的产生。有些细菌能产生色氨酸酶，氧化分解蛋白胨中的色氨酸生成吲哚和丙酮酸，吲哚无色，但吲哚可与对二甲基氨基苯甲醛结合，生成红色的玫瑰吲哚，产生玫瑰红色的现象，即为靛基质试验阳性反应(用“+”表示)，如果没有产生玫瑰红色的现象，即为靛基质试验阴性反应(用“-”表示)。不是所有的微生物都具有分解色氨酸产生吲哚的能力，因此，靛基质试验可以作为微生物生化的指标。大肠埃希菌靛基质试验反应阳性，产气肠杆菌靛基质试验反应阴性。

如果玫瑰红色不明显，可加入4~5滴乙醚，充分振动，使乙醚分散到培养液中，如果培养液中有吲哚产生，吲哚可溶于乙醚中，再将培养液静置片刻，待乙醚浮到液面形成明显的乙醚层后，再加靛基质试剂，吲哚和靛基质试剂被浓缩，使颜色反应更明显。

2. 甲基红试验(MR试验)原理

甲基红试验是用来检测葡萄糖产生的有机酸。某些微生物在糖代谢过程中，分解葡萄糖产生丙酮酸，丙酮酸进一步被分解为甲酸、乙酸、乳酸、琥珀酸等，使培养基变成酸性，其pH值下降至4.2或更低，使加入培养基中的甲基红指示剂由橘黄色(pH 6.3)变为红色(pH 4.2)，变为红色的现象称为甲基红试验阳性反应(用“+”表示)，如果仍为黄色，则为甲基红试验阴性反应(用“-”表示)。甲基红的变色范围为pH 4.2(红色)~6.3(黄色)。

虽然所有的肠道微生物都能发酵葡萄糖产生有机酸，但通过甲基红试验仍然可以将大肠埃希菌和产气肠杆菌区分出来。二者在培养的早期都产生有机酸，但大肠埃希菌在培养后期仍能维持酸性(pH 4)，而产气肠杆菌则会将有机酸转化为非酸性末端产物，如乙醇、丙酮酸等，使 pH 值由 4 上升至 6，所以，大肠埃希菌为甲基红试验阳性反应，产气肠杆菌为甲基红试验阴性反应。

有些微生物能将新产生的酸进一步转化为中性化合物，如乙酰甲基甲醇、2、3-丁二醇，表现为 V-P 阳性反应。因此，甲基红试验与乙酰甲基甲醇试验对鉴定肠道细菌非常重要。

3. 乙酰甲基甲醇试验(V-P 试验)原理

某些细菌在糖代谢过程中，能分解葡萄糖产生丙酮酸，两个分子丙酮酸经缩合脱羧生成乙酰甲基甲醇。乙酰甲基甲醇在碱性条件下，被空气中的氧气氧化成二乙酰，二乙酰与蛋白胨中精氨酸等胍基化合物的胍基起作用，生成红色化合物，此反应为乙酰甲基甲醇的阳性反应，没有红色化合物产生则为阴性反应。大肠埃希菌和产气肠杆菌都能使葡萄糖产酸、产气，大肠埃希菌所产丙酮酸使培养基呈明显酸性，而产气肠杆菌却能使丙酮酸脱羧，生成中性的乙酰甲基甲醇。在碱性环境中乙酰甲基甲醇被氧化为二乙酰，二乙酰与蛋白胨中的精氨酸所含的胍基结合，生成红色化合物。如果培养基中胍基太少，可加少量含胍基的化合物(如肌酸)，使反应更加明显。在培养基中加入少量的 α-萘酚作为颜色增强剂，可使反应加快。

4. 柠檬酸盐试验原理

柠檬酸盐试验是用来检测柠檬酸盐是否被利用。有些细菌(如产气肠杆菌)能利用柠檬酸钠作为碳源，有些细菌(如大肠埃希菌)不能利用柠檬酸盐。因此，可利用柠檬酸盐试验区分大肠埃希菌和产气肠杆菌。细菌在分解柠檬酸盐及培养基中的磷酸铵(作为氮源)后，产生碱性化合物，使培养基的 pH 值升高，当加入 1%溴麝香草酚蓝指示剂时，培养基由绿色变为蓝色。溴麝香草酚蓝指示剂的变色范围 pH 6.0(黄色)~7.6(蓝色)，过渡颜色是绿色，pH 6.0 以下呈黄色，pH 6.0~7.0 呈绿色，pH 7.6 以上呈蓝色。柠檬酸盐试验反应培养基由绿色变为蓝色，即为阳性反应(用“+”表示)，表明柠檬酸盐被利用；培养基仍呈绿色，即为阴性反应(用“-”表示)，表明柠檬酸盐没有被利用。产气肠杆菌为阳性反应，大肠埃希菌为阴性反应。

5. 糖发酵试验原理

细菌具有分解不同糖类、醇类、苷类的酶，因而分解各种糖类、醇类、苷类的能力不同。常用于鉴定细菌糖发酵能力的单糖有葡萄糖、果糖、木糖、半乳糖、甘露糖等；双糖有蔗糖、麦芽糖、乳糖等；多糖有淀粉、糊精、棉子糖等；醇类有甘露醇、肌醇、甘油等；苷类有水杨苷、松柏苷等。

根据细菌分解利用糖能力的差异表现出来的是否产酸、产气作为鉴定菌种的依据。鉴定细菌是否产酸，可以在糖发酵培养基中加入溴甲酚紫指示剂(即B. C. P指示剂)或溴麝香草酚蓝指示剂。溴甲酚紫指示剂的变色范围pH 5.2(黄色)~6.8(紫色)，即pH 5.2以下呈黄色，pH 6.8以上呈紫色，由紫色遇酸变黄色；溴麝香草酚蓝指示剂的变色范围pH 6.0(黄色)~7.6(蓝色)，即pH 6.0以下呈黄色，pH 7.6以上呈蓝色，由蓝色遇酸变黄色。经培养后，根据指示剂的颜色变化来判断培养液的酸碱性。鉴定细菌是否产气，可以在糖发酵培养基中放入倒置的杜氏小管观察是否有气体产生。如果细菌能分解糖产酸，即为阳性反应(用“+”表示)；不能分解糖不产酸，即为阴性反应(用“-”表示)。细菌能分解糖产酸并产气，即为阳性反应(用“⊕”表示)；不能分解糖不产气即为阴性反应(用“⊖”表示)。

6. 淀粉水解试验原理

淀粉水解试验是测定淀粉是否被水解。有些微生物可产生淀粉酶，将淀粉分解成麦芽糖和葡萄糖，再被微生物作为碳源利用。例如，根霉、曲霉可产生葡萄糖淀粉酶，巨大芽孢杆菌可产生β-淀粉酶，枯草芽孢杆菌可产生α-淀粉酶。淀粉水解后，遇碘不再变蓝色，在平板上形成无色透明圈(或液体培养基不变色)；而有些细菌，如大肠埃希菌，则不能水解淀粉，不形成透明圈，平板或液体培养基呈蓝色。

7. 硫化氢试验原理

硫化氢试验是检测硫化氢的产生，也是用于肠道细菌检查的常用生化试验。某些微生物能产生脱氨酶，使含硫氨基酸(如胱氨酸、半胱氨酸、甲硫氨酸等)脱去氨基，产生硫化氢气体，在培养基中加入柠檬酸铁铵或醋酸铅，硫化氢与培养基中的铅盐或铁盐作用，生成黑色的硫化铅或硫化亚铁沉淀物，此现象称为硫化氢试验阳性反应。如果没有黑色沉淀物产生，即为硫化氢试验阴性反应。产气肠杆菌为硫化氢试验阳性，大肠埃希菌为硫化氢试验阴性。

该试验采取穿刺接种方法，因为醋酸铅培养基中的硫代硫酸钠为还原剂，能保持还原环境，使硫化氢不至于被氧化。如果所供给的氧气能满足细胞代谢，就不会产生硫化氢。因此，此试验不能采用通气过多的培养方式，如斜面培养。

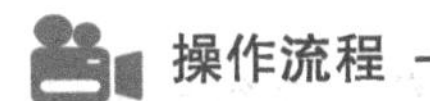
操作流程

1. 靛基质试验

(1)制备蛋白胨水培养基，装入试管中，每管10mL。
(2)配制靛基质试剂。
(3)制备大肠埃希菌和产气肠杆菌的斜面培养物。

(4)取蛋白胨水培养基9管，留3管做对照(不接菌)，其余6管分2组分别接种大肠埃希菌和产气肠杆菌，每组接种3管。

(5)将以上9管蛋白胨、水培养基置于37℃恒温箱内培养。

(6)培养2~5d后取出，在每管培养液中加入4~5滴乙醚，充分振动，再静置1~3min，使乙醚层浮在培养液的上面。

(7)沿管壁缓慢加入5~10滴靛基质试剂，如果乙醚层与培养液界面出现红色环状物，即为靛基质试验阳性，否则为靛基质试验阴性。注意：加入靛基质试剂后不可再振动，以防止破坏乙醚层，影响观察结果。将靛基质试验反应结果记录在表5-8-1中。

表5-8-1 靛基质试验反应结果

菌 名	靛基质试验反应结果	
	2d	5d
大肠埃希菌1		
大肠埃希菌2		
大肠埃希菌3		
产气肠杆菌1		
产气肠杆菌2		
产气肠杆菌3		
空白对照1		
空白对照2		
空白对照3		

注：阳性反应用“+”表示，阴性反应用“-”表示。

2. 甲基红试验

(1)制备缓冲葡萄糖蛋白胨水培养基，装入试管中，每管10mL。

(2)配制甲基红试剂。

(3)制备大肠埃希菌和产气肠杆菌的斜面培养物。

(4)取葡萄糖蛋白胨水培养基9管，留3管做对照(不接菌)，其余6管分2组分别接种大肠埃希菌和产气肠杆菌，每组接种3管。

(5)将以上9管葡萄糖蛋白胨水培养基置于37℃恒温箱内培养。

(6)培养2~5d后取出，每管加入甲基红试剂1~3滴，注意沿管壁慢慢加入，不要加太多，以免出现假阳性。仔细观察培养液上层，如果培养液上层变为红色，即为甲基红试验阳性；如果仍为黄色，则为甲基红试验阴性。将甲基红试验反应结果记录在表5-8-2中。

表 5-8-2 甲基红试验反应结果

菌　名	甲基红试验反应结果	
	2d	5d
大肠埃希菌 1		
大肠埃希菌 2		
大肠埃希菌 3		
产气肠杆菌 1		
产气肠杆菌 2		
产气肠杆菌 3		
空白对照 1		
空白对照 2		
空白对照 3		

注：阳性反应用“+”表示，阴性反应用“-”表示。

3. 乙酰甲基甲醇试验(V-P 试验)

(1)制备缓冲葡萄糖蛋白胨水培养基，装入试管中，灭菌。

(2)制备大肠埃希菌、枯草芽孢杆菌和产气肠杆菌的斜面培养物。

(3)取缓冲葡萄糖蛋白胨水培养基 12 管，留 3 管做对照(不接菌)，其余 9 管分 3 组别接种大肠埃希菌、枯草芽孢杆菌和产气肠杆菌，每组接种 3 管。

(4)将以上 12 管缓冲葡萄糖蛋白胨水培养基置于 37℃恒温箱内培养。

(5)培养 2~7d 后取出，每管加入 40%KOH 溶液 10~20 滴，摇匀，再加入等量的 6%α-萘酚-乙醇溶液，拔去管塞用力振动，以使空气中的氧气溶入，如果需要还可在试管中加入微量肌酸(用牙签挑入 0.5~1mg)，再将试管放在 37℃恒温箱内保温培养 15~30min(或在沸水浴中加热 1~2min)后，如果培养液出现红色，此反应即为 V-P 试验阳性(用“+”表示)；如果不呈红色，则为 V-P 试验阴性(用“-”表示)。V-P 试验反应结果记录在表 5-8-3 中。

表 5-8-3 V-P 试验反应结果

菌　名	V-P 试验反应结果		
	2d	4d	7d
大肠埃希菌 1			
大肠埃希菌 2			
大肠埃希菌 3			
枯草芽孢杆菌 1			

（续）

菌　名	V-P 试验反应结果		
	2d	4d	7d
枯草芽孢杆菌 2			
枯草芽孢杆菌 3			
产气肠杆菌 1			
产气肠杆菌 2			
产气肠杆菌 3			
空白对照 1			
空白对照 2			
空白对照 3			

注：阳性反应用“+”表示，阴性反应用“-”表示。

4. 柠檬酸盐试验

(1)制备柠檬酸盐斜面培养基。

(2)制备菌种：制备大肠埃希菌、产气肠杆菌、枯草芽孢杆菌的斜面培养物。

(3)取柠檬酸盐斜面培养基 12 管，留 3 管做对照(不接菌)，其余 9 管分 3 组分别接种大肠埃希菌、产气肠杆菌和枯草芽孢杆菌，每组接种 3 管。

(4)将以上 12 管柠檬酸盐斜面培养基置于 37℃恒温箱内培养 2~5d。

(5)观察记录，如果柠檬酸盐斜面培养基上有细菌生长，并且培养基由绿色变为蓝色，即为阳性反应(用“+”表示)；如果培养基仍呈绿色，即为阴性反应(用“-”表示)。将柠檬酸盐试验反应结果记录在表 5-8-4 中。

表 5-8-4　柠檬酸盐试验反应结果

菌　名	柠檬酸盐试验反应结果			
	2d	3d	4d	5d
大肠埃希菌 1				
大肠埃希菌 2				
大肠埃希菌 3				
产气肠杆菌 1				
产气肠杆菌 2				
产气肠杆菌 3				
枯草芽孢杆菌 1				
枯草芽孢杆菌 2				
枯草芽孢杆菌 3				

（续）

菌　名	柠檬酸盐试验反应结果			
	2d	3d	4d	5d
空白对照 1				
空白对照 2				
空白对照 3				

注：阳性反应用“+”表示，阴性反应用“-”表示。

5. 糖发酵试验

(1)制备糖发酵培养基：分别配制葡萄糖、蔗糖、乳糖发酵培养基。在以上 3 种糖发酵培养基中放入倒置的杜氏小管。

(2)制备菌种：制备大肠埃希菌、产气肠杆菌、普通变形杆菌的斜面培养物。

(3)试管标记：分别取葡萄糖、蔗糖、乳糖发酵培养基各 4 管，将每种糖发酵培养基的 4 支试管分别标记大肠埃希菌、产气肠杆菌、普通变形杆菌和空白对照。

(4)接种培养：在无菌操作下，分别挑取少量大肠埃希菌、产气肠杆菌、普通变形杆菌的斜面菌种，接种到以上对应的糖发酵培养基试管中，空白对照不接菌。然后置于 37℃恒温箱内培养 2~3d，如果反应迟缓需培养 14~30d。

(5)观察记录：如果培养液保持原有颜色，即为阴性反应，表明该细菌不能分解该种糖类(用“-”表示)；如果培养液变为黄色，即为阳性反应，表明该细菌能分解该种糖类(用“+”表示)。如果培养液中杜氏小管内有气泡，即为阳性反应，表明该细菌能分解该种糖类产酸并产气(用“⊕”表示)；如果杜氏小管内没有气泡，即为阴性反应，表明该细菌不能分解该种糖类不产气(用“⊖”表示)。将糖发酵试验反应结果记录在表 5-8-5 中。

表 5-8-5　糖发酵试验反应结果

糖发酵培养基	菌　名	糖发酵试验反应结果		
		1d	2d	3d
葡萄糖发酵培养基	大肠埃希菌			
	产气肠杆菌			
	普通变形杆菌			
	空白对照			
蔗糖发酵培养基	大肠埃希菌			
	产气肠杆菌			
	普通变形杆菌			
	空白对照			

（续）

糖发酵培养基	菌　名	糖发酵试验反应结果		
		1d	2d	3d
乳糖发酵培养基	大肠埃希菌			
	产气肠杆菌			
	普通变形杆菌			
	空白对照			

注：产酸的阳性反应用“+”表示，不产酸的阴性反应用“-”表示；产气的阳性反应用“⊕”表示，不产气的阴性反应用“⊖”表示。

6. 淀粉水解试验

(1)制备淀粉培养基。

(2)配制碘液。

(3)制备菌种：制备大肠埃希菌、产气肠杆菌、枯草芽孢杆菌的斜面培养物。

(4)制备淀粉平板培养基：在水浴锅中将淀粉培养基熔化，待冷却至约46℃，在无菌操作下倒入无菌培养皿中，每皿15~20mL，待其凝固，即为淀粉平板培养基。如果平板培养基表面潮湿，可置于55℃温箱中，20min后取出接种。

(5)接种：取9个淀粉平板培养基，分3组分别接种大肠埃希菌、产气肠杆菌和枯草芽孢杆菌，每组接种3个平板。

(6)培养：将以上9个平板倒置于30℃恒温箱内培养2~5d。

(7)观察结果：当平板上出现菌落后，取出，在菌落上滴加碘液，使其布满菌落表面。10min后，观察菌落周围是否仍呈蓝色。有水解淀粉能力的细菌，在菌落周围出现无色透明圈，说明淀粉已被细菌分解；透明圈越大，说明淀粉酶活性越强。没有水解淀粉能力的细菌，整个菌落表面均为蓝色。将淀粉水解试验反应结果记录在表5-8-6中。此方法仅可作为定性或半定量的对比试验。

表5-8-6　淀粉水解试验反应结果

菌　名	淀粉水解试验反应结果			
	2d	3d	4d	5d
大肠埃希菌1				
大肠埃希菌2				
大肠埃希菌3				
产气肠杆菌1				
产气肠杆菌2				
产气肠杆菌3				

（续）

菌　名	淀粉水解试验反应结果			
	2d	3d	4d	5d
枯草芽孢杆菌 1				
枯草芽孢杆菌 2				
枯草芽孢杆菌 3				

7. 硫化氢试验

（1）制备醋酸铅柱状培养基。

（2）制备大肠埃希菌、产气肠杆菌的斜面培养物。

（3）取 9 管醋酸铅柱状培养基，留 3 管做对照（不接菌），其余 6 管分 2 组分别接种大肠埃希菌和产气肠杆菌，并采取穿刺接种方法，每组接种 3 管，再用凡士林封住管口。

（4）将以上 9 管醋酸铅柱状培养基置于 37℃恒温箱内培养 2~5d。

（5）每天观察记录，如果穿刺线周围变黑，即为阳性反应，不变者为阴性反应。硫化氢试验反应结果记录在表 5-8-7 中。

表 5-8-7　硫化氢试验反应结果

菌　名	硫化氢试验反应结果			
	2d	3d	4d	5d
大肠埃希菌 1				
大肠埃希菌 2				
大肠埃希菌 3				
产气肠杆菌 1				
产气肠杆菌 2				
产气肠杆菌 3				
空白对照 1				
空白对照 2				
空白对照 3				

注：阳性反应用“+”表示，阴性反应用“-”表示。

注意事项

（1）严格按照纯培养操作技术要求进行微生物鉴定试验，避免外源微生物的污染，影响试验结果。

（2）试验样品做好标记，避免出现混淆。

（3）如果空白对照出现微生物生长现象，则试验结果无效。

考核评价

微生物鉴定技术评分标准

内容	分值	评分细则	评分标准	得分
微生物的鉴定技术	5	是否严格按照纯培养技术进行操作	纯培养操作前，超净工作台开启紫外线灯照射30min以上；纯培养操作过程中，动作流畅，规范严格，操作步骤没有遗漏	
	4	是否得到正确试验结果	检验样品能够得到正确的阳性和阴性结果，空白对照无污染	
	1	是否台面清洁干净	台面干净整洁，无废弃物残留，器皿及时刷洗	
合　计				
考核教师签字：				

知识拓展

微生物的分类鉴定

1. 微生物分类鉴定的依据

微生物分类鉴定的主要依据是形态学特征、生理生化反应特征、生态学特征、血清学反应、生活史及对噬菌体的敏感性等。在鉴定时，我们把这些依据作为鉴定项目，进行一系列的观察和鉴定工作。

1)形态学特征

(1)细胞形态：在显微镜下观察细胞外形大小、形状、排列等，细胞构造，革兰染色反应，能否运动，鞭毛着生部位和数目，有无芽孢和荚膜、芽孢的大小和位置，放线菌和真菌的繁殖器官的形状、构造，孢子的数目、形状、大小、颜色和表面特征等。

(2)群体形态：在一定的固体培养基上生长的菌落特征，包括外形、大小、光泽、黏稠度、透明度、边缘、隆起情况、正反面颜色、质地、气味、是否分泌水溶性色素等；在一定的斜面培养基上生长的菌苔特征，包括生长程度、形状、边缘、隆起、颜色等；在半固体培养基上经穿刺接种后的生长情况；在液体培养基中生长情况，包括是否产生菌膜，均匀浑浊还是发生沉淀，有无气泡，培养基的颜色等，如是酵母菌，还要注意是成醭状、环状还是岛状。

2)生理生化特征

(1)利用物质的能力：包括对各种碳源利用的能力(能否以 CO_2 为唯一碳源、各种糖类的利用情况等)、对各种氮源的利用能力(能否固氮、硝酸盐和铵盐利用情况等)、能源的要求(光能还是化能、氧化无机物还是氧化有机物等)、对生长因子的要求(是否需要生长因子以及需要什么生长因子等)。

(2)代谢产物的特殊性：这方面的鉴定项目非常多，如是否产生 H_2S、吲哚、CO_2、醇、有机酸，能否还原硝酸盐，能否使牛奶凝固、冻化等。

(3)与温度和氧气的关系：测出适合某种微生物生长的温度范围以及它的最适生长温度、最低生长温度和最高生长温度。对氧气的关系，看它是好氧、微量好氧、兼性好氧、耐氧还是专性厌氧。

3)生态学特征

生态学特征主要包括它与其他生物之间的关系(是寄生还是共生，寄主范围以及致病的情况)、在自然界的分布情况(pH 值情况、水分程度等)、渗透压情况(是否耐高渗、是否有嗜盐性等)。

4)血清学反应

很多细菌有十分相似的外表结构(如鞭毛)或有作用相同的酶(如乳酸杆菌属内各种细菌都有乳酸脱氢酶)。虽然它们的蛋白质分子结构各异，但在普通技术下(如电子显微镜或生化反应)，仍无法分辨它们。然而，利用抗原与抗体的高度敏感特异性反应，就可用来鉴别相似的菌种，或对同种微生物分型。

用已知菌种、菌型或菌株制成的抗血清，与待鉴定的对象是否发生特异性的血清学反应来鉴定未知菌种、菌型或菌株。

该法常用于肠道菌、噬菌体和病毒的分类鉴定。利用此法，已将伤寒杆菌、肺炎链球菌等菌分成数十种菌型。

5)生活史

生物的个体在一生的生长繁殖过程中，经过不同的发育阶段。这种过程对特定的生物来讲是重复循环的，常称为该种生物的生活史或生活周期。

各种生物都有自己的生活史。在分类鉴定中，生活史有时也是一项指标，如黏细菌就是以它的生活史作为分类鉴定的依据。

6)对噬菌体的敏感性

与血清学反应相似，各种噬菌体有其严格的宿主范围。利用这一特性，可以用某一已知的特异性噬菌体鉴定其相应的宿主，反之亦然。

2. 微生物分类鉴定的方法

1)经典分类法

经典分类法是微生物的传统分类方法。主要根据微生物的形态特征、培养特性和生理生化特性进行分类，并在分类中将特征分为主次地位，一般将结构和形态特征作为初步分类的主要特征，然后采用双歧法进行整理得到分类结果，排列出一个个分类群。经典分类法是目前应用最广泛的分类方法。

2)数值分类法

数值分类法是根据较多的特征进行分类，一般为 50 个特征以上，每个特征的地位不分主次，完全等同，通常以生理生化特性、生态特性等为依据，将所测菌株两两比较，用计算机算出菌株间的总类似值，再结合主观上的判断(如类似程度大于 85%者为同种，大于 65%者为同属等)，排列出一个个分类群。一般认为数值分类法具有较多优点，所得结果偏向少，提供的分类群较稳定。但也有人认为数值分类法不突出主要矛盾，因此提出了加权因子的计算方法。

3)化学分类法

随着气相色谱、高效液相色谱、质谱和核磁共振等新技术的应用，为微生物分类提供了新的方法。化学分类法主要是应用上述方法，测定和分析微生物细胞中的化学成分和结构，用计算机处理所测结果，并加以比较分析而进行分类。

4)遗传分类法

遗传分类法主要是从遗传学角度评估微生物间的亲缘关系。以(C+G)%和不同来源DNA之间碱基顺序的类似程度及同源性为依据，排列出一个个分类群。遗传分类法可能是最根本的分类方法，但在分法和技术以及发现规律性方面，仍有待进一步研究。

项目小结

本项目主要介绍了8个食品微生物检验技术必备的基本操作技能，即玻璃器皿的清洗、包扎技术和干热灭菌；培养基配制过程及灭菌；显微镜的使用与维护；细菌简单染色和革兰染色；运用目镜测微尺和镜台测微尺进行微生物细胞大小的测定；运用血球计数板进行微生物个数的计数；利用纯培养技术进行菌种纯化分离培养；利用纯培养技术进行菌种保藏；微生物生理生化鉴定技术。这些基本操作技能是食品微生物检验技术的基础，关系到食品微生物检验结果的准确性，熟练掌握这些操作技能是食品微生物检验人员必须达到的技能水平。

自测练习

一、单选题

1. 干热灭菌法要求的温度和时间为(　　)。

A. 105~170℃，2h　　B. 121℃，30min

C. 160~170℃，1~2h　　D. 160~180℃，2h

2. 新购进的玻璃器皿应放入(　　)溶液中浸泡数小时，以除去游离的碱性物质。

A. 2%盐酸　　B. 5%盐酸　　C. 3%~5%来苏尔　　D. 0.25%新洁尔

3. 干热灭菌时，物品不要摆得太挤，一般不能超过烘箱总容量的(　　)。

A. 1/3　　B. 2/3　　C. 3/4　　D. 4/5

4. 高压蒸汽灭菌要求的温度和时间为(　　)。

A. 105~170℃，2h　　B. 121℃，15~30min

C. 160~170℃，1~2h　　D. 100℃，15~30min

5. 制备培养基的最常用的凝固剂为(　　)。

A. 硅胶　　B. 明胶　　C. 琼脂　　D. 纤维素

6. 固体培养基中，琼脂使用浓度为(　　)。

A. 0　　B. 0.2%~0.7%　　C. 1.5%~2.0%　　D. 5%

7. 细菌生长的最适pH值为(　　)。

A. 7.0~7.2　　B. 7.0~8.0　　C. 7.5~8.5　　D. 3.8~6.0

8. 下列物品中最适合高压蒸汽灭菌的是(　　)。

A. 培养皿　　B. 培养基　　C. 接菌环　　D. 血清

9. 革兰染色的关键操作步骤是(　　)。

A. 结晶紫染色　　B. 碘液媒染　　C. 乙醇脱色　　D. 复染

10. 革兰染色操作步骤正确的是(　　)。

A. ①媒染 ②制片 ③初染 ④复染 ⑤镜检 ⑥脱色

B. ①制片 ②初染 ③媒染 ④脱色 ⑤复染 ⑥镜检

C. ①制片 ②媒染 ③初染 ④脱色 ⑤复染 ⑥镜检

D. ①制片 ②复染 ③初染 ④脱色 ⑤媒染 ⑥镜检

11. 表示微生物大小的常用单位是(　　)。

A. mm　　B. μm　　C. cm　　D. nm

12. 革兰染色结果中，革兰阳性菌应为(　　)。

A. 无色　　B. 红色　　C. 紫色　　D. 黄色

13. 平板划线接种细菌时，常用的接种工具是(　　)。

A. 接种环　　B. 接种铲　　C. 滴管　　D. 玻璃涂棒

14. 在培养基的配制过程中，有如下步骤：①熔化，②调 pH 值，③加棉塞，④包扎，⑤培养基的分装，⑥称量，其正确的顺序为(　　)。

A. ①②⑥⑤③④　　B. ⑥①②⑤③④　　C. ⑥①②⑤④③　　D. ①②⑤④⑥③

二、判断题

1. G^+细菌的细胞壁主要是由肽聚糖形成的网状结构组成，壁厚、类脂质含量较低。(　　)

2. 乙醇脱色是革兰染色操作的关键环节。如脱色过度，则 G^+菌被误染成 G^-菌；而脱色不足，G^-菌被误染成 G^+菌。(　　)

3. 干燥箱箱内温度未降到 60℃以前，切勿自行打开箱门，以免玻璃器皿炸裂。(　　)

4. 灭菌温度可以超过 170℃。(　　)

5. 显微镜的放大倍数越高，其视野面积越大。(　　)

6. 乙醇消毒的最佳浓度为 95%。(　　)

模块三

食品微生物检验综合技术训练

项目6 食品安全细菌学检验技术训练

食品从原料加工到成品包装都可能受到环境中微生物的污染，如不加以控制，就可能导致食物中毒，危害人们的身体健康。为了保障食品安全，食品安全国家标准中制定了菌落总数、大肠菌群、致病菌等检验指标，从微生物学的角度，指示食品的安全程度。本项目主要学习食品安全细菌学检验中菌落总数和大肠菌群指标的检验，方法主要参考现行的食品安全国家标准中的第一法。

学习目标

知识目标

1. 理解食品安全细菌学检验的原理和意义。
2. 掌握食品安全细菌学检验的程序。
3. 掌握食品安全细菌学检验的注意事项。

技能目标

1. 能够熟练进行食品中菌落总数测定和大肠菌群计数的操作。
2. 能够正确进行食品中菌落总数测定和大肠菌群计数的计算和报告。
3. 能够根据样品的食品安全细菌学检验结果，对实际生产提出指导建议。

素质目标

1. 培养实事求是、求真务实的学习和工作态度。
2. 培养严谨、踏实、规范的职业态度。
3. 培养团队合作意识与纪律意识。

任务6-1 食品菌落总数测定

工作任务

菌落总数采用测定微生物活体数量的方法。它是通过将样品制成均匀的一系列不同稀释度的稀释液，再取一定量的稀释液接种，使其均匀分布于培养皿中特定的培养基内，最后根据在平板上长出的菌落数计算出每克(毫升)样品中的活菌数量。

本任务依照《食品安全国家标准　食品微生物学检验　菌落总数测定》(GB 4789.2—2022)学习食品中菌落总数的检验。

1. 设备和材料

除微生物实验室常规灭菌及培养设备外，其他设备和材料如下：

恒温培养箱(36℃±1℃，30℃±1℃)、冰箱(2~5℃)、恒温装置(48℃±2℃)、天平(感量0.1g)、均质器、振荡器、放大镜或/和菌落计数器、pH计或pH比色管或精密pH试纸。

无菌吸管(1mL，具0.01mL刻度；10mL，具0.1mL刻度)或微量移液器及吸头、无菌锥形瓶(250mL、500mL)、无菌培养皿(直径90mm)、无菌试管。

酒精灯、试管架、剪刀、镊子、记号笔等。

2. 培养基和试剂

平板计数琼脂培养基、磷酸盐缓冲液、无菌生理盐水。培养基及试剂配方详见附录1.4 A。

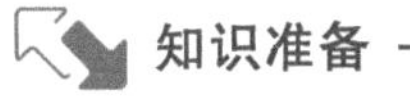

1. 术语和定义

细菌菌落是指由单个微生物细胞或同种细胞在适宜固体培养基表面或内部生长繁殖到一定程度，形成以母细胞为中心的一团肉眼可见的、有一定形态、构造等特征的子细胞集团。如果控制接种量，在一定条件下培养后，不同菌种就会形成形状、大小、表面状态和边缘形状等各不相同的菌落。因此，菌落是菌种鉴别的重要指标。

菌落总数是指食品检样经过处理，在一定条件下(如培养基、培养温度和培养时间等)培养后，所得每克(毫升)检样中形成的微生物菌落总数。

食品有可能被多种不同的微生物所污染，每种微生物都有一定的生理特性，培养时应用不同的营养条件去满足其要求，才能分别将各种微生物培养出来。这样的工作量无疑是巨大的，因此，在实际工作中，我们只按照国家标准进行测定，即报告在需氧情况下，36℃±1℃或30℃±1℃下培养48h±2h或72h±3h能在平板计数培养基上生长的菌落总数。厌氧或微需氧菌、有特殊营养要求的，以及非嗜氧中温的微生物，由于培养条件不能满足其生理需求，故难以繁殖生长。因此，菌落总数并不表示实际的所有微生物的总数，也不能区分其中细菌的种类，所以有时被称为杂菌数或需氧菌数等。

2. 食品中菌落总数测定的意义

食品中菌落总数越多，则食品腐败变质的速度就越快，甚至可引起食用者的不良反应。因此，菌落总数的测定对食品安全有着重要的意义。

1)作为判定食品被污染程度的指标

菌落总数反映了食品本身的新鲜程度以及食品在生产、贮存、运输、销售过程中的卫生状况。

如果食品中菌落总数多于 10^5，就足以引起细菌性食物中毒；如果人的感官能觉察食品因细菌的繁殖而发生变质时，细菌数已达到 $10^6 \sim 10^7$。但不能单凭菌落总数一项指标来评定食品卫生质量的优劣，必须配合大肠菌群和致病菌的检验，才能对食品做出比较全面、准确的评价。

2)用来预测食品存放的期限

用菌落总数测定的方法，可以观察微生物在食品中繁殖的动态，确定食品的保存期。在一定条件下，菌落总数越多，食品的存放期限就越短。

3)反应污染致病菌的概率

从食品卫生观点来看，食品中菌落总数越多，说明食品质量越差，即致病菌污染的可能性越大；当菌落总数少时，则致病菌污染的可能性就会降低，或者几乎不存在。

1. 检验程序

菌落总数的检验程序如图 6-1-1 所示。

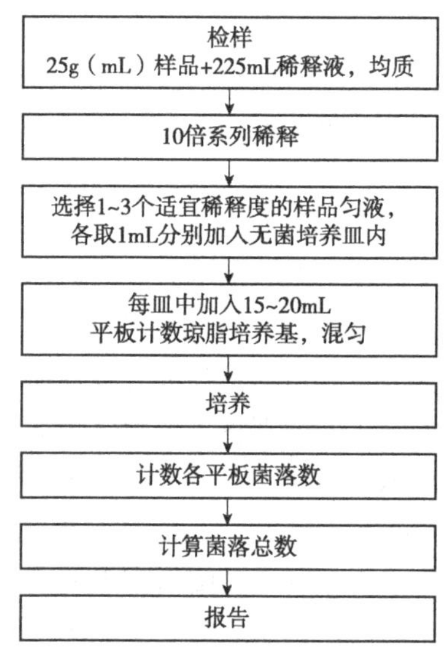

图 6-1-1　菌落总数的检验程序

2. 操作步骤

1）样品的稀释与接种

（1）固体和半固体样品：称取25g样品置盛有225mL磷酸盐缓冲液或生理盐水的无菌均质杯内，8000～10 000r/min均质1～2min，或放入盛有225mL稀释液的无菌均质袋中，用拍击式均质器拍打1～2min，制成1∶10的样品匀液。

（2）液体样品：以无菌吸管吸取25mL样品置盛有225mL磷酸盐缓冲液或生理盐水的无菌锥形瓶（瓶内预置适当数量的无菌玻璃珠）中，充分混匀，制成1∶10的样品匀液；或放入盛有225mL稀释液的无菌均质袋中，用拍击式均质器拍打1～2min，制成1∶10的样品匀液。当结果要求为每克样品中菌落总数时，按（1）操作。

（3）用1mL无菌吸管或微量移液器吸取1∶10的样品匀液1mL，沿管壁缓缓注入9mL稀释液的无菌试管中（注意吸管或吸头尖端不要触及稀释液面），在振荡器上振荡混匀，制成1∶100的样品匀液。

（4）按上述操作，制备10倍系列稀释样品匀液。每递增稀释一次，换用1支1mL无菌吸管或吸头。

（5）根据对样品污染状况的估计，选择1～3个适宜稀释度的样品匀液（液体样品可包括原液），取1mL样品匀液于无菌培养皿内，每个稀释度做2个培养皿。同时，分别吸取1mL空白稀释液加入2个无菌培养皿内做空白对照。

（6）及时将15～20mL冷却至46～50℃的平板计数琼脂培养基（可放置于48℃±2℃恒温装置中保温）倾注平皿，并转动培养皿使其混合均匀。

2）培养

（1）水平放置待琼脂凝固后，将平板翻转，36℃±1℃培养48h±2h。水产品30℃±1℃培养72h±3h。如果样品中可能含有在琼脂培养基表面蔓延生长的菌落，可在凝固后的琼脂培养基表面覆盖一薄层平板计数琼脂培养基（约4mL），凝固后翻转平板，进行培养。

（2）如使用菌落总数测试片，应按照测试片所提供的相关技术规程操作。

3）菌落计数

（1）可用肉眼观察，必要时用放大镜或菌落计数器，记录稀释倍数和相应的菌落数量。菌落计数以菌落形成单位（colony forming unit，CFU）表示。

（2）选取菌落数在30～300CFU、无蔓延菌落生长的平板计数菌落总数。低于30CFU的平板记录具体菌落数，大于300CFU的可记录为多不可计。

（3）其中一个平板有较大片状菌落生长时，则不宜采用，而应以无较大片状菌落生长的平板作为该稀释度的菌落数；若片状菌落不到平板的一半，而其余一半中菌落分布又很均匀，可计算半个平板后乘以2，代表一个平板菌落数。

（4）当平板上出现菌落间无明显界线的链状生长时，则将每条单链作为一个菌落计数。

3. 结果与报告

1)菌落总数的计算方法

菌落总数的计算要按照以下 6 个原则。

(1)若只有一个稀释度平板上的菌落数在适宜计数范围内，计算两个平板菌落数的平均值，再将平均值乘以相应稀释倍数，作为每克(毫升)样品中菌落总数的结果。

例题：

稀释度	1∶10	1∶100	1∶1000
菌落数/CFU	多不可计，多不可计	124，138	11，14

$$N=\frac{124+138}{2}\times100=1.3\times10^{4}$$

(2)若有两个连续稀释度的平板菌落数在适宜计数范围内时，要按下式计算：

$$N=\frac{\sum C}{(n_1+0.1n_2)d}$$

式中　N——样品中菌落数；

$\sum C$——平板(含适宜范围菌落数的平板)菌落数之和；

n_1——第一稀释度(低稀释倍数)平板个数；

n_2——第二稀释度(高稀释倍数)平板个数；

d——稀释因子(第一稀释度)；

0.1——计算系数。

例题：

稀释度	1∶100(第一稀释度)	1∶1000(第二稀释度)
菌落数/CFU	232，244	33，35

$$N=\frac{\sum C}{(n_1+0.1n_2)d}=\frac{232+244+33+35}{[2+(0.1\times2)]\times10^{-2}}=\frac{544}{0.022}=2.5\times10^{4}$$

上述数字修约后，表示为 25 000 或 2.5×10^{4}。

(3)若所有稀释度的平板上菌落数均大于 300CFU，则对稀释度最高的平板进行计数，其他平板可记录为多不可计，结果按平均菌落数乘以最高稀释倍数计算。

例题：

稀释度	1∶10	1∶100	1∶1000
菌落数/CFU	多不可计，多不可计	多不可计，多不可计	442，420

$$N=\frac{442+420}{2}\times1000=4.3\times10^{5}$$

(4)若所有稀释度的平板菌落数均小于30CFU，则应按稀释度最低的平均菌落数乘以稀释倍数计算。

例题：

稀释度	1∶10	1∶100	1∶1000
菌落数/CFU	14，15	1，0	0，0

$$N=\frac{14+15}{2}\times 10=1.5\times 10^{2}$$

(5)若所有稀释度(包括液体样品原液)平板均无菌落生长，则以小于1乘以最低稀释倍数计算。

例题：

稀释度	1∶10	1∶100	1∶1000
菌落数/CFU	0，0	0，0	0，0

$$N<10$$

(6)若所有稀释度的平板菌落数均不在30～300CFU，其中一部分小于30CFU或大于300CFU时，则以最接近30CFU或300CFU的平均菌落数乘以稀释倍数计算。

例题：

稀释度	1∶10	1∶100	1∶1000
菌落数/CFU	312，306	14，19	2，4

$$N=\frac{312+306}{2}\times 10=3.1\times 10^{3}$$

菌落总数检验原始数据记录报告单见表6-1-1所列。

表6-1-1　菌落总数检验原始数据记录报告单

送检单位			样品名称	
生产单位			生产日期	
检验日期			检验依据	
检验项目				
培养基				
稀释倍数				
菌落计数				
菌落总数				
结果报告				
检验员			复检	
备注				

2)菌落总数的报告

(1)菌落数小于100CFU时,按“四舍五入”原则修约,以整数报告。

(2)菌落数大于或等于100CFU时,第三位数字采用“四舍五入”原则修约后,采用两位有效数字,后面用0代替位数;也可用10的指数形式来表示,按“四舍五入”原则修约后,采用两位有效数字。

(3)若空白对照上有菌落生长,则此次检验结果无效。

(4)称重取样以CFU/g为单位报告,体积取样以CFU/mL为单位报告。

注意事项

(1)必须做空白对照。空白对照是用来监测培养基、平皿、稀释液的无菌程度,如果培养结束后,空白对照有菌落生长现象,则说明检验过程出现问题,结果不可取。

(2)水浴和倾注温度为48℃±2℃,这是为了控制培养基的温度适合马上制平板。培养基温度过高,则会杀死样品中的微生物;培养基温度过低,则会导致尚未倾注完平皿,培养基就会凝固。

(3)不同样品,培养条件稍有不同:一般样品在36℃±1℃培养48h±2h;水产品指原生态、未加工水产品,要在30℃±1℃下培养72h±3h。

(4)如样品中可能含有在琼脂表面蔓延生长的菌落,可在凝固后的琼脂表面再覆盖一层约4mL的琼脂培养基。

(5)整个检验操作过程要快速完成,从而降低操作过程染杂菌的可能性。

考核评价

菌落总数测定的评分标准

内容	分值	评分细则	评分标准	得分
稀释样品	1	无菌操作	用酒精棉球对手、操作台面和样品开口处正确进行擦拭消毒	
	1	吸管使用	正确打开包装;正确握持吸管;垂直调节液面;放液时吸管尖端不触及液面	
	1	稀释样品	系列稀释顺序正确;稀释时能混合均匀;每变化一个稀释倍数能更换吸管	
	1	试管操作	开塞、盖塞动作熟练;开塞后、盖塞前管口灭菌;试管持法得当	
倾注培养	1	稀释度的选择	选择1~3个适宜的稀释度	
	1	放液与倾注培养基	平皿持法得当;吸管正确放液;锥形瓶中培养基正确倾注于平皿内;正确混匀	
	1	培养	培养条件符合标准	

（续）

内容	分值	评分细则	评分标准	得分
菌落计数与报告	1	菌落计数与计算	能正确选择含有30～300CFU、无蔓延菌落的平皿准确计数；根据菌落数特点，准确进行菌落总数计算	
	1	撰写报告	报告结果规范、正确	
	1	物品的整理归位	台面整理干净，物品正确归位、无破损	
合　计				
考核教师签字：				

名人讲堂

罗伯特·科赫对微生物学研究的贡献

1905年，伟大的德国医学家、大名鼎鼎的罗伯特·科赫(图6-1-2)以举世瞩目的开拓性成绩，问心无愧地摘走了诺贝尔生理学或医学奖。

罗伯特·科赫是德国医生和细菌学家，是世界病原细菌学的奠基人和开拓者。科赫对医学事业做出的开拓性贡献，也使他成为世界医学领域中令德国人骄傲无比的泰斗巨匠。

众所周知，传染病是人类健康的大敌。从古至今，鼠疫、伤寒、霍乱、肺结核等许多可怕的病魔夺去了人类无数的生命。人类要战胜这些凶恶的疾病，首先要弄清楚致病的原因。而第一个发现传染病是由病原细菌感染造成的人就是罗伯特·科赫，他堪称是世界病原细菌学的奠基人和开拓者。

图6-1-2　罗伯特·科赫

罗伯特·科赫一生为微生物学研究做出了巨大的贡献。他创造了数个世界第一：第一个发明细菌照相法；第一个发现炭疽热的病原细菌是炭疽杆菌；第一次证明一种特定的微生物是引起一种特定疾病的原因；第一次分离出伤寒杆菌；发明了蒸汽杀菌法；分离出结核病细菌；第一次发明了预防炭疽病的接种方法；第一次发现了霍乱弧菌；第一次提出了霍乱预防法；第一次发现了鼠蚤传播鼠疫的秘密；第一次发现了睡眠症是由采采蝇传播的；创立了固体培养基划线分离纯种法。

科赫为研究病原微生物制订了严格准则，被称为科赫法则。科赫法则包括：这种微生物必须能够在患病动物组织内找到，而未患病的动物体内则找不到；从患病动物体内分离的这种微生物能够在体外被纯化和培养；经培养的微生物被转移至健康动物后，动物将表现出感染的征象；受感染的健康动物体内又能分离出这种微生物。以上这些，足以向世人展示罗伯特·科赫对医学事业所做出的开拓性贡献。

在人类历史发展的长河中，人类为征服自然界，包括各种“不治之症”，演出了许多可歌可泣的故事。据史料记载，危害人类的鼠疫，在世界上曾经发生了三次大流行，每次大流行都夺走了亿万无辜的生命，到处是“东死鼠，西死鼠，人见死鼠如见虎，鼠死不几日，人死如圻堵……”的悲凉景象。肺结核病，我国古称“痨病”，国外有些国家称为“黑死病”也曾被视为绝症，一旦染上，几乎没有康复的希望。此外，霍乱、炭疽、昏睡病，都曾横行在人类历史上，给人类造成严重的灾难。在人类同各种疾病做斗争中，罗伯特·科赫是最杰出的科学家之一。1905 年他因研究结核病，发现结核杆菌与结核菌素而荣获诺贝尔生理学或医学奖。但这只是他工作中的一小部分，他一生的工作奠定了医用细菌学的基础，为人类征服结核、炭疽、霍乱、鼠疫等危害极大的传染性疾病做出了不可磨灭的贡献，被人们誉为“瘟疫的克星”。

科赫由于研究细菌所取得的成绩而饮誉德国。1880 年，他转到柏林帝国医院工作。随后他研制出了两种重要的细菌学技术，即固体培养基培养法和分离纯化微生物技术。解决了用液体培养基培养细菌时，各种细菌混合生长在一起而难以分离的矛盾。在固体培养基表面，一个孤立的细菌固定地在培养基的某一点上生长，不断地分裂，形成一个个可见的菌斑，这些菌斑是一团聚在一起的源出一个品种的菌落，然后可以把这些菌落很方便地移种到其他的培养基上或接种到动物体内。科赫通过纯培养法否定了微生物形态变幻莫测的多态性学派的观点，但是他认为微生物的形态是永恒不变的观点，则是片面性的。为了清晰地观察细菌的形态，科赫还发明了用苯胺对细菌进行染色的细菌染色法。同时他还发明了带照相机的显微镜，能够直接拍摄所看到的细菌。

1882 年 3 月 24 日，在柏林生理协会的会议上，他宣读了自己发现结核杆菌的论文，所有与会者无一批评和异议。这一天成了人类医学史上一个重要的里程碑。1883 年，他率领医药专家深入埃及和印度灾区，研究淋巴腺鼠疫和霍乱。在那里，他发现了致病的霍乱弧菌，提出了预防霍乱流行的方法，为此，他受到德国政府给予的十万马克的奖励，并在 1885 年被聘为柏林大学的卫生学教授。不久，他又旅行非洲研究昏睡病。1897—1906 年，他通过一系列工作指出淋巴腺鼠疫的传染媒介是寄生在鼠身上的一种虱子，昏睡病则是由采采蝇传染。这项发现综合其他学者关于疟疾的研究成果，提出了控制疟疾的新方法，即消灭携带致病物的传播者——昆虫媒介。

科赫为保护人类的健康付出了毕生的心血。晚年时他因心脏病住进巴登温泉疗养院，在疗养期间，他还念念不忘细菌学研究。1910 年 5 月 17 日，在疗养院逝世。他的功绩将永远激励人们去开辟战胜疾病的新天地！

任务 6-2 食品大肠菌群计数

工作任务

食品中大肠菌群的计数常用的有两种方法，分别为大肠菌群 MPN 法（第一法）和平板计数法(第二法)。MPN 法是统计学和微生物学结合的一种定量检测法。待测样品经系列稀释并培养后，根据其未生长的最低稀释度与生长的最高稀释度，应用统计学概率论推算出待测样品中大肠菌群的最大可能数。大肠菌群平板计数法是利用大肠菌群在固体培养基中发酵乳糖产酸，在指示剂的作用下形成可计数的红色或紫色，带有或不带有沉淀环的菌落对待测样品进行菌落计数的方法。本任务参照大肠菌群 MPN 法(第一法)。

本任务依照《食品安全国家标准　食品微生物学检验　大肠菌群计数》(GB 4789.3—2016)学习食品中大肠菌群的计数。

工具材料

1. 设备和材料

除微生物实验室常规灭菌及培养设备外，其他设备和材料如下：

恒温培养箱(36℃±1℃)、冰箱(2~5℃)、天平(感量 0.1g)、均质器、振荡器、pH 计或 pH 比色管或精密 pH 试纸。

无菌吸管(1mL，具 0.01mL 刻度；10mL，具 0.1mL 刻度)或微量移液器及吸头、无菌锥形瓶(500mL)、无菌试管。

酒精灯、试管架、剪刀、镊子、记号笔等。

2. 培养基和试剂

月桂基硫酸盐胰蛋白胨(lauryl sulfate tryptose，LST)肉汤、煌绿乳糖胆盐(brilliant green lactose bile，BGLB)肉汤、无菌磷酸盐缓冲液、无菌生理盐水、1mol/L NaOH 溶液、1mol/L HCl 溶液。培养基及试剂配方详见附录 1.4 B。

知识准备

1. 术语和定义

1) 大肠菌群

大肠菌群是指在一定培养条件下能发酵乳糖、产酸产气的需氧和兼性厌氧革兰阴性无芽孢杆菌。

2) 最可能数(MPN)

MPN 为最可能数(most probable number)，是基于泊松分布的一种间接计数方法。

2. 大肠菌群的生物学特性

1) 范围

大肠菌群并非细菌学分类命名，而是卫生细菌领域的用语，它不代表某一个或某一属细菌，而指的是具有某些特性的一组与粪便污染有关的细菌，这些细菌在生化及血清学方面并非完全一致。

大肠菌群主要是由肠杆菌科中 4 个菌属内的一些细菌所组成，即埃希菌属、枸橼酸杆菌属、克雷伯菌属和肠杆菌属。由表 6-2-1 可以看出，大肠菌群中大肠埃希菌 Ⅰ 型和 Ⅲ 型的特点是：靛基质、甲基红、V-P 和柠檬酸盐 4 个试验(IMVIC 试验)的生化反应结果均为“++--”，通常称为典型大肠埃希菌。

表 6-2-1　大肠菌群生化特性分类表

项目	靛基质	甲基红	V-P	柠檬酸	H_2S	明胶	动力	44.5℃乳糖
大肠埃希菌 Ⅰ 型	+	+	-	-	-	-	+/-	+
大肠埃希菌 Ⅱ 型	-	+	-	-	-	-	+/-	-
大肠埃希菌 Ⅲ 型	+	+	-	-	-	-	+/-	-
费劳地枸橼酸杆菌 Ⅰ 型	-	+	-	+	+/-	-	+/-	-
费劳地枸橼酸杆菌 Ⅱ 型	+	+	-	+	+/-	-	+/-	-
产气克雷伯菌 Ⅰ 型	-	-	+	-	-	-	-	-
产气克雷伯菌 Ⅱ 型	+	-	+	+	-	-	-	-
阴沟肠杆菌	+	-	+	+	-	-	+/-	-

注：+表示阳性；-表示阴性；+/-表示多数阳性，少数阴性。引自魏明奎等，食品微生物检验技术，2008。

2) 培养特性

大肠菌群能在很多培养基和食品上生长繁殖。生长温度为-2～50℃，pH 值为 4.4～9.0。大肠菌群能在仅有一种有机碳源(如葡萄糖)和一种氮源(如硫酸铵)以及一些无机盐类组成的培养基上生长。多数大肠菌群成员对寒冷抵抗力弱，特别易在冷藏食品中死亡。大肠菌群的一个最显著特点是能发酵乳糖产酸产气，利用这一点能够把大肠菌群与其他细菌区别开来。

3. 大肠菌群测定的意义

1) 作为食品被粪便污染的指示菌

如果食品中能检出大肠菌群，表明食品曾受到人与温血动物粪便的污染。如有典型大肠埃希菌存在，即说明该食品受到粪便近期污染；如有非典型大肠埃希菌存在，说明该食品受到粪便的陈旧污染。一般认为，作为食品被粪便污染的指示菌应具备以下几点特征：

①仅来自人或动物的肠道，才能显示出指标的特异性。

②在肠道内占有极高的数量，即使被高度稀释也能检出。

③在肠道以外的环境中，应具有强大的抵抗力，能生存一定的时间，生存时间应与肠道致病菌大致相同或稍长。

④检验方法简单准确。

2) 作为食品被肠道致病菌污染的指示菌

食品安全性的主要威胁是肠道致病菌，如沙门菌属、致病性大肠埃希菌、志贺菌等。但对食品经常进行逐批逐件检验又不可能，因为大肠菌群在粪便中存在数量较大，与肠道致病菌来源相同，而且大肠菌群在外环境中生存时间也与主要肠道致病菌一致，所以可用它作为食品被肠道致病菌污染的指示菌。当食品中检出大肠菌群时，肠道致病菌可能存在。大肠菌群值越高，肠道致病菌存在的可能性就越大，但两者并非一定平行存在。

操作流程

1. 检验程序

大肠菌群 MPN 计数法检验程序如图 6-2-1 所示。

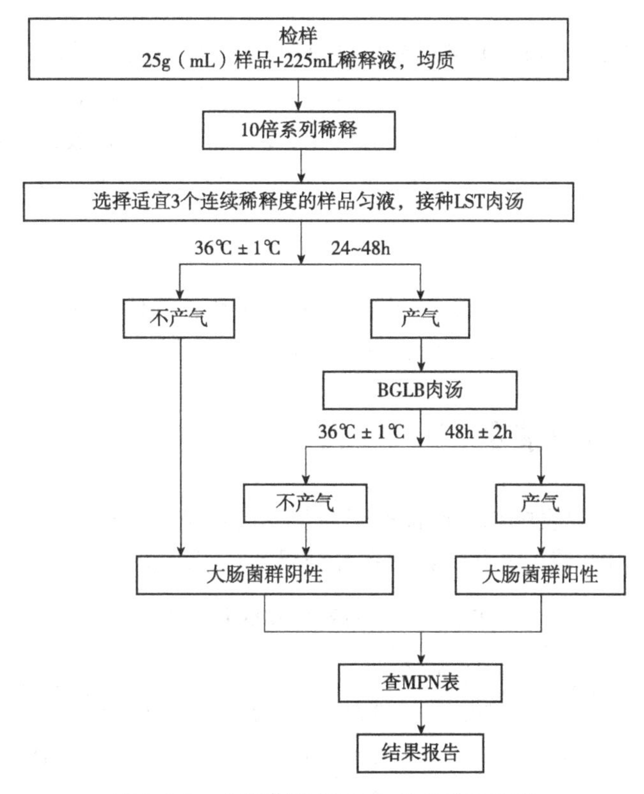

图 6-2-1　大肠菌群 MPN 计数法检验程序

2. 操作步骤

1) 样品的稀释

(1) 固体和半固体样品：称取 25g 样品，放入盛有 225mL 磷酸盐缓冲液或生理盐水的无菌均质杯内，8000~10 000r/min 均质 1~2min，或放入盛有 225mL 磷酸盐缓冲液或生理盐水的无菌均质袋中，用拍击式均质器拍打 1~2min，制成 1∶10 的样品匀液。

(2)液体样品：以无菌吸管吸取 25mL 样品，置盛有 225mL 磷酸盐缓冲液或生理盐水的无菌锥形瓶(瓶内预置适当数量的无菌玻璃珠)或其他无菌容器中，充分振摇或置于机械振荡器中振摇，充分混匀，制成 1∶10 的样品匀液。

(3)样品匀液的 pH 值应在 6.5~7.5，必要时分别用 1mol/L NaOH 溶液或 1mol/L HCl 溶液调节。

(4)用 1mL 无菌吸管或微量移液器吸取 1∶10 的样品匀液 1mL，沿管壁缓缓注入 9mL 磷酸盐缓冲液或生理盐水的无菌试管中(注意吸管或吸头尖端不要触及稀释液面)，振摇试管或换用 1 支 1mL 无菌吸管反复吹打，使其混合均匀，制成 1∶100 的样品匀液。

(5)根据对样品污染状况的估计，按上述操作，依次制成 10 倍递增系列稀释样品匀液。每递增稀释 1 次，换用 1 支 1mL 无菌吸管或吸头。从制备样品匀液至样品接种完毕，全过程不得超过 15min。

2)初发酵试验

每个样品，选择 3 个适宜的连续稀释度的样品匀液(液体样品可以选择原液)，每个稀释度接种 3 管 LST 肉汤，每管接种 1mL(如接种量超过 1mL，则用双料 LST 肉汤)，36℃±1℃培养 24h±2h，观察倒管内是否有气泡产生，24h±2h 产气者进行复发酵试验(证实试验)，如未产气则继续培养至 48h±2h，产气者进行复发酵试验。未产气者为大肠菌群阴性。

3)复发酵试验

用接种环从产气的 LST 肉汤管中分别取培养物 1 环，移种于 BGLB 肉汤中，36℃±1℃培养 48h±2h，观察产气情况。产气者，计为大肠菌群阳性管。

3. 大肠菌群最可能数(MPN)的报告

培养结束后，根据复发酵试验确证的阳性管数检索 MPN(表 6-2-2)，报告每克(毫升)样品中大肠菌群的 MPN 值，并将原始数据和结果填写于表 6-2-3。

表 6-2-2 大肠菌群 MPN 检索表

阳性管数			MPN	95%可信限		阳性管数			MPN	95%可信限	
0.10	0.01	0.001		下限	上限	0.10	0.01	0.001		下限	上限
0	0	0	<3.0	—	9.5	1	0	2	11	3.6	38
0	0	1	3.0	0.15	9.6	1	1	0	7.4	1.3	20
0	1	0	3.0	0.15	11	1	1	1	11	3.6	38
0	1	1	6.1	1.2	18	1	2	0	11	3.6	42
0	2	0	6.2	1.2	18	1	2	1	15	4.5	42
0	3	0	9.4	3.6	38	1	3	0	16	4.5	42
1	0	0	3.6	0.17	18	2	0	0	9.2	1.4	38
1	0	1	7.2	1.3	18	2	0	1	14	3.6	42

（续）

阳性管数			MPN	95%可信限		阳性管数			MPN	95%可信限	
0.10	0.01	0.001		下限	上限	0.10	0.01	0.001		下限	上限
2	0	2	20	4.5	42	3	1	0	43	9	180
2	1	0	15	3.7	42	3	1	1	75	17	200
2	1	1	20	4.5	42	3	1	2	120	37	420
2	1	2	27	8.7	94	3	1	3	160	40	420
2	2	0	21	4.5	42	3	2	0	93	18	420
2	2	1	28	8.7	94	3	2	1	150	37	420
2	2	2	35	8.7	94	3	2	2	210	40	430
2	3	0	29	8.7	94	3	2	3	290	90	1000
2	3	1	36	8.7	94	3	3	0	240	42	1000
3	0	0	23	4.6	94	3	3	1	460	90	2000
3	0	1	38	8.7	110	3	3	2	1100	180	4100
3	0	2	64	17	180	3	3	3	>1100	420	—

注：1. 本表采用3个稀释度[0.1g(mL)、0.01g(mL)、0.001g(mL)]，每个稀释度接种3管。2. 表内所列检样量如改用1g(mL)、0.1g(mL)和0.01g(mL)时，表内数字应相应降低10倍；如改用0.01g(mL)、0.001g(mL)和0.0001g(mL)时，则表内数字应相应增高10倍，其余类推。

表6-2-3　大肠菌群MPN计数法的原始数据记录报告单

<table>
<tr><td>送检单位</td><td colspan="3"></td><td colspan="2">样品名称</td><td colspan="3"></td></tr>
<tr><td>生产单位</td><td colspan="3"></td><td colspan="2">生产日期</td><td colspan="3"></td></tr>
<tr><td>检验日期</td><td colspan="3"></td><td colspan="2">检验依据</td><td colspan="3"></td></tr>
<tr><td>检验项目</td><td colspan="8"></td></tr>
<tr><td>接种量</td><td></td><td></td><td></td><td></td><td></td><td></td><td></td><td></td></tr>
<tr><td>初发酵试验</td><td></td><td></td><td></td><td></td><td></td><td></td><td></td><td></td></tr>
<tr><td>复发酵试验</td><td></td><td></td><td></td><td></td><td></td><td></td><td></td><td></td></tr>
<tr><td>阳性管数统计</td><td colspan="3"></td><td colspan="3"></td><td colspan="2"></td></tr>
<tr><td>结果报告</td><td colspan="8"></td></tr>
<tr><td>检验员</td><td colspan="3"></td><td colspan="2">复检</td><td colspan="3"></td></tr>
<tr><td>备注</td><td colspan="8"></td></tr>
</table>

注：+表示阳性，-表示阴性。

注意事项

(1)发酵管内小倒管加样前一定要装满培养基，确保小倒管内无气泡，避免产生假阳性结果。

(2)观察产气时，如小倒管内有肉眼可见气泡，均为产气阳性；要注意小倒管有无被沉淀物堵塞，或产气量少时，一定要轻轻振动试管，有小气泡上升者仍为阳性。

(3)MPN检索表中只提供了3个稀释度，即0.1mL(g)、0.01mL(g)、0.001mL(g)，实际工作中检样的浓度往往与表格浓度不一致，一定要按照注释要求，将查得数字相应降低或增加10的指数倍。

考核评价

大肠菌群MPN计数操作过程评分标准

内容	分值	评分细则	评分标准	得分
稀释样品	1	无菌操作	用酒精棉球对手、操作台面和样品开口处正确进行擦拭消毒	
	1	吸管使用	正确打开包装；正确握持吸管；吸管尖端插入液面下适当深度；垂直调节液面；放液时吸管尖端不触及液面	
	1	稀释样品	系列稀释顺序正确；稀释时能混合均匀；每变化一个稀释倍数能更换吸管	
	1	试管操作	开塞、盖塞动作熟练；开塞后、盖塞前管口灭菌；试管持法得当	
初发酵试验	1	接种	正确选择连续的3个浓度；每个稀释度样品匀液正确接种3个发酵管；准确接种1mL	
	1	培养条件	正确设置培养箱的培养条件	
	1	判定结果	正确判断初发酵管的产气现象	
复发酵试验	1	接种环的使用	接种环持法正确；准确进行接种环灼烧与冷却；取出培养物后接种环不碰壁、不过火；接种完接种环灼烧灭菌彻底	
	1	查表与报告	判定的复发酵结果与复发酵管产气现象一致；报告结果规范、正确	
	1	物品的整理归位	台面整理干净、物品正确归位、无破损	
合　计				
考核教师签字：				

名人讲堂

大肠埃希菌的发现

图 6-2-2 埃希里克

大肠埃希菌，又叫大肠杆菌。我们的故事打算从 1885 年的慕尼黑说起。当时有一个年轻的儿科医师叫 T. 埃希里克（Theodor Escherich）（图 6-2-2），他在儿童综合诊所和胡纳氏儿童医院担任临床助理。埃希里克医生是在科赫和巴斯德的细菌学重大发现之后的伟大时代中接受培训的，在 1884 年又以一名科学助手的身份到意大利的那不勒斯城，对当地的霍乱病进行过研究。埃希里克并不只把自己的兴趣局限在临床试验上，他还对一种新的思路，即儿童肠道中的微生物群可能是腹泻病的传染源的想法，产生了特殊的兴趣，并着手科学研究。

1885 年是埃希里克事业上达到巅峰的一年，因为那年他发表了一篇题为《新生儿和婴幼儿的肠道细菌》的研究论文。在《进步》（*Fortschritte*）第 3 卷的 518 页上，我们首次看到了现代大肠埃希菌的最初名字——共存大肠埃希菌（*Bacterium coil commune*）。原来，当今最惹人注目并在现代生物学中描述最广泛的这一小生物，恰恰是通过慕尼黑婴儿的一块脏尿布而进入人类史册的！

从此，埃希里克成了儿科学领域中占据领导地位的细菌学家，他还是婴幼儿营养学的权威，并大力提倡用母乳喂养婴儿。这项工作一直持续到 1911 年，他因患脑溢血去世时为止。

谈了发现者，再让我们重新看看埃希里克的发现。自“共存大肠埃希菌”发现以后，它很快成了一个不可忽视的热点课题。在开始的几年中，这种菌曾被冠以大量的其他名字。例如，在 1889 年它被称为埃希杆菌（*Bacillus escherichii*）；到了 1895 年，这个菌株被命名为大肠埃希菌（*Bacillus coli*）；而在 1900 年，这一菌株又被叫作短矛杆菌（*Bacterium verus*）、共存大肠埃希菌（*Bacillus coli communes*）或大肠气杆菌（*Aerobacter coli*）等多种名称。当 1895 年 Migula 第一次提出以埃希菌属（*Escherichia*）作为大肠埃希菌的属名，并由卡斯特兰尼（Castellani）和查莫士（Chalmers）在他们于 1919 年出版的《热带医学手册》第 3 版中确定了这一名字后，“大肠埃希菌”的名字才被最后确定下来。于是到 1919 年，这一被发现了 34 年的细菌物种终于有了其永恒的名字。过了几年，很多曾被列为埃希菌属的种在现代分类技术的发展下，最终被划归到别的属中。至今，埃希菌属中除了大肠埃希菌（*E. coli*）以外只有一个其他的种，即甲虫埃希菌（*E. blattae*），它与大肠埃希菌之间的区别仅仅在不能发酵乳糖和若干其他糖类产生气体这一点上。

大肠埃希菌之所以以“大肠”定为种名，是因为它们主要栖息在人和高等动物的结肠或大肠中。它是粪便中的主要微生物，因此它也是地球表面上分布最广的细菌之一。由于大肠埃希菌总是与粪便一同存在，故自细菌学发展早期起，它就一直被用来作为检验水，特别是饮用水被污水污染的标志。自从饮用水的微生物指标成为公众所追求的健康标准后，检验水中是否存在这种粪便中的细菌，便成为每一个训练有素的细菌学家所必须具备的基本功。因此，大肠埃希菌由于在医学上的应用而最终成了一种被广泛研究和深入了解的生物。

项目小结

菌落总数是指食品检样经过处理，在一定条件下(如培养基、培养温度和培养时间等)培养后，所得每克(毫升)检样中形成的微生物菌落总数。

食品中菌落总数的检验方法严格依照《食品安全国家标准　食品微生物学检验　菌落总数检测》(GB 4789.2—2022)进行。

菌落总数采用测定微生物活体数量的方法。它是通过将样品制成均匀的一系列不同稀释度的稀释液，再取一定量的稀释液接种，使其均匀分布于培养皿中特定的培养基内，最后根据在平板上长出的菌落数计算出每克(毫升)样品中的活菌数量。

大肠菌群是指在一定培养条件下能发酵乳糖、产酸产气的需氧和兼性厌氧革兰阴性无芽孢杆菌。食品中大肠菌群的检验方法严格依照《食品安全国家标准　食品微生物学检验　大肠菌群计数》(GB 4789.3—2016)进行。大肠菌群 MPN 法(第一法)是统计学和微生物学结合的一种定量检测法。待测样品经系列稀释并培养后，根据其未生长的最低稀释度与生长的最高稀释度，应用统计学概率论推算出待测样品中大肠菌群的最可能数。

自测练习

一、单选题

1. 在一定条件下，菌落总数与食品的存放期限间的关系是(　　)。

A. 菌落总数越多，食品的存放期限就越长

B. 菌落总数越多，食品的存放期限就越短

C. 菌落总数的多少与食品的存放期无直接关系

D. 以上都不正确

2. 在食品菌落总数的测定中，能完成实验用品和材料灭菌的设备是(　　)。

A. 恒温培养箱　　B. 拍打式均质机

C. 恒温水浴锅　　D. 高压蒸汽灭菌器

3. 在食品菌落总数的测定中，首先将食品样品作成(　　)倍递增稀释液。

A. 1∶5　　B. 1∶10　　C. 1∶15　　D. 1∶20

4.《食品安全国家标准　食品微生物学检验　菌落总数测定》(GB 4789.2—2022)使用的培养基是(　　)。

A. 营养琼脂　　B. 马铃薯葡萄糖琼脂

C. 营养肉汤　　D. 平板计数琼脂

5. 在食品菌落总数测定的样品稀释中，每递增稀释一次，样品的浓度被稀释了(　　)倍。

A. 5　　B. 10　　C. 20　　D. 100

6. 当样品的菌落总数结果为 56.7 时，报告(　　)。

A. 50　　B. 56　　C. 57　　D. 60

7. 依据 GB 4789.2—2022，样品菌落总数测定结果 1∶100(第一稀释度)菌落数分别为178，182；1∶1000(第二稀释度)菌落数分别为 12，10。结果报告为(　　)。

A. 1.1×10^4　　B. 1.7×10^4　　C. 1.8×10^4　　D. 2.0×10^4

8. 菌落总数的计算公式：$N = \sum C/(n_1 + 0.1n_2)d$，其中 d 是指(　　)。

A. 第一个适宜稀释度平板上的菌落数

B. 常数 2

C. 适宜范围菌落数的第一稀释度(低)平板个数

D. 稀释因子

9. 大肠菌群对氧气的需求为(　　)。

A. 需氧　　B. 厌氧　　C. 需氧及兼性厌氧　　D. 微需氧

10. 大肠菌群 MPN 计数初发酵试验所用培养基是(　　)。

A. 月桂基硫酸盐胰蛋白胨(LST)肉汤

B. 缓冲蛋白胨水或碱性蛋白胨水

C. 改良 EC 肉汤

D. 乳糖发酵管

11. 大肠菌群复发酵试验的培养条件是(　　)。

A. 36℃，24h　　B. 28℃，24h　　C. 37℃，48h　　D. 28℃，48h

12. 根据食品卫生要求，或对检样污染情况的估计，选择 3 个稀释度接种 LST 发酵管，每个稀释度接种(　　)管。

A. 1　　B. 2　　C. 3　　D. 4

13. 配制 1mol/L NaOH 溶液 100mL，需要 NaOH(　　)。

A. 40g　　B. 4g　　C. 50g　　D. 160g

14. 配制 100g 生理盐水，需要氯化钠(　　)。

A. 17g　　B. 0.85g　　C. 8.5g　　D. 1.7g

15. 某食品样品，大肠菌群检测中初发酵产气管数为(2，1，1)，复发酵产气管数为(2，1，0)，发酵管浓度分别为 0.10、0.01、0.001，查 MPN 检索表，报告每克样品中的大肠菌群 MPN 值为(　　)。

A. 21　　B. 11　　C. 7.4　　D. 15

二、判断题

1. 菌落是指微生物在适宜固体培养基表面或内部生长繁殖到一定程度，形成以母细胞为中心的一团肉眼可见的、有一定形态、构造等特征的子细胞集团。(　　)

2. 菌落总数是指食品检样经过处理，在一定条件下培养后，所得每 100g(mL)检样中形成的微生物菌落总数。(　　)

3. 菌落总数可作为判断食品被污染程度的指标。(　　)

4. 食品微生物检验是一项对前期准备要求很严格的工作，除样品外，所有的检验材料和用品必须经过相应的灭菌处理。(　　)

5. 进行菌落总数测定时，在样品的稀释过程中不要重复使用同一支移液管，以避免造成交叉污染。(　　)

6. 食品菌落总数测定中，若空白对照上有菌落生长，则此次检测结果无效。（　　）

7. 大肠菌群主要由埃希菌属、枸橼酸杆菌属、克雷伯菌属和肠杆菌属组成。（　　）

8. MPN 为每克(毫升)检样内大肠菌群的最可能数。（　　）

9. 大肠菌群计数中初发酵产气即可判断大肠菌群阳性。（　　）

10. 大肠菌群计数中月桂基硫酸盐胰蛋白胨发酵管中需要放置一个小倒管，用来收集发酵过程中产生的气泡。（　　）

三、简答题

1. 食品中菌落总数测定的意义是什么?

2. 大肠菌群为什么可以作为粪便污染食品的指示菌?

项目7 食品安全真菌学检验技术训练

霉菌和酵母菌在自然界中广泛分布，常常污染食品，引起食品的腐败变质。尤其在酸度较低、湿度较低、含盐较高、含糖较高的食品中，霉菌和酵母菌容易生产繁殖。因此，霉菌和酵母菌可作为评价食品安全的微生物指标菌之一，并以食品中霉菌和酵母菌的数量来判定食品被污染的程度。本项目主要学习食品安全真菌学检验中霉菌和酵母的计数技术。

学习目标

知识目标

1. 理解食品安全真菌学检验的原理和意义。
2. 掌握食品安全真菌学检验的程序。
3. 掌握食品安全真菌学检验的注意事项。

技能目标

1. 能够熟练进行食品中霉菌和酵母计数的操作。
2. 能够正确进行食品中霉菌和酵母计数的计算和报告。

素质目标

1. 培养细致认真、科学严谨的学习和工作态度。
2. 培养勤于思考、善于钻研的职业态度。

任务7-1 霉菌和酵母计数

工作任务

霉菌和酵母计数是指食品检样经过处理，在一定的条件下(如培养基、培养温度和培养时间等)培养后，所得1g或1mL检样中所含的霉菌和酵母菌落数。其计数方法为将待测定的微生物样品按比例做一系列的稀释后，吸取一定量连续的2~3个稀释度的菌液于无菌平皿中，倒入培养基后摇匀、冷却。经培养后，将各平板中的菌落数经过适当折算，即可得到单位体积的原始菌样中所含的活菌数。

本任务依照《食品安全国家标准　食品微生物学检验　霉菌和酵母计数》(GB 4789.15—2016)学习食品中霉菌和酵母计数。

工具材料

1. 设备和材料

除微生物实验室常规灭菌及培养设备外，其他设备和材料如下：

恒温培养箱(28℃±1℃)、恒温水浴箱(46℃±1℃)、电子天平(感量0.1g)、均质器、旋涡混合器。

无菌吸管(1mL，具0.01mL刻度；10mL，具0.1mL刻度)或微量移液器及吸头、无菌锥形瓶(500mL)、无菌培养皿(直径90mm)、无菌试管(18mm×180mm)、均质袋。

酒精灯、试管架、剪刀、镊子、记号笔等。

2. 培养基和试剂

马铃薯葡萄糖琼脂培养基、孟加拉红琼脂培养基、磷酸盐缓冲液、无菌生理盐水。培养基及试剂配方详见附录1.4 C。

知识准备

1. 霉菌

1)霉菌的生长与繁殖特性

霉菌是形成分支菌丝的真菌统称。其特点是菌丝体较发达，无较大子实体。霉菌能在pH 3.0~8.5的环境中生长，但多数霉菌和酵母一样，喜欢酸性环境，最适pH值为6.0~6.5。霉菌生长一般是需要氧气的，分生孢子的形成和菌丝体的生长都需要氧气。多数霉菌的最适生长温度是20~30℃。霉菌对干燥的耐受性比细菌强。霉菌能从潮湿的空气中吸收水分，故能在含水量很低的物质上生长。有些霉菌还能耐受高渗透压的糖和盐。

霉菌的菌落是由分枝状菌丝组成，因菌丝较粗长，故霉菌的菌落较大，有的霉菌菌丝蔓延，没有限制性，其菌落可扩展到整个培养皿；有的种则有一定的局限性，直径1~2cm或更小。菌落质地一般比放线菌疏松，外观干燥，不透明，呈现或紧或松的蛛网状、绒毛状或棉絮状；菌落与培养基的连接紧密，不易挑取；菌落正反面的颜色和边缘与中心的颜色常不一致。

霉菌有着极强的繁殖能力，而且繁殖方式也是多种多样的。在液体中，霉菌经常以菌丝片段进行繁殖。但在自然界中，霉菌主要依靠产生形形色色的无性孢子或有性孢子进行繁殖。霉菌的无性孢子是直接由繁殖菌丝分化而形成的。常见的有节孢子、厚垣孢子、孢囊孢子和分生孢子。霉菌的有性繁殖是经过两个细胞结合而形成的，一般分为质配、核配和减数分裂3个阶段。有性孢子只在一些特殊的条件下产生，常见的有卵孢子、接合孢子、子囊孢子和担孢子。

不同霉菌所产生的孢子形态、色泽各异，每个个体所产生的孢子数量特别多，又小又轻，很容易随气流而扩散。散落的孢子遇到适宜的条件就会吸水萌发，形成菌丝。孢子的休眠期长，且抗逆性强。孢子的这些特点有利于接种、扩大培养、菌种选育、保藏和鉴定等工作；不利之处则是易于造成污染、霉变，易于传播动植物的霉菌病害。

2)霉菌污染的危害

(1)霉菌能引起食物霉变，人食用霉变食物后，或直接引起中毒，或产生的毒素能够致癌。在自然界中，霉菌有3万多种，而且分布很广，其中大约有200种可致癌，常见的有黄曲霉、禾谷镰刀菌。

(2)霉菌能引发感染。霉菌直接在人体内繁殖，引起霉菌性肺炎等疾病，多见于一些久病体弱者。

(3)霉菌能引起过敏性疾病，如支气管哮喘、皮炎等。

3)控制食品中霉菌污染的措施

影响霉菌生长繁殖及产毒的因素是很多的，与食品关系密切的有水分、温度、基质、通风等条件，控制这些条件，可以相应地控制霉菌在食品中的生长和产毒。

(1)控制食品中的水分：霉菌生长繁殖的条件之一是必须保持一定的水分，一般来说，米麦类水分在14%以下，大豆类在11%以下，干菜和干果品在30%以下，微生物是较难生长的。

食品中水分活度(A_w)越接近于1，微生物越易生长繁殖。食品中的A_w为0.98时，微生物最易生长繁殖；当A_w降为0.93以下时，微生物繁殖受到抑制，但霉菌仍能生长；当A_w在0.7以下时，则霉菌的繁殖受到抑制，可以阻止产毒的霉菌繁殖。

(2)控制食品贮藏的温度：温度对霉菌的繁殖及产毒均有重要的影响，不同种类的霉菌其最适温度是不一样的，大多数霉菌繁殖最适宜的温度为25~30℃，在0℃以下或30℃以上，不能产毒或产毒力减弱。因此，要了解霉菌生长和产毒的温度，在食品贮藏中要适当控制环境温度。例如，黄曲霉的最低繁殖温度是6~8℃，最高繁殖温度是44~46℃，最适生长温度为37℃左右。但产毒温度则略低于生长最适温度，如黄曲霉的最适产毒温度为28~32℃。

(3)重点控制含糖高的粮食产品：与其他微生物生长繁殖的条件一样，不同的食品基质中霉菌生长的情况是不同的。一般而言，营养丰富的食品其霉菌生长的可能性大，天然基质比人工培养基产毒好。实验证实，同一霉菌菌株在同样培养条件下，以富于糖类的小麦、米为基质比以油料为基质的黄曲霉毒素产毒量高。另外，缓慢通风较快速风干的霉菌容易繁殖产毒。

2. 酵母菌

1)酵母菌的生物学特性

酵母菌是一个俗称，是一群比细菌大得多的单细胞真核微生物。在自然界中主要分布在含糖较高的偏酸性环境中，如在水果、蔬菜、蜜饯的内部和表面以及果园土壤中最为常见。

酵母菌是单细胞个体，形态依种类不同而多种多样，常见的有球形、椭球形、卵圆形、柠檬形等。酵母菌细胞比细菌细胞要大，一般为(1~30)μm×(1~5)μm。酵母菌无鞭毛，不能游动。酵母菌具有典型的真核细胞结构，有细胞壁、细胞膜、细胞核、细胞质、液泡、线粒体等，有的还具有微体。

酵母菌的菌落形态同细菌菌落相似，但比细菌菌落大而厚。菌落表面光滑、湿润、黏稠，容易挑起，菌落质地均匀。正反面和边缘、中央部分的颜色都很均一，颜色多为乳白色，少数为红色，个别为黑色。

2)酵母菌污染的危害

(1)腐生性酵母菌能使食物、纺织品和其他原料腐败变质。

(2)少数耐高渗的酵母菌和鲁氏酵母、蜂蜜酵母可使蜂蜜和果酱等败坏。

(3)有的酵母菌是发酵工业的污染菌，影响发酵的产量和质量。

(4)某些酵母菌会引起人和植物的病害，如白假丝酵母可引起皮肤、黏膜、呼吸道、消化道等多种疾病。

3)控制食品中酵母菌污染的措施

(1)严格控制原料和辅料的质量，避免因原辅料微生物指标超标，而对后续生产带来困难。

(2)严格控制车间的温度、湿度及空气质量，定期对生产车间进行消毒，并及时对通风系统进行清洁。

(3)严格按照操作规程实施生产，重点监控杀菌环节和设备清洗，阻断酵母菌的生长繁殖。

(4)严格按照产品标签标识的条件进行贮藏和运输，尤其是涉及冷链运输及销售的产品，贮藏和运输温度一定要达到产品要求。

1. 检验程序

霉菌和酵母平板计数法的检验程序如图 7-1-1 所示。

2. 操作步骤

1)样品的稀释与接种

(1)固体和半固体样品：称取 25g 样品，加入 225mL 无菌稀释液(蒸馏水或生理盐水或磷酸盐缓冲液)，充分振摇，或用拍击式均质器拍打 1~2min，制成 1：10 的样品匀液。

(2)液体样品：以无菌吸管吸取 25mL 样品至盛有 225mL 无菌稀释液(蒸馏水或生理盐水或磷酸盐缓冲液)的适宜容器内(可在瓶内预置适当数量的无菌玻璃珠)或无菌均质袋中，充分振摇或用拍击式均质器拍打 1~2min，制成 1：10 的样品匀液。

(3)取 1mL 1：10 的样品匀液注入含 9mL 无菌稀释液的试管中，另换一支 1mL 无菌吸管反复吹吸，或在旋涡混合器上混匀，此液为 1：100 的样品匀液。

(4)按上述操作，制成 10 倍递增系列稀释样品匀液。每递增稀释一次，换用一支 1mL 无菌吸管。

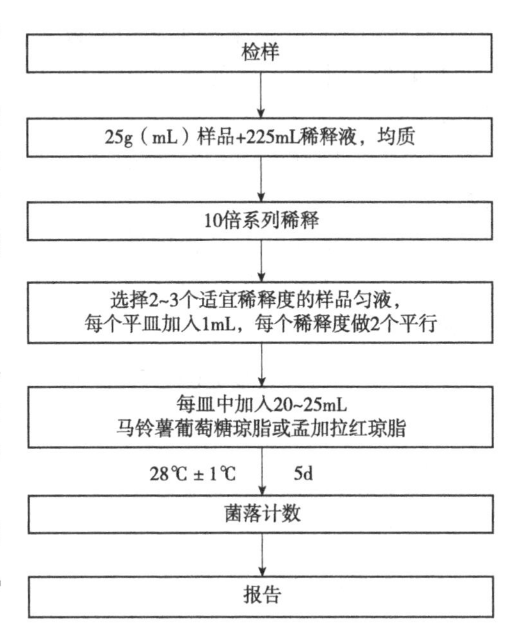

图 7-1-1　霉菌和酵母平板计数法的检验程序

(5)根据对样品污染状况的估计，选择 2~3 个适宜稀释度样品匀液(液体样品可包括原液)，在进行 10 倍递增稀释的同时，每个稀释度分别吸取 1mL 样品匀液于 2 个无菌平皿内。同时，分别取 1mL 无菌稀释液加入 2 个无菌平皿做空白对照。

(6)及时将 20~25mL 冷却至 46℃的马铃薯葡萄糖琼脂或孟加拉红琼脂(可放置于 46℃±1℃恒温水浴箱中保温)倾注平皿，并转动平皿使其混合均匀。置水平台面待培养基完全凝固。

2)培养

琼脂凝固后，正置平板，置 28℃±1℃培养箱中培养，观察并记录培养至第 5 天的结果。

3)菌落计数

用肉眼观察，必要时可用放大镜或低倍镜，记录稀释倍数和相应的霉菌和酵母菌落数。以菌落形成单位表示。选取菌落数在 10~150CFU 的平板，根据菌落形态分别计数霉菌和酵母。霉菌蔓延生长覆盖整个平板的可记录为菌落蔓延。

3. 结果与报告

1)结果

霉菌和酵母菌落的计算要按照以下 6 个原则。

(1)计算同一稀释度的 2 个平板菌落数的平均值，再将平均值乘以相应稀释倍数。

(2)若有 2 个稀释度平板上菌落数均在 10~150CFU，则按照 GB 4789. 2—2022 的相应规定进行计算。

(3)若所有平板上菌落数均大于 150CFU，则对稀释度最高的平板进行计数，其他平板可记录为多不可计，结果按平均菌落数乘以最高稀释倍数计算。

(4)若所有平板上菌落数均小于10CFU，则应按稀释度最低的平均菌落数乘以稀释倍数计算。

(5)若所有稀释度(包括液体样品原液)平板均无菌落生长，则以小于1乘以最低稀释倍数计算。

(6)若所有稀释度的平板菌落数均不在10~150CFU，其中一部分小于10CFU或大于150CFU时，则以最接近10CFU或150CFU的平均菌落数乘以稀释倍数计算。

结果记录在表7-1-1中。

表7-1-1 霉菌和酵母计数检验原始数据记录报告单

送检单位			样品名称		
生产单位			生产日期		
检验日期			检验依据		
检验项目					
培养基					
稀释倍数					
菌落计数					
霉菌菌落总数					
酵母菌菌落总数					
结果报告	霉菌		酵母		
检验员			复检		
备注					

2)报告

(1)菌落数按“四舍五入”原则修约。菌落数在10以内时，采用一位有效数字报告；菌落数在10~100时，采用两位有效数字报告。

(2)菌落数大于或等于100时，前第3位数字采用“四舍五入”原则修约后，取前2位数字，后面用0代替位数来表示结果；也可用10的指数形式来表示，此时也按“四舍五入”原则修约，采用两位有效数字。

(3)若空白对照平板有菌落出现，则此次检验结果无效。

(4)称重取样以CFU/g为单位报告，体积取样以CFU/mL为单位报告，报告或分别报告霉菌和/或酵母菌落数。

注意事项

(1)制订完整的实验计划。

(2)保持实验室平静，减少空气流通；操作时手法要快，动作要轻。

(3)认真做好实验前的全面消毒，实验后应将有霉菌的培养物高压灭菌。

考核评价

霉菌(酵母)计数的评分标准

内容	分值	评分细则	评分标准	得分
样品处理	1	无菌操作	用酒精棉球擦拭手、操作台面和样品开口处正确进行擦拭消毒	
	1	吸管使用	正确打开包装；正确握持吸管；垂直调节液面；放液时吸管尖端不触及液面	
	1	稀释样品	系列稀释顺序正确；稀释时能更换吸管，反复吹吸，充分混合均匀	
	1	试管操作	开塞、盖塞动作熟练；开塞后、盖塞前管口灭菌；试管持法得当	
倾注培养	1	稀释度的选择	选择2~3个适宜的稀释度	
	1	放液与倾注培养基	平皿持法得当；吸管正确放液；锥形瓶中培养基正确倾注于平皿内；正确混匀	
	1	培养	培养条件符合标准	
菌落计数与报告	1	菌落计数与计算	能正确选择含有10~150CFU、无蔓延菌落的平皿准确计数；根据菌落数特点，准确进行菌落总数计算	
	1	撰写报告	报告结果规范、正确	
	1	物品的整理归位	台面整理干净、物品正确归位、无破损	
合　计				

考核教师签字：

案例阅读

黄曲霉毒素

1960年6~8月，在英国的英格兰南部及东部地区的各个饲养场，约有10万只火鸡患了不知名的疾病，导致最后全部死亡。当时由于未能查明病因，就把这种疾病称为“火鸡的X病”。后来又在雏鸡、雏鸭、猪、犊牛和鱼类中也发现患有类似症状的疾病。这种疾病的主要症状是：食欲减退，禽类的羽翼下垂，发病动物一直昏睡，一周以后即死亡。死时头向后背，脚向后伸，呈现出一种特殊的死象。解剖时，肉眼可见肝出血、坏死，肾脏肥大。病理检查时发现，肝实质细胞退行性变，胆管上皮细胞异常增生。调查证明，这种疾病是由于火鸡食用了由巴西进口的发霉的花生饼粉所造成。1961年，科学家从这种花生饼粉中培养分离出了一株霉菌，经鉴定是黄曲霉。正是这种黄曲霉产生一种具有荧光的毒素，造成火鸡的大量迅速死亡。此毒素被命名为黄曲霉毒素。

黄曲霉毒素(AFT)是黄曲霉和寄生曲霉等某些菌株产生的双呋喃环类毒素。其衍生物有约20种，分别命名为B_1、B_2、G_1、G_2、M_1、M_2、GM、P_1、Q_1、毒醇等。其中，以B_1的毒性最大，致癌性最强。动物食用黄曲霉毒素污染的饲料后，在肝、肾、肌肉、血、奶及蛋中可测出极微量的毒素。黄曲霉毒素及其产生菌在自然界中分布广泛，有些菌株产生不止一种类型的黄曲霉毒素，在黄曲霉中也有不产生任何类型黄曲霉毒素的菌株。

黄曲霉毒素主要污染粮油及其制品，各种植物性与动物性食品也能被污染。产毒素的黄曲霉菌很容易在水分含量较高(水分含量低于12%则不能繁殖)的禾谷类作物、油料作物籽实及其加工副产品中寄生繁殖和产生毒素，使其发霉变质，人们通过误食这些食品或其加工副产品，又经消化道吸收毒素进入人体而中毒。

自分离出黄曲霉毒素以来，人们对其毒性进行了较深入的研究，发现其毒性属于极毒，其剧烈的毒性比人们熟知的剧毒药物氰化钾要强10倍，比眼镜蛇、金环蛇的毒汁还要毒，比剧毒农药1605、1059的毒性强28~33倍，一粒严重发霉含有黄曲霉毒素40μg的玉米，可令两只雏鸭中毒死亡。1993年，黄曲霉毒素被世界卫生组织癌症研究机构划定为一类天然存在的致癌物，是毒性极强的剧毒物质。

任务7-2 霉菌直接镜检计数

工作任务

霉菌直接镜检计数法称为郝氏霉菌计数法，或称为霍华德霉菌计数法。本方法适用于番茄酱罐头、番茄汁中霉菌的计数。此方法是在一个标准计数器里计数显微镜视野所含的霉菌菌丝。

本任务依照《食品安全国家标准　食品微生物学检验　霉菌和酵母计数》(GB 4789.15—2016)学习食品中霉菌直接镜检计数。

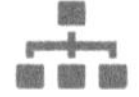

工具材料

1. 设备和材料

显微镜(10~100倍)、折光仪。

郝氏计测玻片、测微器、盖玻片、无菌烧杯、无菌吸管、无菌玻璃棒等。

2. 试剂

无菌蒸馏水。

1. 霉菌的形态

构成霉菌营养体的基本单位是菌丝，呈长管状。菌丝宽度与酵母细胞类似，为3~10μm。菌丝通常是无色的，能够分泌酶类，降解营养物质。菌丝可不断自前端生长并分支，许多分支的菌丝相互交织在一起，就构成了菌丝体。根据菌丝中是否存在隔膜，可把霉菌菌丝(图7-2-1)分成两种类型：无隔膜菌丝和有隔膜菌丝。无隔膜菌丝中间无隔膜，整团菌丝体就是一个单细胞，其中含有多个细胞核，这是低等真菌所具有的菌丝类型。有隔膜菌丝中有隔膜，被隔膜隔开的一段菌丝就是一个细胞，菌丝体由很多个细胞组成，每个细胞内有一个或多个细胞核。

霉菌在固体基质上生长时，菌丝有所分化。部分菌丝深入基质吸收养料，称为营养菌丝(基质菌丝)；向空中伸展的称为气生菌丝；气生菌丝可进一步发育为繁殖菌丝(孢子丝)，产生孢子。为适应不同的环境条件和更有效地摄取营养，满足生长发育和繁殖的需要，许多霉菌的菌丝体可以分化成一些特殊的组织和结构，如为了吸收营养所分化出吸器、假根、足细胞，为抵御不良环境所分化出的菌核，为产生孢子所特化出的闭囊壳、子囊壳和子囊盘等。

2. 霉菌的构造

霉菌丝状细胞最外层为厚实、坚韧的细胞壁，其内有细胞膜、细胞核(具核膜)、线粒体、核糖体、内质网及各种内含物(如肝糖、脂肪滴、异染粒等)等组成，如图7-2-2所示。幼龄菌往往液泡小而少，老龄菌具有较大的液泡。除少数低等水生霉菌细胞壁含纤维素外，大部分霉菌细胞壁主要由几丁质组成，几丁质为N-乙酰葡糖胺凭借由β-1,4-葡萄糖苷键连接的多聚体，赋予细胞壁坚韧的机械性能。

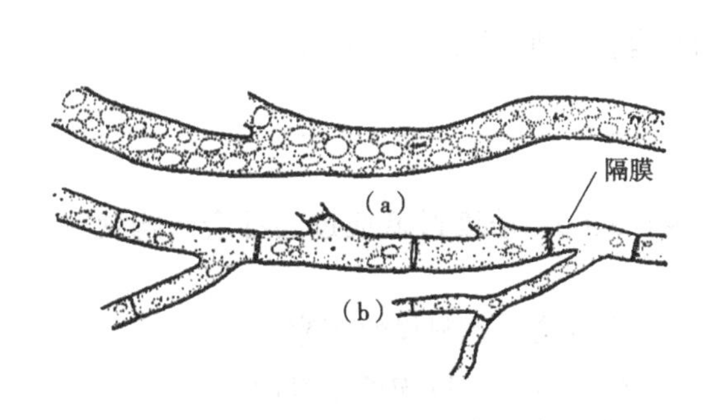

图7-2-1　霉菌菌丝

(a)有隔膜菌丝；(b)无隔膜菌丝

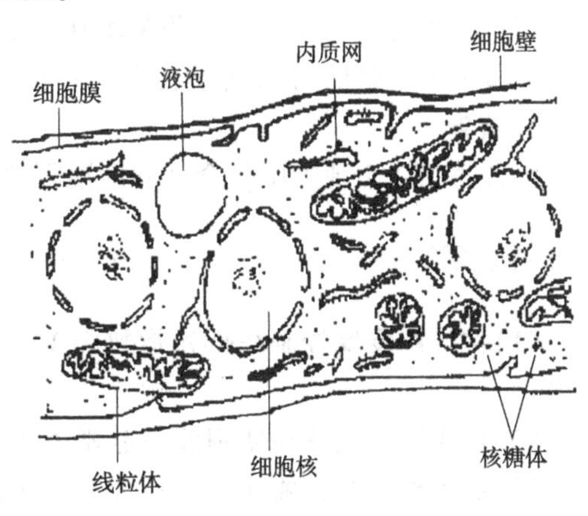

图7-2-2　霉菌的细胞结构

操作流程

1. 检验程序

霉菌直接镜检计数的程序如图 7-2-3 所示。

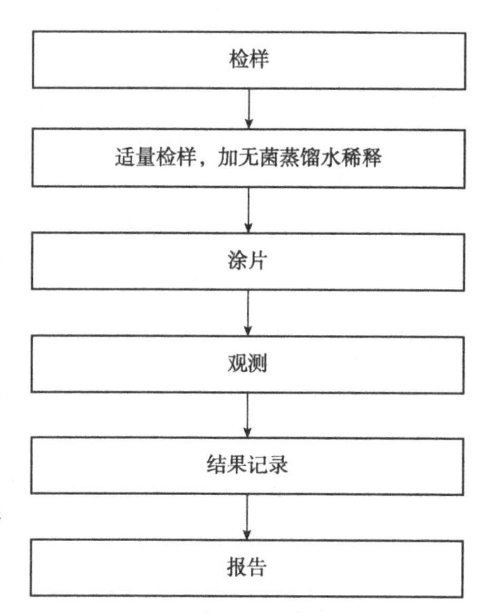

图 7-2-3　霉菌直接镜检计数的程序

2. 操作步骤

1)检样的制备

取适量检样，加蒸馏水稀释至折光指数 1. 3447~1. 3460(即浓度为 7. 9%~8. 8%)，备用。

2)显微镜标准视野的校正

将显微镜按放大率 90~125 倍调节标准视野，使其直径为 1. 382mm。

3)涂片

洗净郝氏计测玻片，将制好的标准液用玻璃棒均匀地涂布于计测室，加盖玻片，以备观察。

4)观测

将制好的载玻片置于显微镜标准视野下进行观测。一般每一检样，每人观察 50 个视野。同一检样，应由两人进行观察。

3. 结果与报告

1)结果记录

在标准视野下，发现有霉菌菌丝其长度超过标准视野(1. 382mm)的 1/6 或 3 根菌丝总长度超过标准视野的 1/6(即测微器的一格)时即记录为阳性(+)，否则记录为阴性(-)。

2)报告

报告每 100 个视野中，全部阳性视野数为霉菌的视野百分数(视野%)。

注意事项

(1)检样浓度要控制在折光指数为 1. 3447~1. 3460，浓度过低或过高都会影响观察的效果。

(2)郝氏计测玻片在使用前一定要清洗干净，否则会影响显微镜观察。

(3)加盖玻片时，要注意先一端接触计测室，缓缓放下，以免产生气泡。

(4)认真做好实验前的全面消毒，实验后应将霉菌检样高压灭菌。

考核评价

霉菌直接镜检计数的评分标准

内容	分值	评分细则	评分标准	得分
样品处理	1	无菌操作	用酒精棉球擦拭手、操作台面和样品开口处正确进行擦拭消毒	
	0.5	折光仪的使用	正确进行折光仪使用前的校正	
	1.5	稀释样品	正确使用移液管对样品进行稀释，并正确使用折光仪调整检样浓度至 1.3447～1.3460	
标准视野校正	1	显微镜标准视野的校正	正确调整显微镜放大率至 90～125 倍，调节标准视野，使其直径为 1.382mm	
涂片	2	制郝氏计数玻片	标准液取量适度，操作熟练；加盖玻片操作正确，不产生气泡	
观测与报告	2	观测	正确使用显微镜找到计测室进行观测，并能熟练操作完成 50 个视野的观测	
	1	记录与报告	能正确记录样品的阴、阳性，正确报告霉菌的视野百分数	
	1	物品的整理归位	整理显微镜并正确归位、清理实验用具、正确处理垃圾	
合　计				

考核教师签字：

名人讲堂

食品安全卫士——微生物学家孟昭赫

孟昭赫(图 7-2-4)，1921 年 10 月 13 日出生于辽宁省法库县五台子村红花岭屯，2003 年 3 月 10 日卒于北京。

孟昭赫的青少年时代生活在日伪统治的东北，虽然艰难地完成了高等教育，但经历过种种屈辱，强烈的爱国心油然而生。1949 年中华人民共和国成立后，他得到北京协和医院进修的机会，在名师谢少文的指导下开始接受严格的医学训练，从此走上了实现理想的道路。从到北京协和医学院进修起，孟昭赫在医学和食品微生物学领域勤奋工作了 50 多年。他从事的科研或服务工作，都是密切结合我国实际的，从客观需要出发，选择急待解决的问题进行科研，并在实践中对学科发展做出了贡献。

图 7-2-4　孟昭赫

20世纪80年代初，我国粮食出口因出现霉菌毒素污染而受到限制，影响了我国当时外汇紧张状况下的创汇。孟昭赫受我国当时的对外贸易部委托，开展霉菌毒素研究。他在卫生研究所组建了由他领导的霉菌研究组，对全国粮食受霉菌毒素污染的情况进行普查。为此，他先后主持举办过3次"全国霉菌鉴定及黄曲霉毒素学习班"，不仅完成了普查任务，还为我国培养了一批检测食品中霉菌毒素的专业人才。孟昭赫曾组织编写了《真菌毒素研究进展》，发表了多篇介绍霉菌毒素的科普文章。

1980年，孟昭赫曾被派往日本国立卫生研究院参加细菌学短期进修班，回国时带回了新出版的日文《真菌毒素图解》一书，他很快便将其翻译成汉语出版，供我国广大有关工作者参考。

同时，孟昭赫和一批学者开始向国内介绍各类新型防霉剂及其应用方法，对我国南北各地的水果防霉保鲜发挥了重要作用，促进了我国水果保鲜技术的迅速发展。1982年，他与中国预防医学科学院劳动卫生与职业病研究所的科研工作者合作，完成了国家"六五"攻关项目"热带水果保鲜的研究"。他们筛选出两种高效低毒的保鲜剂，在柑橘和荔枝保鲜中发挥了很大作用。这项成果先后获得商业部成果奖、卫生部医药卫生科技进步一等奖和国家科学技术进步二等奖。

中华人民共和国成立后，我国即着手食品卫生检验方法的研究，20世纪60年代开始制定食品卫生微生物及化学检验方法；70年代初开始，孟昭赫曾组织全国医学检验工作者以大肠菌群协作组等形式，对各种食品安全检测方法开展研究，为制定国家标准做准备。1976年我国制定出第一批食品卫生标准，这一成果获得了全国科技大会奖。孟昭赫参与了《食品卫生检验方法(微生物学部分)》一书的编写。该方法于1985年作为国家标准实施。为了贯彻国家标准，1984年，孟昭赫开始组织编写小组，并主持编撰《食品卫生检验方法注解(微生物学部分)》，参与编写、审校的有全国50位各有所长的著名专家。1990年该书由人民卫生出版社出版，1996年获卫生部科技进步三等奖。

孟昭赫科研思路敏捷，做事踏实认真，为人谦和包容，为了实现科研目标善于团结不同学科的专家一起攻关。他十分重视培养年轻人，把自己的知识和经验无私地传授给他们，大胆使用并鼓励他们参与重要的科研及社会团体工作。在他的晚年，还以多病之身培养数名博士研究生。他为我国食品卫生事业做出的贡献将为后人怀念！

项目小结

霉菌是形成分支菌丝的真菌统称。酵母菌是一群比细菌大得多的单细胞真核微生物。霉菌和酵母计数是指食品检样经过处理，在一定的条件下(如培养基、培养温度和培养时间等)培养后，所得1g或1mL检样中所含的霉菌和酵母菌落数。其计数方法为将待测定的微生物样品按比例做一系列的稀释后，吸取一定量连续的2~3个稀释度的菌液于无菌平皿中，倒入培养基后摇匀，冷却。经培养后，将各平板中计得的菌落数经过适当折算，即可测得单位体积的原始菌样中所含的活菌数。

对于番茄酱罐头、番茄汁中霉菌的计数一般采用霉菌直接镜检计数法，称为郝氏霉菌计数法，或称为霍华德霉菌计数法。此方法是在一个标准计数器里计数显微镜视野所含的霉菌菌丝。

自测练习

一、单选题

1. 霉菌和酵母平板计数检验中，平板的培养条件为(　　)。

A. 36℃±1℃，48h　　B. 36℃±1℃，5d

C. 28℃±1℃，48h　　D. 28℃±1℃，5d

2. 1∶10 样品稀释液的配制为：无菌操作称取检样(　　)，放入含有 225mL 灭菌水的玻塞三角瓶中，振摇 30min，即可。

A. 22. 5g/mL　　B. 50g/mL　　C. 45g/mL　　D. 25g/mL

3. 按照国家标准规定，霉菌平板计数检验时可以使用的培养基为(　　)琼脂。

A. 高盐察氏　　B. 察氏　　C. 营养　　D. 孟加拉红

4. 霉菌和酵母平板计数菌落的筛选原则是(　　)

A. 10~150CFU　　B. 30~300CFU　　C. 50~100CFU　　D. 100~200CFU

5. 某种食品的霉菌检验中，检验浓度分别为 1∶10、1∶100、1∶1000，平板计数结果依次为多不可计、(124，128)、(46，52)，该样品中的霉菌数为(　　)。

A. 1.6×10^4　　B. 1.59×10^4　　C. 1.3×10^4　　D. 1.26×10^4

二、判断题

1. 霉菌和酵母菌都属于细菌的一大类。　(　　)

2. 为了减缓霉菌在平板上的生长速度，计数培养基中会添加少量的抗生素。　(　　)

3. 在霉菌和酵母计数检验中，计算结果为 2375，则报告 2.38×10^3。　(　　)

4. 在霉菌计数检验中，若空白对照平板有菌落出现，则此次检验结果无效。　(　　)

5. 霉菌孢子通过空气传播，所以实验时应保持实验室平静，减少空气流通。　(　　)

6. 霉菌直接镜检计数涂片时，用涂抹棒将制好的标准液均匀地涂布于计测室，以备观察。　(　　)

三、简答题

1. 简述霉菌和酵母计数与菌落总数测定的不同点。

2. 进行霉菌直接镜检计数时要注意哪些问题?

项目8 食品中常见致病菌检验技术训练

从食品卫生的角度讲，食品中不允许有致病菌存在。致病菌种类繁多，食品的加工、贮藏条件不同，被污染的情况也不同。一般情况下，污染食品的致病菌的数量又不会很多，因此在实际中是无法对所有致病菌进行逐一检验的。食品中致病菌的检验，一般是根据不同食品的特点，选定较有代表性的致病菌作为检验的重点，并以此来判断食品中是否存在致病菌。

本项目主要学习食品中金黄色葡萄球菌、沙门菌、肉毒梭菌等的检验，方法主要参考现行的食品安全国家标准。

学习目标

知识目标

1. 理解食品中常见致病菌检验的原理和卫生学意义。
2. 能够制订食品中金黄色葡萄球菌的检验方案。
3. 能够制订食品中沙门菌的检验方案。
4. 能够制订食品中肉毒梭菌及其毒素的检验方案。
5. 能够制订食品中单核细胞增生李斯特菌的检验方案。
6. 掌握食品中常见致病菌检验的注意事项。

技能目标

1. 能够熟练操作致病菌检验的器皿和设备。
2. 能够正确实施食品中金黄色葡萄球菌的检验。
3. 能够正确实施食品中沙门菌的检验。
4. 能够正确实施食品中肉毒梭菌及其毒素的检验。
5. 能够正确实施食品中单核细胞增生李斯特菌的检验。
6. 能够根据食品中常见致病菌检验的结果，对实际生产提出指导建议。

素质目标

1. 培养严谨、认真、细致的学习和工作态度。
2. 培养发现问题、解决问题的能力。
3. 培养团队合作意识与纪律意识。

任务8-1 金黄色葡萄球菌检验

工作任务

金黄色葡萄球菌在自然界广泛分布，空气、土壤、水、灰尘及人和动物的排泄物中都可发现。金黄色葡萄球菌为革兰阳性球菌，可产生多种毒素和酶。金黄色葡萄球菌在血平板上生长时，因产生金黄色色素使菌落呈金黄色；由于产生溶血素可使菌落周围形成大而透明的溶血圈，在Baird-Parker平板上生长时，因将亚碲酸钾还原成碲酸钾使菌落呈灰黑色；因产生脂酶使菌落周围有一浑浊带，而在其外层因产生蛋白水解酶而形成有一透明带。在肉汤中生长时，菌体可生成血浆凝固酶并释放于培养基中(叫作游离凝固酶)。此酶类似凝血酶原物质，不直接作用到血浆纤维蛋白原上，而是被血浆中的致活剂(即凝固酶致活因子)激活后，变成耐热的凝血酶样物质，此物质可使血浆中的液态纤维蛋白原变成固态纤维蛋白，血浆因而呈凝固状态。利用金黄色葡萄球菌的培养特性和生理生化特性，制订检验方案。

本任务依照《食品安全国家标准　食品微生物学检验　金黄色葡萄球菌检验》(GB 4789.10—2016)学习食品中金黄色葡萄球菌的检验。

工具材料

1. 设备和材料

除微生物实验室常规灭菌及培养设备外，其他设备和材料如下：

恒温培养箱(36℃±1℃)、冰箱(2~5℃)、恒温水浴箱(36~56℃)、电子天平(感量0.1g)、均质器、振荡器、pH计或pH比色管或精密pH试纸。

无菌吸管(1mL，具0.01mL刻度；10mL，具0.1mL刻度)或微量移液器及吸头、无菌锥形瓶(容量100mL、500mL)、无菌培养皿(直径90mm)、涂布棒。

酒精灯、剪刀、镊子、记号笔等。

2. 培养基和试剂

7.5%氯化钠肉汤、血琼脂平板、Baird-Parker琼脂平板、脑心浸出液肉汤(BHI)、兔血浆、营养琼脂小斜面、革兰染色液、磷酸盐缓冲液、无菌生理盐水。培养基配制详见附录1.4 D。

1. 金黄色葡萄球菌的生物学特性

1)形态与染色

金黄色葡萄球菌为革兰阳性球菌，直径0.5~1.5μm，单个、成对以及不规则的葡萄串状排列，无鞭毛，不运动，无芽孢，一般不形成荚膜。衰老、死亡或被白细胞吞噬后，常转为革兰阴性，对青霉素有抗药性的菌株也为革兰阴性。

2)培养特性

金黄色葡萄球菌营养要求不高，在普通培养基上生长良好，需氧或兼性厌氧。最适生长温度为37℃，最适pH值为7.4。金黄色葡萄球菌耐盐性强，在含10%~15%的氯化钠培养基中能生长，在含有20%~30%的二氧化碳环境中培养，可产生大量的毒素。

金黄色葡萄球菌在肉汤培养基中生长迅速，37℃、24h培养后，呈均匀浑浊生长；延长培养时间，管底出现少量沉淀，轻轻振摇，沉淀物上升，旋即消散；培养2~3d后可形成很薄的菌环，在管底则形成较多黏稠沉淀。在普通营养琼脂平板上，培养24~48h后可形成圆形凸起、边缘整齐、表面光滑、湿润、有光泽、不透明的菌落，菌落直径通常为1~2mm，可产生金黄色色素。在血琼脂平板上，形成的菌落较大。多数菌株可产生溶血毒素，使菌落周围产生透明的溶血圈(β-溶血)。

3)生化特性

金黄色葡萄球菌可分解乳糖、葡萄糖、麦芽糖、蔗糖，产酸不产气。甲基红反应阳性，V-P反应为弱阳性，多数菌株能分解精氨酸，水解尿素，还原硝酸盐，液化明胶。

2. 金黄色葡萄球菌的危害

金黄色葡萄球菌在自然界中分布广泛，空气、土壤、水、灰尘及人和动物的排泄物中都可发现。可直接或间接地污染食品，在适宜条件下可产生肠毒素，引起食物中毒，其中毒症状主要为急性胃肠炎。金黄色葡萄球菌也是人类化脓感染中最常见的病原菌，可引起局部化脓感染，也可引起肺炎、胃肠炎、心包炎等，甚至败血症、脓毒症等全身感染。

3. 金黄色葡萄球菌污染食品的途径

食品加工人员或销售人员带菌，造成食品污染；食品在加工前本身带菌，或在加工过程中受到污染，产生了肠毒素，引起食物中毒；熟食制品包装不严，运输过程中受到污染；乳牛患化脓性乳腺炎或畜禽局部化脓时，对肉体其他部位造成污染。

4. 防止金黄色葡萄球菌污染食品的措施

1) 防止带菌人群对各种食物的污染

定期对生产加工人员进行健康检查，患局部化脓性感染(如疥疮、手指化脓等)、上呼吸道感染(如鼻窦炎、口腔疾病等)的人员要暂时停止其工作或调换岗位。

2) 防止金黄色葡萄球菌对乳类及其制品的污染

牛乳厂要定期检查乳牛的乳房，不能挤用患化脓性乳腺炎乳牛的牛乳；牛乳挤出后，要迅速冷至-10℃以下，以防毒素生成、细菌繁殖。乳制品要以消毒牛乳为原料，注意低温保存。

对肉制品加工厂，患局部化脓感染的禽畜尸体应除去病变部位，经高温或其他适当方式处理后，才可进行加工生产。防止金黄色葡萄球菌肠毒素的生成，应在低温和通风良好的条件下贮藏食物，以防肠毒素形成；在气温高的春夏季，食物置于冷藏或通风阴凉处也不应超过 6h，并且食用前要彻底加热。

操作流程

1. 金黄色葡萄球菌定性检验

1) 检验程序

金黄色葡萄球菌定性检验程序如图 8-1-1 所示。

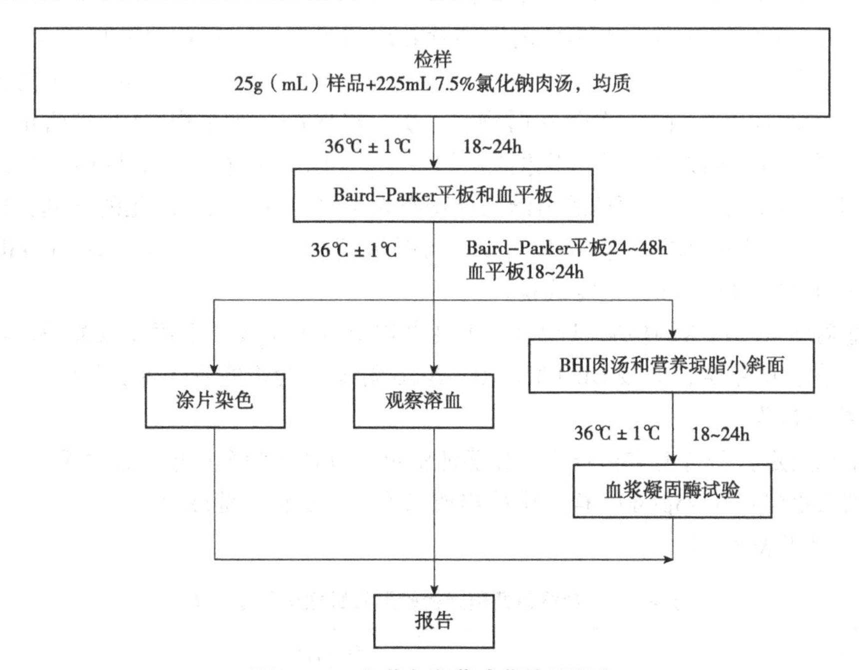

图 8-1-1　金黄色葡萄球菌检验程序

2)操作步骤

(1)样品的处理：称取 25g 样品至盛有 225mL 7.5%氯化钠肉汤的无菌均质杯内，8000~10 000r/min 均质 1~2min，或放入盛有 225mL 7.5%氯化钠肉汤的无菌均质袋中，用拍击式均质器拍打 1~2min。若样品为液态，可吸取 25mL 样品至盛有 225mL 7.5%氯化钠肉汤的无菌锥形瓶(瓶内可预置适当数量的无菌玻璃珠)中，振荡混匀。

(2)增菌：将上述样品的匀液于 36℃±1℃培养 18~24h。金黄色葡萄球菌在 7.5%氯化钠肉汤中呈浑浊生长。

(3)分离：将增菌后的培养物，分别划线接种到 Baird-Parker 平板和血平板中，Baird-Parker 平板 36℃±1℃培养 24~48h。血平板 36℃±1℃培养 18~24h。

(4)初步鉴定：金黄色葡萄球菌在 Baird-Parker 平板上呈圆形，表面光滑、凸起、湿润，菌落直径为 2~3mm，颜色呈灰黑色至黑色，有光泽，常有浅色(非白色)的边缘，周围绕以不透明圈(沉淀)，其外常有一清晰带。当用接种针触及菌落时具有黄油样黏稠感。有时可见到不分解脂肪的菌株，除没有不透明圈和清晰带外，其他外观基本相同。从长期贮存的冷冻或脱水食品中分离的菌落，其黑色常较典型菌落浅些，且外观可能较粗糙，质地较干燥。

在血平板上，形成菌落较大，圆形、光滑凸起、湿润、金黄色(有时为白色)，菌落周围可见完全透明溶血圈。挑取上述可疑菌落进行革兰染色镜检及血浆凝固酶试验。

(5)确证鉴定：

①染色镜检。金黄色葡萄球菌为革兰阳性球菌，排列呈葡萄球状，无芽孢，无荚膜，直径为 0.5~1μm。

②血浆凝固酶试验。挑取 Baird-Parker 琼脂平板或血琼脂平板上至少 5 个可疑菌落(小于 5 个全选)，分别接种到 5mL BHI 肉汤和营养琼脂小斜面，36℃±1℃培养 18~24h。取新鲜配制兔血浆 0.5mL，放入小试管中，再加入 BHI 培养物 0.2~0.3mL，振荡摇匀，置 36℃±1℃恒温箱或水浴箱内，每半小时观察一次，观察 6h，如呈现凝固(即将试管倾斜或倒置时，呈现凝块)或凝固体积大于原体积的一半，判定为阳性结果。同时，以血浆凝固酶试验阳性和阴性葡萄球菌菌株的肉汤培养物作为对照。也可用商品化的试剂，按说明书操作，进行血浆凝固酶试验。如结果可疑，可挑取营养琼脂小斜面的菌落到 5mL BHI 肉汤，36℃±1℃培养 18~48h，重复试验。

(6)葡萄球菌肠毒素的检验(选做)：可疑食物中毒样品或产生葡萄球菌肠毒素的金黄色葡萄球菌菌株的鉴定，应按 GB 4789.10—2016 附录 B 检验葡萄球菌肠毒素。

3)结果与报告

(1)结果判定：符合上文初步鉴定和确证鉴定，可判定为金黄色葡萄球菌。

(2)结果报告：在 25g(mL)样品中检出或未检出金黄色葡萄球菌。

结果记录于表 8-1-1 中。

表 8-1-1 金黄色葡萄球检验原始数据记录报告单

送检单位		样品名称	
生产单位		生产日期	

（续）

检验日期		检验依据	
检验项目			
培养基			
培养温度			
菌落形态			
鉴定			
结果报告			
检验员		复检	
备注			

2. 金黄色葡萄球菌平板计数法

1) 检验程序

金黄色葡萄球平板计数法检验程序如图 8-1-2 所示。

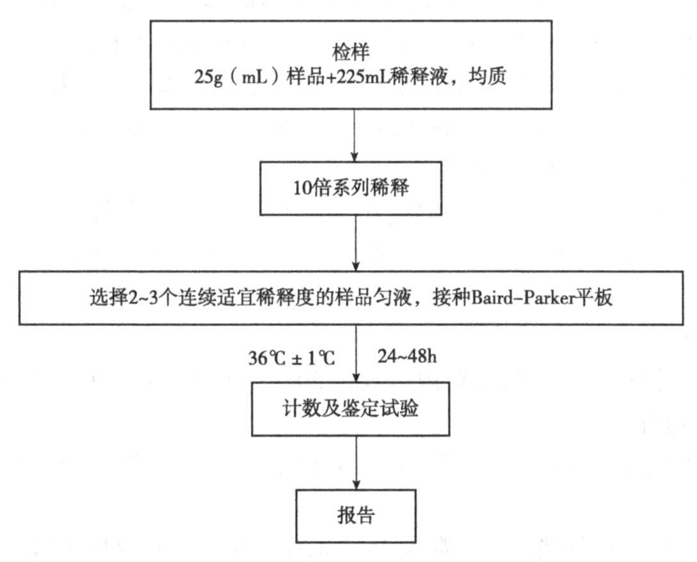

图 8-1-2　金黄色葡萄球菌平板计数检验程序

2) 操作步骤

(1) 样品的稀释：

①固体和半固体样品。称取 25g 样品置于盛有 225mL 磷酸盐缓冲液或生理盐水的无菌均质杯内，8000~10 000r/min 均质 1~2min，或置于盛有 225mL 稀释液的无菌均质袋中，用拍击式均质器拍打 1~2min，制成 1∶10 的样品匀液。

②液体样品。以无菌吸管吸取 25mL 样品置于盛有 225mL 磷酸盐缓冲液或生理盐水的无菌锥形瓶(瓶内预置适当数量的无菌玻璃珠)中，充分混匀，制成 1∶10 的样品匀液。

③用 1mL 无菌吸管或微量移液器吸取 1∶10 的样品匀液 1mL，沿管壁缓慢注于盛有 9mL 磷酸盐缓冲液或生理盐水的无菌试管中(注意吸管或吸头尖端不要触及稀释液面)，振摇试管或换用 1 支 1mL 无菌吸管反复吹打使其混合均匀，制成 1∶100 的样品匀液。

④按③操作程序，制备 10 倍系列稀释样品匀液。每递增稀释一次，换用 1 支 1mL 无菌吸管或吸头。

(2)样品的接种：根据对样品污染状况的估计，选择 2～3 个适宜稀释度的样品匀液(液体样品可包括原液)，在进行 10 倍递增稀释的同时，每个稀释度分别吸取 1mL 样品匀液以 0.3mL、0.3mL、0.4mL 接种量分别加入 3 块 Baird-Parker 平板，然后用无菌涂布棒涂布整个平板，注意不要触及平板边缘。使用前，如 Baird-Parker 平板表面有水珠，可放在 25～50℃的培养箱里干燥，直到平板表面的水珠消失。

(3)培养：在通常情况下，涂布后，将平板静置 10min，如样品匀液不易吸收，可将平板放在培养箱 36℃±1℃培养 1h；等样品匀液吸收后翻转平板，倒置后于 36℃±1℃培养 24～48h。

(4)典型菌落计数和确认：

①金黄色葡萄球菌在 Baird-Parker 平板上呈圆形，表面光滑、凸起、湿润，菌落直径为 2～3mm，颜色呈灰黑色至黑色，有光泽，常有浅色(非白色)的边缘，周围绕以不透明圈(沉淀)，其外常有一清晰带。当用接种针触及菌落时具有黄油样黏稠感。有时也可见到不分解脂肪的菌株，除没有不透明圈和清晰带外，其他外观基本相同。从长期贮存的冷冻或脱水食品中分离的菌落，其黑色常较典型菌落浅些，且外观可能较粗糙，质地较干燥。

②选择有典型的金黄色葡萄球菌菌落的平板，且同一稀释度 3 个平板所有菌落数合计在 20～200CFU 的平板，计数典型菌落数。

③从典型菌落中至少选 5 个可疑菌落(小于 5 个全选)进行鉴定试验。分别做染色镜检和血浆凝固酶试验(见确证鉴定)；同时划线接种到血平板，36℃±1℃培养 18～24h 后观察菌落形态。

(5)结果计算：

①若只有一个稀释度平板的典型菌落数在 20～200CFU，计数该稀释度平板上的典型菌落，按式(8-1-1)计算。

②若最低稀释度平板的典型菌落数小于 20CFU，计数该稀释度平板上的典型菌落，按式(8-1-1)计算。

③若某一稀释度平板的典型菌落数大于 200CFU，但下一稀释度平板上没有典型菌落，计数该稀释度平板上的典型菌落，按式(8-1-1)计算。

④若某一稀释度平板的典型菌落数大于 200CFU，而下一稀释度平板上虽有典型菌落但不在 20～200CFU 范围内，计数该稀释度平板上的典型菌落，按式(8-1-1)计算。

⑤若 2 个连续稀释度的平板典型菌落数均在 20～200CFU，按式(8-1-2)计算。

⑥计算公式

$$T=\frac{AB}{Cd} \tag{8-1-1}$$

式中　T——样品中金黄色葡萄球菌菌落数；

A——某一稀释度典型菌落的总数；
B——某一稀释度鉴定为阳性的菌落数；
C——某一稀释度用于鉴定试验的菌落数；
d——稀释因子。

$$T=\frac{A_1B_1/C_1+A_2B_2/C_2}{1.1d} \tag{8-1-2}$$

式中　T——样品中金黄色葡萄球菌菌落数；
A_1——第一稀释度(低稀释倍数)典型菌落的总数；
B_1——第一稀释度(低稀释倍数)鉴定为阳性的菌落数；
C_1——第一稀释度(低稀释倍数)用于鉴定试验的菌落数；
A_2——第二稀释度(高稀释倍数)典型菌落的总数；
B_2——第二稀释度(高稀释倍数)鉴定为阳性的菌落数；
C_2——第二稀释度(高稀释倍数)用于鉴定试验的菌落数；
1.1——计算系数；
d——稀释因子(第一稀释度)。

(6)报告：根据(5)中公式计算结果，报告每克(毫升)样品中金黄色葡萄球菌数，以CFU/g(mL)表示；如T值为0，则以小于1乘以最低稀释倍数报告。

3. 金黄色葡萄球菌MPN计数

1)检验程序

金黄色葡萄球MPN计数检验程序如图8-1-3所示。

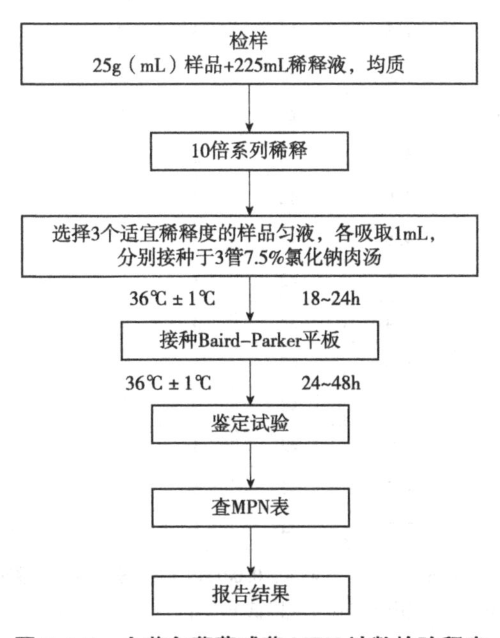

图8-1-3　金黄色葡萄球菌MPN计数检验程序

2)操作步骤

(1)样品的稀释：按金黄色葡萄球菌平板计数中样品稀释的方法进行。

(2)接种和培养：

①根据对样品污染情况的估计，选择3个适宜稀释度的样品匀液(液体样品可包括原液)，在进行10倍递增稀释的同时，每个稀释度分别接种1mL样品匀液至7.5%氯化钠肉汤(如接种量超过1mL，则用双料7.5%氯化钠肉汤)，每个稀释度接种3管，将上述接种物36℃±1℃培养，18~24h。

②用接种环从培养后的7.5%氯化钠肉汤中分别取培养物1环，移种于Baird-Parker平板36℃±1℃培养，24~48h。

③典型菌落确认。按金黄色葡萄球菌平板法操作步骤(4)①和(4)③进行。

(3)结果与报告：根据证实为金黄色葡萄球菌阳性试管的管数，查MPN检索表(表8-1-2)，报告每克(毫升)样品中金黄色葡萄球菌的最可能数，以MPN/g(mL)表示。

表8-1-2　金黄色葡萄球菌最可能数(MPN)检索表

阳性管数			MPN	95%可信限		阳性管数			MPN	95%可信限	
0.10	0.01	0.001		下限	上限	0.10	0.01	0.001		下限	上限
0	0	0	<3.0	—	9.5	2	2	0	21	4.5	42
0	0	1	3.0	0.15	9.6	2	2	1	28	8.7	94
0	1	0	3.0	0.15	11	2	2	2	35	8.7	94
0	1	1	6.1	1.2	18	2	3	0	29	8.7	94
0	2	0	6.2	1.2	18	2	3	1	36	8.7	94
0	3	0	9.4	3.6	38	3	0	0	23	4.6	94
1	0	0	3.6	0.17	18	3	0	1	38	8.7	110
1	0	1	7.2	1.3	18	3	0	2	64	17	180
1	0	2	11	3.6	38	3	1	0	43	9	180
1	1	0	7.4	1.3	20	3	1	1	75	17	200
1	1	1	11	3.6	38	3	1	2	120	37	420
1	2	0	11	3.6	42	3	1	3	160	40	420
1	2	1	15	4.5	42	3	2	0	93	18	420
1	3	0	16	4.5	42	3	2	1	150	37	420
2	0	0	9.2	1.4	38	3	2	2	210	40	430
2	0	1	14	3.6	42	3	2	3	290	90	1000
2	0	2	20	4.5	42	3	3	0	240	42	1000
2	1	0	15	3.7	42	3	3	1	460	90	2000
2	1	1	20	4.5	42	3	3	2	1100	180	4100
2	1	2	27	8.7	94	3	3	3	>1100	420	—

注：1. 本表采用3个稀释度[0.1g(mL)、0.01g(mL)、0.001g(L)]，每个稀释度接种3管。2. 表内所列检样量如改用1g(mL)、0.1g(mL)和0.01g(mL)时，表内数字应相应降低10倍；如改用0.01g(mL)、0.001g(mL)和0.0001g(mL)时，则表内数字应相应增高10倍，其余类推。

注意事项

（1）血浆凝固酶试验：

①可选用人血浆或兔血浆，用人血浆出现凝固的时间短，约93.6%的阳性菌在1h内出现凝固。用兔血浆1h内出现凝固的阳性菌株仅达86%，大部分菌株可在6h内出现凝固。

②若被检菌为陈旧的培养物（超过18～24h）或生长不良，可能造成凝固酶活性降低，出现假阴性。

③不能使用甘露醇氯化钠琼脂上的菌落做血浆凝固酶试验，因所有高盐培养基都可以抑制A蛋白的产生，造成假阴性结果。

④不要用力振摇试管，以免凝块振碎。

⑤试验必须设阳性（标准金黄色葡萄球菌）、阴性（白色葡萄球菌）、空白（肉汤）对照。

（2）当食品中检出金黄色葡萄球菌时，表明食品加工卫生条件较差。但当食品中未分离出金黄色葡萄球菌时，也不能证明食品中不存在葡萄球菌肠毒素。

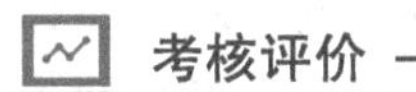

考核评价

金黄色葡萄球菌定性检验的评分标准（第一法）

内容	分值	评分细则	评分标准	得分
样品处理	1	无菌操作	用酒精棉球对手、操作台面和样品开口处正确进行擦拭消毒	
	1	吸管使用	正确打开包装；正确握持吸管；垂直调节液面；放液时吸管尖端不触及液面	
	1	稀释样品	系列稀释顺序正确；稀释时能混合均匀；每变化一个稀释倍数能更换吸管	
	1	均质器的使用	选择好程序，正确设置拍击速度、拍击时间等，样品与均质器无接触	
增菌和分离培养	1	划线接种	划线前要灼烧，第一次灼烧后要冷却后才能伸入菌液；划线时第一区域不能与最后区域相连；划线时力度不能过大	
	1	接种针的使用	接种针持法正确；取培养物前，接种针灼烧灭菌彻底并能冷却；取出培养物后，接种针不碰壁、不过火；接种完，接种针灼烧灭菌彻底	
	1	分离培养	能熟练进行分离培养；准确识别金黄色葡萄球菌的菌落	
鉴定	0.5	染色镜检试验	涂片均匀，不宜过厚，控制染色时间，脱色程度适当	
	1	血浆凝固酶试验	须制备浓厚的均匀菌悬液，以便观察结果	

（续）

内容	分值	评分细则	评分标准	得分
结果报告	1	结果报告	报告结果规范、正确	
	0.5	物品的整理归位	台面整理干净、物品正确归位、无破损	
合　计				
考核教师签字：				

知识拓展

金黄色葡萄球菌快速检测技术

1. 快速测试纸片法

典型代表是美国3M公司研制生产的Petrifilm金黄色葡萄球菌测试片，这是一种薄膜型的计数平板，是一种无须耗时准备培养基的快速检验系统。测试薄膜由检测片和反应片两部分组成。检测片含有改良的Baird-Parker培养基成分及冷水可溶性凝胶，对于金黄色葡萄球菌的生长具有很强的选择性，并能将其鉴定出来。反应片含有DNA、甲苯胺蓝及四唑显色剂，该显色剂有助于菌落的计数和确定葡萄球菌耐热核酸酶的存在。

金黄色葡萄球菌在检测片上显色为暗紫红色菌落，若检测片的菌落均呈暗紫红色，则无须再做进一步的确认，测试即已完成。如果在检测片上有其他可疑的菌落出现，则可以使用金黄色葡萄球菌反应片来辨认是否为金黄色葡萄球菌。除了暗紫红色的菌落之外，若检测片出现其他颜色的菌落(黑色或蓝绿色)时，必须使用反应片。

金黄色葡萄球菌会产生脱氧核糖核酸酶(DNase)，而此酶可与反应片上的显色剂反应形成粉红色环，故当反应片置入检测片中，金黄色葡萄球菌(少数情况下会是猪葡萄球菌及中间葡萄球菌)会形成粉红色环，其他种类的细菌则不会形成粉红色环。在葡萄球菌属中，呈凝集酶反应阳性的菌绝大多数是金黄色葡萄球菌、猪葡萄球菌与中间葡萄球菌。

2. 鉴别培养基法

以法国生物梅里埃公司的“Baird-Parker培养基”和科玛嘉的“金黄色葡萄球菌显色培养基”为典型代表。

法国生物梅里埃公司研制生产的Baird Parker-f-RPF培养基是在BP琼脂的基础上加上RPF(兔血浆纤维蛋白原)。这一培养基中含有丰富的营养成分，其中以氯化锂代替亚碲酸钾，使菌落颜色呈黑色，RPF补充有兔血浆和牛纤维蛋白原，以便检测凝固酶活力，胰酶可以抑制全部或部分围绕凝固酶阳性菌落周围沉淀晕环纤维蛋白的溶解，因此凡存在血浆凝固酶阳性的金黄色葡萄球菌，将在培养基中呈现有晕环的黑色菌落，即可确认，并做计数。

3. 乳胶凝集试验法

金黄色葡萄球菌表面存在A蛋白，具有种属特异性，该A蛋白能与人及多种哺乳动物的免疫球蛋白IgG的Fc段结合，因此可采用IgG包埋的乳胶颗粒，结合血浆纤维蛋白原与凝集因子的凝集反应，来检测金黄色葡萄球菌。作为免疫学方法之一，乳胶凝集试验在金黄色葡萄球菌的检测分析中，既可作为初筛，同时也是确认金黄色葡萄球菌的方法之一。

任务8-2　沙门菌检验

工作任务

食品中沙门菌的含量较少，且常由于食品加工过程使其受到损伤而处于濒死的状态。为了分离与检验食品中的沙门菌，对某些加工食品必须经过前增菌处理，用无选择性的培养基使处于濒死状态的沙门菌恢复其活力，再进行选择性增菌，使沙门菌得以增殖而大多数的其他细菌受到抑制，再进行分离鉴定。

沙门菌属是一群血清学上相关的需氧、无芽孢的革兰阴性杆菌，周身鞭毛，能运动，不发酵乳糖、蔗糖及侧金盏花醇，不产生靛基质，不分解尿素，能有规律地发酵葡萄糖并产生气体。沙门菌属细菌由于不发酵乳糖，能在各种选择性培养基上生成特殊形态的菌落。大肠埃希菌由于发酵乳糖产酸而出现与沙门菌形态特征不同的菌落，如在SS琼脂平板上使中性红指示剂变红，菌落呈红色，借此可把沙门菌同大肠埃希菌相区别。根据沙门菌属的生化特征，借助于三糖铁、靛基质、尿素、氰化钾、赖氨酸等试验可与肠道其他菌属相鉴别。本菌属的所有菌种均有特殊的抗原结构，借此也可以把它们分辨出来。

本任务依照《食品安全国家标准　食品微生物学检验　沙门氏菌检验》(GB 4789.4—2024)学习食品中沙门菌的检验。

工具材料

1. 设备和材料

除微生物实验室常规灭菌及培养设备外，其他设备和材料如下：

恒温培养箱(36℃±1℃)、恒温装置(42℃±1℃、48℃±2℃)、冰箱(2~8℃)、天平(感量0.1g)、均质器、振荡器、微生物生化鉴定系统、pH计或pH比色管或精密pH试纸、生物安全柜。

无菌吸管(1mL，具0.01mL刻度；10mL，具0.1mL刻度)或微量移液器及吸头、无菌锥形瓶(500mL、250mL)、无菌量筒(50mL)、无菌均质杯、无菌均质袋、无菌广口瓶(500mL)、无菌培养皿(直径60mm、90mm)、无菌试管(10mm×75mm、15mm×150mm、18mm×180mm或其他合适规格)、无菌小玻管(3mm×50mm)、无菌接种环(10μL，直径约3mm；1μL以及接种针)。

2. 培养基和试剂

缓冲蛋白胨水(BPW)、四硫磺酸钠煌绿(TTB)增菌液、氯化镁孔雀绿大豆胨(RVS)增菌液、亚硫酸铋(BS)琼脂、HE 琼脂、木糖赖氨酸脱氧胆盐(XLD)琼脂、三糖铁(TSI)琼脂、营养琼脂(NA)、半固体琼脂、蛋白胨水、靛基质试剂、尿素琼脂(pH 7.2)、氰化钾(KCN)培养基、赖氨酸脱羧酶试验培养基、糖发酵培养基、邻硝基酚β-D-半乳糖苷(ONPG)培养基、丙二酸钠培养基、沙门菌显色培养基、沙门菌诊断血清、生化鉴定试剂盒、1mol/L NaOH 溶液、1mol/L HCl 溶液。培养基配制详见附录 1.4E。

知识准备

1. 沙门菌的生物学特性

1)形态与染色

沙门菌为革兰阴性短杆菌，大小为(0.4~0.9)μm×(1~3)μm，两端钝圆，无芽孢。光滑型菌落的菌大小均匀，粗糙型菌落的菌大小及长短不等，甚至可见丝状体，除鸡白痢和鸡伤寒沙门菌外，均具周身鞭毛，能运动，一般无荚膜。

2)培养特性

沙门菌为需氧或兼性厌氧菌。最适温度为37℃，适宜 pH 值为 6.8~7.8，对营养要求不高，在普通培养基上能良好生长。

3)生化特性

沙门菌属有 2000 个型，多数生化特性一致，生化特性对沙门菌属细菌的鉴别具有重要意义。

(1)发酵葡萄糖、麦芽糖、甘露醇、山梨酸产酸产气。

(2)不发酵乳糖、蔗糖、侧金盏花醇(大肠埃希菌有的为阳性)。

(3)不产生靛基质，V-P 阴性。

(4)不水解尿素，对苯丙氨酸不脱氨。

4)抵抗力

沙门菌不耐热，55℃、1h 或 60℃、15~30min 即被杀死。沙门菌属在外界的生活力较强，在 10~42℃均能生长。在普通水中虽不易繁殖，但可生存 2~3 周。在粪便中可存活 1~2 个月。在牛乳和肉类食品中，存活数月，在食盐含量为 10%~15%的腌肉中也可存活 2~3 个月。

烹调大块鱼、肉类食品时，如果食品内部达不到沙门菌的致死温度，其中的沙门菌仍能存活，食用后可导致食物中毒。冷冻对于沙门菌无杀灭作用，即使在-25℃低温环境中沙门菌仍可存活 10 个月左右。

由于沙门菌不分解蛋白质，不产生靛基质，污染食物后无感官性状的变化，易被忽视而引起食物中毒。

5)毒素特性

沙门菌不产生外毒素，但菌体裂解时，可产生毒性很强的内毒素，此种毒素为致病的主要因素，可引起人体发冷、发热及白细胞减少等病症。

2. 沙门菌的传播

沙门菌广泛分布于自然界，且在人和动物间广泛传播。所有的温血动物和许多冷血动物是沙门菌的宿主或潜在宿主。这些带菌动物是动物性食品中沙门菌的主要来源。

在沙门菌的传播中，病人和带菌者是重要的传染源，也是食品污染的另一来源。从我国饮食行业从业人员带菌检查的结果看，人的沙门菌带菌率在1%上下波动，夏秋季可达2%，但冬春季带菌率低，呈现季节性消长。且从业人员的职业与带菌率有明显的关系，据调查，掌刀的厨师带菌率可高达40%。自带菌者分离的菌株与自动物分离的菌株血清学一致，提示可能是职业性感染。同时，人的带菌又是造成肉类食品污染的重要原因，所以带菌者的因素在沙门菌食物中毒中的作用不容忽视。

蛋、家禽和肉类产品是沙门菌病的主要传播媒介，在食品中增殖，人食入后可在消化道内增殖，引起急性胃肠炎和败血症等。该菌是重要的食物中毒性细菌之一。感染主要取决于沙门菌的血清型和食用者的身体状况，受威胁最大的是小孩、老年人及免疫缺陷个体。

沙门菌除可感染人外，还可感染很多动物，包括哺乳类、鸟类、爬行类、鱼类、两栖类及昆虫类。人畜感染后可呈无症状带菌状态，也可表现为有临床症状，它可能加重病态或死亡率，或者降低动物的繁殖生产力。

操作流程

1. 检验程序

沙门菌检验程序如图8-2-1所示。

2. 操作步骤

1)预增菌

无菌操作取25g(mL)样品，置于盛有225mL BPW的无菌均质杯，以8000~10 000r/min均质1~2min，或置于盛有225mL BPW的无菌均质袋内，用拍击式均质器拍打1~2min。对于液态样品，也可置于盛有225mL BPW的无菌锥形瓶或其他合适容器中振荡混匀。如需调节pH值时，用1mol/L NaOH溶液或HCl溶液调pH值至6.8±0.2。无菌操作将样品转至500mL锥形瓶或其他合适容器内(如均质杯本身具有无孔盖或使用均质袋时，可不转移样品)，置于36℃±1℃培养8~18h。

对于乳粉，无菌操作称取25g样品，缓缓倾倒在广口瓶或均质袋内225mL BPW的液体表面，勿调节pH值，也暂不混匀，室温静置60min±5min后再混匀，置于36℃±1℃培养16~18h。

冷冻样品如需解冻，取样前在40~45℃的水浴中解冻不超过15min，或在2~8℃冰箱缓慢化冻不超过18h如为冷冻产品，应在45℃以下不超过15min，或2~5℃不超过18h解冻。

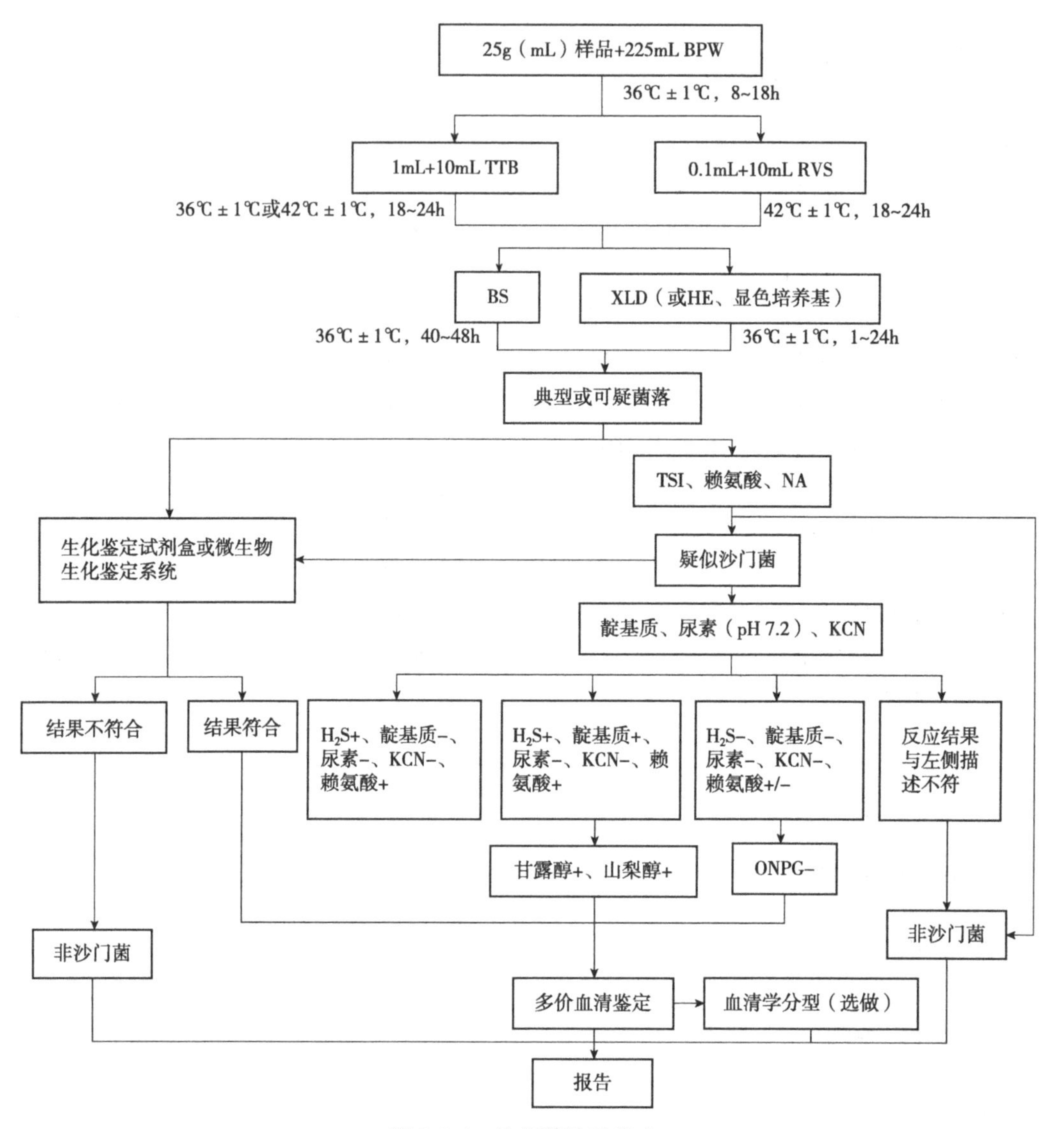

图 8-2-1　沙门菌检验程序

2) 选择性增菌

轻轻摇动预增菌的培养物，移取 0.1mL 转种于 10mL RVS 中，混匀后于 42℃±1℃培养 18~24h。同时，另取 1mL 转种于 10mL TTB 中后混匀，低背景菌的样品（如深加工的预包装食品等）置于 36℃±1℃培养 18~24h，高背景菌的样品（如生鲜禽肉等）置于 42℃±1℃培养 18~24h。

如有需要，可将预增菌的培养物在 2~8℃冰箱保存不超过 72h，再进行选择性增菌。

3) 分离

振荡混匀选择性增菌的培养物后，用直径 3mm 的接种环取每种选择性增菌的培养物各一环，分别划线接种于一个 BS 琼脂平板和一个 XLD 琼脂平板（也可使用 HE 琼脂平板、沙门菌显色培养基平板或其他合适的分离琼脂平板），于 36℃±1℃分别培养 40~48h（BS

琼脂平板)或18~24h(XLD琼脂平板、HE琼脂平板、沙门菌显色培养基平板)，观察各个平板上生长的菌落，是否符合表8-2-1的菌落特征。

如有需要，可将选择性增菌的培养物在2~8℃冰箱保存不超过72h，再进行分离。

表8-2-1　不同分离琼脂平板上沙门菌的菌落特征

分离琼脂平板	沙门菌
BS琼脂	菌落为黑色有金属光泽、棕褐色或灰色，菌落周围培养基可呈黑色或棕色；有些菌株形成灰绿色的菌落，周围培养基不变
XLD琼脂	菌落呈粉红色，带或不带黑色中心，有些菌株可呈现大的带光泽的黑色中心，或呈现全部黑色的菌落；有些菌株为黄色菌落，带或不带黑色中心
HE琼脂	蓝绿色或蓝色，多数菌落中心黑色或几乎全黑色；有些菌株为黄色，中心黑色或几乎全黑色
沙门菌显色培养基	符合相应产品说明书的描述

4)生化试验

(1)挑取4个以上典型或可疑菌落进行生化试验，这些菌落宜分别来自不同选择性增菌液的不同分离琼脂；也可先选其中一个典型或可疑菌落进行试验，若鉴定为非沙门菌，再取余下菌落进行鉴定。将典型或可疑菌落接种TSI琼脂，先在斜面划线，再于底层穿刺；同时接种赖氨酸脱羧酶试验培养基和营养琼脂(或其他合适的非选择性固体培养基)平板，于36℃±1℃培养18~24h。TSI琼脂和赖氨酸脱羧酶试验的结果及初步判断见表8-2-2所列。将已挑菌落的分离琼脂平板于2~8℃保存，以备必要时复查。

表8-2-2　三糖铁和赖氨酸脱羧酶试验结果及初步判断

TSI琼脂				赖氨酸脱羧酶试验培养基	初步判断
斜面	底层	产气	硫化氢		
K	A	+(-)	+(-)	+	疑似沙门菌属
K	A	+(-)	+(-)	-	疑似沙门菌属
A	A	+(-)	+(-)	+	疑似沙门菌属
A	A	+/-	+/-	-	非沙门菌
K	K	+/-	+/-	+/-	非沙门菌

注：K表示产碱，A表示产酸；+表示阳性，-表示阴性；+(-)表示多数阳性，少数阴性；+/-表示阳性或阴性。

(2)初步判断为非沙门菌者，直接报告结果。对疑似沙门菌者，从营养琼脂平板上挑取其纯培养接种BPW(供做靛基质试验)、尿素琼脂(pH7.2)、氰化钾(KCN)培养基，也可在接种TSI琼脂和赖氨酸脱羧酶试验培养基的同时，接种以上3种生化试验培养基，于36℃±1℃培养18~24h，按表8-2-3判定结果。

表8-2-3　生化试验结果鉴别表(一)

反应序号	硫化氢	靛基质	尿素(pH 7.2)	氰化钾	赖氨酸脱羧酶
A1	+	-	-	-	+
A2	+	+	-	-	+
A3	-	-	-	-	+/-

注：+表示阳性；-表示阴性；+/-表示阳性或阴性。

①符合表8-2-3中A1者，为沙门菌典型的生化反应，进行血清学鉴定后报告结果。尿素、氰化钾和赖氨酸脱羧酶中如有1项不符合A1，按表8-2-4进行结果判断；尿素、氰化钾和赖氨酸脱羧酶中如有2项不符合A1，判断为非沙门菌并报告结果。

表8-2-4　生化试验结果鉴别表(二)

尿素(pH 7.2)	氰化钾	赖氨酸脱羧酶	判定结果
-	-	-	甲型副伤寒沙门菌(要求血清学鉴定结果)
-	+	+	沙门菌Ⅳ或Ⅴ(符合该亚种生化特性并要求血清学鉴定结果)
+	-	+	沙门菌个别变体(要求血清学鉴定结果)

注：+表示阳性；-表示阴性。

②生化试验结果符合表8-2-3中A2者，补做甘露醇和山梨醇试验，沙门菌(靛基质阳性变体)的甘露醇和山梨醇试验结果均为阳性，其结果报告还需进行血清学鉴定。

③生化试验结果符合表8-2-3中A3者，补做ONPG试验。沙门菌的ONPG试验结果为阴性，且赖氨酸脱羧酶试验结果为阳性，但甲型副伤寒沙门菌的赖氨酸脱羧酶试验结果为阴性。生化试验结果符合沙门菌者，进行血清学鉴定。

④必要时，按表8-2-5进行沙门菌种和亚种的生化鉴定。

表8-2-5　沙门菌种和亚种的生化鉴定

种	肠道沙门菌						邦戈尔沙门菌
亚种	肠道亚种	萨拉姆亚种	亚利桑那亚种	双相亚利桑那亚种	豪顿亚种	印度亚种	
项目	Ⅰ	Ⅱ	Ⅲa	Ⅲb	Ⅳ	Ⅵ	Ⅴ
卫矛醇	+	+	-	-	-	d	+
ONPG(2h)	-	-	+	+	-	d	+
丙二酸盐	-	+	+	+	-	-	-
明胶酶	-	+	+	+	+	+	-
山梨醇	+	+	+	+	+	-	+
氰化钾	-	-	-	-	+	-	+
L(+)-酒石酸盐	+	-	-	-	-	-	-
半乳糖醛酸	-	+	-	+	+	+	+
γ-谷氨酰转肽酶	+	+	-	+	+	+	+
β-葡糖醛酸苷酶	d	d	-	+	-	d	-
黏液酸	+	+	+	-(70%)	-	+	+
水杨苷	-	-	-	-	+	-	-
乳糖	-	-	-(75%)	+(75%)	-	d	-
O1噬菌体裂解	+	+	-	+	-	+	d

注：+表示阳性；-表示阴性；d表示不定。

(3)如选择生化鉴定试剂盒或微生物生化鉴定系统，用分离平板上典型或可疑菌落的纯培养物，或者根据表8-2-2初步判断为疑似沙门菌的纯培养物，按生化鉴定试剂盒或微生物生化鉴定系统的操作说明进行鉴定。

5)血清学鉴定

(1)培养物自凝性检查：一般采用琼脂含量为1.2%~1.5%的纯培养物进行玻片凝集试验。首先进行自凝性检查，在洁净的玻片上滴加1滴生理盐水，取适量待测菌培养物与之混合，成为均一性的浑浊悬液，将玻片轻轻摇动30~60s，在黑色背景下观察反应(必要时用放大镜观察)，若出现可见的菌体凝集，即认为有自凝性，反之无自凝性。对无自凝的培养物参照下面方法进行血清学鉴定。

(2)多价菌体(O)抗原鉴定：在玻片上划出2个约1cm×2cm的区域，挑取待测菌培养物，各放约一环于玻片上的每一区域上部，在其中一个区域下部加一滴多价菌体(O)血清，在另一个区域下部加入一滴生理盐水，作为对照。再用无菌的接种环或针将2个区域内的待测菌培养物，分别与血清和生理盐水研成乳状液。将玻片倾斜摇动混合1min，并对着黑暗背景进行观察，与对照相比，出现可见的菌体凝集者为阳性反应。O血清不凝集时，将菌株接种在琼脂含量较高(如2%~3%)的培养基上培养后再鉴定，如果是由于Vi抗原的存在而阻止了O血清的凝集反应时，可挑取待测菌培养物在1mL生理盐水中制成浓菌液，在沸水中水浴20~30min，冷却后再进行鉴定。

不同厂商沙门菌诊断血清的组成、鉴定操作及结果判断，可能存在差异。使用商品化的沙门菌诊断血清进行血清学鉴定时，应遵循其产品说明。

(3)多价鞭毛抗原(H)鉴定：按(2)的操作，将多价菌体(O)血清换成多价鞭毛(H)血清，进行多价鞭毛抗原(H)鉴定。H抗原发育不良时，将菌株接种在半固体琼脂平板的中央，待菌落蔓延生长时，在其边缘部分取菌鉴定；或将菌株接种在装有半固体琼脂的小玻管培养1~2代，自远端取菌再进行鉴定。

6)血清学分型(选做项目)

(1)O抗原的鉴定：用A~F多价O血清做玻片凝集试验，同时用生理盐水做对照。在生理盐水中自凝者为粗糙型菌株，不能分型。

被A~F多价O血清凝集者，依次用O4、O3、O10、O7、O8、O9、O2和O11因子血清做凝集试验。根据试验结果，判定O群。被O3、O10血清凝集的菌株，再用O10、O15、O34、O19单因子血清做凝集试验，判定E1、E4各亚群。根据O单因子血清的鉴定结果，确定每个O抗原成分。没有O单因子血清的，用2个O复合因子血清进行鉴定。

不被A~F多价O血清凝集者，先用9种多价O血清鉴定，如有其中一种血清凝集，则用这种血清所包括的O群血清逐一鉴定，以确定O群。每种多价O血清所包括的O群血清如下：

O多价1　A、B、C、D、E、F群(包括6、14群)

O多价2　13、16、17、18、21群

O多价3　28、30、35、38、39群

O多价4　40、41、42、43群

O多价5　44、45、47、48群

O 多价 6　50、51、52、53 群

O 多价 7　55、56、57、58 群

O 多价 8　59、60、61、62 群

O 多价 9　63、65、66、67 群

(2)H 抗原的鉴定：属于 A～F 各 O 群的常见菌型，依次用表 8-2-6 所述 H 因子血清鉴定第 1 相和第 2 相的 H 抗原。

表 8-2-6　A～F 群常见菌型 H 抗原表

O 群	第 1 相	第 2 相	O 群	第 1 相	第 2 相
A	a	无	D(不产气的)	d	无
B	g，f，s	无	D(产气的)	g，m，p，q	无
B	i，b，d	2	E1	h，v	6，w，x
C1	k，v，r，c	5，z_{15}	E4	g，s，t	无
C2	b，d，r	2，5	E4	i	无

不常见的菌型，先用 8 种多价 H 血清检查，如有其中一种或两种血清凝集，则再用这一种或两种血清所包括的各种 H 因子血清逐一检查，以第 1 相和第 2 相的 H 抗原。8 种多价 H 血清所包括的 H 因子如下：

H 多价 1　a、b、c、d、i

H 多价 2　e，h、e，n，x、e，n，z_{15}、f，g、g，m，s、g，p，u、g，p、g，q、m，t、g，z_{51}

H 多价 3　k、r、y、z、z_{10}、I，v、I，w、I，z_{13}、I，z_{28}、I，z_{40}

H 多价 4　1，2、1，5、1，6、1，7、z_6

H 多价 5　z_4，z_{23}、z_4，z_{24}、z_4，z_{32}、z_{29}、z_{35}、z_{36}、z_{38}

H 多价 6　z_{39}、z_{41}、z_{42}、z_{44}

H 多价 7　z_{52}、z_{53}、z_{54}、z_{55}

H 多价 8　z_{56}、z_{57}、z_{60}、z_{61}、z_{62}

每个 H 抗原成分的最后确定均应根据 H 单因子血清的鉴定结果，没有 H 单因子血清的要用 2 个 H 复合因子血清进行鉴定。

检出第 1 相 H 抗原而未检出第 2 相 H 抗原的或检出第 2 相 H 抗原而未检出第 1 相 H 抗原的，要用以下位相变异的方法鉴定其另一相。单相菌不必做位相变异鉴定。

位相变异试验方法如下。

①简易平板法。将半固体琼脂平板烘干表面水分，挑取已知相的 H 因子血清 1 环，滴在半固体平板表面，正置平板片刻待血清吸收，在滴加血清部位的中央点接种待测菌株，翻转平板置于 36℃±1℃培养后，在形成蔓延生长的菌苔边缘取菌鉴定。

②小套管法。在装有大约 10mL 半固体琼脂培养基的试管中，插入 3mm×50mm 两端开口的小玻管(下端开口要留一个缺口，不要平齐)，小玻管的上端应高出于培养基的表面，

121℃高压灭菌15min后备用。临用时加热熔化，并冷却至48℃左右，挑取已知相的H因子血清1环，加入小玻管中的培养基内，略加搅动使其混匀。待琼脂凝固后，在小玻管中的半固体表层内接种待测菌，于36℃±1℃培养，每天观察结果，待另一相细菌解离后，从小玻管外的半固体表面取菌鉴定，或将所取的菌转种1%琼脂斜面，于36℃±1℃培养后再进行鉴定。

(3) Vi抗原的鉴定：用Vi因子血清检查。已知具有Vi抗原的菌型有：伤寒沙门菌、丙型副伤寒沙门菌、都柏林沙门菌。

(4) 菌型的判定：根据血清学分型鉴定的结果，按照GB 4789.4—2024附录B或有关沙门菌属抗原表判定菌型。

3. 结果与报告

综合以上生化试验和血清学鉴定的结果，报告25g(mL)样品中检出或未检出沙门菌。

注意事项

(1) 试验用培养基：所用培养基应预先做出质量鉴定，以已知典型反应的菌株做测试，其灵敏度及典型特征反应必须符合要求。培养基应新鲜配制并在规定时间内使用。分离平板在使用前应于36℃培养箱内倒置培养1~2h，使其表面温润，以利细菌生长和分离。不得使用陈旧、水分散失的平板。

(2) 设置阳性和阴性对照：阴性对照应无菌生长，阳性对照应显示阳性结果，否则结果无效。在做阳性对照试验时，应与待检样本检验分开操作，避免污染，特别注意在使用接种针、环做接种或分离时，应避免动作过大，防止产生气溶胶污染操作用具及环境。

(3) 可疑菌落的挑选：为保证试验的可靠性，在分离平板上挑取可疑菌落时应多挑取几个菌落同时检查。应注意不要在菌落密集的部位挑取可疑菌落，应在菌落分布稀疏的部位挑取单个菌落。

(4) 以纯培养物做试验：用待检样本的纯培养物做试验，才能获得可靠的生化试验结果。若出现血清学试验阳性而生化试验不符合沙门菌属的反应时，首先应考虑培养物是否纯净，因为污染细菌常常可掩盖沙门菌反应。对已经污染的三糖铁琼脂培养物，暂时不要弃去，需重新分离后再做鉴定。

(5) 生化反应应符合规定条件：所有生化反应必须按照规定条件去做，如三糖铁琼脂斜面反应的时间应在24h±2h，时间过短或过长均可能出现错误判断；氰化钾试验，试管口应密塞，以防氰化钾分解成氢氰酸气体逸出，致使氰化钾浓度降低，抑菌作用下降，造成假阳性。

(6) 注意无菌操作：沙门菌是肠道重要的致病菌，操作时应特别注意分离菌和阳性对照菌可能对操作环境的污染。凡使用过的所有增菌、分离、生化试验、血清凝集试验的器物以及镜检后的玻片等，均应灭菌后再洗涤。

考核评价

沙门菌初步检验的评分标准

内容	分值	评分细则	评分标准	得分
预增菌	1	无菌操作	用酒精棉球对手、操作台面和样品开口处正确进行擦拭消毒	
	1	液体样品：吸管的使用	正确打开包装；正确握持吸管；垂直调节液面；放液时吸管尖端不触及液面	
		固体样品：无菌称取	准确将 225mL BPW 置于无菌均质杯或无菌均质袋中；无菌称取 25g 样品于均质杯或均质袋中；冷冻样品检验前必须解冻	
	1	均质器的使用	选择好程序，正确设置拍击速度、拍击时间等，样品与均质器无接触	
增菌	1	移液器的使用	移液前轻轻摇动培养物；正确安装枪头；准确取液与放液；正确更换枪头	
分离	1	接种环的使用	接种环持法正确；取培养物前，接种环灼烧灭菌彻底并能冷却；取出培养物后，接种环不碰壁、不过火；接种完，接种环灼烧灭菌彻底	
	1	分离培养	能熟练进行分离培养；准确识别沙门菌在不同平板上的菌落特征	
生化试验	1	接种针的使用	接种针使用前，火焰灼烧灭菌并冷却；接种针先在斜面上划线后于底部穿刺；更换培养基时，接种针不可灭菌	
	1	靛基质试验、尿素试验、氰化钾试验	正确进行接种操作	
	0.5	结果判断	根据生化试验结果，初步判断沙门菌的有无	
结果报告	1	结果报告	报告结果规范、正确	
	0.5	物品的整理归位	台面整理干净、物品正确归位、无破损	
合　　计				

考核教师签字：

案例阅读

“伤寒玛丽”——沙门菌的故事

“伤寒玛丽”本名叫玛丽·梅伦(Mary Mallon)，1869 年生于爱尔兰，15 岁时移民美国。起初她给人当女佣。后来，她发现自己很有烹调才能，于是转行当厨师。

1906年夏天，纽约的银行家华伦带着全家去长岛消夏，雇佣玛丽做厨师。8月底，华伦的一个女儿最先感染了伤寒。接着，华伦夫人、两个女佣、园丁和另一个女儿相继感染。他们消夏的房子住了11个人，有6个人患病。房主深感不安，他想方设法找到了有处理伤寒疫情经验的专家索柏(Soper)。索柏将目标锁定在玛丽身上。他详细调查了玛丽此前7年的工作经历，发现7年中玛丽换过7个工作地点，而每个工作地点都暴发过伤寒病，累计有22个病例，其中1例死亡。

为了验证自己的推断，索柏想得到玛丽的血液、粪便样本进行检查。但这非常棘手，他找到玛丽，尽量使用婉转的语言希望得到她的配合，但玛丽却非常反感。她很快就做出了反应，抓起一把大叉子，朝索柏直戳过去。索柏飞快地跑过又长又窄的过道，从铁门里逃了出去。玛丽当时反应如此激烈，是可以理解的。因为在那个年代，“健康带菌者”还是一个闻所未闻的概念，她自己身体棒棒的，说她把伤寒传染给了别人，简直就是对她的侮辱。

后来，索柏试图通过地方卫生官员说服玛丽。没想到，这更惹恼了这个倔脾气的女人，她将他们骂出门外，宣布他们是“不受欢迎的人”。最后，当地的卫生官员带着一辆救护车和5名警察找上门。这一次，玛丽又动用了大叉子。在众人躲闪之际，玛丽突然跑了。警察后来在壁橱里找到了她，5名警察把她抬进救护车送往医院。一路上的情景就像“笼子里关了头愤怒的狮子”，她怒骂不绝以示抗议。

医院检验结果证实了索柏的怀疑。玛丽被送入纽约附近一个小岛上的传染病房。但玛丽始终不相信医院的结论。两年后她向卫生部门提起诉状。1909年6月，《纽约美国人报》刊出一篇有关玛丽的长篇报道，文章十分煽情，引起公众一片同情，卫生部门被指控侵犯人权。1910年2月，当地卫生部门与玛丽达成和解，解除对她的隔离，条件是玛丽同意不再做厨师。这一段公案就此了结。

1915年，玛丽已经被解除隔离5年，大家差不多都把她忘了。这时，纽约一家妇产医院暴发了伤寒病，25人被感染，2人死亡。卫生部门很快在这家医院的厨房里找到了玛丽，她已经改名为“布朗夫人”。

据说玛丽因为认定自己不是传染源才重新去做厨师。但无论如何，公众对玛丽的同情心这次却消失了。玛丽自觉理亏，老老实实地回到了小岛上。医生对隔离中的玛丽使用了可以治疗伤寒病的所有药物，但伤寒病菌仍一直顽强地存在于她的体内。玛丽渐渐了解了一些传染病的知识，积极配合医院的工作，甚至成了医院实验室的义工。

1932年，玛丽因患中风半身不遂，6年后去世。

玛丽的遭遇曾经引起一场有关个人权利和公众健康权利的大争论，加上玛丽本人富有戏剧色彩的反抗，使这场争论更加引人注目。争论的结果是，大多数人认为应该首先保障公众的健康权利。美国总统因此被授权可以在必要的情况下宣布对某个传染病疫区进行隔离，这一权力至今有效。

玛丽·梅伦以“伤寒玛丽”的绰号留名美国医学史。今天，美国人有时会以开玩笑的口吻称患上传染病的朋友为“伤寒玛丽”。由于故事中的玛丽·梅伦总是不停地更换工作地点，那些频繁跳槽的人，也会被周围的人戏称为“伤寒玛丽”。

任务8-3 肉毒梭菌及肉毒毒素检验

工作任务

肉毒梭菌广泛分布于自然界特别是土壤中，易于污染食品，于适宜条件下可在食品中产生剧烈的嗜神经性毒素(称为肉毒毒素)，能引起以神经麻痹为主要症状且病死率甚高的食源性疾病，称为肉毒中毒。肉毒梭菌及肉毒毒素的检验分毒素检验和肉毒梭菌检验两个方面，检样经均质处理后，一方面采用动物试验进行毒素检测，另一方面及时接种培养，进行可疑菌落纯化培养、鉴定和菌株产毒试验，从而判断检样中是否存在肉毒毒素和肉毒梭菌。

本任务依照《食品安全国家标准　食品微生物学检验　肉毒梭菌及肉毒毒素检验》(GB 4789.12—2016)学习食品中肉毒梭菌及肉毒毒素的检验。

工具材料

1. 设备和材料

除微生物实验室常规灭菌及培养设备外，其他设备和材料如下：

小鼠：15~20g，每一批次试验应使用同一品系的KM或ICR小鼠。

冰箱(2~5℃、-20℃)、天平(感量0.1g)、均质器或无菌乳钵、离心机(3000r/min、14 000r/min)、厌氧培养装置、恒温培养箱(35℃±1℃、28℃±1℃)、恒温水浴箱(37℃±1℃、60℃±1℃、80℃±1℃)、显微镜(10~100倍)、PCR仪、电泳仪或毛细管电泳仪、凝胶成像系统或紫外检测仪、核酸蛋白分析仪或紫外分光光度计。

无菌手术剪、镊子、试剂勺、可调微量移液器(0.2~2μL、2~20μL、20~200μL、100~1000μL)、无菌吸管(1.0mL、10.0mL、25.0mL)、无菌锥形瓶(100mL)、培养皿(直径90mm)、离心管(1.5mL、50mL)、PCR反应管、无菌注射器(1.0mL)。

酒精灯、试管架、剪刀、镊子、记号笔等。

2. 培养基和试剂

除另有规定外，PCR试验所用试剂为分析纯或符合生化试剂标准，水应符合《分析实验室用水规格和试验方法》(GB/T 6682—2008)中一级水的要求。

庖肉培养基、胰蛋白酶胰蛋白胨葡萄糖酵母膏肉汤(TPGYT)、卵黄琼脂培养基、明胶磷酸盐缓冲液、革兰染色液、10%胰蛋白酶溶液、磷酸盐缓冲液(PBS)。培养基配制详见附录1.4 F。

1mol/L NaOH溶液、1mol/L HCl溶液、肉毒毒素诊断血清、无水乙醇和95%乙醇、

10mg/mL 溶菌酶溶液、10mg/mL 蛋白酶 K 溶液、3mol/L 乙酸钠溶液（pH 5.2）、TE 缓冲液、10×PCR 缓冲液、25mmol/L $MgCl_2$ 溶液、dNTPs（dATP、dTTP、dCTP、dGTP）、*Taq* 酶、琼脂糖（电泳级）、溴化乙锭或 Goldview、5×TBE 缓冲液、6×加样缓冲液、DNA 分子质量标准。

引物：根据表 8-3-1 中序列合成，临用时用超纯水配制引物浓度为 10μmol/L。

表 8-3-1 肉毒梭菌毒素基因 PCR 检测的引物序列及其产物

检测肉毒梭菌类型	引物序列	扩增长度/bp
A 型	F 5′-GTG ATA CAA CCA GAT GGT AGT TAT AG-3′	983
	R 5′-AAA AAA CAA GTC CCA ATT ATT AAC TTT-3′	
B 型	F 5′-GAG ATG TTT GTG AAT ATT ATG ATC CAG-3′	492
	R 5′-GTT CAT GCA TTA ATA TCA AGG CTG G-3′	
E 型	F 5′-CCA GGC GGT TGT CAA GAA TTT TAT-3′	410
	R 5′-TCA AAT AAA TCA GGC TCT GCT CCC-3′	
F 型	F 5′-GCT TCA TTA AAG AAC GGA AGC AGT GCT-3′	1137
	R 5′-GTG GCG CCT TTG TAC CTT TTC TAG G-3′	

 知识准备

1. 肉毒梭菌的生物学特性

1）形态与染色

肉毒梭菌属于厌氧性梭状芽孢杆菌属，是革兰阳性粗大杆菌，两侧平行，两端钝圆，直杆状或稍弯曲，芽孢为卵圆形，位于次极端，或偶有位于中央，常见很多游离芽孢。周身有 4~8 根鞭毛，能运动。在老龄培养物上呈革兰阴性。

2）分类

肉毒梭菌根据其所产毒素的抗原特异性，可将其分为 A、B、C、D、E、F、G 7 型，其中 C 型又分为 Cα 型和 Cβ 型。一种菌型的细菌能产生一种以上的毒素型，如 Cα 型菌主要产生 Cα 型毒素，并带有少量的 D 型和 Cβ 型毒素。各型毒素，只被其相应的抗毒素所中和（即 A 型毒素只为 A 型抗毒素所中和等），但 Cβ 型毒素既可为 Cβ 型抗毒素又可为 Cα 型抗毒素中和。

根据肉毒梭菌的生化反应，可将其分为两型：能水解凝固蛋白的称为解蛋白菌；不能水解凝固蛋白，称为非解蛋白菌。前者能产生 A、B、C、D、E、F、G 型毒素，后者能产生 B、C、D、E、F 型毒素。

3）培养特性

肉毒梭菌为专性厌氧菌，可在普通培养基上生长，28~37℃生长良好。但本菌产生毒素的最适生长温度为 25~30℃，最适 pH 值为 6~8，在 10%氯化钠溶液中不生长。

在含有肉渣的液体或半流动培养基中，肉毒梭菌生长旺盛而且产生大量气体。A、B、F 3型表面浑浊，底部有粉状或颗粒状沉淀，并能消化肉块，变黑有臭味。而C、D、E 3型则表现清亮，絮片状生长，黏于管壁。

在固体培养基上，形成不规则直径约3mm圆形菌落，菌落半透明，表面呈颗粒状，边缘不整齐，界限不明显，有向外扩散的现象，常扩展成菌苔。

在葡萄糖鲜血琼脂平板上，菌落较小、扁平、颗粒状、中央低隆、边缘不规则、带丝状或绒毛状菌落。开始较小，37℃培养3~4d，直径可达5~10mm，因易于汇合在一起，通常不易获得良好的菌落。有的菌落有大的β-溶血环。

在卵黄琼脂平板上生长后，菌落及其周围培养基表面覆盖着特有的彩虹样(或珍珠层样)薄层，但G型没有。

4)生化特性

肉毒梭菌能分解葡萄糖、麦芽糖及果糖，产酸产气，对其他糖的分解作用因菌株不同而异。能液化明胶，但菌株间有液化能力的差异。缓慢液化凝固血清，使牛乳消化，产生H_2S，但不能使硝酸盐还原为亚硝酸盐。

2. 肉毒梭菌引起的食物中毒

肉毒梭菌中毒是由摄入含有肉毒毒素污染的食物而引起的。潜伏期可短至数小时，通常24h以内发生中毒症状，也有两三天后才发病的。先有不典型的乏力、头痛等症状，接着出现斜视、眼睑下垂等眼肌麻痹症状，再是吞咽和咀嚼困难、口干、口齿不清等咽部肌肉麻痹症状，进而膈肌麻痹、呼吸困难，直至呼吸停止导致死亡。死亡率较高，可达30%~50%，存活患者恢复十分缓慢，从几个月到几年不等。

引起中毒的食品因地区和饮食习惯不同而异。国内主要是植物性食品，多见于家庭自制发酵食品(如豆酱、面酱、臭豆腐)，其次为肉类、罐头、酱菜、鱼制品、蜂蜜等。新疆是我国肉毒梭菌食物中毒较多的地区，引起中毒的食品有30多种，常见的有臭豆腐、豆酱、豆豉和谷类食品。在青海主要是越冬保藏的肉制品加热不够所致。

3. 防止肉毒中毒的措施

通过热处理减少食品中肉毒梭菌繁殖体和芽孢的数量是最有效方法，采用高压蒸汽灭菌方法制造罐头可以获得“商业无菌”的食品，其他加热处理(包括巴氏杀菌法)对繁殖体是有效的措施。由于这种毒素有不耐热的性质，高温处理(90℃、15min或煮沸5min)可以破坏可疑食物中的毒素，使食品处于理论上的安全状态。当然，对可疑含有肉毒毒素的食品应不得食用。将亚硝酸盐和食盐加进低酸性食品也是有效的控制措施，在腌制肉用亚硝酸盐有非常好的效果。但在肉制品腌制过程中起作用的不单单是亚硝酸盐，许多因素以及它们和亚硝酸盐的相互反应抑制了肉毒梭菌生长和毒素的产生。冷藏和冻藏是抑制肉毒梭菌生长和毒素产生的重要措施。低pH值、产酸处理和降低水分活性可以抑制一些食品中肉毒梭菌的生长。

1. 检验程序

肉毒梭菌及肉毒毒素检验程序如图 8-3-1 所示。

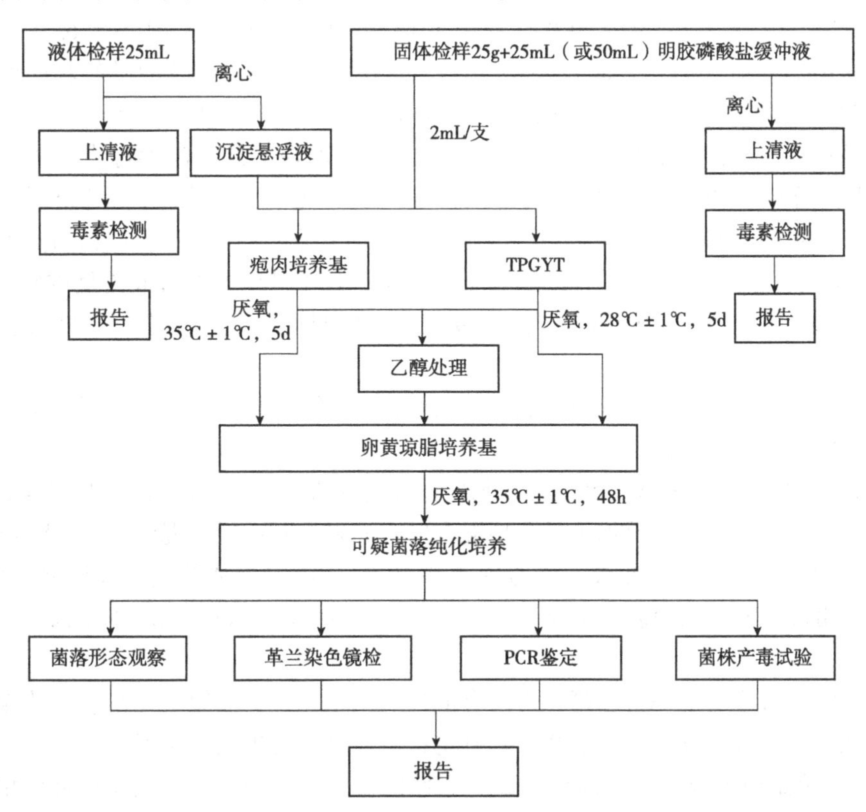

图 8-3-1　肉毒梭菌及肉毒毒素的检验程序

2. 操作步骤

1) 样品制备

(1) 样品保存：待检样品应放置 2~5℃冰箱冷藏。

(2) 固态与半固态食品：固体或游离液体很少的半固态食品，以无菌操作称取样品 25g，放入无菌均质袋或无菌乳钵；块状食品以无菌操作切碎，含水量较高的固态食品加入 25mL 明胶磷酸盐缓冲液；乳粉、牛肉干等含水量低的食品加入 50mL 明胶磷酸盐缓冲液，浸泡 30min，用拍击式均质器拍打 2min 或用无菌研杵研磨制备样品匀液，收集备用。

(3) 液态食品：摇匀，以无菌操作量取 25mL 检验。

(4) 剩余样品处理：取样后的剩余样品放 2~5℃冰箱冷藏，直至检验结果报告发出后，按感染性废弃物要求进行无害化处理，检出阳性的样品应采用压力蒸汽灭菌方式进行无害化处理。

2)肉毒毒素检测

(1)毒素液制备：取样品匀液约40mL或均匀液体样品25mL放入离心管，3000r/min离心10~20min，收集上清液分为两份放入无菌试管中，一份直接用于毒素检测，另一份用于胰酶处理后进行毒素检测。液体样品保留底部沉淀及液体约12mL，重悬，制备沉淀悬浮液备用。

胰酶处理：用1mol/L NaOH溶液或1mol/L HCl溶液调节上清液pH值至6.2，按9份上清液加1份10%胰酶(活力1∶250)水溶液，混匀，37℃孵育60min，期间或轻轻摇动反应液。

(2)检出试验：用5号针头注射器分别取离心上清液和胰酶处理上清液腹腔注射小鼠各3只，每只0.5mL，观察和记录小鼠48h内的中毒表现。典型肉毒毒素中毒症状多在24h内出现，通常在6h内发病和死亡，其主要表现为竖毛、四肢瘫软，呼吸困难，呈现风箱式呼吸，腰腹部凹陷、宛如峰腰，多因呼吸衰竭而死亡，可初步判定为肉毒毒素所致。若小鼠在24h后发病或死亡，应仔细观察小鼠症状，必要时浓缩上清液重复试验，以排除肉毒中毒。若小鼠出现猝死(30min内)导致症状不明显时，应将毒素上清液进行适当稀释，重复试验。

注：毒素检测动物试验应遵循《食品安全国家标准　食品毒理学实验室操作规范》(GB15193.2—2014)的规定。

(3)确证试验：上清液或(和)胰酶处理上清液的毒素试验阳性者，取相应试验液3份，每份0.5mL，其中第一份加等量多型混合肉毒毒素诊断血清，混匀，37℃孵育30min；第二份加等量明胶磷酸盐缓冲液，混匀后煮沸10min；第三份加等量明胶磷酸盐缓冲液，混匀。将3份混合液分别腹腔注射小鼠各2只，每只0.5mL，观察96h内小鼠的中毒和死亡情况。

结果判定：若注射第一份和第二份混合液的小鼠未死亡，而第三份混合液小鼠发病死亡，并出现肉毒毒素中毒的特有症状，则判定检测样品中检出肉毒毒素。

(4)毒力测定(选做项目)：取确证试验阳性的试验液，用明胶磷酸盐缓冲液稀释制备一定倍数稀释液，如10倍、50倍、100倍、500倍等，分别腹腔注射小鼠各2只，每只0.5mL，观察和记录小鼠发病与死亡情况至96h，计算最低致死剂量(MLD/mL或MLD/g)，评估样品中肉毒毒素毒力，MLD等于小鼠全部死亡的最高稀释倍数乘以样品试验液稀释倍数。例如，样品稀释2倍制备的上清液，再稀释100倍试验液使小鼠全部死亡，而500倍稀释液组存活，则该样品毒力为200MLD/g。

(5)定型试验(选做项目)：根据毒力测定结果，用明胶磷酸盐缓冲液将上清液稀释至10~1000MLD/mL作为定型试验液，分别与各单型肉毒毒素诊断血清等量混合(国产诊断血清一般为冻干血清，用1mL生理盐水溶解)，37℃孵育30min，分别腹腔注射小鼠2只，每只0.5mL，观察和记录小鼠发病与死亡情况至96h。同时，用明胶磷酸盐缓冲液代替诊断血清，与试验液等量混合作为小鼠试验对照。

结果判定：某一单型诊断血清组动物未发病且正常存活，而对照组和其他单型诊断血清组动物发病死亡，则判定样品中所含肉毒毒素为该型肉毒毒素。

注：未经胰酶激活处理的样品上清液的毒素检出试验或确证试验为阳性者，则毒力测

定和定型试验可省略胰酶激活处理试验。

3) 肉毒梭菌检验

(1)增菌培养与检出试验：

①取出庖肉培养基4支和TPGY肉汤2管，隔水煮沸10~15min，排除溶解氧，迅速冷却，切勿摇动，在TPGY肉汤中缓慢加入胰酶液至液体石蜡液面下肉汤中，每支1mL，制备成TPGYT。

②吸取样品匀液或毒素制备过程中的离心沉淀悬浮液2mL接种至庖肉培养基中，每份样品接种4支，2支直接放置35℃±1℃厌氧培养5d，另2支放80℃保温10min，再放置35℃±1℃厌氧培养5d；同样方法接种2支TPGYT肉汤，28℃±1℃厌氧培养5d。

注：接种时，用无菌吸管轻轻吸取样品匀液或离心沉淀悬浮液，将吸管口小心插入肉汤管底部，缓缓放出样液至肉汤中，切勿搅动或吹气。

③检查记录增菌培养物的浊度、产气、肉渣颗粒消化情况，并注意气味。肉毒梭菌培养物为产气、肉汤浑浊(庖肉培养基中A型和B型肉毒梭菌肉汤变黑)、消化或不消化肉粒、有异臭味。

④取增菌培养物进行革兰染色镜检，观察菌体形态，注意是否有芽孢、芽孢的相对比例、芽孢在细胞内的位置。

⑤若增菌培养物5d无菌生长，应延长培养至10d，观察生长情况。

⑥取增菌培养物阳性管的上清液，按2)肉毒毒素检测方法进行毒素检出和确证试验，必要时进行定型试验，阳性结果可证明样品中有肉毒梭菌存在。

注：TPGYT增菌液的毒素试验无须添加胰酶处理。

(2)分离与纯化培养：

①增菌液前处理。吸取1mL增菌液至无菌螺旋帽试管中，加入等体积过滤除菌的无水乙醇，混匀，在室温下放置1h。

②取增菌培养物和经乙醇处理的增菌液分别划线接种至卵黄琼脂平板，35℃±1℃厌氧培养48h。

③观察平板培养物菌落形态。肉毒梭菌菌落隆起或扁平、光滑或粗糙，易成蔓延生长，边缘不规则，在菌落周围形成乳色沉淀晕圈(E型较宽，A型和B型较窄)，在斜视光下观察，菌落表面呈现珍珠样虹彩，这种光泽区可随蔓延生长扩散到不规则边缘区外的晕圈。

④菌株纯化培养。在分离培养平板上选择5个肉毒梭菌可疑菌落，分别接种卵黄琼脂平板，35℃±1℃，厌氧培养48h，按③观察菌落形态及其纯度。

(3)鉴定试验：

①染色镜检。挑取可疑菌落进行涂片、革兰染色和镜检，肉毒梭菌菌体形态为革兰阳性粗大杆菌、芽孢卵圆形、大于菌体、位于次端，菌体呈网球拍状。

②毒素基因检测。菌株活化，挑取可疑菌落或待鉴定菌株接种于TPGY肉汤管，35℃±1℃厌氧培养24h。DNA模板制备，吸取TPGY培养液1.4mL至无菌离心管中，14 000×g离心2min，弃上清，加入1.0mL PBS悬浮菌体，14 000×g离心2min，弃上清，用400μL PBS重悬沉淀，加入10mg/mL溶菌酶溶液100μL，摇匀，37℃水浴15min，加入10mg/mL

蛋白酶 K 溶液 10μL，摇匀，60℃水浴 1h，再沸水浴 10min，14 000×g 离心 2min，上清液转移至无菌小离心管中，加入 3mol/L 乙酸钠溶液 50μL 和 95%乙醇 1.0mL，摇匀，-70℃或-20℃放置 30min，14 000×g 离心 10min，弃去上清液，沉淀干燥后溶于 200μL TE 缓冲液，置于-20℃保存备用。

注：根据实验室实际情况，也可采用常规水煮沸法或商品化试剂盒制备 DNA 模板。

核酸浓度测定(必要时)：取 5μL DNA 模板溶液，加超纯水稀释至 1mL，用核酸蛋白分析仪或紫外分光光度计分别检测 260nm 和 280nm 波长下的吸光值 A_{260} 和 A_{280}。按式(8-3-1)计算 DNA 浓度。当浓度在 0.34~340μg/mL 或 A_{260}/A_{280} 比值在 1.7~1.9 时，适宜于 PCR 扩增。

$$C = A_{260} \times N \times 50 \tag{8-3-1}$$

式中 C——DNA 浓度，μg/mL；

A_{260}——260nm 波长处的吸光值；

N——核酸稀释倍数；

50——计算系数。

PCR 扩增：分别采用针对各型肉毒梭菌毒素基因设计的特异性引物(表 8-3-1)进行 PCR 扩增，包括 A 型肉毒毒素(botulinum neurotoxin A，bont/A)、B 型肉毒毒素(botulinum neurotoxin B，bont/B)、E 型肉毒毒素(botulinum neurotoxin E，bont/E)和 F 型肉毒毒素(botulinum neurotoxin F，bont/F)，每个 PCR 反应管检测一种型别的肉毒梭菌。

PCR 扩增中反应体系配制见表 8-3-2 所列，反应体系中各试剂的量可根据具体情况或不同的反应总体积进行相应调整。

表 8-3-2 肉毒梭菌毒素基因 PCR 检测的反应体系

试剂	终浓度	加入体积/μL
10×PCR 缓冲液	1×	5.0
25mmol/L $MgCl_2$ 溶液	2.5mmol/L	5.0
10mmol/L dNTPs	0.2mmol/L	1.0
10μmol/L 正向引物	0.5μmol/L	2.5
10μmol/L 反向引物	0.5μmol/L	2.5
5U/μL *Taq* 酶	0.05U/μL	0.5
DNA 模板	—	1.0
双蒸水	—	32.5
总体积	—	50.0

PCR 扩增反应程序：预变性 95℃、5min；循环参数 94℃、1min，60℃、1min，72℃、1min；循环数 40；后延伸 72℃，10min；4℃保存备用。PCR 扩增体系应设置阳性对照、阴性对照和空白对照。用含有已知肉毒梭菌菌株或含肉毒毒素基因的质控品作阳性对照、非肉毒梭菌基因组 DNA 作阴性对照、无菌水作空白对照。

凝胶电泳检测 PCR 扩增产物：用 0.5×TBE 缓冲液配制 1.2%～1.5%的琼脂糖凝胶，凝胶加热熔化后冷却至 60℃左右加入溴化乙锭至 0.5μg/mL 或 Goldview 5μL/100mL 制备胶块，取 10μL PCR 扩增产物与 2.0μL 6×加样缓冲液混合，点样，其中一孔加入 DNA 分子质量标准。0.5×TBE 电泳缓冲液，10V/cm 恒压电泳，根据溴酚蓝的移动位置确定电泳时间，用紫外检测仪或凝胶成像系统观察和记录结果。PCR 扩增产物也可采用毛细管电泳仪进行检测。

PCR 扩增结果判定：阴性对照和空白对照均未出现条带，阳性对照出现预期大小的扩增条带(表 8-3-1)，判定本次 PCR 检测成立；待测样品出现预期大小的扩增条带，判定为 PCR 结果阳性，根据表 8-3-1 判定肉毒梭菌菌株型别，待测样品未出现预期大小的扩增条带，判定 PCR 结果为阴性。

注：PCR 试验环境条件和过程控制应参照《实验室质量控制规范　食品分子生物学检测》(GB/T 27403—2008)规定执行。

③菌株产毒试验。将 PCR 阳性菌株或可疑肉毒梭菌菌株接种庖肉培养基或 TPGYT(用于 E 型肉毒梭菌)，按 3)(1)“增菌培养与检出试验”②条件厌氧培养 5d，按 2)“肉毒毒素检测”进行毒素检测和(或)定型试验，毒素确证试验阳性者，判定为肉毒梭菌，根据定型试验结果判定肉毒梭菌型别。

注：根据 PCR 阳性菌株型别，可直接用相应型别的肉毒毒素诊断血清进行确证试验。

3. 结果与报告

1) 肉毒毒素检测结果报告

根据“检出试验”和“确证试验”结果，报告 25g(mL)样品中检出或未检出肉毒毒素。

根据“定型试验”结果，报告 25g(mL)样品中检出某型肉毒毒素。

2) 肉毒梭菌检验结果报告

根据“肉毒梭菌检验”各项结果，报告样品中检出或未检出肉毒梭菌或检出某型肉毒梭菌。

注意事项

(1)典型的肉毒中毒，小鼠会在 4～6h 死亡，而且 98%～99%的小白鼠会在 12h 内死亡。因此，试验前 24h 内的观察是非常重要的。

(2)24h 后的死亡是可疑的，除非有典型的症状出现。

(3)如果小鼠注射经 1∶2 或 1∶5 倍数稀释的样品后死亡，但注射更高稀释度的样品后未死亡，这也是非常可疑的现象，一般为非特异性死亡。

(4)小鼠要用不易抹去的颜料加以标记。

(5)小鼠的饲料与水必须及时添加、充分供应。

(6)食物中发现毒素，表明未经充分的加热处理，可能引起肉毒中毒。

(7)检出肉毒梭菌，但未检出肉毒毒素，不能证明此食物会引起肉毒中毒。

(8)肉毒中毒的诊断必须以检出食物中的肉毒毒素为准。

考核评价

肉毒毒素检验评分标准

内容	分值	评分细则	评分标准	得分
样品处理	1	无菌操作	用酒精棉球对手、操作台面和样品开口处正确进行擦拭消毒	
	1	液态食品：吸管使用	正确打开包装；正确握持吸管；垂直调节液面；放液时吸管尖端不触及液面	
		固态或半固态食品：浸泡与均质	正确无菌称取 25g 样品；准确量取 25mL(50mL)明胶磷酸盐缓冲液浸泡样品	
			均质器的使用：选择好程序，正确设置拍击速度、拍击时间等，样品与均质器无接触	
毒素液制备	1	离心处理	正确进行离心管装液平衡；正确进行离心机转速和时间设定；准确收集上清液于无菌试管中	
	1	胰酶激活	正确调节上清液 pH 值；准确操作 9 份清液加 1 份 10%胰酶溶液；孵育期间，摇动反应液	
检出试验	2	小鼠试验	正确抓取小鼠；正确进行腹腔注射；准确注射 0.5mL 上清液于每只小鼠	
	0.5	小鼠症状观察	正确区分小鼠的特征死亡现象	
确证试验	1	3 份试验液的处理	一份：准确量取 0.5mL 试验液加等量多型混合肉毒毒素诊断血清，混匀，孵育	
			二份：准确量取 0.5mL 试验液加等量明胶磷酸盐缓冲液，煮沸 10min	
			三份：准确量取 0.5mL 试验液加等量明胶磷酸盐缓冲液，混匀	
确证试验	1	小鼠试验	正确抓取小鼠；正确进行腹腔注射；准确注射 0.5mL 上清液于每只小鼠	
	0.5	结果判定	正确判断 3 份试验液小鼠试验结果，准确判断特征死亡现象	
结果报告	0.5	结果报告	报告结果规范、正确	
	0.5	物品整理	台面整理干净、物品正确归位、无破损	
合　计				

考核教师签字：

案例阅读

肉毒毒素的医学用途

1989 年，美国 FDA 批准 A 型肉毒毒素(商品名 BOTOX)作为第一个微生物毒素临床药物上市。数年后英国、中国也推出同类产品。目前，BOTOX 等肉毒毒素产品已成为斜视、眼睑痉挛、面肌痉挛、颈部肌张力障碍等疾病的一线治疗药物。2002 年，BOTOX 美容除皱适应证又得到批准，并将肉毒毒素的临床应用推向高潮。自 2009 年以来，注射肉毒毒素除皱美容已超过果酸换肤成为美国最受欢迎的美容方法，每年约有 1200 万人借助肉毒毒素除皱。随着应用范围的不断扩大，肉毒毒素治疗药物的使用范围已扩展到神经科、眼科、康复科、消化科、泌尿科、耳鼻喉科、皮肤科、儿科以及整形外科等 100 余种疾病。在医药历史上，还很少有一种药物能像肉毒毒素那样涉及如此多的临床适应证，并影响人类的健康和生活质量。因此，肉毒毒素药物被誉为 20 世纪 90 年代神经科学和美容领域中的最重要成果。

任务 8-4　单核细胞增生李斯特菌检验

工作任务

《食品安全国家标准　食品微生物学检验　单核细胞增生李斯特菌检验》(GB 4789.30—2016)中包含 3 种单核细胞增生李斯特菌的检验方法，其中第一法适用于食品中单核细胞增生李斯特菌的定性检验；第二法适用于单核细胞增生李斯特菌含量较高的食品中单核细胞增生李斯特菌的计数；第三法适用于单核细胞增生李斯特菌含量较低(<100CFU/g)而杂菌含量较高的食品中单核细胞增生李斯特菌的计数，特别是牛奶、水以及含干扰菌落计数的颗粒物质的食品。

本任务依照《食品安全国家标准　食品微生物学检验　单核细胞增生李斯特菌检验》(GB 4789.30—2016)学习食品中单核细胞增生李斯特菌的检验。

工具材料

1. 设备和材料

除微生物实验室常规灭菌及培养设备外，其他设备和材料如下：

冰箱(2~5℃)、恒温培养箱(30℃±1℃、36℃±1℃)、均质器、显微镜(10~100 倍)、电子天平(感量 0.1g)、锥形瓶(100mL、500mL)、无菌吸管(1mL，具 0.01mL 刻度；10mL，具 0.1mL 刻度)或微量移液器及吸头、无菌平皿(直径 90mm)、无菌试管(16mm×160mm)、离心管(30mm×100mm)、无菌注射器(1mL)。

单核细胞增生李斯特菌 ATCC19111 或 CMCC54004，或其他等效标准菌株；英诺克李斯特菌(*Listeria innocua*) ATCC33090，或其他等效标准菌株；伊氏李斯特菌(*Listeria ivanovii*) ATCC19119，或其他等效标准菌株；斯氏李斯特菌(*Listeria seeligeri*) ATCC35967，或其他等效标准菌株；金黄色葡萄球菌 ATCC25923 或其他产β-溶血环金黄色葡萄球菌，或其他等效标准菌株；马红球菌(*Rhodococcus equi*) ATCC6939 或 NCTC1621，或其他等效标准菌株。

小鼠：ICR，体重 18~22g。

全自动微生物生化鉴定系统。

2. 培养基和试剂

含 0.6%酵母浸膏的胰酪胨大豆肉汤(TSA-YE)、含 0.6%酵母浸膏的胰酪胨大豆琼脂(TSA-YE)、李氏增菌肉汤 LB(LB_1、LB_2)、1%盐酸吖啶黄(acriflavine HCl)溶液、1%萘啶酮酸钠盐(naladixicacid)溶液、PALCAM 琼脂、革兰染液、SIM 动力培养基、缓冲葡萄糖蛋白胨水(甲基红试验和 V-P 试验用)、5%~8%羊血琼脂、糖发酵管、过氧化氢试剂、李斯特菌显色培养基、生化鉴定试剂盒或全自动微生物鉴定系统、缓冲蛋白胨水。培养基配制详见附录 1.4 G。

 知识准备

1. 单核细胞增生李斯特菌的生物学特性

1)形态与染色

单核细胞增生李斯特菌为球杆状，大小为 0.51μm×(1.0~2.0)μm，直或稍弯，两端钝圆，常成双排列，革兰阳性，有鞭毛，无芽孢，可产生荚膜，但一般不形成荚膜，但在营养丰富的环境中可形成荚膜，在陈旧培养中的菌体可呈丝状及革兰阴性，该菌有 4 根周毛和 1 根端毛，但周毛易脱落。根据菌体鞭毛抗原，分为 4 个血清型和若干亚型。

2)培养特性

该菌营养要求不高，在 20~25℃培养有动力，但在 37℃时动力缓慢，此特征可作为该菌初步判定。穿刺培养 2~5d 可见倒立伞状生长，肉汤培养物在显微镜下可见翻跟斗运动。该菌在 5~45℃均可生长，在 5℃低温生长是典型特征之一，经 58~59℃、10min 可杀死，在-20℃可存活一年。耐碱不耐酸，在 pH 9.6 中仍能生长。在 6.5%氯化钠肉汤中生长良好，在 10%氯化钠中可生长，在 4℃的 20%氯化钠中可存活 8 周。

在固体培养基上，菌落初始很小，透明，边缘整齐，呈露滴状，但随着菌落的增大，变得不透明。在 5%~7%的血平板上，菌落通常非白色，接种血平板培养后可产生窄小的β-溶血环。在 0.6%酵母浸膏胰酪大豆琼脂(TSA-YE)和改良 Mc Bride(MMA)琼脂上，用 45°角入射光照射菌落，通过解剖镜垂直观察，菌落呈蓝色、灰色或蓝灰色。

3)生化反应

该菌触酶阳性，氧化酶阴性，能发酵多种糖类，产酸不产气，如发酵葡萄糖、乳糖、

水杨苷、麦芽糖、鼠李糖、七叶苷、蔗糖(迟发酵)、山梨醇、海藻糖、果糖，不发酵木糖、甘露醇、肌醇、阿拉伯糖、侧金盏花醇、棉子糖、卫矛醇和纤维二糖，不利用枸橼酸盐，40%胆汁不溶解，靛基质、硫化氢、尿素、明胶液化、硝酸盐还原、赖氨酸、鸟氨酸均阴性，V-P 试验、甲基红试验和精氨酸水解阳性。

4)抵抗力

该菌对理化因素抵抗力较强，在土壤、粪便、青贮饲料和干草内能长期存活，对碱和盐抵抗力强，60~70℃经 5~20min 可杀死，70%乙醇 5min、2.5%石炭酸、2.5%氢氧化钠、2.5%福尔马林 20min 可杀死此菌。该菌对青霉素、氨苄西林、四环素、磺胺均敏感。

2. 单核细胞增生李斯特菌的分布和传播

单核细胞增生李斯特菌广泛存在于自然界中，不易被冻融，能耐受较高的渗透压，在土壤、地表水、污水、废水、植物、青贮饲料、烂菜中均有该菌存在，所以动物很容易食入该菌，并通过口腔-粪便的途径进行传播。据报道，健康人粪便中单核细胞增生李斯特菌的携带率为 0.6%~16%，有 70%的人可短期带菌，4%~8%的水产品、5%~10%的乳及其产品、30%以上的肉制品及 15%以上的家禽均被该菌污染。人主要通过食入软乳酪、未充分加热的鸡肉、未再次加热的热狗、鲜牛乳、巴氏杀菌乳、冰激凌、生牛排、羊排、卷心菜色拉、芹菜、番茄、法式馅饼、冻猪舌等而感染，85%~90%的病例是由被污染的食品引起的。

3. 单核细胞增生李斯特菌的危害

单核细胞增生李斯特菌进入人体后是否发病，与菌的毒力和宿主的年龄、免疫状态有关，因为该菌是一种细胞内寄生菌，宿主对它的清除主要靠细胞免疫功能。因此，易感者为新生儿、孕妇及 40 岁以上的成人。此外，酗酒者、免疫系统损伤或缺陷者、接受免疫抑制剂和皮质激素治疗的患者及器官移植者也易被该菌感染。

该病的临床表现为健康成人个体出现轻微类似流感症状，新生儿、孕妇、免疫缺陷患者表现为呼吸急促、呕吐、出血性皮疹、化脓性结膜炎、发热、抽搐、昏迷、自然流产、脑膜炎、败血症直至死亡。

单核细胞增生李斯特菌的抗原结构与毒力无关，它的致病性与毒力机理如下：

(1)寄生物介导的细胞内增生，使它附着及进入肠细胞与巨噬细胞。

(2)抗活化的巨噬细胞，单核细胞增生李斯特菌有细菌性过氧化物歧化酶，使它能抗活化巨噬细胞内的过氧化物(为杀菌的毒性游离基团)分解。

(3)溶血素，即李氏杆菌素 O，可以从培养物上清液中获得，有 α 和 β 两种，为毒力因子。

4. 单核细胞增生李斯特菌的控制

单核细胞增生李斯特菌主要通过食物感染人类，可以寄居在人的肠道内。它有个外号叫“冰箱杀手”，因为它在 0～45℃都能生存，尤其在冰箱的冷藏温度下仍可以生长繁殖，甚至在-20℃的冷冻室也能存活 1 年，这是绝大多数微生物做不到的。调查显示，被单核细胞增生李斯特菌感染的人，有 64%可以在其家里的冰箱中找到这种细菌。所以，未加热的冰箱食品增加了食物中毒的危险。

不仅如此，单核细胞增生李斯特菌还具有耐干燥、耐高盐环境的能力，且在一般热加工处理中能存活，可以说它的生命力比较顽强。因此，在食品加工中，中心温度必须达到 70℃持续 2min 以上才能起到杀灭作用。

单核细胞增生李斯特菌在自然界中广泛存在，所以即使产品已经过热加工处理，充分灭活了该菌，但由于该菌在 4℃下仍然能生长繁殖，所以在冰箱保藏的食品可能会受到二次污染。因此，冰箱食品需加热后才可食用。

1. 单核细胞增生李斯特菌定性检验(第一法)

1) 检验程序

单核细胞增生李斯特菌定性检验程序如图 8-4-1 所示。

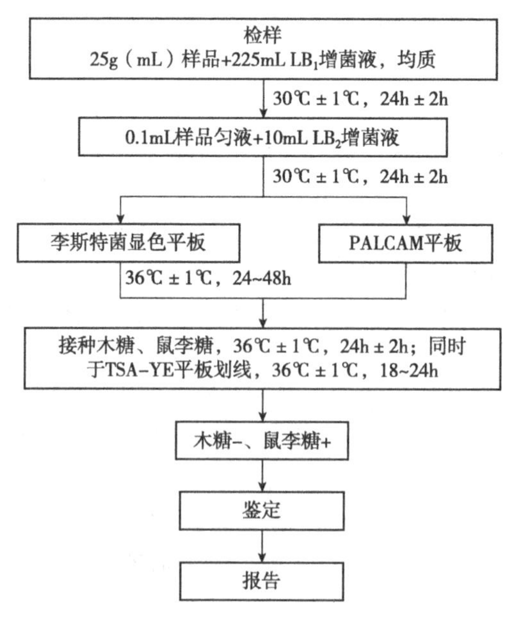

图 8-4-1　单核细胞增生李斯特菌定性检验程序

2)操作步骤

(1)增菌：以无菌操作取样品25g(mL)加入含有225mL LB_1 增菌液的均质袋中，在拍击式均质器上连续拍打1~2min；或放入盛有225mL LB_1 增菌液的均质杯中，以8000~10 000r/min均质1~2min。于30℃±1℃培养24h±2h，移取0.1mL，转种于10mL LB_2 增菌液内，于30℃±1℃培养24h±2h。

(2)分离：取 LB_2 二次增菌液划线接种于李斯特菌显色平板和PALCAM琼脂平板，于36℃±1℃培养24~48h，观察各个平板上生长的菌落。典型菌落在PALCAM琼脂平板上为小的圆形灰绿色菌落，周围有棕黑色水解圈，有些菌落有黑色凹陷；在李斯特菌显色平板上的菌落特征，参照产品说明进行判定。

(3)初筛：自选择性琼脂平板上分别挑取3~5个典型或可疑菌落，分别接种木糖、鼠李糖发酵管，于36℃±1℃培养24h±2h，同时在TSA-YE平板上划线，于36℃±1℃培养18~24h，然后选择木糖阴性、鼠李糖阳性的纯培养物继续进行鉴定。

(4)鉴定(或选择生化鉴定试剂盒或全自动微生物鉴定系统等)：

①染色镜检。李斯特菌为革兰阳性短杆菌，大小为(0.4~0.5)μm×(0.5~2.0)μm；用生理盐水制成菌悬液，在油镜或相差显微镜下观察，该菌出现轻微旋转或翻滚样的运动。

②动力试验。挑取纯培养的单个可疑菌落穿刺半固体或SIM动力培养基，于25~30℃培养48h，李斯特菌有动力，在半固体或SIM培养基上方呈伞状生长，如伞状生长不明显，可继续培养5d，再观察结果。

③生化鉴定。挑取纯培养的单个可疑菌落，进行过氧化氢酶试验，过氧化氢酶阳性反应的菌落继续进行糖发酵试验和MR-VP试验。单核细胞增生李斯特菌的生化特征与其他李斯特菌的区别见表8-4-1所列。

表8-4-1 单核细胞增生李斯特菌生化特征与其他李斯特菌的区别

菌种	溶血反应	葡萄糖	麦芽糖	MR-VP	甘露醇	鼠李糖	木糖	七叶苷
单核细胞增生李斯特菌(*L. monocytogenes*)	+	+	+	+/+	-	+	-	+
格氏李斯特菌(*L. grayi*)	-	+	+	+/+	+	-	-	+
斯氏李斯特菌(*L. seeligeri*)	+	+	+	+/+	-	-	+	+
威氏李斯特菌(*L. welshimeri*)	-	+	+	+/+	-	V	+	+
伊氏李斯特菌(*L. ivanovii*)	+	+	+	+/+	-	-	+	+
英诺克李斯特菌(*L. innocua*)	-	+	+	+/+	-	V	-	+

注：+表示阳性；-表示阴性；V表示反应不定。

④溶血试验。将新鲜的羊血琼脂平板底面划分为20~25个小格，挑取纯培养的单个可疑菌落刺种到血平板上，每格刺种一个菌落，并刺种阳性对照菌(单核细胞增生李斯特菌、伊氏李斯特菌和斯氏李斯特菌)和阴性对照菌(英诺克李斯特菌)，穿刺时尽量接近底部，但不要触到底面，同时避免琼脂破裂，36℃±1℃培养24~48h，于明亮处观察。单核细胞增生李斯特菌呈现狭窄、清晰、明亮的溶血圈，斯氏李斯特菌在刺种点周围产生弱的透明溶血圈，英诺克李斯特菌无溶血圈，伊氏李斯特菌产生宽的、轮廓清晰的β-溶血区域，若结果不明显，可置4℃冰箱24~48h再观察。

注：也可用划线接种法。

⑤协同溶血试验cAMP(可选项目)。在羊血琼脂平板上平行划线接种金黄色葡萄球菌和马红球菌，挑取纯培养的单个可疑菌落垂直划线接种于平行线之间，垂直线两端不要触及平行线，距离1~2mm，同时接种单核细胞增生李斯特菌、英诺克李斯特菌、伊氏李斯特菌和斯氏李斯特菌，于36℃±1℃培养24~48h。单核细胞增生李斯特菌在靠近金黄色葡萄球菌处出现约2mm的β-溶血增强区域，斯氏李斯特菌也出现微弱的溶血增强区域，伊氏李斯特菌在靠近马红球菌处出现5~10mm的箭头状β-溶血增强区域，英诺克李斯特菌不产生溶血现象。若结果不明显，可置4℃冰箱24~48h再观察。

注：5%~8%的单核细胞增生李斯特菌在马红球菌一端有溶血增强现象。

(5)小鼠毒力试验(可选项目)：将符合上述特性的纯培养物接种于TSB-YE中，于36℃±1℃培养24h，4000r/min离心5min，弃上清液，用无菌生理盐水制备成浓度为10^{10}CFU/mL的菌悬液，取此菌悬液对3~5只小鼠进行腹腔注射，每只0.5mL，同时观察小鼠死亡情况。接种致病株的小鼠于2~5d死亡。试验设单核细胞增生李斯特菌致病株和灭菌生理盐水对照组。单核细胞增生李斯特菌、伊氏李斯特菌对小鼠有致病性。

3)结果与报告

综合以上生化试验和溶血试验的结果，报告25g(mL)样品中检出或未检出单核细胞增生李斯特菌。

2. 单核细胞增生李斯特菌平板计数法(第二法)

1)检验程序

单核细胞增生李斯特菌平板计数程序如图8-4-2所列。

2)操作步骤

(1)样品的稀释：

①以无菌操作称取样品25g(mL)，放入盛有225mL缓冲蛋白胨水或无添加剂的LB肉汤的无菌均质袋(或均质杯)内，在拍击式均质器上连续均质1~2min或以8000~10 000r/min均质1~2min。液体样品，振荡混匀，制成1∶10的样品匀液。

②用1mL无菌吸管或微量移液器吸取1∶10的样品匀液1mL，沿管壁缓慢注于盛有9mL缓冲蛋白胨水或无添加剂的LB肉汤的无菌试管中(注意吸管或吸头尖端不要触及稀释液面)，振摇试管或换用1支1mL无菌吸管反复吹打使其混合均匀，制成1∶100的样品匀液。

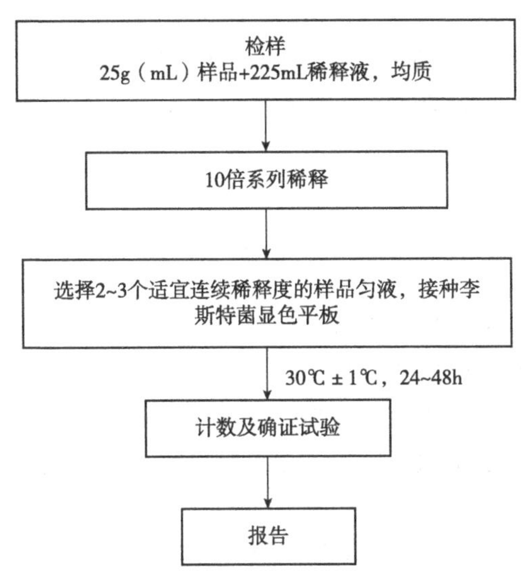

图 8-4-2　单核细胞增生李斯特菌平板计数程序

③按②操作程序，制备 10 倍系列稀释样品匀液。每递增稀释 1 次，换用 1 支 1mL 无菌吸管或吸头。

(2)样品的接种：根据对样品污染状况的估计，选择 2~3 个适宜连续稀释度的样品匀液(液体样品可包括原液)，每个稀释度的样品匀液分别吸取 1mL 以 0.3mL、0.3mL、0.4mL 的接种量分别加入 3 块李斯特菌显色平板，用无菌 L 棒涂布整个平板，注意不要触及平板边缘。使用前，如琼脂平板表面有水珠，可放在 25~50℃的培养箱里干燥，直到平板表面的水珠消失。

(3)培养：在通常情况下，涂布后，将平板静置 10min，如样液不易吸收，可将平板放在培养箱 36℃±1℃培养 1h；等样品匀液吸收后翻转平皿，倒置于培养箱，36℃±1℃培养 24~48h。

(4)典型菌落计数和确认：

①单核细胞增生李斯特菌在李斯特菌显色平板上的菌落特征以产品说明为准。

②选择有典型单核细胞增生李斯特菌菌落的平板，且同一稀释度 3 个平板所有菌落数合计在 15~150CFU 的平板，计数典型菌落数。如果：

只有一个稀释度的平板菌落数在 15~150CFU 且有典型菌落，计数该稀释度平板上的典型菌落；

所有稀释度的平板菌落数均小于 15CFU 且有典型菌落，应计数最低稀释度平板上的典型菌落；

某一稀释度的平板菌落数大于 150CFU 且有典型菌落，但下一稀释度平板上没有典型菌落，应计数该稀释度平板上的典型菌落；

所有稀释度的平板菌落数大于 150CFU 且有典型菌落，应计数最高稀释度平板上的典型菌落。

所有稀释度的平板菌落数均不在 15~150CFU 且有典型菌落，其中一部分小于 15CFU 或大于 150CFU 时，应计数最接近 15CFU 或 150CFU 的稀释度平板上的典型菌落。

以上按式(8-4-1)计算。

2个连续稀释度的平板菌落数均在15~150CFU，按式(8-4-2)计算。

③从典型菌落中任选5个菌落(小于5个全选)，分别按第一法中初筛和鉴定进行鉴定。

3)结果计数

$$T=\frac{AB}{Cd} \tag{8-4-1}$$

式中 T——样品中单核细胞增生李斯特菌菌落数；

A——某一稀释度典型菌落的总数；

B——某一稀释度确证为单核细胞增生李斯特菌的菌落数；

C——某一稀释度用于单核细胞增生李斯特菌确证试验的菌落数；

d——稀释因子。

$$T=\frac{A_1B_1/C_1+A_2B_2/C_2}{1.1d} \tag{8-4-2}$$

式中 T——样品中单核细胞增生李斯特菌菌落数；

A_1——第一稀释度(低稀释倍数)典型菌落的总数；

B_1——第一稀释度(低稀释倍数)确证为单核细胞增生李斯特菌的菌落数；

C_1——第一稀释度(低稀释倍数)用于单核细胞增生李斯特菌确证试验的菌落数；

A_2——第二稀释度(高稀释倍数)典型菌落的总数；

B_2——第二稀释度(高稀释倍数)确证为单核细胞增生李斯特菌的菌落数；

C_2——第二稀释度(高稀释倍数)用于单核细胞增生李斯特菌确证试验的菌落数；

1.1——计算系数；

d——稀释因子(第一稀释度)。

4)结果报告

报告每克(毫升)样品中单核细胞增生李斯特菌的菌数，以CFU/g(mL)表示；如 T 值为0，则以小于1乘以最低稀释倍数报告。

3. 单核细胞增生李斯特菌MPN计数法(第三法)

1)检验程序

单核细胞增生李斯特菌MPN计数程序如图8-4-3所示。

2)操作步骤

(1)样品的稀释：按单核细胞增生李斯特菌定性检验程序样品进行处理。

(2)接种和培养：

①根据对样品污染状况的估计，选取3个适宜连续稀释度的样品匀液(液体样品可包括原液)，接种于10mL LB_1 肉汤，每一稀释度接种3管，每管接种1mL(如果接种量需要超过1mL，则用双料 LB_1 增菌液)于30℃±1℃培养24h±2h。每管各移取0.1mL，转种于10mL LB_2 增菌液内，于30℃±1℃培养24h±2h。

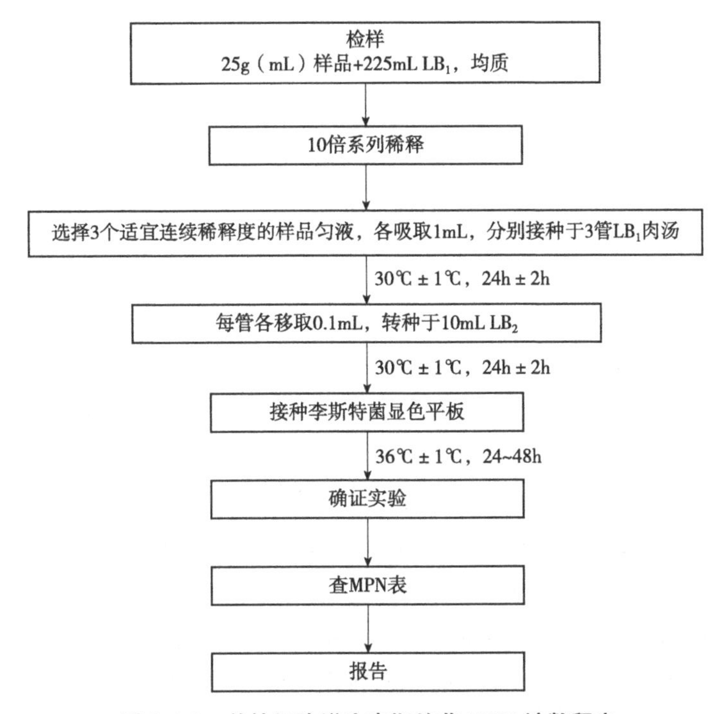

图 8-4-3　单核细胞增生李斯特菌 MPN 计数程序

②用接种环从各管中移取 1 环，接种李斯特菌显色平板，36℃±1℃培养 24~48h。

(3)确证试验：自每块平板上挑取 5 个典型菌落(5 个以下全选)，按照第一法中初筛、鉴定进行鉴定。

3)结果与报告

根据证实为单核细胞增生李斯特菌阳性的试管管数，查 MPN 检索表(表 8-4-2)，报告每克(毫升)样品中单核细胞增生李斯特菌的最可能数，以 MPN/g(mL)表示。

表 8-4-2　单核细胞增生李斯特菌最可能数(MPN)检索表

阳性管数			MPN	95%可信限		阳性管数			MPN	95%可信限	
0.10	0.01	0.001		下限	上限	0.10	0.01	0.001		下限	上限
0	0	0	<3.0	—	9.5	1	1	0	7.4	1.3	20
0	0	1	3.0	0.15	9.6	1	1	1	11	3.6	38
0	1	0	3.0	0.15	11	1	2	0	11	3.6	42
0	1	1	6.1	1.2	18	1	2	1	15	4.5	42
0	2	0	6.2	1.2	18	1	3	0	16	4.5	42
0	3	0	9.4	3.6	38	2	0	0	9.2	1.4	38
1	0	0	3.6	0.17	18	2	0	1	14	3.6	42
1	0	1	7.2	1.3	18	2	0	2	20	4.5	42
1	0	2	11	3.6	38	2	1	0	15	3.7	42

（续）

阳性管数			MPN	95%可信限		阳性管数			MPN	95%可信限	
0.10	0.01	0.001		下限	上限	0.10	0.01	0.001		下限	上限
2	1	1	20	4.5	42	3	1	1	75	17	200
2	1	2	27	8.7	94	3	1	2	120	37	420
2	2	0	21	4.5	42	3	1	3	160	40	420
2	2	1	28	8.7	94	3	2	0	93	18	420
2	2	2	35	8.7	94	3	2	1	150	37	420
2	3	0	29	8.7	94	3	2	2	210	40	430
2	3	1	36	8.7	94	3	2	3	290	90	1000
3	0	0	23	4.6	94	3	3	0	240	42	1000
3	0	1	38	8.7	110	3	3	1	460	90	2000
3	0	2	64	17	180	3	3	2	1100	180	4100
3	1	0	43	9	180	3	3	3	>1100	420	—

注：1. 本表采用3个稀释度[0.1g(mL)、0.01g(mL)和0.001g(mL)]，每个稀释度接种3管。2. 表内所列检样量如改用1g(mL)、0.1g(mL)和0.01g(mL)时，表内数字应相应降低10倍；如改用0.01g(mL)、0.001g(mL)、0.0001g(mL)时，则表内数字应相应增高10倍，其余类推。

注意事项

(1)严格规范操作，保证结果的可靠性。

(2)对易产生较大颗粒的样品(如肉类)进行检验时，建议使用带滤网的均质袋，防止均质后用吸管吸取匀液时堵塞管口。

(3)第一法中分离划线建议使用直径3mm的接种环(1环约10μL)。

考核评价

单核细胞增生李斯特菌检验(第一法)的评分标准

内容	分值	评分细则	评分标准	得分
增菌	1	无菌操作	用酒精棉球对手、操作台面和样品开口处正确进行擦拭消毒	
	1	液态食品：吸管使用	正确打开包装；正确握持吸管，准确量取25mL；垂直调节液面；放液时吸管尖端不触及液面；准确量取225mL LB_1 增菌液于均质袋中	
		固态或半固态食品：无菌取样	正确无菌称取25g样品；准确量取225mL LB_1 增菌液于均质袋中	
	0.5	均质处理	选择好程序，正确设置拍击速度、拍击时间等，样品与均质器无接触	
	0.5	培养	正确使用移液枪取液	

（续）

内容	分值	评分细则	评分标准	得分
分离	0.5	接种环的使用	接种环持法正确；取培养物前接种环灼烧灭菌彻底并能冷却；取出培养物后接种环不碰壁、不过火；接种完接种环灼烧灭菌彻底	
	0.5	分离培养	能熟练进行分离培养；准确识别李斯特菌在不同平板上的菌落特征	
初筛	0.5	接种发酵管	发酵管的正确制备；正确实施固-液接种	
	0.5	平板划线	正确使用接种环；准确完成平板划线	
鉴定	1	染色镜检	涂片均匀，不宜过厚，控制染色时间，脱色程度适当	
	1	动力试验	接种针使用前火焰灼烧灭菌并冷却；准确实施接种针穿刺接种	
	1	生化鉴定	正确判断是否产生气泡；正确实施固-液接种	
	1	溶血试验	正确实施穿刺培养；穿刺不可触到底部	
结果报告	0.5	结果报告	报告结果规范、正确	
	0.5	物品整理	台面整理干净、物品正确归位、无破损	
合　计				
考核教师签字：				

案例分析

单核细胞增生李斯特菌引起的食物中毒

单核细胞增生李斯特菌（LM）是一种人畜共患的致病菌，也是重要的食源性致病菌。近年来，LM病在欧美国家常有发生。在法国、美国、加拿大和德国等国曾多次引起食物中毒，轻者为一般胃肠炎症状，重症者主要表现为败血症、脑膜炎、神经症状及单核细胞增多等，临床死亡率高达20%~70%。

1983年美国马萨诸塞州发生被LM污染的巴氏消毒奶中毒事件，49例病人中有7例为婴儿，42例为有免疫缺陷的人，14例死亡（29%）。1985年美国加利福尼亚州发生被LM污染的墨西哥式干酪中毒事件，约有100例病例，39例死亡，多数症状很相似。自1998年8月至1999年1月，美国共有11个州报道，至少50例病例是LM引起的，已有6名成人死亡，2名孕妇自发性流产。2000年美国10个州发生LM病，共发生29例病例，其中4例死亡、3例流产，原因与食用被LM污染的熟食店火鸡肉有关。自1994年12月至1995年11月，在德国汉堡大学附属爱芬多夫医院，连续发生多起不同寻常的LM感染事件，11名来自不同病区的住院病人发生了由LM引起的败血症。在回顾性调查中，通过血清学分型显示6株细菌是完全相同或有遗传学上的联系，其中4株是从肾移植接受者身上分离的。1995年瑞士西部暴发了一起由于食用被LM污染的软质奶酪引起的中毒事件，在

57 例病例中有 21%为细菌感染症状，40%为脑膜炎，39%为脑炎，42%为体弱者，54%大于 65 岁，总病死率为 32%。1996 年，意大利发生一起 LM 引起的食物中毒事件，一起就餐者共 39 人，其中 18 例病人出现肠道症状，流行病学调查发现，米饭和沙拉酱可能被污染，从 3 种剩余食品和厨房冰箱中都检出该菌。这次事件的特点是：在健康的有足够免疫力的成人中有如此高的感染率极为少见。

WHO 统计资料显示，每百万人 LM 的患病率，美国为 8.3，法国为 8.0，澳大利亚为 7.6，英国为 5.0，日本为 0.2。另据美国疾病预防控制中心（CDC）的资料，美国每年有 1600~2000 例 LM 病发生，死亡约 450 人。

2001 年 11 月以来，我国质检部门多次从美国、加拿大、法国、爱尔兰、比利时、丹麦等 20 多家肉类加工厂进口的猪腰、猪耳、猪肚、小排等近千吨猪副产品中检出 LM。1997 年 3 月和 8 月，我国云南省某县一自然村先后两次发生大面积的人畜不明原因疾病暴发流行，经查为 LM 所致。两次流行期间，村内大牲畜几乎全部死亡，其中牛发病 71.04%、猪发病 72.01%、羊发病 36.13%，动物病死率几乎达 100%，人群发病率分别为 8.2%和 8.6%。

项目小结

致病菌是评价食品安全的极其重要的指标。从食品卫生的角度讲，食品中不允许有致病菌存在。

金黄色葡萄球菌为革兰染色阳性球菌，单个、成对以及不规则的葡萄串状排列，无鞭毛，不运动，无芽孢，一般不形成荚膜。该菌营养要求不高，在普通培养基上生长良好，需氧或兼性厌氧。最适生长温度为 37℃，最适 pH 值为 7.4。耐盐性强，在含 10%~15% 的氯化钠培养基中能生长。在自然界广泛分布，空气、土壤、水灰尘及人和动物的排泄物中都可发现。

沙门菌属是一群血清学上相关的需氧、无芽孢的革兰阴性杆菌，周身鞭毛，能运动，不发酵乳糖、蔗糖及侧金盏花醇，不产生靛基质，不分解尿素，能有规律地发酵葡萄糖并产生气体。能在各种选择性培养基上生成特殊形态的菌落。沙门菌不耐热，55℃、1h 或 60℃、15~30min 即被杀死。沙门菌广泛分布于自然界，且在人和动物间广泛传播。

肉毒梭菌属于厌氧性梭状芽孢杆菌属，是革兰阳性粗大杆菌，芽孢为卵圆形，常见很多游离芽孢。肉毒梭菌根据其所产毒素的抗原特异性，可将其分为 A、B、C、D、E、F、G 7 型，肉毒梭菌为专性厌氧菌，可在普通培养基上生长，28~37℃生长良好。

单核细胞增生李斯特菌为球杆状，革兰阳性，有鞭毛，无芽孢，可产生荚膜。该菌营养要求不高，在 20~25℃培养有动力。在 5~45℃均可生长，在 5℃低温生长是典型特征之一。耐碱不耐酸，在 pH 9.6 中仍能生长，在 6.5%氯化钠肉汤中生长良好，在 10%氯化钠中可生长。该菌对青霉素、氨苄西林、四环素、磺胺均敏感。

自测练习

一、填空题

1. 金黄色葡萄球菌可分解乳糖、葡萄糖、麦芽糖、蔗糖，产酸________；甲基红反应________，V-P 反应为________。

2. 金黄色葡萄球菌在 Baird-Parker 平板上呈圆形，________、________、________、菌落直径为________，颜色呈________，有光泽，常有浅色(非白色)的边缘，周围绕以不透明圈(沉淀)，其外常有________。

3. 沙门菌属在普通水中虽不易繁殖，但可生存________。在粪便中可存活________。在氯化钠含量为 10%~15%的腌肉中也可存活________。

4. 肉毒梭菌为专性厌氧菌，可在普通培养基上生长，________生长良好。但本菌产生毒素的最适生长温度为________，最适 pH 值为________，在 10%氯化钠溶液中________。

5. 小鼠典型肉毒毒素中毒症状主要表现为________、________，________，呈现________，多因呼吸衰竭而死亡。

6. 单核细胞增生李斯特菌对理化因素抵抗力较强，60~70℃经________ min 可杀死，70%乙醇 5min、2. 5%石炭酸、2. 5%氢氧化钠、2. 5%福尔马林________ min 可杀死此菌。

二、单选题

1. 金黄色葡萄球菌是革兰(　　)菌。

A. 阳性　　　　　　B. 阴性

2. 预防金黄色葡萄球菌污染的措施，不正确的是(　　)。

A. 防止带菌人群对各种食品的污染

B. 防止其对乳及其制品的污染

C. 应在低温和通风良好的条件下贮藏食物，以防肠毒素的形成

D. 在气温高的春夏季，食物应冷藏或放于通风阴凉的地方，食用前彻底加热即可

3. 对沙门菌描述正确的是(　　)。

A. 革兰染色阳性，无芽孢，无荚膜，有鞭毛的短小杆菌

B. 对营养要求较高，在普通培养基上不能良好生长

C. 最适温度为 37℃，适宜 pH 6. 8~7. 8

D. 在有氧气的条件下不能良好生长

4. 对肉毒梭菌描述错误的是(　　)。

A. 肉毒梭菌属于厌氧性梭状芽孢杆菌，革兰阴性

B. 肉毒梭菌能在血平板上形成溶血环

C. 肉毒梭菌毒素不耐热，80℃、30min 或 100℃、30min 可使各型毒素破坏

D. 肉毒梭菌为多形态细菌，多为直杆状或稍弯曲的大杆菌，芽孢为卵圆形

5. 对单核细胞增生李斯特菌描述错误的是(　　)。

A. 营养要求较高，在 20~25℃培养有动力

B. 在 5~45℃均可生长，在 5℃低温生长是典型特征之一

C. 在 6. 5%氯化钠肉汤中生长良好，在 10%氯化钠肉汤中可生长

D. 对青霉素、氨苄西林、四环素、磺胺均敏感

三、判断题

1. 金黄色葡萄球菌的耐盐性很强，在含 10%~15%氯化钠培养基中能生长。　(　　)

2. 金黄色葡萄球菌对营养要求很高，不能在普通培养基中生长，培养基中必须添加

葡萄糖或血液。 (　　)

3. 金黄色葡萄球菌大多可以在血琼脂平板上形成溶血环。 (　　)

4. 沙门菌抵抗力强，加热到 100℃时也仍能存活。 (　　)

5. 沙门菌可在血琼脂平板上形成溶血环。 (　　)

6. 在肉毒毒素的检测实验中，如检出实验小鼠死亡，则判断存在肉毒毒素。 (　　)

7. 单核细胞增生李斯特菌为革兰阴性无芽孢球杆状。 (　　)

8. 单核细胞增生李斯特菌是一种人畜共患病的病原菌。 (　　)

项目9 发酵食品微生物检验

发酵食品一般是指通过一定的微生物作用而生产加工成的食品，其种类很多，如酸乳、酱油、豆腐乳等。对发酵食品的微生物检验除进行菌落总数、大肠菌群、致病菌等食品安全方面指标外，为了检查它们是否符合制作的技术要求和具有该发酵食品应有的风味，往往也要检验该发酵食品的菌种及菌种质量和数量，以及相关的其他技术指标。本项目主要学习发酵乳制品中乳酸菌、双歧杆菌的检验，酱油种曲孢子数和发芽率的测定，豆腐乳发酵菌种毛霉的鉴定，方法参考现行的相关标准。

学习目标

知识目标

1. 理解乳杆菌、双歧杆菌、嗜热链球菌生物学特性。
2. 掌握乳酸菌的生理功能。
3. 掌握双歧杆菌的生理功能。
4. 理解酱油的生产菌和工艺流程。
5. 理解毛霉的菌种特性。

技能目标

1. 能够正确进行乳酸菌的检验。
2. 能够正确进行双歧杆菌的检验。
3. 能够正确进行酱油种曲孢子数及孢子发芽率的测定。
4. 能够正确进行毛霉的分离鉴定。

素质目标

1. 培养严谨、踏实、规范的职业态度。
2. 培养注重调查、实事求是的职业道德。

任务 9-1　乳酸菌检验

工作任务

乳酸菌是一类可发酵糖主要产生大量乳酸的细菌的通称。《食品安全国家标准　食品微生物学检验　乳酸菌检验》(GB 4789.35—2023)中规定了含乳酸菌食品中乳酸菌的检验方法，标准适用于含活性乳酸菌的食品中乳酸菌的检验，标准中检验的乳酸菌主要为乳杆菌属、双歧杆菌属和嗜热链球菌属。

本任务依照《食品安全国家标准　食品微生物学检验　乳酸菌检验》(GB 4789.35—2023)学习食品中乳酸菌的检验。

工具材料

1. 设备和材料

除微生物实验室常规灭菌及培养设备外，其他设备和材料如下：

恒温培养箱(36℃±1℃)、厌氧培养装置、冰箱(2~8℃)、均质器及无菌均质袋、均质杯或灭菌乳钵、涡旋混匀仪、电子天平(感量0.001g)。

无菌试管(15mm×100mm、18mm×180mm)、无菌吸管(1mL，具0.01mL刻度；10mL，具0.1mL刻度)、微量移液器及灭菌吸头、无菌锥形瓶(250mL、500mL)、无菌平皿(直径90mm)。

2. 培养基和试剂

MRS琼脂培养基、莫匹罗星锂盐和半胱氨酸盐酸盐改良MRS琼脂培养基、MC琼脂培养基、0.5%蔗糖发酵管、0.5%纤维二糖发酵管、0.5%麦芽糖发酵管、0.5%甘露醇发酵管、0.5%水杨苷发酵管、0.5%山梨醇发酵管、0.5%乳糖发酵管、七叶苷发酵管、革兰染色液、生理盐水、莫匹罗星锂盐、半胱氨酸盐酸盐，培养基的配制详见附录1.4 H。

知识准备

1. 乳酸菌的生物学特性

乳酸菌具有强抗酸能力，在含糖丰富的食品中，因其不断产生乳酸使环境变酸而杀死其他不耐酸的细菌。大部分乳酸菌具有很强的抗盐性，能耐5%以上的氯化钠浓度，如嗜盐片球菌(*Pediococcus halophilus*)能在浓度为15%~18%的氯化钠溶液中生存。常见的乳酸菌都不具有细胞色素氧化酶，所以一般不会使硝酸盐还原为亚硝酸盐；乳酸菌也不具有氨基酸脱羧酶，不产生胺类物质，也不产生靛基质和 H_2S。一般乳酸菌不分泌蛋白酶，只有肽酶，不能分解利用蛋白质而仅能利用蛋白胨、肽和氨基酸。乳酸菌合成氨基酸、核酸、维生素的能力极低，因而在其生长的环境中适量地加入这类物质，能促进其正常生长。

1)乳杆菌

(1)形态特征：细胞形态多样，长或细长杆状、弯曲形短杆状及棒形球杆状，链状排列。革兰阳性，有些菌株革兰染色呈两极体，内部有颗粒物或呈现条纹。通常不运动，有些具有周身鞭毛，无芽孢，无细胞色素，大多不产色素。

(2)生化特性：营养要求严格，培养需多种氨基酸、维生素、肽、核酸衍生物。微好氧性，厌氧培养生长良好。在温度范围 2~53℃可生长，最适温度 30~40℃。耐酸性强，在 pH≤5 环境中可生长，最适 pH 值为 5.5~6.2，中性或初始碱性条件下生长速率降低。发酵糖类有 3 种方式：同型发酵、兼异型发酵、异型发酵。pH 6.0 以上可还原硝酸盐，不液化明胶，不分解酪素，联苯胺反应阴性，不产生靛基质和 H_2S，多数菌株可产生少量的可溶性氮，接触酶反应阴性。

2)双歧杆菌

(1)形态特征：细胞形态多样，Y 字形、V 字形、弯曲状、勺形，典型形态为分叉杆菌。革兰阳性，亚甲基蓝染色菌体着色不规则，无芽孢和鞭毛，不运动。

(2)生化特性：营养要求苛刻，培养需多种双歧因子。专性厌氧。温度范围 25~45℃可生长，最适温度 37℃。pH 4.5~8.5 可生长，最适 pH 值 6.5~7.0，不耐酸，pH≤5.5 对菌体存活不利。能利用葡萄糖、果糖、乳糖和半乳糖，蛋白质分解力微弱，能利用铵盐作为氮源，不还原硝酸盐，不水解精氨酸，不液化明胶，不产生靛基质，联苯胺反应阴性，接触酶反应阴性。

3)嗜热链球菌

(1)形态特征：细胞呈球形或卵圆形，成对或成链排列，革兰阳性，无芽孢，一般不运动，不产生色素。

(2)生化特性：微需氧，最适培养温度为 40~45℃，能发酵葡萄糖、果糖、蔗糖和乳糖。在 85℃条件下，能耐 20~30min。蛋白分解力微弱。对抗生素极敏感。能产生香味物质双乙酰。

2. 乳酸菌的生理功能

乳酸菌在人体内能发挥许多生理功能。

(1)防治有色人种普遍患有的乳糖不耐症(喝鲜乳时出现的腹胀、腹泻等症状)。

(2)促进蛋白质、单糖及钙、镁等营养物质的吸收，产生 B 族维生素等大量有益物质。

(3)使肠道菌群的构成发生有益变化，改善人体胃肠道功能，恢复人体肠道内菌群平衡，形成抗菌生物屏障，维护人体健康。

(4)抑制腐败菌的繁殖，消解腐败菌产生的毒素，清除肠道垃圾。

(5)抑制胆固醇吸收，降血脂、降血压作用。

(6)免疫调节作用，增强人体免疫力和抵抗力。

(7)抗肿瘤、预防癌症作用。

(8)提高超氧化物歧化酶(SOD)活力，消除人体自由基，具有抗衰老、延年益寿作用。

(9)有效预防女性泌尿生殖系统细菌感染。

(10)控制人体内毒素水平，保护肝脏并增强肝脏的解毒、排毒功能。

3. 乳酸菌检验的卫生学意义

在人体肠道内栖息着数百种的细菌，其数量超过百万亿个。益生菌，以乳酸菌、双歧杆菌等为代表；有害菌，以大肠埃希菌、产气荚膜杆菌等为代表。当益生菌占优势时(占总数的80%以上)，人体则保持健康状态，否则处于亚健康或非健康状态。科学研究结果表明，以乳酸菌为代表的益生菌是人体必不可少的且具有重要生理功能的有益菌，它们数量的多少，与人的健康和长寿相关。而广谱和强力抗生素的广泛应用，使人体肠道内以乳酸菌为主的益生菌遭受到严重破坏，抵抗力逐步下降，导致疾病越治越多，健康受到极大威胁。因此，有意增加人体肠道内乳酸菌的数量就显得非常重要。

饮用酸乳是人类增加乳酸菌的重要途径之一，因此检验酸乳中乳酸菌含量的高低，是评价产品对于人类营养与健康作用的重要标志，国家标准规定产品中的乳酸菌数不得低于1×10^{6}CFU/mL。

1. 乳酸菌检验程序

乳酸菌检验程序如图 9-1-1 所示。

2. 操作步骤

1)样品制备

(1)样品的全部制备过程均应遵循无菌操作程序。

(2)稀释液在实验前应在 36℃±1℃条件下充分预热 15~30min。

(3)冷冻样品可先使其在 2~5℃条件下解冻，时间不超过 18h，也可在温度不超过45℃的条件下解冻，时间不超过 15min。

(4)固体和半固体食品：以无菌操作称取 25g 样品，置于装有 225mL 稀释液的无菌均质杯内，于 8000~10 000r/min 均质 1~2min，制成 1∶10 的样品匀液；或置于 225mL 稀释液的无菌均质袋中，用拍击式均质器拍打 1~2min 制成 1∶10 的样品匀液。

(5)液体样品：液体样品应先将其充分摇匀后以无菌吸管吸取样品 25mL 放入装有225mL 稀释液的无菌锥形瓶(瓶内预置适当数量的无菌玻璃珠)或均质袋中，充分振摇或拍

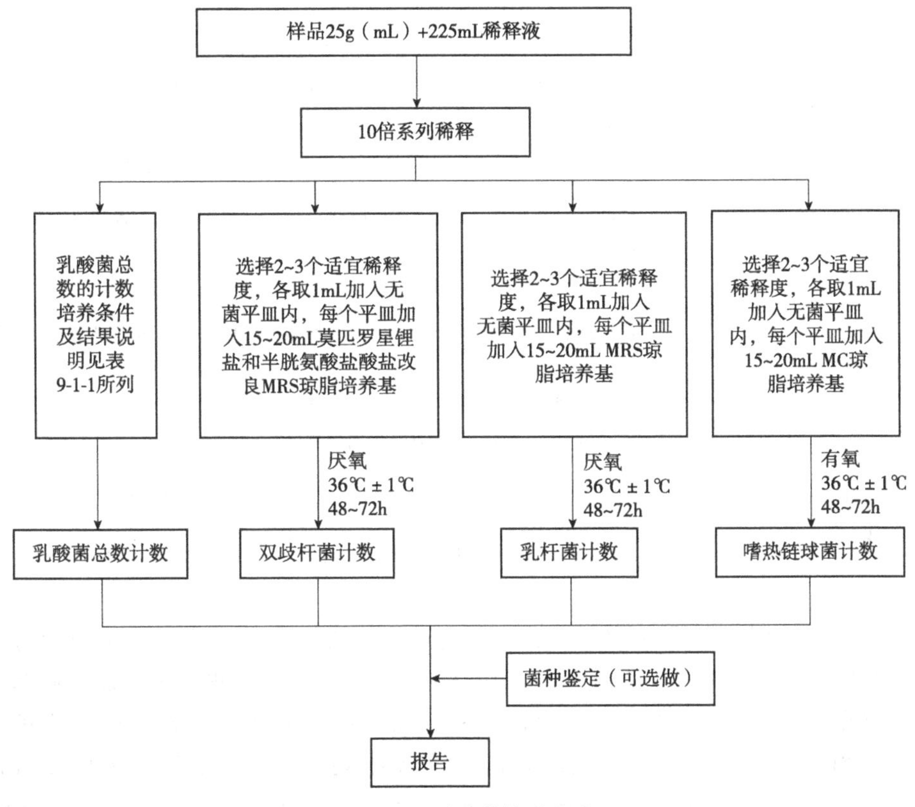

图 9-1-1 乳酸菌检验程序

击式均质器拍打 1~2min，制成 1：10 的样品匀液。

(6)经特殊技术(如包埋技术)处理的含乳酸菌食品样品应在相应技术/工艺要求下进行有效前处理。

2)稀释及培养

(1)用 1mL 无菌吸管或微量移液器吸取 1：10 的样品匀液 1mL，沿管壁缓慢注于装有 9mL 稀释液的无菌试管中(注意吸管或微量移液器吸头尖端不要触及稀释液)，振摇试管或换用 1 支无菌吸管反复吹打使其混合均匀，制成 1：100 的样品匀液。

(2)另取 1mL 无菌吸管或微量移液器吸头，按上述操作顺序，做 10 倍递增样品匀液，每递增稀释 1 次，即换用 1 支 1mL 灭菌吸管或吸头。

(3)经特殊技术(如包埋技术)处理的含乳酸菌食品应按照相应技术/工艺要求进行稀释。

3)乳酸菌计数

(1)乳酸菌总数：乳酸菌总数计数培养条件的选择及结果说明见表 9-1-1 所列。

表 9-1-1 乳酸菌总数计数培养条件的选择及结果说明

样品中所包括乳酸菌类别	培养条件的选择及结果说明
仅包括双歧杆菌属	按照 GB 4789. 34—2016 的规定执行
仅包括乳杆菌属	按照(4)乳杆菌计数操作，厌氧培养，结果即为乳杆菌属总数

（续）

样品中所包括乳酸菌类别	培养条件的选择及结果说明
仅包括嗜热链球菌	按照(3)嗜热链球菌计数操作，结果即为嗜热链球菌数
同时包括双歧杆菌属和乳杆菌属	1)按照(4)乳杆菌计数操作，结果即为乳杆菌总数 2)如需单独计数双歧杆菌属数目，按照(2)双歧杆菌计数操作
同时包括双歧杆菌属和嗜热链球菌	1)按照(2)双歧杆菌计数和(3)嗜热链球菌计数操作，二者结果之和即为乳酸菌总数 2)如需单独计数双歧杆菌属数目，按照(2)双歧杆菌计数操作
同时包括乳杆菌属和嗜热链球菌	1)按照(3)嗜热链球菌计数和(4)乳杆菌计数操作，二者结果之和即为乳酸菌总数 2)(3)嗜热链球菌计数结果为嗜热链球菌总数 3)(4)乳杆菌计数结果为乳杆菌属总数
同时包括双歧杆菌属，乳杆菌属和嗜热链球菌	1)按照(3)嗜热链球菌计数和(4)乳杆菌计数操作，二者结果之和即为乳酸菌总数 2)如需单独计数双歧杆菌属数目，按照(2)双歧杆菌计数操作

(2)双歧杆菌计数：根据对待检样品双歧杆菌含量的估计，选择2~3个连续的适宜稀释度，每个稀释度吸取1mL样品匀液于灭菌平皿内，每个稀释度做2个平皿。稀释液移入平皿后，将冷却至48~50℃的莫匹罗星锂盐和半胱氨酸盐酸盐改良MRS琼脂培养基倾注入平皿15~20mL，转动平皿使其混合均匀。培养基凝固后倒置于36℃±1℃厌氧培养，根据双歧杆菌生长特性，一般选择培养48h，若菌落无生长或生长较小可选择培养至72h，培养后计数平板上的所有菌落数。从样品稀释到平板倾注要求在15min内完成。

(3)嗜热链球菌计数：根据待检样品嗜热链球菌活菌数的估计，选择2~3个连续的适宜稀释度，每个稀释度吸取1mL样品匀液于灭菌平皿内，每个稀释度做2个平皿。稀释液移入平皿后，将冷却至48~50℃的MC琼脂培养基及时倾注入平皿15~20mL，转动平皿使其混合均匀。培养基凝固后倒置于36℃±1℃有氧培养，根据嗜热链球菌生长特性，一般选择培养48 h，若菌落无生长或生长较小可选择培养至72h。嗜热链球菌在MC琼脂培养基平板上的菌落特征为菌落中等偏小，边缘整齐光滑的红色菌落，直径2mm±1mm，菌落背面为粉红色。

(4)乳杆菌计数：根据待检样品活菌总数的估计，选择2~3个连续的适宜稀释度，每个稀释度吸取1mL样品匀液于灭菌平皿内，每个稀释度做2个平皿。稀释液移入平皿后，将冷却至48~50℃的MRS琼脂培养基倾注入平皿15~20mL，转动平皿使其混合均匀。培养基凝固后倒置于36℃±1℃厌氧培养，根据乳杆菌生长特性，一般选择培养48h，若菌落无生长或生长较小可选择培养至72h。从样品稀释到平板倾注要求在15min内完成。

4)菌落计数

(1)选取菌落数在30~300CFU之间、无蔓延菌落生长的平板计数菌落总数。低于30CFU的平板记录具体菌落数，大于300CFU的可记录为多不可计。每个稀释度的菌落数应采用2个平板的平均数。

(2)其中一个平板有较大片状菌落生长时，则不宜采用，而应以无片状菌落生长的平板作为该稀释度的菌落数；若片状菌落不到平板的一半，而其余一半中菌落分布又很均匀，即可计算半个平板后乘以2，代表一个平板菌落数。

(3)当平板上出现菌落间无明显界线的链状生长时，则将每条单链作为一个菌落计数。

5)结果的表述

(1)若只有一个稀释度平板上的菌落数在适宜计数范围内，计算2个平板菌落数的平均值，再将平均值乘以相应稀释倍数，作为每克或每毫升中菌落总数结果。

(2)若有两个连续稀释度的平板菌落数在适宜计数范围内时，按式(9-1-1)计算：

$$N = \frac{\sum C}{(n_1 + 0.1n_2)d} \tag{9-1-1}$$

式中 N——样品中菌落数；

$\sum C$——平板(含适宜范围菌落数的平板)菌落数之和；

n_1——第一稀释度(低稀释倍数)平板个数；

n_2——第二稀释度(高稀释倍数)平板个数；

d——稀释因子(第一稀释度)。

(3)若所有稀释度的平板上菌落数均大于300CFU，则对稀释度最高的平板进行计数，其他平板可记录为多不可计，结果按平均菌落数乘以最高稀释倍数计算。

(4)若所有稀释度的平板菌落数均小于30CFU，则应按稀释度最低的平均菌落数乘以稀释倍数计算。

(5)若所有稀释度(包括液体样品原液)平板均无菌落生长，则以小于1乘以最低稀释倍数计算。

(6)若所有稀释度的平板菌落数均不在30~300CFU之间，其中一部分小于30CFU或大于300CFU时，则以最接近30CFU或300CFU的平均菌落数乘以稀释倍数计算。

6)菌落数的报告

(1)菌落数小于100CFU时，按“四舍五入”原则修约，以整数报告。

(2)菌落数大于或等于100CFU时，第三位数字采用“四舍五入”原则修约后，取前两位数字，后面用0代替位数；也可用10的指数形式来表示，按“四舍五入”原则修约后，采用两位有效数字。

(3)称重取样以CFU/g为单位报告，体积取样以CFU/mL为单位报告。

7)结果与报告

根据菌落计数结果出具报告，报告单位以CFU/g(mL)表示。

3. 乳酸菌的鉴定(可选做)

1)纯培养

挑取3个或以上单个菌落，嗜热链球菌接种于MC琼脂平板，置36℃±1℃厌氧培养48h，乳杆菌属接种于MRS琼脂平板，置36℃±1℃厌氧培养48h。

2)鉴定

双歧杆菌的鉴定按GB 4789.34—2016的规定操作。

3) 涂片镜检

嗜热链球菌菌体镜下呈球形或球杆状，直径为 0.5~2.0μm，成对或成链排列，无芽孢，革兰染色阳性。乳杆菌属镜下菌体形态多样，呈长杆状、弯曲杆状或短杆状，无芽孢，革兰染色阳性。

4) 乳酸菌菌种主要生化反应

常见乳杆菌属内种和嗜热链球菌的主要生化反应见表 9-1-2 和表 9-1-3 所列。

表 9-1-2 常见乳杆菌属内种的主要生化反应

菌 种	七叶苷	纤维二糖	麦芽糖	甘露醇	水杨苷	山梨醇	蔗糖	棉子糖
干酪乳杆菌、鼠李糖乳杆菌(*L. rhamnosus*)	+	+	+	+	+	+	+	-
德氏乳杆菌保加利亚种(*L. delbrueckii* subsp. *bulgaricus*)	-	-	-	-	-	-	-	-
嗜酸乳杆菌(*L. acidophilus*)	+	+	+	-	+	-	+	d
罗伊氏乳杆菌(*L. reuteri*)	ND	-	+	-	-	-	+	+
植物乳杆菌(*L. plantarum*)	+	+	+	+	+	+	+	+

注：+表示 90%以上菌株阳性；-表示 90%以上菌株阴性；d 表示 11%~89%菌株阳性；ND 表示未测定。

表 9-1-3 嗜热链球菌的主要生化反应

菌种	菊糖	乳糖	甘露醇	水杨苷	山梨醇	马尿酸	七叶苷
嗜热链球菌	-	+	-	-	-	-	-

注：+表示 90%以上菌株阳性；-表示 90%以上菌株阴性。

考核评价

乳酸菌检验的评分标准

内容	分值	评分细则	评分标准	得分
样品制备	1	无菌操作	用酒精棉球对手、操作台面和样品开口处正确进行擦拭消毒	
	1	均质	正确使用均质杯或均质袋；正确设定转速或拍击速度；正确设定时间	
稀释及培养	1	吸管使用	正确打开包装；正确握持吸管；垂直调节液面；放液时吸管尖端不触及液面	
	1	稀释样品	系列稀释顺序正确；稀释时能混合均匀；每变化一个稀释倍数能更换吸管	
	1	试管操作	开塞、盖塞动作熟练；开塞后、盖塞前管口灭菌；试管持法得当	
	1	稀释度选择与倾注培养基	稀释度选择适宜；平皿持法得当；吸管正确放液；锥形瓶中培养基正确倾注于平皿内；正确混匀	
	1	培养	培养条件符合标准	

（续）

内容	分值	评分细则	评分标准	得分
乳酸菌计数与报告	1	菌落计数与计算	能正确选择含有30～300CFU、无蔓延菌落的平皿准确计数；根据菌落数特点，准确进行菌落总数计算	
	1	编写报告	报告结果规范、正确	
	1	物品的整理归位	台面整理干净、物品正确归位、无破损	
合　计				

考核教师签字：

名人讲堂

乳酸菌之父——梅契尼可夫

埃黎耶·梅契尼可夫（1845—1916）出生于乌克兰，是一位俄国微生物学家与免疫学家，免疫系统研究的先驱者之一（图9-1-2）。

图9-1-2　埃黎耶·梅契尼可夫

曾在1908年，因为胞噬作用的研究，而得到诺贝尔生理学或医学奖，也因为发现乳酸菌对人体的益处，被人们称为“乳酸菌之父”。

梅契尼可夫是皇家禁卫军军官的儿子，曾经受过俄罗斯帝国所能提供的最高级（当然也不太多）的教育。在哈尔科夫大学毕业后赴德国留学深造。西博尔德（Siebold，Karl Theodor Ernst von，1804—1885，德国动物学家）曾经是他的老师。

1867年他回到俄国，在新成立的敖德萨大学谋得一个学术研究的职位。他的视力很差，脾气暴躁，加上普遍存在于沙皇俄国的困难的工作条件，这一切都给他带来无穷的烦恼。1873年他的妻子谢世，他甚至企图服毒自杀，但因服毒剂量太大，吃下去又全都呕吐出来。

1882年梅契尼可夫辞去职务以便专心从事研究工作。他对消化很感兴趣。在研究躯体透明的简单动物时，他注意到这些动物有半独立的细胞，这些细胞虽然不直接参与消化过程，却能够吞食微小的颗粒。动物受到的任何损害都会把这些细胞立即吸引到受害部位。

继这一发现之后，梅契尼可夫进而探究更为复杂的动物，终于成功地指出动物血液(包括人类血液)中的具有相当于这些细胞功能的白细胞，它们的作用就在于吞噬细菌。它们成群地奔向任何感染部位，接着就发生一场细菌和梅契尼可夫所谓的“吞噬细胞”(吃菌细胞)之间的战斗。当吞噬细胞遭受巨大损失时，它们崩解的组织就溃化为脓液。梅契尼可夫认为，白细胞是抵抗感染和疾病的重要因素，魏尔啸(Rudolf L. K. Virchow，1821—1902，德国病理学家)在看到关于吞噬细胞的论证时摇了摇头，这没有引起他的注意。但是梅契尼可夫却没有因此而感到沮丧。

到了1888年，梅契尼可夫的成就已经吸引了巴斯德的注意，他邀请这个俄国人参加巴斯德学院。梅契尼可夫欣然前往，从此留居法国直至去世。所以，人们有时会见到他用法文拼写的名字Elie Matchnioff。1895年巴斯德去世后，梅契尼可夫继任学院院长。

在巴斯德学院工作期间，梅契尼可夫曾经到保加利亚旅行。他发现当地有很多百岁老人。之后他调查当地居民的饮食习惯，发现他们经常饮用发酵乳。因此，梅契尼可夫提出了一种理论，认为乳酸菌对人体健康有益，可以延长人类寿命。并且为了证明此理论，他每天都喝发酵乳。所以，梅契尼可夫也被称为“乳酸菌之父”。梅契尼可夫在1916年逝世，享年71岁，这已经超越了当时的平均寿命。

任务9-2 双歧杆菌检验

工作任务

《食品安全国家标准　食品微生物学检验　双歧杆菌检验》(GB 4789. 34—2016)规定了双歧杆菌的鉴定及计数方法。标准适用于双歧杆菌纯菌菌种的鉴定及计数；适用于食品中仅含有单一双歧杆菌的菌种鉴定；适用于食品中仅含有双歧杆菌属的计数，即食品中可包含一个或多个不同的双歧杆菌菌种。

本任务依照《食品安全国家标准　食品微生物学检验　双歧杆菌检验》(GB 4789. 34—2016)学习食品中双歧杆菌的检验。

工具材料

1. 设备和材料

除微生物实验室常规灭菌及培养设备外，其他设备和材料如下：

恒温培养箱(36℃±1℃)、冰箱(2~5℃)、天平(感量0.01g)、无菌试管(18mm×18mm、15mm×100mm)、无菌吸管(1mL，具0.01mL刻度；10mL，具0.1mL刻度)或微量移液器(200~1000μL)及配套吸头、无菌培养皿(直径90mm)。

2. 培养基和试剂

双歧杆菌琼脂培养基、PYG 液体培养基、MRS 琼脂培养基，详见附录 1. 4 I。
甲醇、三氯甲烷、硫酸、冰乙酸、乳酸。

知识准备

1. 双歧杆菌的分布与应用

双歧杆菌最先由法国科学家 Tissier 从吃母乳婴儿粪便中分离出来，具有革兰阳性菌典型的生理特征，严格厌氧的细菌属，广泛存在于人和动物的消化道、阴道和口腔等环境中。双歧杆菌属的细菌是人和动物肠道菌群的重要组成成员之一。一些双歧杆菌的菌株可以作为益生菌而用在食品、医药和饲料方面。

2. 双歧杆菌的生理功能

双歧杆菌是一种重要的肠道有益微生物。双歧杆菌作为一种生理性有益菌，对人体健康具有生物屏障、营养作用、抗肿瘤作用、免疫增强作用、改善胃肠道功能、抗衰老等多种重要的生理功能。人体肠道中定植着大量的微生物，肠道微生物与人体健康和疾病之间存在着十分密切的关系。

在正常情况下，人体内的肠道微生物形成了一个相对平衡的状态，一旦平衡受到破坏，如服用抗生素、放疗、化疗药物，或情绪压抑、身体衰弱、缺乏免疫力等情况下，就会导致肠道菌群失去平衡，某些肠道微生物(如产气荚膜杆菌等)在肠道中过度增殖并产生氨、胺类、硫化氢、粪臭素、细菌毒素等有害物质，从而进一步影响机体的健康。

双歧杆菌和乳酸菌等有益细菌则能抑制人体有害细菌的生长，抵抗病原菌的感染，合成人体所需的维生素，促进人体对矿物质的吸收，产生乙酸、丁酸和乳酸等有机酸刺激肠道蠕动，促进排便，防止便秘，抑制肠道腐败，净化肠道环境，分解致癌物质，刺激人体免疫系统，从而提高人体的抗病能力。

操作流程

1. 检验程序

双歧杆菌的检验程序如图 9-2-1 所示。

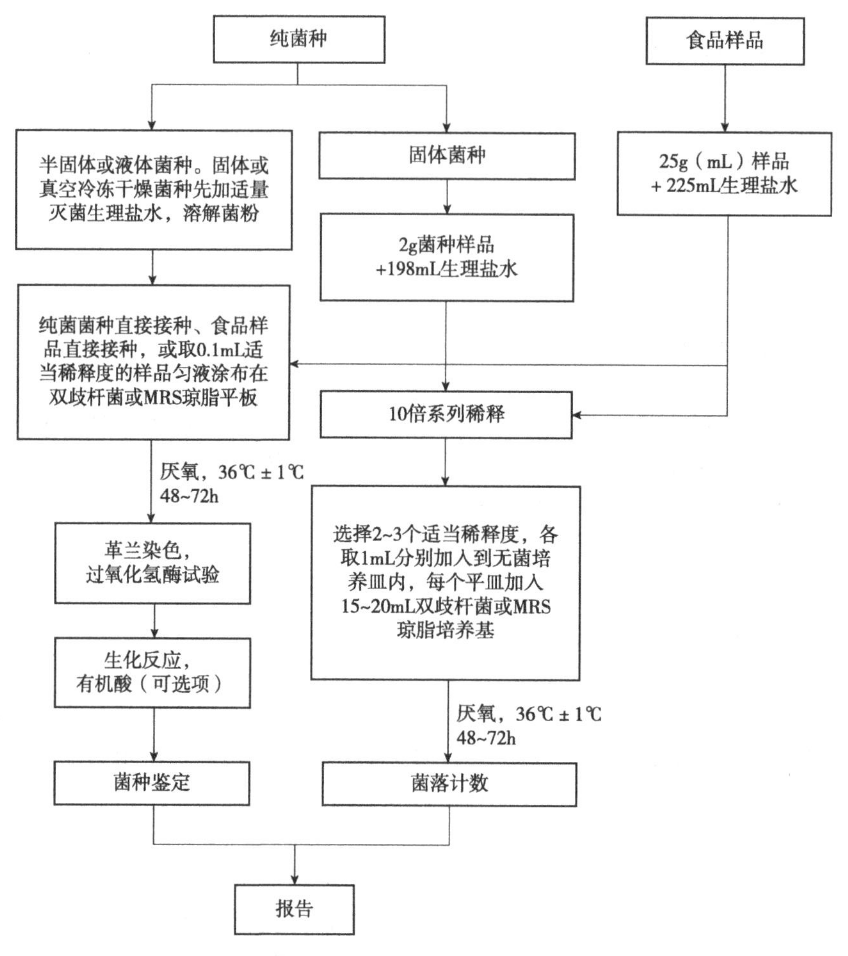

图 9-2-1　双歧杆菌的检验程序

2. 操作步骤

1)无菌要求

全部操作过程均应遵循无菌操作程序。

2)双歧杆菌的鉴定

(1)纯菌菌种：

①样品处理。半固体或液体菌种直接接种在双歧杆菌琼脂平板或 MRS 琼脂平板。固体菌种或真空冷冻干燥菌种，可先加适量灭菌生理盐水或其他适宜稀释液，溶解菌粉。

②接种。接种于双歧杆菌琼脂平板或 MRS 琼脂平板。36℃±1℃厌氧培养 48h±2h，可延长至 72h±2h。

(2)食品样品：

①样品处理。取样 25g(mL)，置于装有 225mL 生理盐水的灭菌锥形瓶或均质袋内，于 8000~10 000r/min 均质 1~2min，或用拍击式均质器拍打 1~2min，制成 1∶10 的样品匀

液。冷冻样品可先使其在2~5℃条件下解冻，时间不超过18h；也可在温度不超过45℃的条件下解冻，时间不超过15min。

②接种或涂布。将上述样品匀液接种在双歧杆菌琼脂平板或MRS琼脂平板，或取0.1mL适当稀释度的样品匀液均匀涂布在双歧杆菌琼脂平板或MRS琼脂平板。36℃±1℃厌氧培养48h±2h，可延长至72h±2h。

③纯培养。挑取3个或以上的单个菌落接种于双歧杆菌琼脂平板或MRS琼脂平板。36℃±1℃厌氧培养48h±2h，可延长至72h±2h。

(3)菌种鉴定：

①涂片镜检。挑取双歧杆菌琼脂平板或MRS琼脂平板上生长的双歧杆菌单个菌落进行染色。双歧杆菌为革兰染色阳性，呈短杆状、纤细杆状或球形，可形成各种分支或分叉等多形态，不抗酸，无芽孢，无动力。

②生化鉴定。挑取双歧杆菌琼脂平板或MRS琼脂平板上生长的双歧杆菌单个菌落，进行生化反应检测。过氧化氢酶试验为阴性。双歧杆菌主要生化反应见表9-2-1所列。可选择生化鉴定试剂盒或全自动微生物生化鉴定系统。

表9-2-1 双歧杆菌主要生化反应

编号	项目	两歧双歧杆菌（*B. bifidum*）	婴儿双歧杆菌（*B. infantis*）	长双歧杆菌（*B. longum*）	青春双歧杆菌（*B. adolescentis*）	动物双歧杆菌（*B. animalis*）	短双歧杆菌（*B. breve*）
1	L-阿拉伯糖	-	-	+	+	+	-
2	D-核糖	-	+	+	+	+	+
3	D-木糖	-	+	+	d	+	+
4	L-木糖	-	-	-	-	-	-
5	阿东醇	-	-	-	-	-	-
6	D-半乳糖	d	+	+	+	d	+
7	D-葡萄糖	+	+	+	+	+	+
8	D-果糖	d	+	+	d	d	+
9	D-甘露糖	-	+	+	-	-	-
10	L-山梨糖	-	-	-	-	-	-
11	L-鼠李糖	-	-	-	-	-	-
12	卫矛醇	-	-	-	-	-	-
13	肌醇	-	-	-	-	-	+
14	甘露醇	-	-	-	-[a]	-	-[a]
15	山梨醇	-	-	-	-[a]	-	-[a]
16	α-甲基-D-葡萄糖苷	-	-	+	-	-	-
17	*N*-乙酰-葡萄糖胺	-	-	-	-	-	+

（续）

编号	项目	两歧双歧杆菌 (*B. bifidum*)	婴儿双歧杆菌 (*B. infantis*)	长双歧杆菌 (*B. longum*)	青春双歧杆菌 (*B. adolescentis*)	动物双歧杆菌 (*B. animalis*)	短双歧杆菌 (*B. breve*)
18	苦杏仁苷(扁桃苷)	-	-	-	+	+	-
19	七叶灵	-	-	+	+	+	-
20	水杨苷(柳醇)	-	+	-	+	+	-
21	D-纤维二糖	-	+	-	d	-	-
22	D-麦芽糖	-	+	+	+	+	+
23	D-乳糖	+	+	+	+	+	+
24	D-蜜二糖	-	+	+	+	+	+
25	D-蔗糖	-	+	+	+	+	+
26	D-海藻糖(覃糖)	-	-	-	-	-	-
27	菊糖(菊根粉)	-	-[a]	-	-[a]	-	-[a]
28	D-松三糖	-	-	+	+	-	-
29	D-棉子糖	-	+	+	+	+	+
30	淀粉	-	-	-	+	-	-
31	肝糖(糖原)	-	-	-	-	-	-
32	龙胆二糖	-	+	-	+	+	+
33	葡萄糖酸钠	-	-	-	+	-	-

注：+表示90%以上菌株阳性；-表示90%以上菌株阴性；d表示11%~89%以上菌株阳性；a表示某些菌株阳性。

③有机酸测定。测定双歧杆菌的有机酸代谢产物(可选项)，见GB 4789.34—2016附录B。

3)双歧杆菌的计数

(1)纯菌菌种：

①固体和半固体样品的制备。以无菌操作称取2g样品，置于盛有198mL稀释液的无菌均质杯内，8000~10 000r/min均质1~2min，或置于盛有198mL稀释液的无菌均质袋中，用拍击式均质器拍打1~2min，制成1∶100的样品匀液。

②液体样品的制备。以无菌操作量取1mL样品，置于9mL稀释液中，混匀，制成1∶10的样品匀液。

(2)食品样品：取样25g(mL)，置于装有225mL生理盐水的灭菌锥形瓶或均质袋内，于8000~10 000r/min均质1~2min，或用拍击式均质器拍打1~2min，制成1∶10的样品匀液。冷冻样品可先使其在2~5℃条件下解冻，时间不超过18h；也可在温度不超过45℃的条件下解冻，时间不超过15min。

(3)系列稀释及培养：用1mL无菌吸管或微量移液器，制备10倍系列稀释样品匀液，于8000~10 000r/min均质1~2min，或用拍击式均质器拍打1~2min。每递增稀释1次，即换用1支1mL灭菌吸管或吸头。根据对样品浓度的估计，选择2~3个适宜稀释度的样品匀液，在进行10倍递增稀释时，吸取1mL样品匀液于无菌平皿内，每个稀释度做2个平皿。同时，分别吸取1mL空白稀释液加入2个无菌平皿内做空白对照。及时将15~20mL冷却至46℃的双歧杆菌琼脂培养基或MRS琼脂培养基(可放置于46℃±1℃恒温水浴箱中保温)倾注平皿，并转动平皿使其混合均匀。从样品稀释到平板倾注要求在15min内完成。待琼脂凝固后，将平板翻转，36℃±1℃厌氧培养48h±2h，可延长至72h±2h。培养后计数平板上的所有菌落数。

(4)菌落计数：

①可用肉眼观察，必要时用放大镜或菌落计数器，记录稀释倍数和相应的菌落数量。菌落计数以CFU表示。

②选取菌落数在30~300CFU、无蔓延菌落生长的平板计数菌落总数。低于30CFU的平板记录具体菌落数，大于300CFU的可记录为多不可计。每个稀释度的菌落数应采用2个平板的平均数。

③其中一个平板有较大片状菌落生长时，则不宜采用，而应以无片状菌落生长的平板作为该稀释度的菌落数；若片状菌落不到平板的一半，而其余一半中菌落分布又很均匀，即可计算半个平板后乘以2，代表一个平板菌落数。

④当平板上出现菌落间无明显界线的链状生长时，则将每条单链作为一个菌落计数。

(5)结果的表述：

①若只有一个稀释度平板上的菌落数在适宜计数范围内，计算2个平板菌落数的平均值，再将平均值乘以相应稀释倍数，作为每克或每毫升中菌落总数结果。

②若有2个连续稀释度的平板菌落数在适宜计数范围内时，按式(9-2-1)计算：

$$N = \frac{\sum C}{(n_1 + 0.1n_2)d} \tag{9-2-1}$$

式中　N——样品中菌落数；

$\sum C$——平板(含适宜范围菌落数的平板)菌落数之和；

n_1——第一稀释度(低稀释倍数)平板个数；

n_2——第二稀释度(高稀释倍数)平板个数；

d——稀释因子(第一稀释度)；

0.1——计算系数。

③若所有稀释度的平板上菌落数均大于300CFU，则对稀释度最高的平板进行计数，其他平板可记录为多不可计，结果按平均菌落数乘以最高稀释倍数计算。

④若所有稀释度的平板菌落数均小于30CFU，则应按稀释度最低的平均菌落数乘以稀释倍数计算。

⑤若所有稀释度(包括液体样品原液)平板均无菌落生长，则以小于1乘以最低稀释倍数计算。

⑥若所有稀释度的平板菌落数均不在30~300CFU之间，其中一部分小于30CFU或大

于 300CFU 时，则以最接近 30CFU 或 300CFU 的平均菌落数乘以稀释倍数计算。

(6)菌落数的报告：

①菌落数小于 100CFU 时，按“四舍五入”原则修约，以整数报告。

②菌落数大于或等于 100CFU 时，第三位数字采用“四舍五入”原则修约后，取前两位数字，后面用 0 代替位数；也可用 10 的指数形式来表示，按“四舍五入”原则修约后，采用两位有效数字。

③称重取样以 CFU/g 为单位报告，体积取样以 CFU/mL 为单位报告。

4)结果与报告

根据涂片镜检、生化鉴定、有机酸测定结果，报告双歧杆菌属的种名。根据菌落计数结果出具报告，报告单位以 CFU/g(mL)表示。

考核评价

双歧杆菌计数的评分标准

内容	分值	评分细则	评分标准	得分
稀释样品	1	无菌操作	用酒精棉球对手、操作台面和样品开口处正确进行擦拭消毒	
	1	吸管使用	正确打开包装；正确握持吸管；垂直调节液面；放液时吸管尖端不触及液面	
	1	均质	正确使用均质杯或均质袋；正确设定转速或拍击速度；正确设定时间	
	1	稀释样品	系列稀释顺序正确；稀释时能混合均匀；每变化一个稀释倍数能更换吸管	
	1	试管操作	开塞、盖塞动作熟练；开塞后、盖塞前管口灭菌；试管持法得当	
倾注培养	1	稀释度选择与倾注培养基	稀释度选择适宜；平皿持法得当；吸管正确放液；锥形瓶中培养基正确倾注于平皿内；正确混匀	
	1	培养	培养条件符合标准	
菌落计数与报告	1	菌落计数与计算	能正确选择含有 30～300CFU、无蔓延菌落的平皿准确计数；根据菌落数特点，准确进行菌落总数计算	
	1	编写报告	报告结果规范、正确	
	1	物品的整理归位	台面整理干净、物品正确归位、无破损	
合　计				
考核教师签字：				

名人讲堂

我国微生态学的奠基人——魏曦

图 9-2-2 魏曦

魏曦(1903—1989)(图 9-2-2)，这位从巴陵大地走出的新中国第一批中国科学院学部委员(1993 年改称院士)，一生致力于中国预防医学和生物制品事业的研究，取得一系列重要科研成就。他成功接种斑疹伤寒立克次体；成功试制我国第一代钩端螺旋体菌苗；在中国首次开展回归热螺旋体、支原体、弯曲菌研究；首次证实恙虫病在我国存在；提出了抗生素引起菌群失调的概念并率先开发了生态制剂。他主编了《钩端螺旋体病学》《微生态学》等著作，并撰写学术论文 100 余篇。他对医学微生物研究的卓越贡献，在国内外有着深远影响，先后获哈佛大学考察团授予的“战时功绩荣誉勋章”、朝鲜二级国旗勋章和中国国务院嘉奖等荣誉。

魏曦是我国微生态学和微生态制剂研究的创始人和奠基人。早在 1950 年，他就注意到了因抗生素引起的菌群失调问题。他较早地提出采取菌群调整的治疗方法，即把人体内正常菌群的成员制成活菌制剂给病人服用来补充缺乏或减少的细菌。经过近 30 年的积累和研究，在他的指导下，1980 年开发了活菌制剂(益生素)。

他不仅是潜心科研的苦行者，也是热心科普的引路人。1981 年，魏曦率代表团去日本参加第七届国际悉生生物学讨论会后，首先把悉生生物学术语和有关概念介绍到国内。他提出“悉生生物学”的译法，否定了日文“无菌生物学”的译法，得到国内外同行的赞同。经他大力倡导，中华预防医学会微生态学学会得以成立，《中国微生态学杂志》得以问世。他还参与主编了《正常菌群与健康》《微生态学》两部专著。1981 年，微生态制剂——促菌生(由蜡样芽孢杆菌制成)获得国家的生产许可。此后，十几种产品陆续问世，被应用在医疗保健、兽医养殖和作物栽培上。

从 1933 年到上海雷氏德医学研究院工作开始，直到生命最后一刻，魏曦长达 56 年执着地坚守和奉献在科研一线。他以科学家的远见卓识、组织才能和倾囊相授的作风，率领科研人员攻克一个个难题，在许多领域取得了举世瞩目的成果。1953 年以来，他历任中国民盟第二、三、四届中央委员，第五届中央委员会顾问，第二、三届全国人大代表及第二、五、六届全国政协委员。他是中国微生物学会副理事长，人畜共患疾病病原学专业委员会第一届主任委员，中国预防医学会微生态学学会名誉主任委员。1982 年，他加入中国共产党，1989 年，病逝于北京。

魏曦虽远离我们而去，但他严谨的科学态度、坚韧不拔的创新精神，永远激励着家乡人民和一代又一代的科研工作者奋勇向前。

任务 9-3 酱油种曲孢子数及发芽率测定

工作任务

利用发酵法酿造酱油，需要制曲。种曲是成曲的曲种，是保证成曲的关键，是酿造优质酱油的基础。酱油种曲质量要求孢子数量旺盛、活力强，孢子数量必须达到 6×10^9 个/g（干基计）以上，发芽率高达85%以上。所以，孢子数及其发芽率的测定是种曲质量控制的重要手段。

测定孢子数方法有多种，《孢子数测定法》（SB/T 10315—1999）方法适用于酿造酱油半成品——菌种的孢子数测定，采用显微镜直接计数法，这是一种常用的细胞计数方法。此法是将孢子悬浮液放在血球计数板与盖玻片之间的计数室中，在显微镜下进行计数。由于计数室中的容积是一定的，所以可以根据在显微镜下观察到的孢子数目来计算单位体积的孢子总数。

《孢子发芽率测定法》（SB/T 10316—1999）应用液体培养法制片，在显微镜下直接观察孢子发芽率。该方法适用于酿造酱油时菌种孢子发芽率的测定。孢子发芽率除受孢子本身活力影响外，培养基种类、培养基温度、通气状况等因素也会直接影响测定的结果。所以，测定孢子发芽率时，要求选用固定的培养基和培养条件，才能准确反映其真实的活力。

本任务依照《孢子数测定法》（SB/T 10315—1999）和《孢子发芽率测定法》（SB/T 10316—1999）学习酱油种曲孢子数及发芽率的测定。

工具材料

1. 设备和材料

除微生物实验室常规灭菌及培养设备外，其他设备和材料如下：

1）种曲孢子数测定

显微镜、血球计数板、盖玻片、天平（感量 0.001g）。

2）孢子发芽率测定

凹玻片、盖玻片、显微镜、恒温培养箱（30~32℃）、接种环、酒精灯等。

2. 培养基和试剂

1）种曲孢子数测定

95%乙醇、稀硫酸（1∶10）。

2）孢子发芽率测定

生理盐水、无菌水、察氏培养基。

1. 酱油的生产历史

酿造酱油系指以大豆和/或脱脂大豆、小麦和/或麸皮为原料，经微生物发酵制成的具有特殊色、香、味的液体调味品。

酱油是人们生活的必需品，营养极其丰富，其主要营养成分包括氨基酸、可溶性蛋白质、糖类、酸类等。除了上述的主要成分外，酱油还含有钙、铁等微量元素，能有效地维持机体的生理平衡。酱油含有多种调味成分并具有独特的香味，包括食盐的咸味、氨基酸钠盐的鲜味、糖醇物质的甜味、有机酸的酸味、酪氨酸爽口的苦味，还含有天然的红褐色的物质。由此可见，酱油不但有良好的风味和滋味，而且营养丰富，是人们烹饪首选的调味品。

酱油生产源于周代，至今已有三千多年的历史。《周礼·天宫篇》中记载："膳夫掌王馈，食酱百有二十瓮。"经过北魏、唐朝的发展，到明朝时豆酱制造业已经相当发达。酱油是由豆酱演变和发展而成，最早的酱油是用牛、羊、鹿和鱼虾肉等动物性蛋白质酿制的，后来才逐渐改用豆类和谷物的植物性蛋白质酿制。中国历史上最早使用"酱油"名称是在宋朝，林洪著《山家清供》中有"韭叶嫩者，用姜丝、酱油、滴醋拌食"的记述。此外，古代酱油还有其他名称，如清酱、豆酱清、酱汁、酱料、豉油、豉汁、淋油、柚油、晒油、座油、伏油、秋油、母油、套油、双套油等。公元755年后，酱油生产技术随鉴真大师传至日本，后又相继传入朝鲜、越南、泰国、马来西亚、菲律宾等国。现在酱油生产在原料的合理使用、生产工艺的改革、生产设备的改进、生产周期的缩短、产品质量的显著提高，以及原材料和煤电节约等方面，都取得了可喜的成绩。

2. 酱油的生产菌

酱油生产中常用的霉菌有米曲霉、黄曲霉和黑曲霉等，目前我国较好的酱油酿造菌种有米曲霉 AS 3.863、米曲霉 AS 3.591(沪酿3.042，由 AS 3.863 经过紫外诱变获得的蛋白酶高产菌株，用于酱油发酵，发酵速度快，酱油风味好)、961米曲霉、广州米曲霉、WS 2 米曲霉、10B1 米曲霉等。

3. 酱油生产工艺流程

酱油生产分种曲制造、制曲、发酵、浸出提油、成品配制几个阶段。

1) 种曲制造工艺流程

麸皮、面粉→加水混合→蒸料→冷却→接种→装匾→曲室培养→种曲

2) 制曲工艺流程

原料→粉碎→润水→蒸料→冷却→接种→通风培养→成曲

3) 发酵

在酱油发酵过程中，根据醪醅的状态，有稀醪发酵、固态发酵及固稀发酵之分；根据加

盐量的多少，又分有盐发酵、低盐发酵和无盐发酵3种；根据加温状况不同，又可分为日晒夜露与保温速酿两类。目前，酿造厂常使用的固态低盐发酵，其工艺流程为：成曲→打碎→加盐水拌和（12°Bé～13°Bé的盐水，含水量50%～55%）→保温发酵（50～55℃，4～6d）→成熟酱醅。

4）浸出提油工艺流程（图9-3-1）

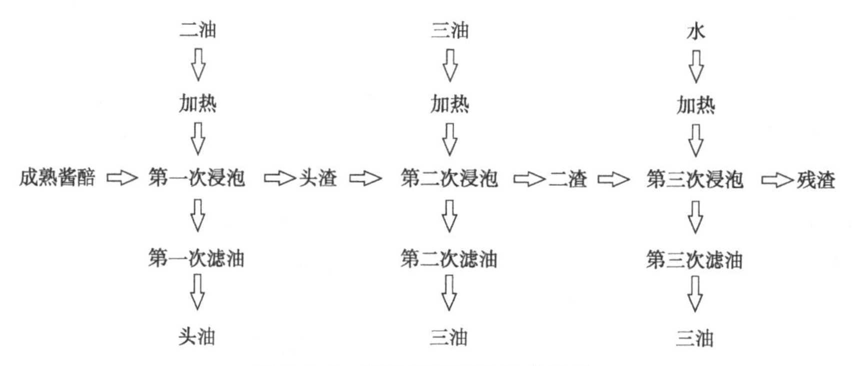

图9-3-1　酱油浸出提油工艺流程

操作流程

1. 检验程序

1）种曲孢子数测定

酱油种曲孢子数测定程序如图9-3-2所示。

2）孢子发芽率测定

孢子发芽率测定程序如图9-3-3所示。

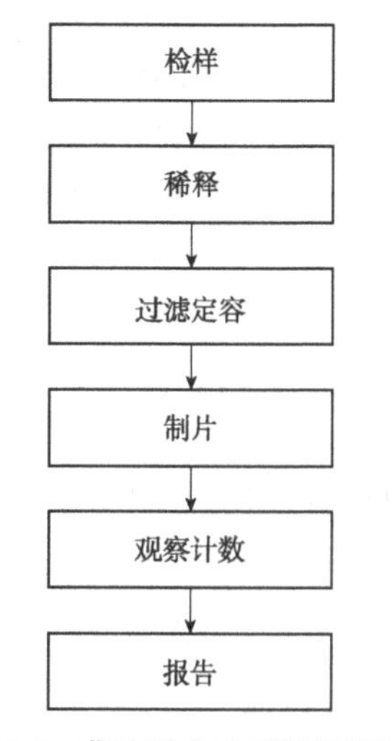

图9-3-2　酱油种曲孢子数测定程序

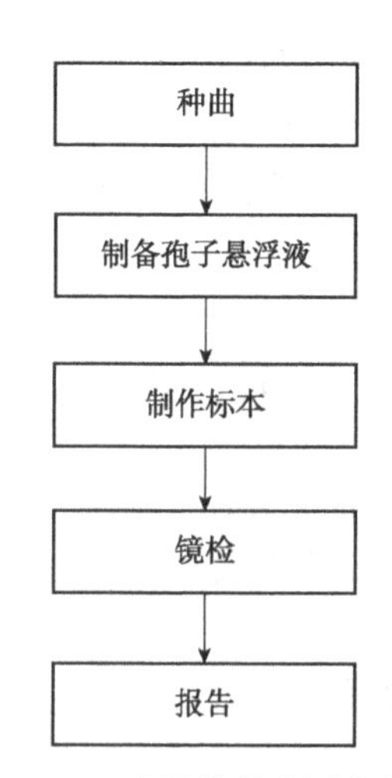

图9-3-3　孢子发芽率测定程序

2. 操作步骤

1)种曲孢子数测定

(1)样品稀释：精确称取种曲或二级菌种 1g(称准至 0.002g)，倒入盛有玻璃珠的 250mL 锥形瓶内，加 95%乙醇 5mL、无菌水 20mL、稀硫酸 10mL，充分振摇，使分生孢子个个分散，然后用多层纱布过滤、冲洗，务必使滤渣不含孢子，稀释至 500mL。

(2)制片：取稀释液 1 滴，滴于血球计数板的计算格上，然后将盖玻片轻轻由一边向另一边压下，使盖玻片与计数板完全密合，液中无气泡，用滤纸吸干多余的溢出悬浮孢子液，静置数分钟，待孢子沉降。

(3)观察计数：用低倍镜头或高倍镜头观察。由于稀释液中的孢子，在血球计数板上处于不同的空间位置，要在不同的焦距下才能看到，因而计数时必须逐格调动微细螺旋，才能不使遗漏。孢子常位于大格的划线上，应一律取两边计数，而弃另两边，以减少误差。使用 16×25 型的计数板时，只计板上 4 个角上的 4 个大格(即 100 个小格)。如果使用 25×16 型的计数板，除计 4 个角的 4 个大格外，还需要计中央一大格的数目(即 80 个小格)。每个样品重复观察计数不少于 2 次，然后取其平均值，即为该样品种曲的孢子数。

(4)计算：

①16×25 型的计数板。

$$\text{孢子数(个/克)}=\frac{n}{100}\times400\times10\ 000\times\frac{V}{G}=4\times10^4\times\frac{nV}{G} \qquad (9\text{-}3\text{-}1)$$

式中　n——100 小格内孢子总数，个；

V——孢子稀释液体积，mL；

G——样品质量，g。

②25×16 型的计数板。

$$\text{孢子数(个/克)}=\frac{n}{80}\times400\times10\ 000\times\frac{V}{G}=5\times10^4\times\frac{nV}{G} \qquad (9\text{-}3\text{-}2)$$

式中　n——10 小格内孢子总数，个；

V——孢子稀释液体积，mL；

G——样品质量，g。

注意：

(1)称样要尽量防止孢子的飞扬。

(2)测定时，如果发现有许多孢子集结成团或成堆，说明样品稀释未能符合操作要求，因此，必须重新称重、振摇、稀释。

(3)生产实践中应用时，种曲以干物质计算，因而需要同时测定种曲水分，计算时样品质量则改为绝干质量。

$$\text{样品绝干质量}=m(1-W) \qquad (9\text{-}3\text{-}3)$$

式中　m——样品质量，g；

W——样品水分的百分比含量,%。

2)孢子发芽率测定

(1)制备悬浮液：取种曲少许入盛有25mL事先灭菌的生理盐水和玻璃珠的锥形瓶中，充分振摇约15min，务必使孢子个个分散，制成孢子悬浮液。

(2)制作标本：先在凹玻片的凹窝内滴入无菌水4滴。将察氏培养基熔化并冷却至45~50℃后，接入孢子悬浮液数滴，充分摇匀。用玻璃棒蘸取此培养液少许，薄层涂布在盖玻片上，并在盖玻片四周涂凡士林，将此盖玻片反盖于凹玻片的窝上。放置于30~32℃恒温培养箱内培养3~5h。

(3)镜检：取出标本在高倍镜头下观察孢子发芽情况，逐个数出发芽孢子数和未发芽孢子数。

(4)计算：

$$\text{发芽率}(\%)=\frac{a}{A}\times 100 \tag{9-3-4}$$

式中 a——发芽孢子数，个；

A——发芽及不发芽孢子总数，个。

注意：

(1)为了避免误差，要同时制作两张以上标本片镜检，取其平均值。

(2)悬浮液制备后要立刻制作标本培养，时间不宜放长。

(3)培养基中接入悬浮液的数量，应根据视野内孢子数多少来决定，一般以每视野内有10~20个孢子为宜。

(4)每次镜检，要在不同视野中连续观察100~200个孢子的发芽情况。

(5)由于发芽快慢与温度有密切关系，所以培养温度要严格控制。为了加速发芽，可提高培养温度至35℃左右，但必须与30~32℃法进行对照。

考核评价

种曲孢子数测定的评分标准

内容	分值	评分细则	评分标准	得分
样品稀释	1	无菌操作	用酒精棉球对手、操作台面正确进行擦拭消毒	
	1	称取	正确使用天平，读数准确至0.002g	
	1	吸管使用	正确打开包装；正确握持吸管；垂直调节液面；放液时吸管尖端不触及液面	
	1	过滤	冲洗彻底，使滤渣中不含孢子	
制片	1	滴液	将稀释液准确滴加在计数方格上	
	1	盖片	盖片与计数板完全密合，液中无气泡	
计数与报告	2	计数与计算	正确显微镜；根据计数板规格，准确计数并计算	
	1	编写报告	报告结果规范、正确	
	1	物品的整理归位	台面整理干净、物品正确归位、无破损	

（续）

内容	分值	评分细则	评分标准	得分
合　计				
考核教师签字：				

孢子发芽率测定的评分标准

内容	分值	评分细则	评分标准	得分
制备悬浮液	1	无菌操作	用酒精棉球对手、操作台面正确进行擦拭消毒	
	1	振摇	振摇充分，使孢子个个分散	
制作标本	1	培养基熔化与接入孢子	正确控制培养基温度至45～50℃；接入孢子后，振摇充分	
	2	制片	准确薄涂培养液于盖玻片上；盖玻片四周凡士林涂膜适度；盖玻片准确反盖于凹玻片上	
	1	培养	于30～32℃恒温箱内培养3～5h	
镜检与报告	2	计数与计算	正确使用显微镜；准确计数；根据公式正确计算发芽率	
	1	编写报告	报告结果规范、正确	
	1	物品的整理归位	台面整理干净、物品正确归位、无破损	
合　计				
考核教师签字：				

知识拓展

酱油的分类与新型酱油介绍

1. 酱油的分类

1）按标准划分

根据《中华人民共和国国家标准　酿造酱油》（GB 18186—2000）的规定，酿造酱油按照发酵工艺分为两类。

（1）高盐稀态发酵酱油（含固稀发酵酱油）：以大豆和/或脱脂大豆、小麦和/或小麦粉为原料，经蒸煮、曲霉菌制曲后与盐水混合成稀醪，再经发酵制成的酱油。

（2）低盐固态发酵酱油：以脱脂大豆及麦麸为原料，经蒸煮、曲霉菌制曲后与盐水混合成固态酱醅，再经发酵制成的酱油。

2）按酱油产品的特性及用途划分

（1）本色酱油：为浅色、淡色酱油，生抽类酱油。这类酱油的特点是香气浓郁、鲜咸适口，色淡，色泽为发酵过程中自然生成的红褐色，不添加焦糖。特别是高盐稀态发酵酱油，由于发酵温度低，周期长，色泽更淡，醇香突出，风味好。这类酱油主要用于烹调、炒菜、做汤、拌饭、凉拌、蘸食等，用途广泛，是烹调、佐餐兼用型的酱油。

(2)浓色酱油：为深色、红烧酱油，老抽类酱油。这类酱油添加了较多的焦糖及食品胶，色深、色浓是其突出的特点，主要用于烹调色深的菜肴，如红烧类菜肴、烧烤类菜肴等。

(3)花色酱油：为添加了各种风味调料的酿造酱油或配制酱油，品种很多，如海带酱油、海鲜酱油、香菇酱油、草菇老抽、鲜虾生抽、优餐鲜酱油、辣酱油等，用于烹调及佐餐。

(4)保健酱油：为具有保健作用的酱油，如以药用氯化钾、氯化铵代替盐的忌盐酱油，羊血铁酱油，维生素 B_2 营养酱油等。

2. 新型酱油简介

1)果汁酱油

果汁酱油是以西瓜汁、大豆、小麦等为原料酿制而成的，色泽红褐，富有光泽，香气浓郁，鲜味突出，咸甜适中，体态澄清，味厚长久。这类酱油用于菜肴烹制，尤其适用于拌凉菜、调馅等不加热或加热时间较短的菜肴。果汁酱油的氨基酸种类高于一些优质酱油，营养丰富，且又有清热解暑、止渴利尿、降血压的功效。

2)白酱油

白酱油是用脱皮小麦和大豆为原料，在生产过程中采用低温、稀醪发酵等措施抑制色素的形成而得到的色泽浅、含糖量较高、鲜味较浓的酱油。由于褐变反应随贮藏时间延长而加快，因此白酱油不适宜长期保存。

3)低盐酱油

低盐酱油是针对有些人肾功能不良，或者患有高血压症状，对食盐的摄入有限制的人群开发的。因为传统酱油是利用微生物的发酵作用制造的，在制造过程中，食盐浓度必须保持在18%左右才能制得成分及风味良好的酱油。食盐浓度如降低到15%以下，杂菌就要繁殖，因此在酿制酱油时无法降低食盐浓度，只能设法在酱油制成后再来降低其中的食盐含量。每100g低盐酱油只含食盐9g以下，其他显味成分的含量基本跟一般酱油相同。

任务9-4 毛霉分离与鉴别

工作任务

豆腐乳是我国传统的发酵食品，现代酿造厂多采用蛋白酶活性高的鲁毛霉或根霉发酵。通过菌落鉴定和显微镜镜检，可以初步确定豆腐乳的发酵菌种是否为毛霉，从而指导生产。

本任务学习豆腐乳制作用毛霉的分离与鉴别方法。

工具材料

1. 设备和材料

除微生物实验室常规灭菌及培养设备外，其他设备和材料如下：
显微镜、天平(感量0.1g)、恒温培养箱(20℃)。
接种环、解剖针、载玻片、盖玻片、酒精灯、锥形瓶、培养皿等。

2. 培养基和试剂

马铃薯葡萄糖琼脂培养基(PDA)、无菌水、石炭酸。

知识准备

1. 豆腐乳

豆腐乳是我国传统的发酵食品，具有风味独特、滋味鲜美、营养丰富等特点，是豆腐经过毛霉前期发酵及盐腌后期发酵制成的。民间生产豆腐乳均为自然发酵，现代酿造厂多采用蛋白酶活性高的鲁毛霉或根霉发酵。

毛霉在豆腐坯上生长，毛霉菌丝可以包裹豆腐坯使其不易破碎，同时分泌出一定数量的蛋白酶、脂肪酶、淀粉酶等水解酶系，使豆腐坯中的大分子成分初步降解。发酵后的豆腐毛坯经过加盐腌制后，有大量的嗜盐菌和嗜温菌生长。由于这些微生物和毛霉所分泌的各种酶类的共同作用，使大豆蛋白逐步水解，生成各种多肽类化合物，如降血压肽和抗氧化活性肽，并可进一步生成部分游离氨基酸。大豆脂肪经降解后生成小分子脂肪酸并与添加的酒类中的醇合成各种芳香酯，大分子糖类在淀粉酶的催化下生成低聚糖和单糖。因此，形成细腻、鲜香的豆腐乳特色。

2. 毛霉的鉴别

毛霉菌的鉴别主要是依据其菌丝形态结构、菌落特征、孢子梗形态等。

毛霉又叫黑霉、长毛霉，菌丝为无隔膜的单细胞，多核，以孢囊孢子和接合孢子繁殖。孢子囊梗由菌丝体生出，多单生不分枝，少分枝。孢子囊梗的分枝有两种类型：一种为单轴式的总状分枝，另一种为轴状分枝，孢子囊球状，孢子梗伸入孢子囊，伸入孢子囊的部分称为中轴，其形状有球形、卵圆形、梨形等，光滑无色或浅蓝色。

毛霉菌菌落絮状，初为白色或灰白色，后变为灰褐色，菌丛高度可由几毫米至十几厘米不等。

鲁毛霉孢子梗为假轴状分枝，菌丝在不同培养基上可略带有不同颜色，如在马铃薯葡萄糖琼脂培养基上菌落略呈黄色，在米饭上略带红色。鲁毛霉多为酿造业的曲种菌，也可用于豆腐乳的制造。

操作流程

1. 检验程序

毛霉的分离与鉴别程序如图 9-4-1 所示。

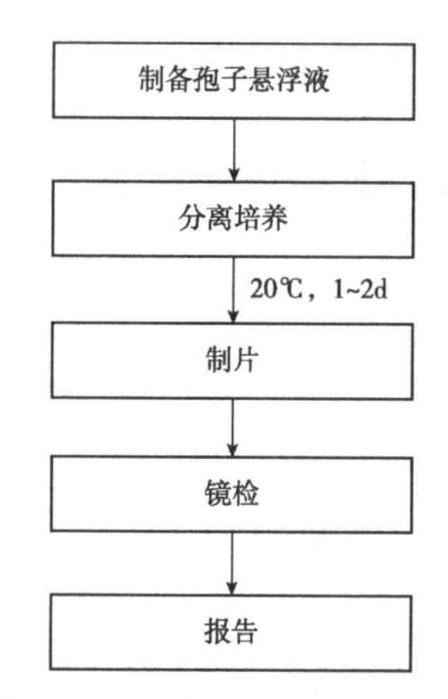

图 9-4-1　毛霉的分离与鉴别程序

2. 操作步骤

1) 制备孢子混悬液

从长满毛霉菌丝的豆腐坯上取一小块置于 5mL 无菌水中，振摇，制成孢子悬液。

2) 分离培养

用接种环挑取孢子悬液在马铃薯葡萄糖琼脂培养基平板表面划线分离，于 20℃ 恒温培养箱中培养 1~2d，以获取毛霉单菌落。

3) 菌落鉴定

观察毛霉菌落：呈白色棉絮状，菌丝发达。

4) 制片

于载玻片上加 1 滴石炭酸，用解剖针从菌落边缘挑取少量菌丝于石炭酸液滴中，轻轻将菌丝体分开，加盖玻片。

5) 镜检

在显微镜下观察，菌丝是否有隔，孢子囊、孢子囊梗的着生情况。若无假根和匍匐菌丝或菌丝不发达，孢子囊梗直接由菌丝长出，单生或分枝，即可初步确定为毛霉。

考核评价

毛霉分离与鉴定的评分标准

内容	分值	评分细则	评分标准	得分
制备孢子混悬液	1	无菌操作	用酒精棉球对手、操作台面正确进行擦拭消毒	
	1	振摇	振摇充分，使孢子个个分散	
分离培养	1	划线与培养	使用接种环正确挑取孢子悬液；培养基表面正确划线，并不能划破培养基表面；正确设置培养箱温度	
菌落鉴定	1	观察菌落	正确描述菌落形态	

（续）

内容	分值	评分细则	评分标准	得分
制片	1	挑取菌丝	使用解剖针准确从菌落边缘挑取少量菌丝于石炭酸液滴；正确将菌丝分开	
	1	加盖玻片	准确将盖玻片从液滴一侧轻轻放下，使液滴与盖玻片紧密贴合，不产生气泡	
镜检与报告	2	镜检	正确使用显微镜；准确判断菌丝是否有隔，孢子囊、孢子囊梗的着生情况	
	1	编写报告	报告结果规范、正确	
	1	物品的整理归位	台面整理干净、物品正确归位、无破损	
合　计				
考核教师签字：				

知识拓展

豆腐乳的制作

1. 制作流程

豆腐乳的制作流程如图9-4-2所示。

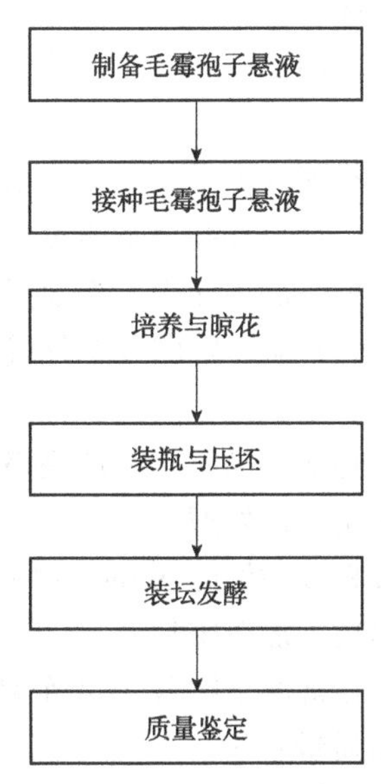

图9-4-2　豆腐乳的制作流程

2. 操作步骤

1）制备毛霉孢子悬液

（1）毛霉菌种的扩大培养：挑取平板分离得到的毛霉单菌落，接种到马铃薯葡萄糖琼脂斜面培养基上，于25℃培养3d左右；再将毛霉斜面菌种转接到锥形瓶种子培养基中，于同样温度下培养2～3d，直至长满菌丝和大量孢子，备用。

（2）毛霉孢子悬液制备：于上述锥形瓶种子培养基中加入200mL无菌水，用玻璃棒搅碎菌丝，摇匀，用无菌双层纱布过滤，滤渣倒还锥形瓶中，再加200mL无菌水洗涤一次，合并滤于第1次滤液中，装入喷枪贮液瓶中供接种使用。

2）接种毛霉孢子悬液

（1）用小刀将豆腐坯割成大小为4.1cm×4.1cm×1.6cm的小块豆腐坯。

（2）将笼格经蒸汽消毒、冷却，将毛霉孢子悬液喷洒在笼格内壁。

（3）将小块豆腐坯均一竖放在笼格内，块与块之间间隔2cm。

（4）用喷枪向每小块豆腐坯上喷洒毛霉孢子悬液，使每块豆腐坯周身均沾上孢子悬液。

3）培养与晾花

（1）将接种后的笼格放入20℃左右的恒温培养箱中，培养20h后，每隔6h上下层调换一次，以更换新鲜空气，并观察毛霉生长情况。

（2）培养44~48h后，菌丝顶端已长出孢子囊，豆腐坯上毛霉呈棉絮状，菌丝下垂，白色菌丝已包围豆腐坯，此时将笼格取出，使热量和水分散失，豆腐坯迅速冷却，其目的是增加酶的作用，并使霉味散发，此操作在工艺上称为晾花。

4）装瓶与压坯

（1）豆腐坯冷却至20℃以下，将坯块上互相依连的菌丝分开。

（2）用手指轻轻在每块豆腐坯表面揩涂一遍，使豆腐坯上形成一层“皮衣”。

（3）边揩涂边装入玻璃瓶内，沿瓶壁呈同心圆方式一层一层向内侧放，摆满一层稍用手压平，撒一层食盐，如此一层层铺满瓶。下层食盐用量少，向上食盐逐层增多，最后撒一层盖面盐。每100块豆腐坯用盐约400g，使其平均含盐量约为16%。腌制中盐分渗入豆腐坯，水分析出。为使上下层含盐均匀，腌坯3~4d时需加盐水淹没坯面，称为压坯。腌坯结束后，放出盐水放置过夜，使盐坯干燥收缩。

（4）腌坯周期：冬季13d，夏季8d。

5）装坛发酵

（1）红方：

①按每100块豆腐坯用红曲米32g、面曲28g、甜酒酿1000g比例配制染坯红曲卤和装瓶红曲卤。

②先用200g甜酒酿浸泡红曲米和面曲2d，研磨细，再加200g甜酒酿调匀即为染坯红曲卤。

③将腌坯沥干，待坯块稍有收缩后，放在染坯红曲卤内，六面染红，装入经预先消毒的坛中。豆腐坯装得不能过紧，以免影响后期发酵。再将剩余的红曲卤用剩余的600g甜酒酿兑稀，倒入坛内，淹没豆腐坯，并加适量盐和50度白酒，加盖密封。

④在常温下贮藏6个月成熟。

（2）白方：

①将腌坯沥干，待坯块稍有收缩后，装入经预先消毒的坛中。豆腐坯装的不能过紧，以免影响后期发酵。

②将按甜酒酿500g、黄酒1000g、白酒750g、盐250g比例配制的汤料倒入坛内，淹没豆腐坯，加盖密封。

③在常温下贮藏2~4个月成熟。

6）质量鉴定

将成熟的腐乳开瓶，进行感官质量鉴定及评价。从腐乳的表面及断面色泽、组织形态（块形、质地）、滋味及气味、有无杂质等方面综合评价腐乳质量。

项目小结

乳酸菌是一类可发酵糖主要产生大量乳酸的细菌的通称。《食品安全国家标准　食品微生物学检验　乳酸菌检验》（GB 4789.35—2023）中规定了含乳酸菌食品中乳酸菌的检验方法，标准适用于含活性乳酸菌的食品中乳酸菌的检验，标准中检验的乳酸菌主要为乳杆菌属、双歧杆菌属和嗜热链球菌属。

双歧杆菌是一种重要的肠道有益微生物。双歧杆菌作为一种生理性有益菌，对人体健康具有生物屏障、营养作用、抗肿瘤作用、免疫增强作用、改善胃肠道功能、抗衰老等多种重要的生理功能。《食品安全国家标准 食品微生物学检验 双歧杆菌检验》(GB 4789.34—2016)规定了双歧杆菌的鉴定及计数方法。标准适用于双歧杆菌纯菌菌种的鉴定及计数；适用于食品中仅含有单一双歧杆菌的菌种鉴定；适用于食品中仅含有双歧杆菌属的计数，即食品中可包含一个或多个不同的双歧杆菌菌种。

酱油种曲质量要求孢子数量旺盛、活力强，孢子数量必须达到 6×10^9 个/g(干基计)以上，发芽率高达85%以上。所以，孢子数及其发芽率的测定是种曲质量控制的重要手段。

测定孢子数方法有多种，《孢子数测定法》(SB/T 10315—1999)方法适用于酿造酱油半成品——菌种的孢子数测定，采用显微镜直接计数法，这是一种常用的细胞计数的方法。

《孢子发芽率测定法》(SB/T 10316—1999)应用液体培养法制片，在显微镜下直接观察孢子发芽率。该方法适用于酿造酱油时菌种孢子发芽率的测定。

豆腐乳是我国传统的发酵食品，现代酿造厂多采用蛋白酶活性高的鲁毛霉或根霉发酵。通过菌落鉴定和显微镜镜检，可以对豆腐乳的发酵菌种毛霉进行初步鉴定。毛霉菌落呈白色棉絮状，菌丝发达，假根和匍匐菌丝或菌丝不发达，孢子囊梗直接由菌丝长出，单生或分枝。

自测练习

一、填空题

1. 乳杆菌细胞形态多样，革兰________，通常不运动，有些具有________，________芽孢，无细胞色素，大多不产色素。

2. 双歧杆菌革兰________，典型形态为分叉杆菌，营养要求苛刻，培养需________。专性厌氧，温度范围25~45℃可生长，最适温度________。

3. 乳酸菌计数选取菌落数在________之间、无蔓延菌落生长的平板计数菌落总数。

4. 双歧杆菌纯菌菌种的鉴定中，半固体或液体菌种直接接种在________或________。

5.《孢子数测定法》(SB/T 10315—1999)采用显微镜直接计数法，是将孢子悬浮液放在________中，在显微镜下进行计数。

6.《孢子发芽率测定法》(SB/T 10316—1999)应用液体培养法制片，孢子发芽率除受孢子本身活力影响外，________、________、________等因素也会直接影响到测定的结果。

7. 酱油种曲孢子数测定中，精确称取种曲或二级菌种________g(称准至0.002g)，倒入盛有玻璃珠的250mL锥形瓶内，加________、________、________，充分振摇，使分生孢子个个分散，然后用多层纱布过滤、冲洗，务必使滤渣不含孢子，稀释至500mL。

8. 酱油种曲孢子发芽率测定标本制作中，制好的凹玻片放置于________恒温箱内培养________。

9. 酱油种曲孢子发芽率测定中，培养基中接入悬浮液的数量，应根据视野内孢子数多少来决定，一般以每视野内有________个孢子为宜。培养结束后，每次镜检，要在不同视野中连续观察________个孢子的发芽情况。

10. 毛霉在豆腐坯上生长，毛霉菌丝可以包裹豆腐坯使其不易破碎，同时分泌出一定数量的________、________、________等水解酶系，使豆腐坯中的大分子成分初步降解。

11. 毛霉属霉菌是________的匍匐菌丝，菌丝细胞________，以________和________繁殖。

二、单选题

1. 嗜热链球菌能耐受(　　)条件下，20~30min。

A. 55℃　　B. 65℃　　C. 75℃　　D. 85℃

2. 酱油孢子发芽率一般要求达到(　　)以上。

A. 60%　　B. 75%　　C. 80%　　D. 85%

3. 酱油种曲质量要求孢子数量旺盛、活力强，孢子数量必须达到(　　)个/g(干基计)以上。

A. 6×10^9　　B. 5×10^4　　C. 7×10^5　　D. 6×10^7

4. 毛霉制品时使用的试剂为(　　)。

A. 石炭酸　　B. 碘液　　C. 草酸铵结晶紫　　D. 美蓝

三、判断题

1. 常见的乳酸菌都不具有细胞色素氧化酶，所以一般不会使硝酸盐还原为亚硝酸盐。(　　)

2. 乳杆菌对营养要求不严格，在普通培养基上能生长良好。(　　)

3. 大部分乳酸菌具有很强的抗盐性，能耐受15%以上的氯化钠浓度。(　　)

4. 我国酿造酱油常用的曲霉是黑曲霉。(　　)

5. 毛霉菌落呈白色棉絮状，菌丝发达，假根和匍匐菌丝或菌丝不发达。(　　)

项目10 罐头食品商业无菌检验

罐头食品是一类经密封、加热杀菌等加工工艺处理后的食品，一般有较长的保质期。但如果生产中发生罐头密封不严、杀菌不彻底等情况，就会导致罐头食品在保质期内发生变质现象。为了确保罐头食品的安全，需要对罐头食品进行商业无菌检验。本项目主要学习罐头食品腐败的类型和罐头食品商业无菌的检验方法。

学习目标

知识目标

1. 理解罐头食品微生物污染的来源与污染微生物的种类。
2. 掌握罐头食品商业无菌检验的原理和方法。
3. 掌握罐头食品商业无菌检验的程序。

技能目标

1. 能够熟练进行罐头食品商业无菌检验的操作。
2. 能够正确进行罐头食品商业无菌检验的结果判定。
3. 能够根据罐头食品商业无菌检验的结果，对实际生产提出指导建议。

素质目标

1. 培养质量为先、敬业爱岗、责任担当的职业素养。
2. 培养严格遵守检验规范和纪律要求的职业道德。

任务 10-1 罐头食品微生物污染认知

工作任务

罐头腐败变质的原因有化学因素、物理因素和生物因素等，其中引起腐败的主要原因是生物因素中由微生物污染导致的腐败变质。导致罐头食品腐败的微生物主要是某些耐热、嗜热、厌氧或兼性厌氧的微生物，这些微生物的检验和控制对罐头工业具有相当重要的意义。

本任务学习罐头食品微生物污染的来源和罐头食品生物腐败的类型。

知识准备

1. 罐头食品微生物污染的来源

罐头食品是以水果、蔬菜、食用菌、畜禽肉、水产动物等为原料，经加工处理、装罐、密封、加热杀菌等工序加工而成的商业无菌的罐装食品。

罐头食品在加工过程中，为了保持产品正常的感官性状和营养价值，在进行加热杀菌时，不可能使罐头食品完全无菌，只强调杀死病原菌和产毒菌，实质上只是达到商业无菌的程度，即罐头内所有的肉毒梭菌芽孢和其他致病菌以及在正常的贮存和销售条件下能引起内容物变质的嗜热菌均被杀灭。罐内残留的一些非致病性微生物在一定的保存期限内，一般不会生长繁殖。但是如果罐内条件发生变化，贮存条件发生改变，这部分微生物就会生长繁殖，造成罐头食品变质。一般经高压蒸汽灭菌的罐头内残留的微生物大都是耐热性的芽孢，如果罐头贮存温度不超过43℃，通常不会引起内容物变质。

罐头经杀菌后，若封罐不严则容易漏罐造成微生物污染。这是因为罐头经热处理后需要通过冷却水进行冷却，冷却水中的微生物就有可能通过漏罐处进入罐内。空气也是造成漏罐污染的污染源，但较次之。

2. 罐头食品的生物腐败类型

微生物污染引起的罐头食品腐败通常可分为产芽孢的嗜热细菌引起的腐败、中温产芽孢细菌引起的腐败、不产芽孢的细菌引起的腐败、酵母菌引起的腐败和霉菌引起的腐败等。

1) 产芽孢的嗜热细菌引起的腐败

由于嗜热细菌的芽孢比大多数中温细菌的芽孢更为耐热，所以罐头食品由于杀菌不彻底而导致的腐败大多是由嗜热细菌引起的。嗜热细菌能使罐头产生以下3种主要类型的腐败。

(1) 平酸腐败：罐头内容物在平酸细菌的作用下变质，产生并积累乳酸，使pH值下降0.1~0.3，呈现酸味，而罐头外观仍属正常，罐头盖和罐头底不发生膨胀，呈平坦状或内凹状。平酸腐败必须开罐检验或经细菌分离培养才能确定。引起平酸腐败的微生物称为平酸细菌，即能使某些低酸性罐头食品发生酸败且能形成芽孢的一类需氧或兼性厌氧菌。

平酸细菌包括专性嗜热菌、兼性嗜热菌和中温菌。其中，嗜热脂肪芽孢杆菌属于专性嗜热菌，该菌仅于45~50℃芽孢才发芽，在库存或销售期间，如果环境温度处于嗜热性生长范围(43℃以上)，平酸腐败就有可能发生。罐头食品在加工过程中，经热处理之后，如果不接着进行充分的冷却，同样是造成平酸腐败发生的主要原因。

(2) TA腐败：TA菌(*Thermophilie anaerobe*)是不产H_2S的嗜热厌氧菌的缩写。该菌是一种能分解糖、专性嗜热、产芽孢的厌氧菌。它们在低酸或中酸罐头中，能分解葡萄糖、乳糖、蔗糖、水杨苷及淀粉，产生酸和大量的CO_2、H_2，变质的罐头通常有酸味。如果罐

头在高温中放置过长，所产生的混合气体能使罐头膨胀以致破裂。TA 菌可通过玉米、麦芽汁、肝块肉汤或乙醇盐酸肉汤等液体培养基检查其存在。

(3)硫化物腐败：是由致黑梭菌引起的低酸性罐头的腐败，这种变质的特征是罐听平坦，内容物发黑，并有臭味，食品遭受硫化物腐败细菌污染的情况较少见。致黑梭菌专性嗜热，最适生长温度为55℃，它分解糖的能力不强，但能分解蛋白质产生 H_2S。H_2S 与罐头容器的铁质化合生成黑色的硫化物，使食品变黑。由于罐头内产生的 H_2S 被罐内食品吸收，开罐时有强烈的臭味，但罐听不发生膨胀。致黑梭菌可通过在亚硫酸铁培养基上保温培养检查，如形成 FeS 黑斑表明该菌存在。

2)中温产芽孢细菌引起的腐败

中温产芽孢细菌引起的罐头腐败，主要由中温性厌氧细菌和中温性需氧细菌两类细菌造成。

(1)中温性厌氧细菌引起的腐败：其适宜生长温度约为37℃，有的可在50℃生长。可分为两类：一类分解蛋白质的能力强，引起鱼类、肉类等罐头的罐听膨胀，内容物伴有腐败臭味，其主要有肉毒梭菌、生孢梭菌、双酶梭菌、腐化梭菌等；另一类可在酸性或中性罐头内分解糖类进行丁酸发酵，产生 H_2 和 CO_2，导致罐头膨胀，如丁酸梭菌、巴氏芽孢梭菌等。

中温性厌氧细菌以肉毒梭菌尤为重要，它可分解蛋白质产生 H_2S、NH_3、粪臭素等而导致胖听，使罐头内容物呈现腐烂性败坏，并有毒素产生和恶臭味放出。值得注意的是由于肉毒毒素毒性很强，所以如果发现内容物中有带芽孢的杆菌，无论罐头腐败程度如何，均必须用内容物接种小鼠以检测肉毒毒素。

(2)中温性需氧细菌引起的腐败：常见的引起罐头腐败变质的中温性需氧细菌有枯草芽孢杆菌、巨大芽孢杆菌和蜡样芽孢杆菌等。这类细菌属于芽孢杆菌属，是产生芽孢的中温性细菌，其耐热能力较差，许多细菌的芽孢在100℃或更低的温度下，短时间内就能被杀死。

一般罐头内几乎呈现的真空状态会使细菌的活动受到抑制，但这类细菌可分解蛋白质和糖，分解糖后绝大多数产酸而不产气，引起平酸腐败。而多黏芽孢杆菌和浸麻芽孢杆菌能分解糖类、产酸产气，造成胖听。

3)不产芽孢的细菌引起的腐败

造成低酸性罐头内污染的不产芽孢的细菌有两大类群：一类是肠道细菌，如大肠埃希菌，它们在罐内生长产气可造成胖听；另一类主要是链球菌，特别是嗜热链球菌和粪链球菌等，这些细菌的耐热能力很强，能耐受巴氏消毒，多见于蔬菜、水果罐头中，它们生长繁殖会产酸并产生气体，造成胖听。

在火腿罐头中常可检出粪链球菌和尿链球菌等不产芽孢的细菌。而可污染酸性罐头的不产芽孢细菌主要是乳酸菌，如乳酸杆菌和明串珠菌，它可引起番茄、梨和其他水果制品的酸败，并且乳酸杆菌的异型发酵菌种可造成番茄制品的酸败和水果罐头的产气性腐败。

4)酵母菌引起的腐败

酵母菌引起的罐头变质多发生在 pH 4.5 以下的酸性和高酸性食品中，如水果、果酱、果冻、果汁和糖浆等罐头食品。酵母菌污染低酸性罐头的情况较少见，仅偶尔出现于甜炼乳罐头中。酵母菌引起的变质罐头常出现浑浊、沉淀、膨胀爆裂等现象，其多由球拟酵母属和假丝酵母属的一些种所引起。由于酵母菌的耐热能力很低，除了杀菌不足或发生漏罐外，罐头食品通过正常的杀菌处理，通常是不会发生酵母菌污染的。

5）霉菌引起的腐败

由于霉菌为需氧型微生物，若霉菌引起罐头腐败，则多由漏罐或真空度不足造成，霉菌腐败主要存在于酸性罐头中。

少数霉菌极为耐热，如纯黄丝衣霉菌，其耐抗热能力比其他霉菌强，且能在氧气不足的环境中存活并生长繁殖，具有强烈的破坏果胶质的作用，如在水果罐头中残留并繁殖，可使水果柔化和解体，且它能分解糖产生 CO_2，并造成水果罐头胖听。此外，雪白丝衣霉菌也有耐热性，在 82.2℃下处理 10min 才可杀死其子囊孢子。这类耐热性霉菌引起罐头食品的变质，可通过霉臭味、食品褪色或组织结构改变、内容物中有霉菌菌丝以及有时出现罐盖的轻度膨胀得到证实。其他霉菌如青霉、曲霉等也可造成果酱、水果罐头腐败，但当 pH 值降到 3，则能阻止其生长。

问题思考

请结合课程内容思考，引起罐头食品腐败变质的微生物有哪些？

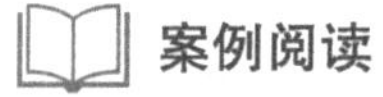

案例阅读

罐头食品的发明

由于罐头食品便于携带和进食，所以成为人们各种活动中不可或缺的方便食品。然而，罐头的发明却与战争有着密切的联系。罐头食品的创意属于拿破仑。

1795 年，法国对外发动侵略战争，为了解决远征军因营养不足而患败血症的问题，拿破仑悬赏 12 000 法郎，鼓励人们发明一种保藏食品的新方法。当时，许多科学家为此绞尽脑汁，但无一如愿，最终却让糖果点心匠尼古拉·阿佩尔领走了赏金。

阿佩尔是在偶然情况下发明罐头的。1804 年的一天，他发现一瓶经煮沸的密封果汁很长时间不坏。于是他仿照这种方法，将食品处理好，装入广口瓶，在沸水中加热半小时以上，然后趁热将软木塞塞紧，并用线或蜡封死瓶口。经过多次实验证实，这种方法能使食品长时间保鲜。而后，阿佩尔又经过两年多的研究，编写了《用密封容器贮藏食品之法》一书，并获得出版。1809 年，法国政府长期贮藏陆海军粮研究委员会对阿佩尔的贡献进行了奖励，赏金 12 000 法郎。法国军队的军需部门随即安排工业生产，1812 年，世界上第一家罐头厂在巴黎阿佩尔家诞生了。

这种新的食品保藏方法很快传遍欧洲各国，罐头厂如雨后春笋。1830 年以后，由于马口铁的大量生产，罐头制造工业逐步发展起来。1861 年，美国发生了南北战争，数十万北军急需大量罐头作为军需。为此，美国科学家改进罐头生产工艺，缩短杀菌加热时间，使罐头工业又得到迅速发展。1862 年，法国著名科学家巴斯德，发现食物的腐败变质都是微生物生长繁殖的结果，他提出用加热的方法杀死微生物，即著名的“巴斯德杀菌法”，为罐头的制造奠定了理论基础。

罐头从欧洲传入我国，是在19世纪末期。1906年，上海商人从西洋购入机器，开办了我国第一家罐头厂——康泰罐头食品公司。1920年，河北省乐亭县人杨扶青创办了与康泰罐头食品公司齐名的新中罐头食品公司，其产品以“新中学会”会徽为商标，即“赤心牌”，表示赤胆忠心，为国为民，每年生产罐头80万罐，畅销东北三省和苏联西伯利亚地区，还曾参加巴拿马国际博览会，赢得美誉。

任务10-2　罐头食品商业无菌检验

工作任务

罐头食品商业无菌检验是对保温期间罐头食品是否有胖听、泄漏、开罐后pH值和感官质量异常、腐败变质以及其密封性进行检验；对罐头食品内容物进行后续的微生物接种培养，分析出现异常现象的原因。

本任务依照《食品安全国家标准　食品微生物学检验　商业无菌检验》(GB 4789.26—2023)学习罐头食品商业无菌检验。

工具材料

1. 设备和材料

除微生物实验室常规灭菌及培养设备外，其他设备和材料如下：

冰箱(2~5℃)、恒温培养箱(30℃±1℃、36℃±1℃、55℃±1℃)、恒温培养室(30℃±2℃、36℃±2℃、55℃±2℃)、恒温水浴箱(55℃±1℃)、均质器及无菌均质袋、均质杯或乳钵、电位pH计(精确度pH 0.01单位)、显微镜(10~100倍)、罐头打孔器或容器开启器、厌氧培养箱。

2. 培养基和试剂

溴甲酚紫葡糖糖肉汤、庖肉培养基、营养琼脂、酸性肉汤、麦芽浸膏汤、沙氏葡萄糖琼脂、肝小牛肉琼脂、结晶紫染色液、革兰染色液、无菌生理盐水、二甲苯、含4%碘的乙醇溶液、75%乙醇、70%乙醇。培养基配制详见附录1.4J。

知识准备

1. 术语和定义

食品经过适度热杀菌，不含有致病性微生物，也不含有在通常温度下能在其中繁殖的非致病性微生物的状态，称为商业无菌。

密封是指食品容器经密闭后能阻止微生物进入的状态。

胖听是指由于罐头内微生物活性或化学作用产生气体，形成正压，使一端或两端外凸的现象。

泄漏是指罐头密封结构有缺陷，或由于撞击而破坏密封，或罐壁腐蚀而穿孔致使微生物侵入的现象。

净重是指罐头的重量减去空罐的平均重量即为该罐头的净重。

2. 罐头食品的分类

罐头食品依据酸度分为低酸性、酸性和酸化 3 类。

凡杀菌后平衡 pH 值大于 4.6，水分活度大于 0.85 的食品，为低酸性食品。

未经酸化，杀菌后食品本身或汤汁平衡 pH 值等于或小于 4.6、水分活度大于 0.85 的食品，为酸性食品。pH 值小于 4.7 的番茄制品为酸性食品。

经添加酸度调节剂或通过其他酸化方法将食品酸化后，使水分活度大于 0.85，其平衡 pH 值等于或小于 4.6 的食品。

 操作流程

1. 检验程序

食品流通领域商业无菌检验程序如图 10-2-1 所示。

2. 操作步骤

1) 样品准备

抽取样品后，记录产品名称、编号，并在样品包装表面做好标记，应确保样品外观正常，无损伤、锈蚀(仅对金属容器)、泄漏、胀罐(袋、瓶、杯等)等明显的异常情况。

2) 保温

每个批次取 1 个样品置 2~5℃ 冰箱保存作为对照，将其余样品在 36℃±1℃ 下保温 10d。保温过程中应每天定时检查，如有胀罐(袋、瓶、杯等)或泄漏现象，应立即取出，按照 3) 开启检查并记录。

3) 开启食品容器

(1) 所有保温的样品，冷却到常温后，按无菌操作开启检验。

(2) 保温过程中如胀罐(袋、瓶、杯等)或泄漏现象，应立即剔除，严重膨胀样品先置于 2~5℃ 冰箱内冷藏数小时后，开启食品容器检查。

(3) 待测样品保温结束后，必要时，可用温水或洗涤剂清洗待检样品的外表面，水冲洗后用无菌毛巾(布或纸)或消毒棉(含 75%乙醇)擦干。用含 4%碘的乙醇溶液浸泡(或 75%乙

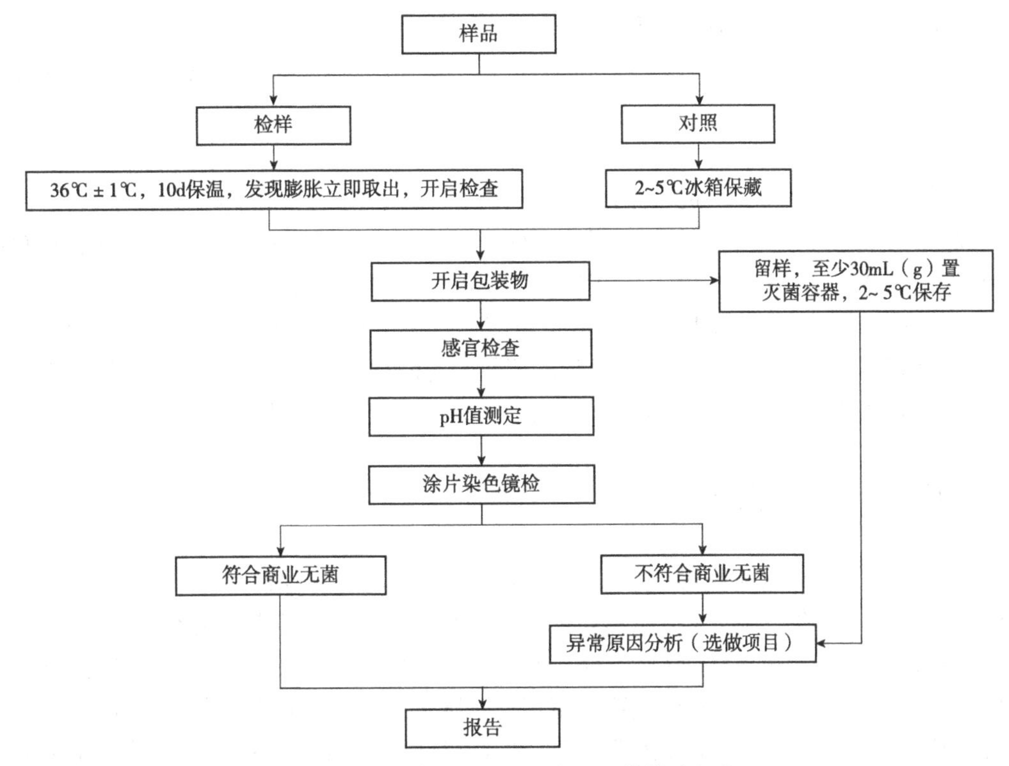

图 10-2-1　食品流通领域商业无菌检验程序

醇)消毒外表面30min，再用灭菌毛巾擦干后开启，或在密闭罩内点燃至表面残余的碘乙醇溶液全部燃烧完后开启(膨胀样品及采用易燃包装材料容器的样品不能灼烧)。

(4)测试样品应按无菌操作要求开启。带汤汁的样品开启前应适当振摇。对于金属容器样品，使用无菌开罐器或罐头打孔器，在消毒后的罐头光滑面开启一个适当大小的口或者直接拉环开启，开罐时不得伤及卷边结构。每次开罐前，应保证开罐器处于无菌状态，防止交叉污染。对于软包装样品，可以使用灭菌剪刀开启，不得损坏接口处。

注意严重胀罐(袋、瓶、杯等)样品可能会发生爆喷，喷出有毒物，可采取在样品上盖一条无菌毛巾或者用一个无菌漏斗倒扣在样品上等预防措施，防止这类危险的发生。

4)留样

开启后，用灭菌吸管或其他适当工具以无菌操作取出内容物至少30mL(g)至灭菌容器内，保存于2~5℃冰箱中，在需要时可用于进一步试验，待该批样品得出检验结论后可弃去。

5)感官检查

在光线充足、空气清洁无异味的检验室中，将样品内容物倾入白色搪瓷盘或玻璃容器(适用于液体样品)内，对产品的组织、形态、色泽和气味等进行观察和嗅闻，含固形物样品应按压食品检查产品性状，鉴别食品有无腐败变质的迹象，同时观察包装容器内部的情况，并记录。

6)pH值测定及结果分析

(1)测定：罐头食品应按照《食品安全国家标准　食品pH值的测定》(GB 5009.237—

2016)规定的方法测定。其他食品参照执行。

(2)结果分析：与同批中冷藏保存的对照样品相比，比较是否有显著差异。pH 值相差 0.5 及以上判为显著差异。

7)涂片染色镜检

(1)涂片：取样品内容物进行涂片。带汤汁的样品可用接种环挑取汤汁涂于载玻片上，固态食品可直接涂片或用少量灭菌生理盐水稀释后涂片，待干后用火焰固定。油脂性食品涂片自然干燥并火焰固定后，用二甲苯等脱脂剂流洗，自然干燥。

(2)染色镜检：对上述涂片用结晶紫染色液进行单染色，干燥后镜检，至少观察 5 个视野，记录菌体的形态特征以及每个视野的菌数。与同批冷藏保存对照样品相比，判断是否有明显的微生物增殖现象。菌数有百倍或百倍以上的增长则判为明显增殖。

3. 结果判定与报告

(1)样品经保温试验未胀罐(袋、瓶、杯等)或未泄漏时，保温后开启，经感官检查、pH 值测定、涂片镜检，确证无微生物增殖现象，则可报告该样品为商业无菌。

(2)样品经保温试验未胀罐(袋、瓶、杯等)或未泄漏时，保温后开启，经感官检查、pH 值测定、涂片镜检，确证有微生物增殖现象，则可报告该样品为非商业无菌。

(3)样品经保温试验发生胀罐(袋、瓶、杯等)且感官异常或泄露时，直接判定为非商业无菌；若需检查样品出现膨胀、pH 值或感官异常、微生物增殖等原因，可取样品内容物的留样，按照接种培养和异常分析(见本项目的知识拓展)进行接种培养并报告。

注意事项

(1)在保温过程中，应该每天检查样品的情况，如果发现一个罐头不正常或逐渐鼓起，应及时记录信息并立即取出开启检查，其他正常罐在 10d 后全部取出。

(2)开启后无菌操作取出 30mL(g)至无菌容器内(注意一定要无菌操作)，放在 2~5℃ 冰箱保存备用，待该批样品得出检验结论后再弃去。

(3)在判断微生物增殖现象时，与同批冷藏样品对比时，一定要选择 5 个以上的视野。

考核评价

商业无菌检验的评分标准

内容	分值	评分细则	评分标准	得分
样品制备	1	样品准备	能够正确去除表面标签，记录样品基本信息	
	1	保温	能正确将样品分别放置于冰箱和培养箱中，会判断膨胀或泄漏等现象	
	2	开启与留样	能正确开启包装物；能正确无菌操作留样，至少 30g(mL)于 2~5℃冰箱中保存	

（续）

内容	分值	评分细则	评分标准	得分
感官检查	1	全面观察与记录	能正确完成外观、色泽、状态和气味的感官检查并记录结果	
pH 值测定	1	测定与读数	能准确校正 pH 计温度，读数精度、样品 2 次测定差值及报告数值均正确	
染色镜检	1	涂片与染色	能够正确进行涂片制作；染色液加量与染色时间准确	
	1	镜检	显微镜操作正确；能够正确观察 5 个以上视野，并能正确记录菌体形态与菌数	
报告	1	结果判断	能够正确描述罐头的现象，准确进行结果判断，报告书写规范	
	1	物品整理	台面整理干净、物品正确归位、无破损	
合　计				
考核教师签字：				

知识拓展

商业无菌检验接种培养和异常分析

1. 低酸性食品的接种培养

（1）对低酸性食品，每份样品接种 4 管预先加热到 100℃ 并迅速冷却到室温的庖肉培养基内；同时接种 4 管溴甲酚紫葡萄糖肉汤。每管接种 1～2mL（g）样品（液体样品为 1～2mL，固体为 1～2g，两者皆有时，应各取一半）。培养条件见表 10-2-1 所列。

表 10-2-1　低酸性食品（pH>4.6）接种的庖肉培养基和溴甲酚紫葡萄糖肉汤

培养基	管数	培养温度/℃	培养时间/h
庖肉培养基	2	36±1	96～120
庖肉培养基	2	55±1	24～72
溴甲酚紫葡萄糖肉汤	2	55±1	24～48
溴甲酚紫葡萄糖肉汤	2	36±1	96～120

（2）经过表 10-2-1 规定的培养条件培养后，记录每管有无微生物生长。如果没有微生物生长，则记录后弃去。

（3）如果有微生物生长，以接种环蘸取液体涂片，革兰染色镜检。如在溴甲酚紫葡萄糖肉汤管中观察到不同的微生物形态或单一的球菌、真菌形态，则记录并弃去。在庖肉培养基中未发现杆菌，培养物内含有球菌、酵母、霉菌或其混合物，则记录并弃去。将溴甲酚紫葡萄糖肉汤和庖肉培养基中出现生长的其他各阳性管分别划线接种 2 块肝小牛肉琼脂或营养琼脂平板，一块平板做需氧培养，另一块平板做厌氧培养。培养程序如图 10-2-2 所示。

（4）挑取需氧培养中单个菌落，接种于营养琼脂小斜面，用于后续的革兰染色镜检；挑取厌氧培养中的单个菌落涂片，革兰染色镜检。挑取需氧和厌氧培养中的单个菌落，接种于庖肉培养基中，进行纯培养。

（5）挑取营养琼脂小斜面和厌氧培养的庖肉培养基中的培养物涂片镜检。

（6）挑取纯培养中的需氧培养物接种肝小牛肉琼脂或营养琼脂平板，进行厌氧培养；挑取纯培养中的厌氧培养物接种肝小牛肉琼脂或营养琼脂平板，进行需氧培养。以鉴别是否为兼性厌氧菌。

（7）如果需检测梭状芽孢杆菌的肉毒毒素，挑取典型菌落接种庖肉培养基做纯培养。36℃培养 5d，按照 GB 4789. 12—2016 进行肉毒毒素检验。

2. 酸性和酸化食品的接种培养

（1）每份样品接种 4 管酸性肉汤和 2 管麦芽浸膏汤。每管接种 1~2mL（g）样品（液体样品为 1~2mL，固体为 1~2g，两者皆有时，应各取一半）。培养条件见表 10-2-2 所列。

表 10-2-2　酸性食品（pH≤4. 6）接种的酸性肉汤和麦芽浸膏汤

培养基	管数	培养温度/℃	培养时间/h
酸性肉汤	2	55±1	48
酸性肉汤	2	30±1	96
麦芽浸膏汤	2	30±1	96

（2）经过表 10-2-2 中规定的培养条件培养后，记录每管有无微生物生长。如果没有微生物生长，则记录后弃去。

（3）对有微生物生长的培养管，取培养后的内容物直接涂片，革兰染色镜检，记录观察到的微生物。

（4）如果在 30℃培养条件下在酸性肉汤或麦芽浸膏汤中有微生物生长，将各阳性管分别接种 2 块营养琼脂或沙氏葡萄糖琼脂平板，一块做需氧培养，另一块做厌氧培养。

（5）如果在 55℃培养条件下，酸性肉汤中有微生物生长，将各阳性管分别接种 2 块营养琼脂平板，一块做需氧培养，另一块做厌氧培养。对有微生物生长的平板进行染色涂片镜检，并报告镜检所见微生物型别。培养程序如图 10-2-3 所示。

（6）挑取 30℃需氧培养的营养琼脂或沙氏葡萄糖琼脂平板中的单个菌落，接种营养琼脂小斜面，用于后续的革兰染色镜检。同时接种酸性肉汤或麦芽浸膏汤进行纯培养。

挑取 30℃厌氧培养的营养琼脂或沙氏葡萄糖琼脂平板中的单个菌落，接种酸性肉汤或麦芽浸膏汤进行纯培养。

挑取 55℃需氧培养的营养琼脂平板中的单个菌落，接种营养琼脂小斜面，用于后续的革兰染色镜检。同时接种酸性肉汤进行纯培养。

挑取 55℃厌氧培养的营养琼脂平板中的单个菌落，接种酸性肉汤进行纯培养。

（7）挑取营养琼脂小斜面中的培养物涂片镜检。挑取 30℃厌氧培养的酸性肉汤或麦芽浸膏汤培养物和 55℃厌氧培养的酸性肉汤培养物，涂片镜检。

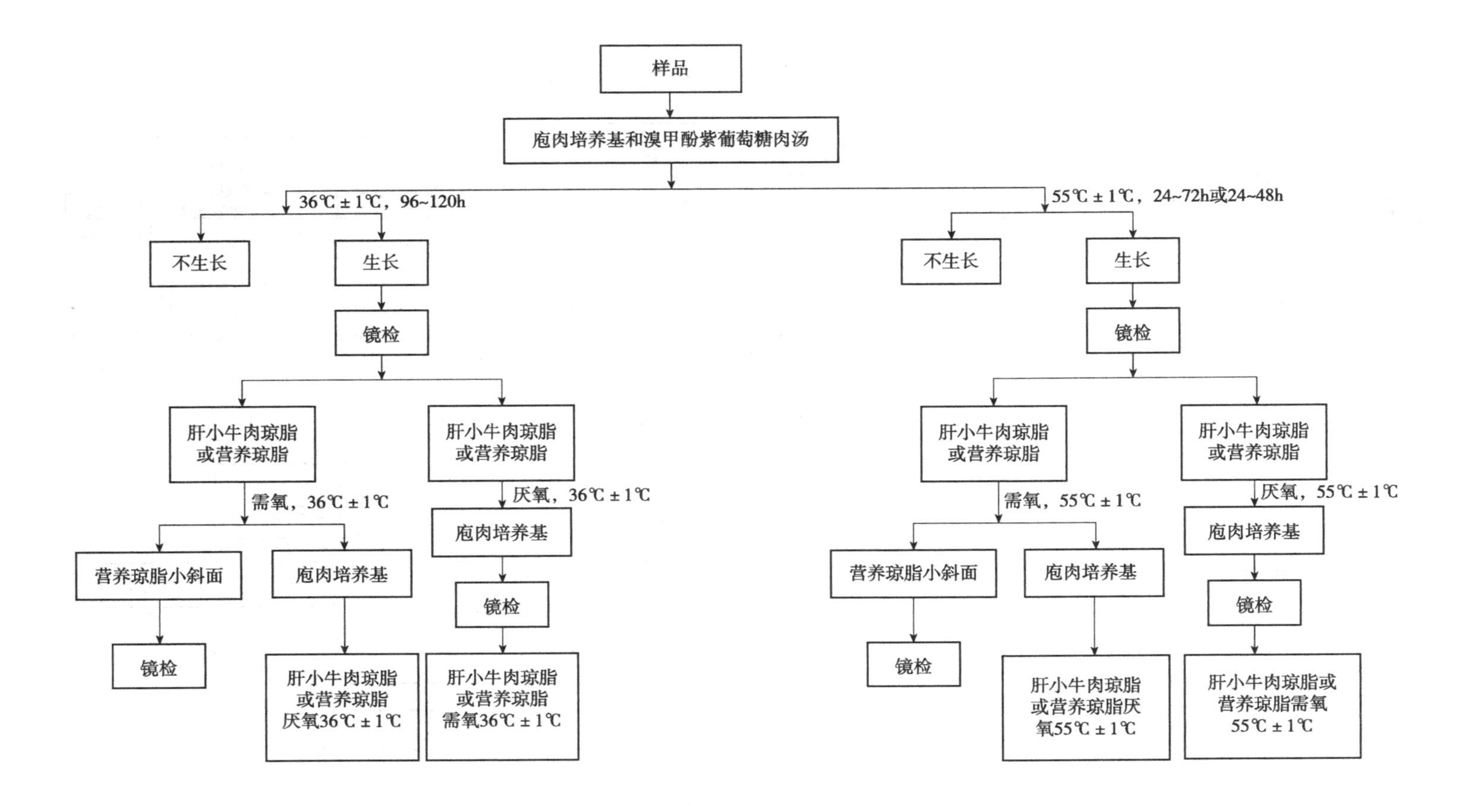

图10-2-2 低酸性食品接种培养程序

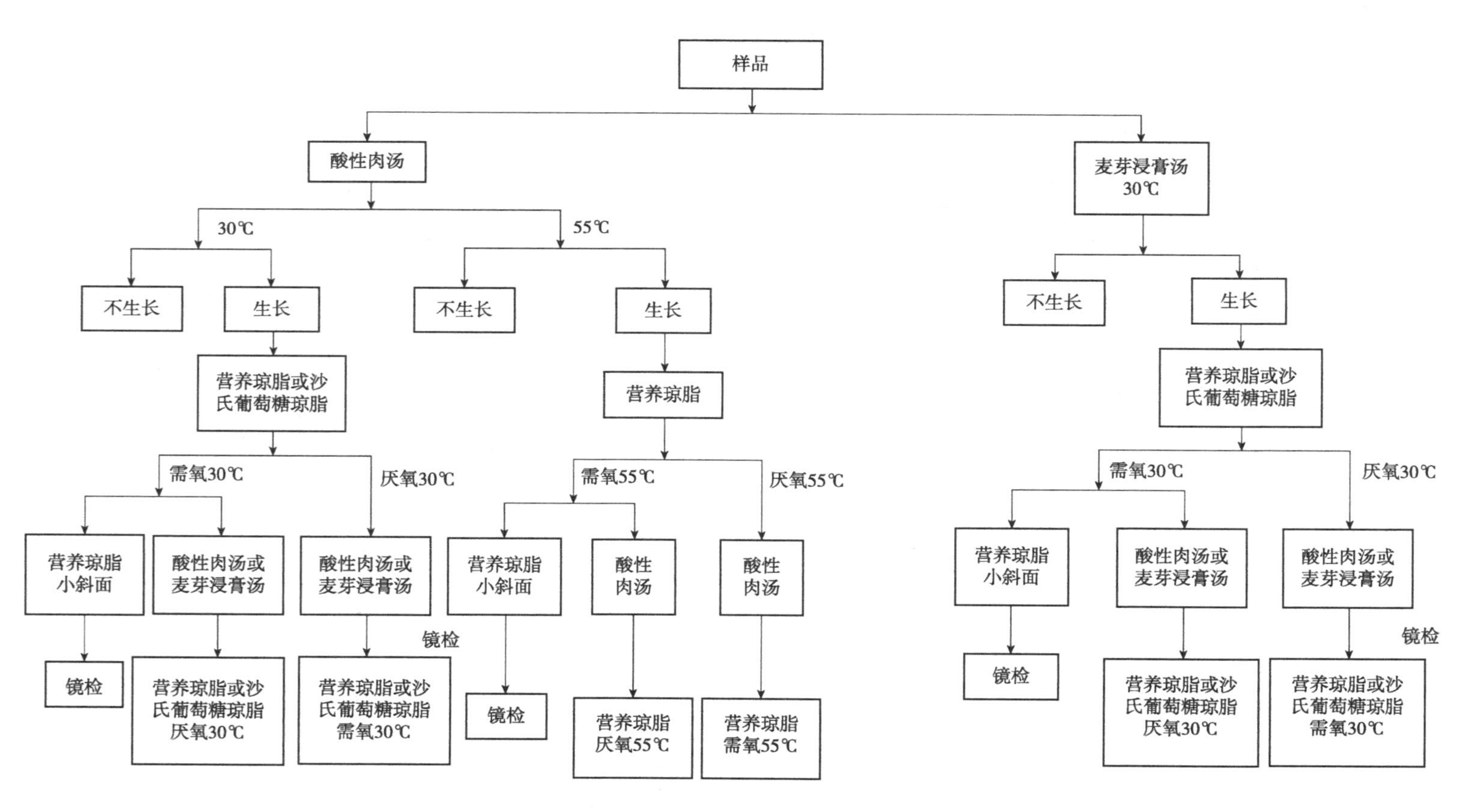

图10-2-3　酸性和酸化食品接种培养程序

(8)将 30℃需氧培养的纯培养物接种于营养琼脂或沙氏葡萄糖琼脂平板中进行厌氧培养，将 30℃厌氧培养的纯培养物接种于营养琼脂或沙氏葡萄糖琼脂平板中进行需氧培养，将 55℃需氧培养的纯培养物接种于营养琼脂中进行厌氧培养，将 55℃厌氧培养的纯培养物接种于营养琼脂中进行需氧培养，以鉴别是否为兼性厌氧菌。

(9)结果分析：

①如果在胀罐的样品里没有发现微生物的生长，胀罐可能是由于内容物和金属容器发生反应产生 H_2 造成的。产生氢气的量随贮存的时间长短和存储条件而变化。填装过满也可能导致轻微的膨胀，可以通过称重来确定是否由于填装过满所致。

在直接涂片中看到有大量细菌的混合菌相，但是经培养后不生长，表明为杀菌前发生的腐败。由于容器密封前细菌生长的结果，导致产品的 pH 值、气味和组织形态呈现异常。

②食品容器密封性良好时，在 36℃培养条件下，若只有芽孢杆菌生长，且它们的耐热性不高于肉毒梭菌，则表明生产过程中杀菌不足。

③培养出现杆菌和球菌、真菌的混合菌落，表明食品容器发生泄漏。也有可能是杀菌不足所致，但在这种情况下同批产品的膨胀率将很高。

④在 36℃或 55℃溴甲酚紫葡萄糖肉汤培养观察产酸产气情况，如有产酸，表明是有嗜中温的微生物(如嗜温耐酸芽孢杆菌)，或者嗜热微生物(如嗜热脂肪芽孢杆菌)生长。

在 55℃的庖肉培养基上有细菌生长并产气，发出腐烂气味，表明样品腐败是由嗜热的厌氧梭菌所致。

在 36℃庖肉培养基上生长并产生带腐烂气味的气体，镜检可见芽孢，表明腐败可能是由肉毒杆菌、生孢梭菌或产气荚膜杆菌引起的。有需要可以进一步进行肉毒毒素检测。

⑤酸性罐藏食品的变质通常是由于无芽孢的乳杆菌和酵母所致。一般 pH 值低于 4.6 的情况下不会发生由芽孢杆菌引起的变质，变质的番茄酱或番茄汁罐头并不出现膨胀，但有腐臭味，伴有或不伴有 pH 值降低，一般是由需氧的芽孢杆菌所致。

⑥有些罐头因杀菌强度或冷却工序不规范有可能含有嗜热菌的芽孢，在正常的贮存条件下不生长，但当产品贮存于较高的温度(50~55℃)时，嗜热菌就会生长并引起腐败。嗜热耐酸的芽孢杆菌和嗜热脂肪芽孢杆菌分别在酸性和低酸性的食品中引起腐败但并不出现包装容器膨胀。在 55℃培养不会引起包装容器外观的改变，但会产生臭味，伴有或不伴有 pH 值的降低。番茄、梨、无花果和菠萝等类罐头的腐败变质，有时是由于巴斯德梭菌(*C. pasteurianun*)引起。嗜热解糖梭状芽孢杆菌(*C. thermosaccharolyticum*)就是一种嗜热厌氧菌，能够引起膨胀和产品腐烂的气味。

嗜热厌氧菌也能产气，由于在细菌开始生长之后迅速增殖，可能混淆膨胀是由于 H_2 引起的还是嗜热厌氧菌产气引起的。化学物质分解将产生 CO_2，尤其是集中发生在含糖和一些酸的食品(如番茄酱、糖蜜、甜馅和高糖的水果罐头)中。这种分解速度随着温度上升而加快。

⑦无菌灌装和正常的产品直接涂片，分离出任何微生物应该怀疑是实验室污染。为了证实是否是实验室污染，在无菌的条件下接种该分离出的活的微生物到另一个正常的对照样品，密封，在 36℃培养 14d。如果发生膨胀或产品变质，这些微生物就可能不是来自原始样品。如果样品仍然是平坦的，无菌操作打开样品包装并按上述步骤做再次培养；如果同一种微生物被再次发现并且产品是正常的，认为该产品商业无菌，因为这种微生物在正

常的运输和贮存过程中不生长。

⑧如果食品本身发生浑浊，肉汤培养可能得不出确定性结论，这种情况需要进一步培养以确定是否有微生物生长。

项目小结

罐头食品经过适度热杀菌以后，不含有致病的微生物，也不含有在通常温度下能在其中繁殖的非致病性微生物的状态，称为商业无菌。罐头食品商业无菌检验是对保温期间罐头食品是否有胖听、泄漏、开罐后 pH 值、感官质量异常、腐败变质以及其密封性进行检验；对罐头食品内容物进行后续的微生物接种培养，分析出现异常现象的原因。

自测练习

一、单选题

1. 罐头食品由于杀菌不彻底而导致的腐败大多由(　　)引起。

A. 嗜热细菌　　B. 中温产芽孢细菌

C. 不产芽孢细菌　　D. 酵母菌或霉菌。

2. 肉毒梭菌引起的罐头食品腐败属于(　　)引起的腐败。

A. 中温需氧菌　　B. 不产芽孢细菌　　C. 中温厌氧菌　　D. 霉菌

3. 罐头泄漏后容易造成微生物污染的原因不包括(　　)。

A. 冷却水　　B. 空气　　C. 内部微生物　　D. 内容物

4. 罐头食品商业无菌检验中，1kg 及以下罐头精确到(　　)。

A. 1g　　B. 2g　　C. 3g　　D. 4g

5. 罐头食品开启后，至少要取出(　　)作为留样。

A. 20mL(g)　　B. 30mL(g)　　C. 40mL(g)　　D. 50mL(g)

二、判断题

1. 罐头食品经过二次杀菌后罐内将不存在任何活菌。　　(　　)

2. 胖听是指由于罐头内微生物活性或化学作用产生气体，形成正压，使一端或两端外凸的现象。　　(　　)

3. 食品经过适度的热杀菌后，不含有致病性微生物，也不含有在通常温度下能在其中繁殖的非致病性微生物，这种状态称作商业无菌。　　(　　)

4. 罐头食品的保温试验条件是在 30℃±1℃下保温 10d。　　(　　)

5. 罐头样品经保温试验未出现泄漏的，则可直接报告该样品为商业无菌。　　(　　)

三、名词解释

1. 商业无菌

2. 胖听

3. 净重

四、简答题

1. 为什么罐头食品灭菌仅需达到商业无菌的程度？

2. 罐头食品的生物腐败类型有哪些？各种腐败类型多是由哪些微生物造成的？

项目11 食品微生物快速检测

食品微生物的常规检验方法，如平板计数法、大肠菌群 MPN 法和某些致病菌的检验方法等，主要包括形态结构、细胞培养、生化试验、血清学分型、噬菌体分型、毒性试验及血清凝聚等。这些方法大多需要大量的人力和较长的时间，有时不能满足生产实践中快速获得卫生指导的要求。

近年来，随着分子生物学和免疫学技术的发展，快速、准确、特异检验微生物的新技术、新方法不断涌现，微生物检验技术由培养水平向分子水平迈进，并向仪器化、自动化、标准化方向发展，提高了食品微生物检验工作的高效性、准确性和可靠性。

学习目标

知识目标

1. 了解食品微生物快速检测的新技术。
2. 掌握 PCR 技术的原理。
3. 熟悉酶联免疫分析技术、免疫荧光抗体技术的原理。

技能目标

1. 能够掌握 ELISA 试剂盒和免疫荧光技术的技术要点。
2. 能够正确操作 PCR 法测定沙门菌。

素质目标

1. 培养科学严谨、不断进取的职业素养。
2. 培养勇于接受新知识、新技能的学习意识。

任务 11-1 微生物快速检测

工作任务

近年来，微生物的快速检测方法不断创新，分子生物学检测技术，如聚合酶链式反应（polymerase chain reaction，PCR）、实时荧光定量 PCR（quantitative real-time PCR，qPCR）、基因芯片，以及免疫分析技术，如酶联免疫吸附法（enzyme-linked immunosorbent assay, ELISA）、免疫荧光技术（immunofluorescence technique）等均被应用于食品、环境样品的微生物快速检测，检出限达到 10^2 ~ 10^4 CFU/mL，检测时间为 0.5 ~ 5h，检测成本逐年下降。这些快速检测技术在缩短微生物检测时间和降低检出限等方面表现出巨大的优势，学习和了解这些技术的原理和使用方法，对适应新技术在食品微生物检测应用方面有着重要意义。

本任务学习 PCR 技术、酶联免疫吸附法、免疫荧光抗体技术、基因芯片技术和电阻抗技术等微生物快速检测技术。

 知识准备

1. PCR 技术

PCR 即聚合酶链式反应，是一种在体外快速扩增特定基因或 DNA 序列的方法，也称无细胞克隆。该方法可使极微量的目的基因或特定的 DNA 序列在短短几个小时内扩增至百万倍。因而，自 1985 年美国 PE-Cetus 公司的 Mullis 等人发明 PCR 技术以来，PCR 技术得到了快速的改进和发展。目前，PCR 技术广泛应用于医学、微生物学、生命科学和食品科学领域。随着人们生活水平的提高，人们对食品营养卫生和质量安全的要求也不断提高，PCR 技术以其灵敏度高、特异性强和快速准确等特点，已在食源性致病微生物的检测中得到广泛应用。

PCR 技术是根据已知待扩增的 DNA 片段序列，人工合成与该 DNA 两条链末端互补的两段寡核苷酸引物，在体外将待检测的 DNA 序列（模板）在酶促作用下进行扩增，故又称基因体外扩增法。扩增产物的量是以指数级方式增加，通常经过 25 ~ 30 次循环，可将单一靶 DNA 序列扩增 100 万 ~ 200 万倍。

在运用 PCR 技术进行检测时要进行以下几个过程：目标 DNA（或 RNA）提取、设计并合成引物（15 ~ 30 个碱基为宜）、进行 PCR 扩增、克隆并筛选鉴定 PCR 产物、DNA 序列分析。其中，引物的设计是决定扩增特异性的关键因素，通常要求引物位于分析基因组中的高度保守区域，引物内不能形成发夹结构，每种碱基不能有太多的连续重复，引物间不能互补，一对引物的 T_m 值应尽可能接近，G+C 含量在 40% ~ 60%。PCR 扩增中用的 DNA 聚合酶目前最常用的是 *Taq* DNA 聚合酶，它的用量对 PCR 扩增效率及特异性有很大的影响，近年来耐热的 *Pfu* DNA 聚合酶也被广泛用于 PCR 反应，此酶是错误掺入率较低的耐热 DNA 聚合酶，但其延伸速度比 *Taq* DNA 聚合酶每分钟低 550 个核苷酸。还有，PCR 反应体系的浓度、用量的大小和反应条件参数对 PCR 扩增都有一定的影响。

2. 酶联免疫吸附法

酶联免疫吸附法（ELISA）是一种免疫测定方法。利用抗原或抗体的固相化及抗原或抗体的酶标记，加入酶反应的底物后，底物被酶催化为有色产物，产物的量与标本中受检物质的

量直接相关，由此进行定性或定量分析。一般化学比色法的敏感度在 mg/mL 水平；酶反应测定法的敏感度约为 5~10μg/mL；标记的免疫测定敏感度可提高数千倍，达 ng/mL 水平。

抗原抗体反应是结合形成抗原抗体复合物的过程，是一种动态平衡，高亲和力抗体的抗原结合点与抗原的决定簇在空间构型上非常适合，两者结合牢固，不易解离。解离后的抗原或抗体均能保持原有的结构和活性。抗原抗体的结合发生在抗原的决定簇与抗体的结合位点之间。化学结构和空间构型互补关系具有高度的特异性，测定某一特定的物质，不需要先分离待检物。

在 ELISA 的测定中有 3 个必要的试剂：固相的抗原或抗体，即免疫吸附剂；酶标记的抗原或抗体，即结合物；酶反应的底物。

ELISA 已用来检测沙门菌、单核细胞增生李斯特菌、大肠埃希菌 O157：H7 和空肠弯曲杆菌等致病菌或其毒素。很多公司推出 ELISA 试剂盒，操作十分简单，基本操作流程为：固化了抗体的 40 孔或 96 孔聚苯乙烯微孔板上，加入抗体，静置，洗涤，加入辣根过氧化物酶羊抗兔 IgG，加碳酸缓冲液和稀释液，4℃保存，洗涤，加封闭液(0.5%鸡卵清蛋白)，pH 7.4 PBS，加入邻苯二胺或四甲基联苯胺，测试前加 30% H_2O_2 40μL，测试结束加 2mol/L H_2SO_4 终止液。以上的操作可以用半自动或全自动的酶标仪完成。

3. 免疫荧光抗体技术

荧光是一种光致发光现象。原子外的电子在一定的能级轨道上运动，当某种波长的入射光(通常是紫外线或 X 射线)照射，吸收光能后进入激发态，进入高能的轨道，并且立即退激发回到较低能量的轨道上时，会发射出射光，通常波长比入射光的波长长。如在可见光波段，这种光称为荧光。

免疫荧光技术又称荧光抗体技术，是标记免疫技术中发展最早的一种。免疫荧光技术是根据抗原抗体反应的原理，先将已知的抗原或抗体标记上荧光素，制成荧光抗体，再用这种荧光抗体(或抗原)作为探针检测组织或细胞内的相应抗原(或抗体)。在组织或细胞内形成的抗原抗体复合物上含有标记的荧光素，利用荧光显微镜观察标本，荧光素受外来激发光的照射而发生明亮的荧光(黄绿色或橘红色)，可以看见荧光所在的组织细胞，从而确定抗原或抗体的性质、定位以及利用定量技术测定其含量。

选择合适的标记用的荧光素，直接关系到免疫荧光分析的成败。好的荧光素应符合以下要求：应具有能与蛋白质分子形成共价键的化学基团，与蛋白质结合后不易解离，而未结合的色素及其降解产物易于清除；荧光效率高，与蛋白质结合后，仍能保持较高的荧光效率；荧光色泽与背景组织的色泽对比鲜明；与蛋白质结合后不影响蛋白质原有的生化与免疫性质；标记方法简单、安全无毒；与蛋白质的结合物稳定，易于保存。异硫氰酸荧光素、异氰酸荧光素、罗丹明 B 能满足上述的要求，是常用的抗体/抗原标记荧光素。

用荧光抗体示踪或检查相应抗原的方法称为荧光抗体法。抗原与荧光抗体结合，在荧光显微镜下可见发光的物体，从而达到定位检测目的，此法可以用来标记病毒或一些特殊蛋白。用已知的荧光抗原标记物示踪或检查相应抗体的方法称为荧光抗原法。这两种方法统称免疫荧光技术。以荧光抗体法较常用。

4. 基因芯片技术

基因芯片是指采用原位合成或显微打印手段，将数以万计的核酸探针固化于支持物表面，与标记的样品进行杂交，通过检测杂交信号来实现对样品快速、并行、高效的检测或医学诊断。基因芯片的技术流程包括芯片的制作、样品的制备、芯片的杂交及杂交后信号的检测和分析。

基因芯片技术的主要步骤为：将各种基因寡核苷酸点样于芯片表面，微生物样品经处理后进行核酸提取和核酸扩增，再用荧光素对其进行标记，然后与芯片上的寡核苷酸点杂交，最后通过扫描仪定量和分析荧光分布模式，确定检测样品是否存在某些特定微生物。基因芯片的基本原理与核酸杂交相似，但它将大量按检测要求设计好的探针固化，仅通过一次杂交便可检测出多种靶基因的相关信息，具有高通量、多参数同步分析，快速全自动分析，高精确度、高精密度和高灵敏度分析的特点，是鉴别致病微生物的有效手段之一。

5. 电阻抗技术

电阻抗技术是20世纪70年代初发展起来的一项新技术，是用电阻抗作为媒介，监测微生物代谢活动的一种快速方法。该技术原多用于临床微生物的鉴定、菌血症等标本的快速测定等方面，近年来已逐步应用于食品检测中，如法国生物梅里埃公司的Bactometer系统已用于乳制品、肉类、海产品、蔬菜、冷冻食品、糕点、糖果、饮料等食品中菌落总数、大肠菌群、霉菌和酵母菌、乳酸菌等的检测。这种方法简便、快速、准确，样品在4~18h出结果，不需要一系列稀释，样品和培养基量少，且可以进行数据自动测试、自动分析存储，但它必须预先制定相应的标准曲线才能对样品进行测试。

电阻抗技术的检测原理是：供细菌生长的液体培养基是电的良导体，在特制的测量管底部装入电极插头，即可对接种生长的培养基的阻抗变化进行检测。阻抗变化的产生是由于微生物生长过程中的新陈代谢，使培养基中的大分子营养物质(糖、脂类、蛋白质等)被分解成小分子代谢物，即较小的带电离子(乳酸盐、醋酸盐、重碳酸或氨等)。这些代谢产物的出现和聚集，增强了培养基的导电性能，从而降低了其阻抗值。

6. ATP 生物荧光技术

ATP为代谢提供能量来源，是微生物不可缺少的物质。如果样品中污染了微生物，用有机溶剂等专用试剂破坏细菌细胞后，ATP就被释放出，利用ATP生物荧光技术即可测出ATP的含量。ATP生物荧光技术是利用细菌的ATP作为荧光素酶催化发光的必需底物，且与发光强度呈线性关系这一原理，对微生物数量进行快速检测。该法是一种即时的检测方法，检测过程简便，无须培养；快速，在短时间内即可完成检测；操作简便，灵敏度高；检测仪器体积小、携带方便；测定范围广，可用于食品原料、生产过程、设备、产品以及环境的检测等，还可做活性测定。但该法会受游离的 ATP 和体细胞的影响，受盐等成分的干扰，不能进行细菌鉴定等缺点。

问题思考

请查阅相关资料，思考国内外还有哪些先进技术应用在食品微生物快速检测领域？

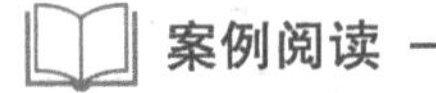

案例阅读

单克隆抗体及生物导弹

我们知道，军事上利用导弹来定向导航，以击毁敌人，而“生物导弹”是因能引导药物定向和有选择地攻击癌细胞而得名的。现在，它已成为治疗、诊断癌症等多种疾病的重要武器，成为细胞工程中的一朵鲜花。

说起“生物导弹”先要从单克隆抗体技术谈起。1975 年英国科学家米尔斯坦利用当时刚刚出现不久的细胞融合技术，做了一个大胆的试验。米尔斯坦选择了两种细胞：一种是能产生抗体但不能长期人工培养繁殖的小鼠 B 型淋巴细胞，另一种是不能产生抗体但能在人工培养条件下无限繁殖的小鼠骨髓癌细胞，通过细胞融合形成了杂交瘤细胞。这种杂交瘤细胞既保持了癌细胞能大量繁殖的特点，又具有 B 型淋巴细胞产生抗体的能力，通过对杂交瘤细胞的进一步选择分离，就可以得到单克隆细胞系，即由一个细胞分裂而成的具有相同遗传背景的一大群细胞。而由杂交瘤细胞产生的抗体就叫作单克隆抗体。

一般动物体内有上百万种 B 型淋巴细胞，每一种 B 型淋巴细胞可以识别一种外来的抗原表位，然后分泌出相应的抗体。这样，血清中的抗体就是由多种不同的 B 型淋巴细胞克隆产生出来的多种抗体的混合物，叫作多克隆抗体。因此，从血清中直接提取抗体往往成分复杂，也不容易大量生产。与之相比，单克隆抗体的独特之处在于：①高均一性，由于单克隆抗体是由单个细胞株产生的，所以其所分泌的抗体是高度均一的；②高特异性，由于单克隆抗体只针对一个抗原表位，故具有高度的特异性，发生交叉反应的机会很少；③高产量，只要长期保持杂交瘤细胞的稳定性，不发生突变，就可以长期获得同质的单克隆抗体。单克隆抗体技术从诞生起，就给免疫学带来了革命性的变化。

用单克隆抗体来诊断疾病，不但非常准确，而且可以大大缩短诊断时间。例如，诊断淋球菌和疱疹病毒等引起的感染，普通的化验方法需要 3~6d 时间，而采用特异的单克隆抗体进行诊断只要 15~20min。又如脑膜炎的诊断，过去要抽病人的脊髓，然后培养观察，看看有没有病原菌。病人不但要遭受痛苦，而且要等好几天，而应用脑膜炎球菌的单克隆抗体测定病人的病原菌样品，只要 10min 就可以做出诊断。

“生物导弹”就是基于单克隆抗体技术而建立发展的一种新型技术。单克隆抗体具有高度专一性，能精确地瞄准和捕获体内的靶目标，并特异性地与靶目标发生反应。“生物导弹”是免疫导向药物的形象称呼，它由单克隆抗体与药物、酶或放射性同位素配合而成，因带有单克隆抗体而能自动导向，在生物体内与特定目标细胞或组织结合，并由其携带的药物产生治疗作用。

“生物导弹”在癌症的早期诊断及治疗上可以发挥很大的作用。早期诊断对于癌症的治疗是很关键的，如果能够用癌细胞作为抗原，制造出专门识别癌细胞的单克隆抗体，再跟同位素标记技术相结合，就可以跟踪探测人体有没有癌症，还能找出癌症病灶的位置和大小。癌症在治疗过程中，碰到的最大难题就是药物或者放射性物质在杀伤癌细胞的同时也杀死了人体大量的正常细胞，使人体受到严重的损害，病人往往出现头发脱落、恶心、消瘦、衰弱等现象，有的癌症患者甚至因受不了这些反应而放弃继续治疗。所以，寻找一种能够专门杀伤癌细胞而不损害正常细胞的治疗方法是人们迫切的愿望。“生物导弹”的出现解决了这个难题，给病人带来了福音。单克隆抗体进入人体以后，能够定向地识别某些癌细胞，并且与癌细胞结合。利用这个特点，在单克隆抗体上偶联上一些能够杀伤癌细胞的药物，如放射性同位素、毒素和化学药物等，这样，单克隆抗体就像导弹那样，能够准确地找到癌细胞并且把癌细胞杀死。

由于生物导弹能识别细胞表面抗原、各种受体、各种体液成分及细胞内和组织内的各种成分，它正越来越广泛地用于人体疾病的诊断及治疗中，发挥其他常规药物无法达到的独特和卓越效能。

任务 11-2 沙门菌快速检测

工作任务

沙门菌菌型繁多，已确认的沙门菌有 2500 个以上的血清型。繁杂的各类生化反应型，使常规检验程序复杂烦琐、耗时费力，不仅给检验部门带来沉重的负担，而且还使生产部门产品运转和仓储的时间延长，费用增加。因此，多年来，建立快速而准确的检测方法一直是沙门菌检验研究的核心问题。目前，主要采用传统标准检测方法、分子生物学方法和免疫学方法等快速检测法，其中 PCR 法及其衍生技术使用范围较广。

本任务依照中华人民共和国出入境检验检疫行业标准《食品中多种致病菌快速检测方法　PCR 法》(SN/T 1869—2007)中普通 PCR 法学习食品中沙门菌的快速检测。

工具材料

1. 设备和材料

PCR 仪、电泳装置、凝胶分析成像系统、PCR 超净工作台、高速台式离心机(离心转速 12 000r/min 以上)、微量可调移液器(2μL、10μL、100μL、1000μL)。

2. 培养基和试剂

(1)缓冲蛋白胨水(BPW)、四硫磺酸钠煌绿(TTB)增菌液、亚硒酸盐胱氨酸(SC)增菌液、亚硫酸铋(BS)琼脂、HE 琼脂、木糖赖氨酸脱氧胆盐(XLD)琼脂、沙门菌属显色培养基，详见附表1.4E。

(2)水：应符合《分析实验室用水规格和试验方法》(GB/T 6682—2008)中一级水的规格。

(3)DNA提取液：主要成分是SDS、Tris、EDTA。

(4)10×PCR缓冲液：含KCl 500mmol/L、Tris-HCl(pH 8.3)100mmol/L、明胶0.1%。

(5)PCR反应液：含$MgCl_2$的PCR缓冲液、dATP、dTTP、dCTP、dGTP、dUTP、*Taq*酶、UNG酶。

(6)琼脂糖。

(7)10×上样缓冲液：含0.25%溴酚蓝、0.25%二甲苯青FF、30%甘油水溶液。

(8)50×TAE缓冲液：称取484g Tris，量取114.2mL冰乙酸，200mL 0.5moL/L EDTA (pH 8.0)，溶于水中，定容至2L。分装后高压灭菌备用。

(9)DNA分子质量标记物(100~1000bp)。

(10)Eppendorf管和PCR反应管。

(11)沙门菌普通PCR检测试剂盒。

 知识准备

PCR法测定原理

PCR技术检测微生物的基本原理是将被检测微生物核酸序列，在PCR体系下经高温变性、低温退火、适温延伸三步循环，将单个核酸分子序列以2的指数进行大量复制扩增。即在检测时，被检测微生物双链DNA序列在94℃左右变性解链成双链，大约55℃时，特异性引物与单链DNA结合，最后于72℃左右在引物的引导延伸复制下扩增到微生物的目的DNA序列。以上三步进行循环扩增得到大量的被检测微生物的目的DNA序列，最后一般在凝胶电泳下检测目的DNA。理论上只要样品中有一个分子的微生物就可以在短时间内用PCR技术检测到。

 操作流程

1. 检验程序

沙门菌普通PCR法检测程序如图11-2-1所示。

2. 操作步骤

1)样品制备、增菌培养和分离

(1)样品制备：称取25g(mL)样品放入盛有225mL BPW的无菌均质杯中，以8000~10 000r/min均质1~2min，或置于盛有225mL BPW的无菌均质袋中，用拍击式均质器拍打1~2min。若样品为液态，不需要均质，振荡混匀。如需测定pH值，用1mol/mL无菌

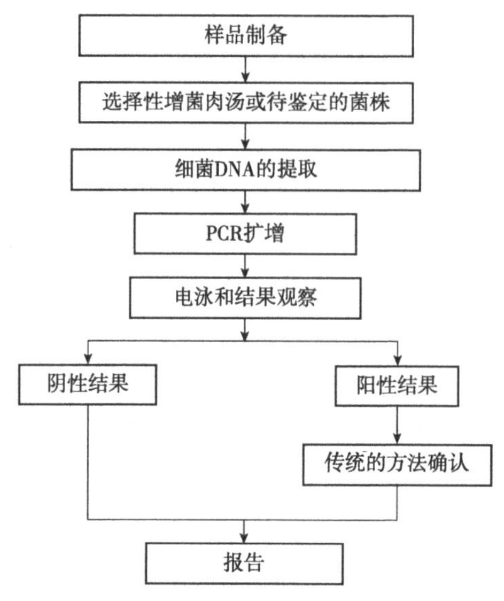

图 11-2-1　沙门菌普通 PCR 法检测程序

NaOH 溶液或 HCl 溶液调 pH 值至 6.8±0.2。无菌操作将样品转至 500mL 锥形瓶中，如使用均质袋，可直接进行培养，于 36℃±1℃ 培养 8~18h。如为冷冻产品，应在 45℃ 以下不超过 15min，或 2~5℃不超过 18h 解冻。

(2)增菌培养：轻轻摇动培养过的样品混合物，移取 1mL 转种于 10mL 四硫磺酸钠煌绿(TTB)增菌液内，于 42℃±1℃培养 18~24h。同时，另取 1mL 转种于 10mL SC 增菌液内，于 36℃±1℃培养 18~2h。

(3)分离：分别用接种环取增菌 1 环，划线接种于一个亚硫酸铋(BS)琼脂平板和一个木糖赖氨酸脱氧胆盐(XLD)琼脂平板(或 HE 琼脂平板或沙门菌属显色培养基平板)。于 36℃±1℃分别培养 18~24h(XLD 琼脂平板、HE 琼脂平板、沙门菌属显色培养基平板)或 40~48h(BS 琼脂平板)，观察各个平板上生长的菌落，各个平板上的菌落特征见任务 8-2 沙门菌检验中表 8-2-1。

2)细菌模板 DNA 的提取

(1)直接提取法：对于上述方法培养的增菌液，可直接取该增菌液 1mL 加入 1.5mL 无菌离心管中，8000r/min 离心 5min，弃上清液；加入 50μL DNA 提取液，混匀后沸水浴 5min，12 000r/min 离心 5min，取上清液保存于-20℃备用以待检测。-70℃可长期保存。对于样品分离到的可疑菌落，可直接挑取可疑菌落，加入 50μL DNA 提取液，再按照上述步骤制备模板 DNA 以待检测。

(2)有机溶剂提纯法：取待测样本(增菌培养液或分离菌落菌悬液)1mL 加入 1.5mL 离心管中，8000r/min 离心 4min，弃上清液；加入 750μL DNA 提取液，沸水浴 5min，加酚：三氯甲烷(1：1，体积比)700μL，振荡混匀，13 000r/min 离心 5min，去上清液，70%乙醇冲洗一次，13 000r/min 离心 5min，沉淀溶于 20μL 核酸溶解液中。保存在-20℃备用。-70℃可长期保存。

也可用等效的商业化的 DNA 提取试剂盒并按其说明提取制备模板 DNA。

3)PCR 扩增

(1)引物的序列：

5′-gtg　aaa　tta　tcg　cca　cgt　tcg　ggc　aa-3′

5′-tca　tcg　cac　cgt　caa　agg　aac　c-3′

(2)空白对照、阴性对照和阳性对照设置：空白对照采用以水代替 DNA 模板；阴性对照采用非目标菌的 DNA 作为 PCR 反应的模板；阳性对照采用含有检测序列的 DNA(或质粒)作为反应的模板。

(3)PCR 反应体系：普通 PCR 反应体系见表 11-2-1 所列。

表 11-2-1　普通 PCR 反应体系

试剂	贮备液浓度	25μL 反应体系中加样体积/μL
10×PCR 缓冲液	—	2.5
$MgCl_2$	25mmol/L	3.0
dNTPs(含 dUTP)	各 2.5mmol/L	1.0
UNG 酶	1U/μL	0.06
上游引物	20pmol/μL	1.0
下游引物		1.0
Taq 酶	5U/μL	0.5
DNA 模板	—	2.0
双蒸水	—	补至 25

注：1. 反应体系中各试剂的量可根据具体情况或不同的反应总体积进行适当调整。2. 每个反应体系设置两个平行反应。

(4)PCR 反应条件：95℃预变性 5min，95℃变性 30s，64℃退火 30s，72℃延伸 30s，35 个循环，72℃后延伸 5min。

(5)PCR 扩增产物的电泳检测：用电泳缓冲液(1×TAE)制备 1.8%～2%琼脂糖凝胶(55～60℃时加入溴化乙锭至终浓度为 0.5μg/mL，也可在电泳后进行染色)。取 8～15μL PCR 扩增产物，分别和 2μL 上样缓冲液混合，进行点样，用 DNA 分子质量标记物作参照。3～5V/cm 恒压电泳，电泳 20～40min，电泳检测结果用凝胶成像分析系统记录并保存。

4)结果判定和报告

在阴性对照未出现条带，阳性对照出现预期大小的扩增条带条件下，如待测样品未出现相应大小的扩增条带，则可报告该样品检验结果为阴性；如待测样品出现相应大小扩增条带则可判定该样品结果为假定阳性，则回到传统的检测步骤，进一步应按步骤 1) 中沙门菌对应的标准检测方法进行确认，最终结果以后者的检测结果为准。

如果阴性对照出现条带和/(或)阳性对照未出现预期大小的扩增条带，本次待测样品的结果无效，应重新做实验，并排除污染因素。

考核评价

PCR 方法检测评分标准

内容	分值	评分细则	评分标准	得分
样品制备、增菌和分离	1	无菌操作	用酒精棉球对手、操作台面和样品开口处正确进行擦拭消毒	
	1	取样及均质	准确将 225g BPW 置于无菌均质杯或无菌均质袋中；无菌称取 25g(或移取 25mL)样品于均质袋(或均质杯)中；选择好程序，正确设置拍击速度、拍击时间等，样品与均质器无接触	
	1	划线分离	正确进行接种环灭菌；正确在平板上进行划线培养	

（续）

内容	分值	评分细则	评分标准	得分
细菌模板 DNA 的提取	1	离心机的使用	正确设置离心机参数；准确按照使用要求进行操作	
	1	微量移液器的使用	正确使用移液器吸液、放液，能够准确吸弃上清液和吸取上清液	
空白、阴性、阳性对照设置	1	空白对照	正确实施无菌操作	
	1	阴性对照	除去 PCR 抑制因子，操作规范	
	1	阳性对照	准确控制 PCR 反应条件	
电泳检测	1	电泳结果	能正确利用凝胶成像系统进行记录和保存	
结果报告	1	报告及整理	能规范准确报告结果，台面整理干净、物品正确归位	
合　计				
考核教师签名：				

知识拓展

近红外免疫层析法

1. 范围

近红外免疫层析法适用于食品和生活饮用水中单核细胞增生李斯特菌、副溶血性弧菌、霍乱弧菌、沙门菌、轮状病毒、诺如病毒、甲型肝炎病毒的快速测定。

2. 原理

利用近红外荧光染料标记抗体，双抗体夹心免疫层析原理制备试纸条。在抗体垫上固定有近红外荧光标记的抗致病菌或病毒单克隆抗体和作为质控物的近红外荧光标记的鸡 IgY 多克隆抗体。当含有致病菌或病毒的样品滴加到试纸条样品垫上后，靶标致病菌或靶标病毒与抗体垫上的标记抗体结合，形成荧光标记物-标记抗体-靶标分子复合物。复合物随溶液向试纸条前端迁移，当复合物迁移至检测线时，被固定于检测线上的抗致病菌或病毒抗原的另一株单克隆抗体所捕获。荧光标记的鸡 IgY 多克隆抗体随溶液继续迁移，到达质控线时被固定于质控线上的山羊抗 IgY 多克隆抗体所捕获。利用便携式低噪声激发式荧光扫描仪分别扫描质控线和检测线，以检测线与质控线荧光强度比值与阈值进行比较，大于或等于阈值判断为阳性，小于阈值判断为阴性。

3. 试剂和材料

1）磷酸缓冲盐溶液（PBS 缓冲液）

pH 7.4，含 5% BSA、0.1% Tween 20。

2）近红外免疫层析法检测试纸条

（1）物理性状：外观应整洁完整、无毛刺、无破损、无污染；膜条宽度应不小于 3.5mm；

液体移行速度应不低于 10mm/min。

(2)特异性：近红外免疫层析试纸条与其他细菌和病毒均无交叉反应，结果均应为阴性。

(3)重复性：取同一批号的试纸 10 条，检测同一样本时，反应结果应一致，显色应均一，CV 值应小于 15%。

(4)批间差：同一个样本，使用不同批次的试剂进行检测，CV 值小于 15%。

(5)稳定性：在 37℃条件下放置 20d，产品应符合以上(2)~(4)的要求。

(6)检测波长：激发波长 775nm±5nm，发射波长 795nm±5nm。

(7)检测限：近红外免疫层析法检测沙门菌检测限为 0.6×10^3CFU/mL、霍乱弧菌检测限为 1×10^2CFU/mL、副溶血性弧菌检测限为 1.2×10^2CFU/mL、单核细胞增生李斯特菌检测限为 0.75×10^3CFU/mL。

3)仪器设备

电子天平(感量 0.01g)、便携式近红外荧光扫描仪。

4. 测定步骤

1)样品制备、增菌培养和分离

(1)病原菌：病原菌检测样品制备、增菌培养和分离方法见表 11-2-2 所列。

(2)病毒：病毒检测样品的制备方法见表 11-2-3 所列。

表 11-2-2 病原菌检测样品制备、增菌培养和分离方法

序号	病原菌名称	样品制备、增菌培养和分离方法
1	沙门菌	参考《食品安全国家标准 食品微生物学检验 沙门氏菌检验》(GB 4789.4—2024)
2	志贺菌	参考《食品安全国家标准 食品微生物学检验 志贺氏菌检验》(GB 4789.5—2012)
3	副溶血性弧菌	参考《食品安全国家标准 食品微生物学检验 副溶血性弧菌检验》(GB 4789.7—2013)
4	小肠结肠炎耶尔森菌	参考《食品安全国家标准 食品微生物学检验 小肠结肠炎耶尔森氏菌检验》(GB 4789.8—2016)
5	空肠弯曲菌	参考《食品安全国家标准 食品微生物学检验 空肠弯曲菌检验》(GB 4789.9—2014)
6	金黄色葡萄球菌	参考《食品安全国家标准 食品微生物学检验 金黄色葡萄球菌检验》(GB 4789.10—2016)
7	单核细胞增生李斯特菌	参考《食品安全国家标准 食品微生物学检验 单核细胞增生李斯特氏菌检验》(GB 4789.30—2016)
8	克罗诺杆菌	参考《食品安全国家标准 食品微生物学检验 克罗诺杆菌检验》(GB 4789.40—2024)
9	肠出血性大肠杆菌 O157：H7	参考《进出口肉、肉制品及其他食品中肠出血性大肠杆菌 O157：H7 检测方法》(SN/T 0973—2010)
10	霍乱弧菌	参考《进出口食品中霍乱弧菌检验方法》(SN/T 1022—2010)
11	创伤弧菌和溶藻弧菌	参考《食品中致病性弧菌的检测和计数》(NMKL No. 156—1997)

表 11-2-3 病毒检测样品制备方法

序号	病毒名称	样品制备方法
1	轮状病毒	参考《贝类中 A 群轮状病毒检测方法 普通 PCR 和实时荧光 PCR 方法》(SN/T 2520—2010)
2	诺如病毒	参考《食品安全国家标准 食品微生物学检验 诺如病毒检验》(GB 4789.42—2016)
3	甲型肝炎病毒	参考《贝类中甲型肝炎病毒检测方法 普通 RT-PCR 方法和实时荧光 RT-PCR 方法》(GB/T 22287—2008)

(3)其他微生物：其他微生物检测样品的前处理方法见表 11-2-4 所列。

表 11-2-4 其他微生物检测样品处理参考方法

序号	样品类别及目标微生物	参考方法
1	出口食品微生物	《出口食品微生物学检验通则》(SN/T 0330—2012)
2	饲料中沙门菌	《饲料中沙门氏菌的测定》(GB/T 13091—2018)
3	生活饮用水微生物	《生活饮用水标准检验方法 第 12 部分：微生物指标》(GB/T 5750.12—2023)

2)测定

吸取 50μL 样品待测液滴加到试纸条加样区，待吸收干后再滴加 50μL PBS 缓冲液，室温放置 15min 后，用便携式近红外荧光扫描仪分别测定所述检测线和质控线的荧光强度，激发波长 775nm±5nm，发射波长为 795nm±5nm，分析结果。

5. 结果及判定

若试纸条质控线区域出现荧光发射峰，则表明该试纸条有效，反之则无效；若检测线荧光扫描峰面积与质控线荧光扫描峰面积比超过阈值(阴性对照值+3SD)则为阳性结果，反之则为阴性。本方法判定为阳性结果的样品，宜参照表 11-2-2~表 11-2-4 中的方法或相关国际权威微生物经典检验方法进行阳性结果确证。

项目小结

近年来，微生物的快速检测方法不断创新，分子生物学检测技术和免疫分析技术等均被用于食品、环境样品的微生物快速检测。PCR 由高温变性、低温退火和适温延伸组成一个周期，反复循环，使目的基因得以迅速扩增。微生物的免疫检测就是根据抗原抗体特异性的结合，通过标记显色的酶，将这种特异性的结合反应放大，从而实现灵敏、快速、操作简单的微生物检测。免疫荧光技术是根据抗原抗体反应的原理，先将已知的抗原或抗体标记上荧光素，制成荧光抗体，再用这种荧光抗体(或抗原)作为探针检测组织或细胞内的相应抗原(或抗体)。基因芯片是指采用原位合成或显微打印手段，将数以万计的核酸探针固化于支持物表面，与标记的样品进行杂交，通过检测杂交信号来实现对样品快速、并行、高效的检测或医学诊断。电阻抗技术是 20 世纪 70 年代初发展起来的一项新技术，是用电阻抗作为媒介，监测微生物代谢活动为基础的一种快速方法。ATP 生物荧光检测技术是利用细菌的 ATP 作为荧光素酶催化发光的必需底物，且与发光强度呈线性关系这一原理，对微生物数量进行快速检测。

中华人民共和国出入境检验检疫行业标准《食品中多种致病菌快速检测方法　PCR法》(SN/T 1869—2007)中，PCR法可进行食品中沙门菌的快速检测。检测程序由样品制备、选择性增菌培养和分离、细菌DNA的提取、PCR扩增、结果观察等组成。

自测练习

一、单选题

1. 在PCR技术进行检测中，(　　)是决定扩增特异性的关键因素。

A. 目标DNA(或RNA)提取　　B. 设计并合成引物

C. PCR扩增　　D. DNA序列分析

2. PCR反应中高温变性的温度范围为(　　)。

A. 100~95℃　　B. 90~95℃　　C. 80~85℃　　D. 37~65℃

3. ELISA中常用的酶是(　　)。

A. *Taq* DNA聚合酶　　B. 纤维素分解酶

C. UNG酶　　D. 辣根过氧化物酶

4. 沙门菌普通PCR法检测中，样品混合物于四硫磺酸钠煌绿(TTB)增菌液内培养的温度为(　　)。

A. 36℃±1℃　　B. 30℃±1℃　　C. 42℃±1℃　　D. 28℃±1℃

5. 沙门菌普通PCR法反应条件中预变性、变性、退火、延伸的循环，要进行(　　)个。

A. 35　　B. 40　　C. 45　　D. 50

二、判断题

1. 完整的DNA是指两条多核苷酸链反向平行配对所形成的双螺旋结构。(　　)

2. 基因芯片是指采用原位合成或显微打印手段，将数以万计的核酸探针固化于支持物表面，与标记的样品进行杂交，通过检测杂交信号来实现对样品快速、并行、高效的检测或医学诊断。(　　)

3. 采用ATP生物荧光技术检测样品中污染的细菌时，细菌细胞越多，ATP量越高，发出荧光也越强。(　　)

4. PCR扩增产物的电泳检测中恒压电泳电量为5~10V/cm。(　　)

5. 沙门菌普通PCR法结果判断中，如待测样品未出现相应大小的扩增条带，则可报告该样品检验结果为阴性。(　　)

三、简答题

1. 试分析适合免疫荧光分析使用的荧光素应具备的条件是什么？

2. 简述电阻抗技术的原理。

3. 简述PCR技术的原理。

参考文献

陈建军，2006. 微生物学基础[M]. 南京：江苏科学技术出版社.

陈淑范，2014. 食品微生物检测技术[M]. 北京：中国环境出版社.

丁立孝，2008. 食品卫生检验与管理[M]. 北京：化学工业出版社.

国家国内贸易局，1999. 孢子发芽率测定法[S]. 北京：中国标准出版社.

国家国内贸易局，1999. 孢子数测定法[S]. 北京：中国标准出版社.

国家市场监督管理总局，国家标准化管理委员会，2021. 微生物快速测定方法[S]. 北京：中国标准出版社.

国家质量技术监督局，2000. 中华人民共和国国家标准　酿造酱油[S]. 北京：中国标准出版社.

郭永元，2019. 巴斯德：微生物先知[M]. 北京：人民文学出版社.

何国庆，贾英民，丁立孝，2021. 食品微生物学[M]. 4 版. 北京：中国农业大学出版社.

胡斌杰，胡莉娟，公维庶，2012. 发酵技术[M]. 湖北：华中科技大学出版社.

胡会萍，2023. 微生物基础[M]. 北京：北京理工大学出版社.

雷素范，周开亿，1990. 梅契尼科夫[J]. 光谱实验室(Z1)：188-189.

李宝玉，2019. 食品微生物检验技术[M]. 北京：中国医药科技出版社.

李津军，2001. 战争催生时代宠儿——罐头发展史[J]. 发明与革新(9)：27-28.

李枝文，1992. 黄曲霉毒素的发现、毒害及预防[J]. 生物学通报(12)：1-3.

刘慧，2011. 现代食品微生物学[M]. 2 版. 北京：中国轻工业出版社.

刘兰泉，刘晓蓉，2010. 食品微生物[M]. 北京：中国计量出版社.

刘学浩，张培正，2002. 食品冷冻学[M]. 北京：中国商业出版社.

刘用成，2012. 食品微生物检验技术[M]. 北京：中国轻工业出版社.

罗红霞，王建，2022. 食品微生物检验技术[M]. 北京：中国轻工业出版社.

苗旺，吴双麒，孔凡春，2022. 食品加工环境中微生物污染分析及控制措施[J]. 肉类工业(4)：40-45.

秦小燕，2015. 魏曦：奠基我国微生态学[J]. 湘潮(上半月)(7)：37-40.

青宁生，2018. 食品安全卫士——微生物学家孟昭赫[J]. 微生物学报，58(2)：359-360.

青宁生，2008. 我国微生态学的奠基人——魏曦[J]. 微生物学报(3)：278-280.

青宁生，2007. 终生实践借鉴与创新的科学家——纪念方心芳百年诞辰[J]. 微生物学报(2)：187-190.

沈莹，2008. 单核细胞增生性李斯特菌在食品安全中的研究近况[J]. 中国热带医学，8(3)：484-487.

孙可，2007. “伤寒玛丽”的故事[J]. 健康(1)：48-49.

唐劲松，徐安书，2012. 食品微生物检测技术[M]. 北京：中国轻工业出版社.
万素英，李琳，王慧君，2008. 食品防腐与食品防腐剂[M]. 北京：中国轻工业出版社.
王景林，2013. 一种致命的隐形杀手：肉毒杆菌与肉毒毒素[J]. 中国奶牛(14)：1-6.
魏明奎，段鸿斌，2008. 食品微生物检验技术[M]. 北京：化学工业出版社.
严晓玲，牛红云，2019. 食品微生物检测技术[M]. 北京：中国轻工业出版社.
杨玉红，高江原，2019. 食品微生物学基础[M]. 北京：中国医药科技出版社.
杨玉珍，吕玉珍，2011. 食品微生物与实验实训[M]. 大连：大连理工大学出版社.
杨元娟，2020. 药品生物检定技术[M]. 2 版. 北京：人民卫生出版社.
叶磊，杨学敏，2009. 微生物检测技术[M]. 北京：化学工业出版社.
余舒婷，林淑芳，黄姝玲，等，2022. 腐败食品快速检测技术的应用及研究进展[J]. 食品科技(9)：297-303.
赵云，张明，吕健，2022. 生物安全战略论[M]. 湖南：湖南科学技术出版社.
张红梅，2008. 乳酸菌知识漫谈[J]. 生物学教学，33(10)：63-64.
张建新，沈明浩，2006. 食品环境学[M]. 北京：中国轻工业出版社.
张泽，胡嘉华，陈佳琳，等，2015. AME 诺贝尔故事 06 ｜ 病原细菌学奠基人科赫[J]. 临床与病理杂志，35(8)：1478-1480.
中华人民共和国国家卫生和计划生育委员会，2015. 食品安全国家标准　蛋与蛋制品[S]. 北京：中国标准出版社.
中华人民共和国国家卫生和计划生育委员会，2015. 食品安全国家标准　方便面[S]. 北京：中国标准出版社.
中华人民共和国国家卫生和计划生育委员会，2015. 食品安全国家标准　糕点、面包[S]. 北京：中国标准出版社.
中华人民共和国国家卫生和计划生育委员会，2015. 食品安全国家标准　果冻[S]. 北京：中国标准出版社.
中华人民共和国国家卫生和计划生育委员会，2015. 食品安全国家标准　酱腌菜[S]. 北京：中国标准出版社.
中华人民共和国国家卫生和计划生育委员会，2015. 食品安全国家标准　冷冻饮品和制作料[S]. 北京：中国标准出版社.
中华人民共和国国家卫生和计划生育委员会，2016. 食品安全国家标准　食品微生物学检验　霉菌和酵母计数[S]. 北京：中国标准出版社.
中华人民共和国国家卫生和计划生育委员会，2017. 病原微生物实验室生物安全通用准则[S]. 卫生健康标准网.
中华人民共和国国家卫生和计划生育委员会，国家食品药品监督管理总局，2016. 食品安全国家标准　食品微生物学检验　大肠菌群计数[S]. 北京：中国标准出版社.
中华人民共和国国家卫生和计划生育委员会，国家食品药品监督管理总局，2016. 食品安全国家标准　食品微生物学检验　单核细胞增生李斯特菌检验[S]. 北京：中国标准出版社.
中华人民共和国国家卫生和计划生育委员会，国家食品药品监督管理总局，2016. 食品安

全国家标准　食品微生物学检验　肉毒梭菌及肉毒毒素检验[S]. 北京：中国标准出版社.
中华人民共和国国家卫生和计划生育委员会，国家食品药品监督管理总局，2016. 食品安全国家标准　食品微生物学检验　金黄色葡萄球菌检验[S]. 北京：中国标准出版社.
中华人民共和国国家卫生和计划生育委员会，国家食品药品监督管理总局，2016. 食品安全国家标准　食品微生物学检验　双歧杆菌检验[S]. 北京：中国标准出版社.
中华人民共和国国家卫生和计划生育委员会，国家食品药品监督管理总局，2016. 食品安全国家标准　熟肉制品[S]. 北京：中国标准出版社.
中华人民共和国国家卫生和计划生育委员会，国家食品药品监督管理总局，2016. 食品安全国家标准　食品微生物学检验　总则[S]. 北京：中国标准出版社.
中华人民共和国国家卫生和计划生育委员会，国家食品药品监督管理总局，2018. 食品安全国家标准　酱油[S]. 北京：中国标准出版社.
中华人民共和国国家卫生和计划生育委员会，国家食品药品监督管理总局，2018. 食品安全国家标准　食醋[S]. 北京：中国标准出版社.
中华人民共和国国家卫生和计划生育委员会，国家食品药品监督管理总局，2022. 食品安全国家标准　食品微生物学检验　菌落总数测定[S]. 北京：中国标准出版社.
中华人民共和国国家卫生和计划生育委员会，国家食品药品监督管理总局，2023. 食品安全国家标准　食品微生物学检验　乳酸菌检验[S]. 北京：中国标准出版社.
中华人民共和国国家卫生和计划生育委员会，国家食品药品监督管理总局，2024. 食品安全国家标准　食品微生物学检验　沙门氏菌检验[S]. 北京：中国标准出版社.
中华人民共和国国家卫生健康委员会，国家市场监督管理总局，2018. 食品安全国家标准　饮用天然矿泉水[S]. 北京：中国标准出版社.
中华人民共和国国家卫生健康委员会，国家市场监督管理总局，2021. 食品安全国家标准　速冻面米与调制食品[S]. 北京：中国标准出版社.
中华人民共和国国家卫生健康委员会，国家市场监督管理总局，2021. 食品安全国家标准　预包装食品中致病菌限量[S]. 北京：中国标准出版社.
中华人民共和国国家卫生健康委员会，国家市场监督管理总局，2023. 食品安全国家标准　食品微生物学检验　商业无菌检验[S]. 北京：中国标准出版社.
中华人民共和国国家卫生健康委员会，国家市场监督管理总局，2024. 食品安全国家标准　食品微生物学检验　蛋与蛋制品采样和检样处理[S]. 北京：中国标准出版社.
中华人民共和国国家卫生健康委员会，国家市场监督管理总局，2024. 食品安全国家标准　食品微生物学检验　肉与肉制品采样和检样处理[S]. 北京：中国标准出版社.
中华人民共和国国家卫生健康委员会，国家市场监督管理总局，2024. 食品安全国家标准　食品微生物学检验　乳与乳制品采样和检样处理[S]. 北京：中国标准出版社.
中华人民共和国国家卫生健康委员会，国家市场监督管理总局，2024. 食品安全国家标准　食品微生物学检验　水产品及其制品采样和检样处理[S]. 北京：中国标准出版社.
中华人民共和国国家质量监督检验检疫总局，2002. 一次性使用卫生用品卫生标准[S]. 北京：中国标准出版社.

中华人民共和国国家质量监督检验检疫总局，2007. 食品中多种致病菌快速检测方法 PCR 法[S]. 北京：中国标准出版社.

中华人民共和国卫生部，2010. 食品安全国家标准 巴氏杀菌乳[S]. 北京：中国标准出版社.

中华人民共和国卫生部，2010. 食品安全国家标准 发酵乳[S]. 北京：中国标准出版社.

中华人民共和国卫生部，2010. 食品安全国家标准 乳粉[S]. 北京：中国标准出版社.

中华人民共和国卫生部，2012. 食品安全国家标准 发酵酒及其配制酒[S]. 北京：中国标准出版社.

周林燕，廖红梅，张文佳，等，2009. 食品高压技术研究进展和应用现状[J]. 中国食品学报，9(4)：165-169.

周桃英，王福红，2020. 食品微生物[M]. 2 版. 北京：中国农业大学出版社.

朱乐敏，2006. 食品微生物[M]. 北京：化学工业出版社.

附 录

附录 1 培养基和试剂

1.1 菌种保藏用培养基及试剂

A 营养琼脂培养基

A.1 成分

牛肉膏 3.0g 蛋白胨 10.0g 氯化钠 5.0g 琼脂 15.0g 蒸馏水 1000mL pH 7.4~7.6

A.2 制法

将上述成分加于蒸馏水中，煮沸溶解，调节 pH 值。分装于适宜容器，121℃高压灭菌 15min。

B 麦芽汁培养基

B.1 成分

麦芽浸粉 130g 氯霉素 0.1g 蒸馏水 1000mL pH 5.6±0.2

B.2 制法

将上述成分加于蒸馏水中，加热溶解，分装锥形瓶或试管，121℃高压灭菌 15min。

C 高氏Ⅰ号培养基

C.1 成分

可溶性淀粉 20.0g 硝酸钾 1.0g 磷酸氢二钾 0.5g 硫酸镁(含 7 个结晶水)0.5g 氯化钠 0.5g 硫酸铁(含 7 个结晶水)0.01g 琼脂 20.0g 蒸馏水 1000mL pH 7.2~7.4

C.2 制法

配制时，先用少量冷水，将淀粉调成糊状，倒入少于所需水量的沸水中，在火上加热，边搅拌边依次逐一熔化其他成分，熔化后，补足水分至 1000mL，调节 pH 值，121℃灭菌 20min。

D 马铃薯蔗糖斜面培养基

D.1 成分

马铃薯(去皮切块)300g 蔗糖 20.0g 琼脂 20.0g 氯霉素 0.1g 蒸馏水 1000mL

D.2 制法

将马铃薯去皮切块，加 1000mL 蒸馏水，煮沸 10~20min。用纱布过滤，补加蒸馏水至 1000mL，加入蔗糖和琼脂，加热溶解，分装后，121℃灭菌 15min，备用。

E LB 液体培养基

E.1 成分

酵母提取物 5.0g 蛋白胨 10.0g 氯化钠 5.0g 琼脂 15.0~20.0g 蒸馏水 1000mL pH 7.4~7.6

E.2 制法

将上述成分加于蒸馏水中，煮沸溶解，调节 pH 值。分装于适宜容器，121℃高压灭菌 15min。

F 1mol/L NaOH 溶液

F.1 成分

氢氧化钠 40.0g 蒸馏水 1000mL

F.2 制法

称取 40g 氢氧化钠溶于 1000mL 无菌蒸馏水中。

G 1mol/L HCl 溶液

G.1 成分

浓盐酸 90mL 蒸馏水 1000mL

G.2 制法

移取浓盐酸 90mL，用无菌蒸馏水稀释至 1000mL。

1.2 革兰染色液

A 结晶紫染色液

A.1 成分

结晶紫 1.0g 95%乙醇 20.0mL 1%草酸铵水溶液 80.0mL

A.2 制法

将结晶紫完全溶解于乙醇中，然后与草酸铵溶液混合。

B 革兰碘液

B.1 成分

碘 1.0g 碘化钾 2.0g 蒸馏水 300mL

B.2 制法

将碘与碘化钾先行混合，加入蒸馏水少许充分振摇，待完全溶解后，再加蒸馏水至 300mL。

C 沙黄复染液

C.1 成分

沙黄 0.25g 95%乙醇 10.0mL 蒸馏水 90.0mL

C.2 制法

将沙黄溶解于乙醇中，然后用蒸馏水稀释。

1.3 微生物生理生化试验培养基和试剂

A 缓冲葡萄糖蛋白胨水(MR 和 V-P 试验用)

A.1 成分

多价胨 7.0g 葡萄糖 5.0g 磷酸氢二钾 5.0g 蒸馏水 1000mL

A.2 制法

溶化后调节 pH 值至 7.0±0.2，分装试管，每管 1mL，121℃高压灭菌 15min，备用。

B 乙酰甲基甲醇(V-P)试验试剂

B.1 6%α-萘酚-乙醇溶液

取 α-萘酚 6.0g，加无水乙醇溶解，定容至 100mL。

B.2 40%KOH 溶液

取氢氧化钾 40g，加蒸馏水溶解，定容至 100mL。

C 甲基红试剂

C.1 成分

甲基红 10mg 95%乙醇 30mL 蒸馏水 20mL

C.2 制法

10mg 甲基红溶于 30mL 95%乙醇中，然后加入 20mL 蒸馏水。

D 蛋白胨水

D.1 成分

蛋白胨(或胰蛋白胨)20.0g 氯化钠 5.0g 蒸馏水 1000mL

D.2 制法

将上述成分加入蒸馏水中，煮沸溶解，调节 pH 值至 7.4±0.2，分装小试管，121℃高压灭菌 15min。

E 靛基质试剂

E.1 柯凡克试剂

将 5g 对二甲氨基甲醛溶解于 75mL 戊醇中，然后缓慢加入浓盐酸 25mL。

E.2 欧-波试剂

将 1g 对二甲氨基苯甲醛溶解于 95mL 95%乙醇中，然后缓慢加入浓盐酸 20mL。

F 柠檬酸盐斜面培养基

F.1 成分

磷酸二氢铵 1.0g 磷酸氢二钾 1.0g 氯化钠 5.0g 硫酸镁 0.2g 柠檬酸钠 2.0g 琼脂 15.0~20.0g 蒸馏水 1000mL 1%溴麝香草酚蓝乙醇溶液 10.0mL pH 6.8

F.2 制法

将配方中各成分(除溴麝香草酚蓝乙醇溶液以外)溶解后，调节 pH 6.8，然后加入溴麝香草酚蓝乙醇溶液，摇匀，用脱脂棉过滤，分装试管，制成的培养基呈黄绿色。注意配制时控制好 pH 值，不要过碱，以黄绿色为准。121℃高压灭菌 20min，趁热摆成斜面。

G 糖发酵管

G.1 成分

牛肉膏 5.0g 蛋白胨 10.0g 氯化钠 3.0g 磷酸氢二钠(含 12 个结晶水)2.0g 0.2%溴麝香草酚蓝溶液 12.0mL 蒸馏水 1000mL

G.2 制法

G.2.1 葡萄糖发酵管

按上述成分配好后，调节 pH 值至 7.4±0.2。按 0.5%加入葡萄糖，分装于有一个倒置小管的小试管内，121℃高压灭菌 15min。

G.2.2 其他各种糖发酵管

可按上述成分配好后，分装每瓶 100mL，121℃高压灭菌 15min。另将各种糖类分别配好 10%溶液，同时高压灭菌。将 5mL 糖溶液加于 100mL 培养基内，以无菌操作分装小试管。

注：蔗糖不纯，加热后会自行水解者，应采用过滤法除菌。

H 淀粉培养基

H.1 成分

可溶性淀粉 20.0g 硝酸钾 1.0g 氯化钠 0.5g 磷酸氢二钾 0.5g 硫酸镁 0.1g 琼脂 20.0g 蒸馏水 1000mL pH 7.2~7.4

H.2 制法

先用少量水将淀粉调成糊状，然后微火加热，边搅拌边加水及其他成分，全部熔化后补足水分至 1000mL，调节 pH 值，分装于锥形瓶中，0.1MPa 高压灭菌 20min。

I 醋酸铅柱状培养基

I.1 成分

牛肉膏蛋白胨琼脂培养基 100mL(pH 7.4) 硫代硫酸钠 0.25g 10%醋酸铅水溶液 1.0mL

I.2 制法

将牛肉膏蛋白胨琼脂培养基 100mL 加热溶解，待其冷却至 60℃时加入硫代硫酸钠 0.25g，调至 pH 7.2，趁热分装于锥形瓶中，115℃灭菌 15min。取出后待冷却至 55~60℃时，在无菌操作下，加入无菌的 10%醋酸铅水溶液 1mL，混匀后趁热分装无菌试管中，每管高度 4~5cm，然后立即置于冷水中冷却凝固。

1.4 微生物检验用培养基

A 菌落总数测定

A.1 平板计数琼脂(plate count agar，PCA)培养基

A.1.1 成分

胰蛋白胨(主要营养成分)5.0g 酵母浸膏(主要营养成分)2.5g 葡萄糖(主要营养成分)1.0g 琼脂 15.0g 蒸馏水 1000mL

A.1.2 制法

将上述成分加于蒸馏水中，煮沸溶解，调节 pH 值至 7.0±0.2。分装于适宜容器，121℃高压灭菌 15min。

A.2 无菌磷酸盐缓冲液

A.2.1 成分

磷酸二氢钾 34.0g 蒸馏水 500mL

A.2.2 制法

贮存液：称取 34.0g 磷酸二氢钾溶于 500mL 蒸馏水中，用大约 175mL 的 1mol/L NaOH 溶液调节 pH 值至 7.2，用蒸馏水稀释至 1000mL 后贮存于冰箱。

稀释液：取贮存液 1.25mL，用蒸馏水稀释至 1000mL，分装于适宜容器中，121℃高压灭菌 15min。

A.3 无菌生理盐水

A.3.1 成分

氯化钠 8.5g 蒸馏水 1000mL

A.3.2 制法

称取 8.5g 氯化钠溶于 1000mL 蒸馏水中，121℃高压灭菌 15min。

B 大肠菌群计数

B.1 月桂基硫酸盐胰蛋白胨(LST)肉汤

B.1.1 成分

胰蛋白胨或胰酪胨 20.0g 氯化钠 5.0g 乳糖 5.0g 磷酸氢二钾 2.75g 磷酸二氢钾 2.75g 月桂基硫酸钠 0.1g 蒸馏水 1000mL

B.1.2 制法

将上述成分溶解于蒸馏水中，调节 pH 值至 6.8±0.2。分装到有玻璃小倒管的试管中，每管 10mL。121℃高压灭菌 15min。

B.2 煌绿乳糖胆盐(BGLB)肉汤

B.2.1 成分

蛋白胨 10.0g 乳糖 10.0g 牛胆粉(oxgall 或 oxbile)溶液 200mL 0.1%煌绿水溶液 13.3mL 蒸馏水 800mL

B.2.2 制法

将蛋白胨、乳糖溶于约 500mL 蒸馏水中，加入牛胆粉溶液 200mL(将 20.0g 脱水牛胆粉溶于 200mL 蒸馏水中，调节 pH 值至 7.0~7.5)，用蒸馏水稀释至 975mL，调节 pH 值至 7.2±0.1，再加入 0.1%煌绿水溶液 13.3mL，用蒸馏水补足至 1000mL，用棉花过滤后，分装到有玻璃小倒管的试管中，每管 10mL。121℃高压灭菌 15min。

C 霉菌和酵母计数

C.1 马铃薯葡萄糖琼脂培养基

C.1.1 成分

马铃薯(去皮切块)300g 葡萄糖 20.0g 琼脂 20.0g 氯霉素 0.1g 蒸馏水 1000mL

C.1.2　制法

将马铃薯去皮切块，加1000mL蒸馏水，煮沸10～20min。用纱布过滤，补加蒸馏水至1000mL，加入葡萄糖和琼脂，加热溶解，分装后，121℃灭菌15min，备用。

C.2　孟加拉红琼脂培养基

C.2.1　成分

蛋白胨5.0g　葡萄糖10.0g　磷酸二氢钾1.0g　硫酸镁(无水)0.5g　琼脂20.0g　孟加拉红0.033g　氯霉素0.1g　蒸馏水1000mL

C.2.2　制法

上述各成分加入蒸馏水中，加热溶解，补足蒸馏水至1000mL，分装后，121℃灭菌15min，避光保存备用。

D　金黄色葡萄球菌检验

D.1　7.5%氯化钠肉汤

D.1.1　成分

蛋白胨10.0g　牛肉膏5.0g　氯化钠75g　蒸馏水1000mL

D.1.2　制法

将上述成分加热溶解，调节pH值至7.4±0.2，分装，每瓶225mL，121℃高压灭菌15min。

D.2　血琼脂平板

D.2.1　成分

豆粉琼脂(pH 7.5±0.2)100mL　脱纤维羊血(或兔血)5～10mL

D.2.2　制法

加热熔化琼脂，冷却至50℃，以无菌操作加入脱纤维羊血，摇匀，倾注平板。

D.3　Baird-Parker琼脂平板

D.3.1　成分

胰蛋白胨10.0g　牛肉膏5.0g　酵母膏1.0g　丙酮酸钠10.0g　甘氨酸12.0g　氯化锂(含6个结晶水)5.0g　琼脂20.0g　蒸馏水950mL

D.3.2　增菌剂的配法

30%卵黄盐水5mL与通过0.22μm孔径滤膜进行过滤除菌的1%亚碲酸钾溶液10mL混合，保存于冰箱内。

D.3.3　制法

将各成分加入蒸馏水中，加热煮沸至完全溶解，调节pH值至7.0±0.2。分装每瓶95mL，121℃高压灭菌15min。临用时加热熔化琼脂，冷至50℃，每95mL加入预热至50℃的卵黄亚碲酸钾增菌剂5mL，摇匀后倾注平板。培养基应是致密不透明的。使用前在冰箱贮存不得超过48h。

D.4　脑心浸出液肉汤(BHI)

D.4.1　成分

胰蛋白质胨10.0g　氯化钠5.0g　磷酸氢二钠(含12个结晶水)2.5g　葡萄糖2.0g　牛心浸出液500mL

D.4.2　制法

加热溶解，调节 pH 值至 7.4±0.2，分装 16mm×160mm 试管，每管 5mL 置 121℃高压灭菌 15min。

D.5　兔血浆

取柠檬酸钠 3.8g，加蒸馏水 100mL，溶解后过滤，装瓶，121℃高压灭菌 15min。

兔血浆制备：取 3.8%柠檬酸钠溶液一份，加兔全血 4 份，混好静置(或以 3000r/min 离心 30min)，使血液细胞下降，即可得血浆。

D.6　结晶紫中性红胆盐琼脂(VRBA)

D.6.1　成分

蛋白胨 7.0g　酵母膏 3.0g　乳糖 10.0g　氯化钠 5.0g　胆盐或 3 号胆盐 1.5g　中性红 0.03g　结晶紫 0.002g　琼脂 15~18g　蒸馏水 1000mL

D.6.2　制法

将上述成分溶于蒸馏水中，静置几分钟，充分搅拌，调节 pH 值至 7.4±0.1。煮沸 2min，将培养基熔化并恒温至 45~50℃倾注平板。使用前临时制备，不得超过 3h。

E　沙门菌检验

E.1　缓冲蛋白胨水(BPW)

E.1.1　成分

蛋白胨 10.0g　氯化钠 5.0g　磷酸氢二钠(含 12 个结晶水)9.0g　磷酸二氢钾 1.5g　蒸馏水 1000mL

E.1.2　制法

将各成分加入蒸馏水中，搅混均匀，静置约 10min，煮沸溶解，调节 pH 值至 7.2±0.2，121℃高压灭菌 15min。

E.2　四硫磺酸钠煌绿(TTB)增菌液

E.2.1　基础液

蛋白胨 10.0g　牛肉膏 5.0g　氯化钠 3.0g　碳酸钙 45.0g　蒸馏水 1000mL

除碳酸钙外，将各成分加入蒸馏水中，煮沸溶解，再加入碳酸钙，调节 pH 值至 7.0±0.2，121℃高压灭菌 20min。

E.2.2　硫代硫酸钠溶液

硫代硫酸钠(含 5 个结晶水)50.0g，蒸馏水加至 100mL，121℃高压灭菌 20min。

E.2.3　碘溶液

将碘化钾 25.0g 充分溶解于少量的蒸馏水中，再投入碘片 20.0g，振摇玻瓶至碘片全部溶解为止，然后加蒸馏水至 100mL，贮存于棕色瓶内，塞紧瓶盖备用。

E.2.4　0.5%煌绿水溶液

煌绿 0.5g，蒸馏水 100mL 溶解后，存放暗处，不少于 1d，使其自然灭菌。

E.2.5　牛胆盐溶液

牛胆盐 10.0g，蒸馏水 100mL 加热煮沸至完全溶解，121℃高压灭菌 20min。

E.2.6　成分

基础液 900mL　硫代硫酸钠溶液 100mL　碘溶液 20.0mL　煌绿水溶液 2.0mL　牛胆

盐溶液 50.0mL

E.2.7 制法

临用前，按上列顺序，以无菌操作依次加入基础液中，每加入一种成分，均应摇匀后再加入另一种成分。

E.3 亚硒酸盐胱氨酸(SC)增菌液

E.3.1 成分

蛋白胨 5.0g 乳糖 4.0g 磷酸氢二钠 10.0g 亚硒酸氢钠 4.0g L-胱氨酸 0.01g 蒸馏水 1000mL

E.3.2 制法

除亚硒酸氢钠和 L-胱氨酸外，将各成分加入蒸馏水中，煮沸溶解，冷至 55℃以下，以无菌操作加入亚硒酸氢钠和 1g/L L-胱氨酸溶液 10mL(称取 0.1g L-胱氨酸，加 1mol/L 氢氧化钠溶液 15mL，使溶解，再加无菌蒸馏水至 100mL 即成，如为 DL-胱氨酸，用量应加倍)。摇匀，调节 pH 值至 7.0±0.2。

E.4 亚硫酸铋(BS)琼脂

E.4.1 成分

蛋白胨 10.0g 牛肉膏 5.0g 葡萄糖 5.0g 硫酸亚铁 0.3g 磷酸氢二钠 4.0g 煌绿 0.025g 或 5.0g/L 煌绿水溶液 5.0mL 柠檬酸铋铵 2.0g 亚硫酸钠 6.0g 琼脂 18.0~20.0g 蒸馏水 1000mL

E.4.2 制法

将前 3 种成分加入 300mL 蒸馏水(制作基础液)，硫酸亚铁和磷酸氢二钠分别加入 20mL 和 30mL 蒸馏水中，柠檬酸铋铵和亚硫酸钠分别加入另一 20mL 和 30mL 蒸馏水中，琼脂加入 600mL 蒸馏水中。然后分别搅拌均匀，煮沸溶解。冷至 80℃左右时，先将硫酸亚铁和磷酸氢二钠混匀，倒入基础液中，混匀。

将柠檬酸铋铵和亚硫酸钠混匀，倒入基础液中，再混匀。调节 pH 值至 7.5±0.2，随即倾入琼脂液中，混合均匀，冷至 50~55℃。加入煌绿溶液，充分混匀后立即倾注平皿。

注：本培养基不需要高压灭菌，在制备过程中不宜过分加热，避免降低其选择性，贮于室温暗处，超过 48h 会降低其选择性，本培养基宜于当天制备，第二天使用。

E.5 HE 琼脂

E.5.1 成分

蛋白胨 12.0g 牛肉膏 3.0g 乳糖 12.0g 蔗糖 12.0g 水杨素 2.0g 胆盐 20.0g 氯化钠 5.0g 琼脂 18.0~20.0g 蒸馏水 1000mL 0.4%溴麝香草酚蓝溶液 16.0mL Andrade 指示剂 20.0mL 甲液 20.0mL 乙液 20.0mL

E.5.2 制法

将前面 7 种成分溶解于 400mL 蒸馏水内作为基础液；将琼脂加入于 600mL 蒸馏水内。然后分别搅拌均匀，煮沸溶解。加入甲液和乙液于基础液内，调节 pH 值至 7.5±0.2。再加入指示剂，并与琼脂液合并，待冷至 50~55℃倾注平皿。

注：①本培养基不需要高压灭菌，在制备过程中不宜过分加热，避免降低其选择性。②甲液的配制。硫代硫酸钠 34.0g，柠檬酸铁铵 4.0g，蒸馏水 100mL。③乙液的配制。去

氧胆酸钠 10.0g，蒸馏水 100mL。④Andrade 指示剂。酸性复红 0.5g 1mol/L，氢氧化钠溶液 16.0mL，蒸馏水 100mL。将复红溶解于蒸馏水中，加入氢氧化钠溶液。数小时后如复红褪色不全，再加氢氧化钠溶液 1~2mL。

E.6 木糖赖氨酸脱氧胆盐(XLD)琼脂

E.6.1 成分

酵母膏 3.0g L-赖氨酸 5.0g 木糖 3.75g 乳糖 7.5g 蔗糖 7.5g 去氧胆酸钠 2.5g 柠檬酸铁铵 0.8g 硫代硫酸钠 6.8g 氯化钠 5.0g 琼脂 15.0g 酚红 0.08g 蒸馏水 1000mL

E.6.2 制法

除酚红和琼脂外，将其他成分加入 400mL 蒸馏水中，煮沸溶解，调节 pH 值至 7.4±0.2。另将琼脂加入 600mL 蒸馏水中，煮沸溶解。

将上述两溶液混合均匀后，再加入指示剂，待冷至 50~55℃倾注平皿。

注：本培养基不需要高压灭菌，在制备过程中不宜过分加热，避免降低其选择性，贮于室温暗处。本培养基宜于当天制备，第二天使用。

E.7 三糖铁(TSI)琼脂

E.7.1 成分

蛋白胨 20.0g 牛肉膏 5.0g 乳糖 10.0g 蔗糖 10.0g 葡萄糖 1.0g 硫酸亚铁铵(含 6 个结晶水)0.2g 酚红 0.025g 或 5.0g/L 溶液 5.0mL 氯化钠 5.0g 硫代硫酸钠 0.2g 琼脂 12.0g 蒸馏水 1000mL

E.7.2 制法

除酚红和琼脂外，将其他成分加入 400mL 蒸馏水中，煮沸溶解，调节 pH 值至 7.4±0.2。另将琼脂加入 600mL 蒸馏水中，煮沸溶解。

将上述两溶液混合均匀后，再加入指示剂，混匀，分装试管，每管 2~4mL，121℃高压灭菌 10min 或 115℃高压灭菌 15min，灭菌后制成高层斜面，呈橘红色。

E.8 尿素琼脂(pH 7.2)

E.8.1 成分

蛋白胨 1.0g 氯化钠 5.0g 葡萄糖 1.0g 磷酸二氢钾 2.0g 0.4%酚红 3.0mL 琼脂 20.0g 蒸馏水 1000mL 20%尿素溶液 100mL

E.8.2 制法

除尿素、琼脂和酚红外，将其他成分加入 400mL 蒸馏水中，煮沸溶解，调节 pH 值至 7.2±0.2。另将琼脂加入 600mL 蒸馏水中，煮沸溶解。

将上述两溶液混合均匀后，再加入指示剂后分装，121℃高压灭菌 15min。冷至 50~55℃，加入经除菌过滤的尿素溶液。尿素的最终浓度为 2%。分装于无菌试管内，放成斜面备用。

E.8.3 试验方法

挑取琼脂培养物接种，在 36℃±1℃培养 24h，观察结果。尿素酶阳性者由于产碱而使培养基变为红色。

E.9 氰化钾(KCN)培养基

E.9.1 成分

蛋白胨 10.0g 氯化钠 5.0g 磷酸二氢钾 0.225g 磷酸氢二钠 5.64g 蒸馏水 1000mL 0.5%氰化钾 20.0mL

E.9.2 制法

将除氰化钾以外的成分加入蒸馏水中，煮沸溶解，分装后 121℃高压灭菌 15min。放在冰箱内使其充分冷却。每 100mL 培养基加入 0.5%氰化钾溶液 2.0mL(最后浓度为 1：10 000)，分装于无菌试管内，每管约 4mL，立刻用无菌橡皮塞塞紧，放在 4℃冰箱内，至少可保存 2 个月。同时，将不加氰化钾的培养基作为对照培养基，分装试管备用。

E.9.3 试验方法

将琼脂培养物接种于蛋白胨水内成为稀释菌液，挑取 1 环接种于氰化钾培养基。并另挑取 1 环接种于对照培养基。在 36℃±1℃培养 1~2d，观察结果。如有细菌生长即为阳性(不抑制)，经 2d 细菌不生长为阴性(抑制)。

注：氰化钾是剧毒药，使用时应小心，切勿沾染，以免中毒。夏天分装培养基应在冰箱内进行。试验失败的主要原因是封口不严，氰化钾逐渐分解，产生氢氰酸气体逸出，以致药物浓度降低，细菌生长，因而造成假阳性反应。试验时对每一环节都要特别注意。

E.10 赖氨酸脱羧酶试验培养基

E.10.1 成分

蛋白胨 5.0g 酵母浸膏 3.0g 葡萄糖 1.0g 蒸馏水 1000mL 1.6%溴甲酚紫-乙醇溶液 1.0mL L-赖氨酸或 DL-赖氨酸 0.5g/100mL 或 1.0g/100mL

E.10.2 制法

除赖氨酸以外的成分加热溶解后，分装每瓶 100mL，分别加入赖氨酸。L-赖氨酸按 0.5%加入，DL-赖氨酸按 1%加入。调节 pH 值至 6.8±0.2。对照培养基不加赖氨酸。分装于无菌的小试管内，每管 0.5mL，上面滴加一层液体石蜡，115℃高压灭菌 10min。

E.10.3 试验方法

从琼脂斜面上挑取培养物接种，于 36℃±1℃培养 18~24h，观察结果。氨基酸脱羧酶阳性者由于产碱，培养基应呈紫色。阴性者无碱性产物，但因葡萄糖产酸而使培养基变为黄色。对照管应为黄色。

E.11 邻硝基酚 β-D-半乳糖苷(ONPG)培养基

E.11.1 成分

邻硝基酚 β-D-半乳糖苷(*O*-Nitrophenyl-β-D-galactopyranoside)60.0mg 0.01mol/L 磷酸钠缓冲液(pH 7.5)10.0mL 1%蛋白胨水(pH 7.5)30.0mL

E.11.2 制法

将 ONPG 溶于缓冲液内，加入蛋白胨水，以过滤法除菌，分装于无菌的小试管内，每管 0.5mL，用橡皮塞塞紧。

E.11.3 试验方法

自琼脂斜面上挑取培养物 1 满环接种于 36℃±1℃培养 1~3h 和 24h 观察结果。如果 β-半乳糖苷酶产生，则于 1~3h 变黄色，如无此酶则 24h 不变色。

E.12 半固体琼脂

E.12.1 成分

牛肉膏 0.3g 蛋白胨 1.0g 氯化钠 0.5g 琼脂 0.35g~0.4g 蒸馏水 100mL

E.12.2 制法

按以上成分配好，煮沸溶解，调节 pH 值至 7.4±0.2，分装小试管，121℃高压灭菌 15min。直立凝固备用。

注：供动力观察、菌种保存、H 抗原位相变异试验等用。

E.13 丙二酸钠培养基

E.13.1 成分

酵母浸膏 1.0g 硫酸铵 2.0g 磷酸氢二钾 0.6g 磷酸二氢钾 0.4g 氯化钠 2.0g 丙二酸钠 3.0g 0.2%溴麝香草酚蓝溶液 12.0mL 蒸馏水 1000mL

E.13.2 制法

除指示剂以外的成分溶解于水，调节 pH 值至 6.8±0.2，再加入指示剂，分装试管，121℃高压灭菌 15min。

E.13.3 试验方法

用新鲜的琼脂培养物接种，于 36℃±1℃培养 48h，观察结果。阳性者由绿色变为蓝色。

F 肉毒梭菌及肉毒毒素检验

F.1 庖肉培养基

F.1.1 成分

新鲜牛肉 500.0g 蛋白胨 30.0g 酵母浸膏 5.0g 磷酸二氢钠 5.0g 葡萄糖 3.0g 可溶性淀粉 2.0g 蒸馏水 1000mL

F.1.2 制法

称取新鲜除去脂肪与筋膜的牛肉 500.0g，切碎，加入蒸馏水 1000mL 和 1mol/L 氢氧化钠溶液 25mL，搅拌煮沸 15min，充分冷却，除去表层脂肪，纱布过滤并挤出肉渣余液，分别收集肉汤和碎肉渣。在肉汤中加入成分表中其他物质并用蒸馏水补足至 1000mL，调节 pH 值至 7.4±0.1，肉渣凉至半干。

在 20mm×150mm 试管中先加入碎肉渣，高 1~2cm，每管加入还原铁粉 0.1~0.2g 或少许铁屑，再加入配制肉汤 15mL，最后加入液体石蜡覆盖培养基 0.3~0.4cm，121℃高压灭菌 20min。

F.2 胰蛋白酶胰蛋白胨葡萄糖酵母膏肉汤(TPGYT)

F.2.1 基础成分(TPGY 肉汤)

胰酪胨(trypticase)50.0g 蛋白胨 5.0g 酵母浸膏 20.0g 葡萄糖 4.0g 硫乙醇酸钠 1.0g 蒸馏水 1000mL

F.2.2 胰酶液

称取胰酶(1：250)1.5g，加入 100mL 蒸馏水中溶解，膜过滤除菌，4℃保存备用。

F.2.3 制法

将 F.2.1 中成分溶于蒸馏水中，调节 pH 值至 7.2±0.1，分装 20mm×150mm 试管，每管 15mL，加入液体石蜡覆盖培养基 0.3~0.4cm，121℃高压灭菌 10min。冰箱冷藏，两周内使用。临用接种样品时，每管加入胰酶液 1. 0mL。

F. 3 卵黄琼脂培养基

F. 3. 1 基础培养基成分

酵母浸膏 5. 0g 胰胨 5. 0g 胨(proteosepeptone)20. 0g 氯化钠 5. 0g 琼脂 20. 0g 蒸馏水 1000mL

F. 3. 2 卵黄乳液

用硬刷清洗鸡蛋 2~3 个，沥干，杀菌消毒表面，无菌打开，取出内容物，弃去蛋白，用无菌注射器吸取蛋黄，放入无菌容器中，加等量无菌生理盐水，充分混合调匀，4℃保存备用。

F. 3. 3 制法

将 F. 3. 1 中成分溶于蒸馏水中，调节 pH 值至 7. 0±0. 2，分装锥形瓶，121℃高压灭菌 15min，冷却至 50℃左右，按每 100mL 基础培养基加入 15mL 卵黄乳液，充分混匀，倾注平板，35℃培养 24h 进行无菌检查后，冷藏备用。

F. 4 明胶磷酸盐缓冲液

F. 4. 1 成分

明胶 2. 0g 磷酸氢二钠 4. 0g 蒸馏水 1000mL

F. 4. 2 制法

将 F. 4. 1 中成分溶于蒸馏水中，调节 pH 值至 6. 2，121℃高压灭菌 15min。

F. 5 10%胰蛋白酶溶液

F. 5. 1 成分

胰蛋白酶(1∶250)10. 0g 蒸馏水 100mL

F. 5. 2 制法

将胰蛋白酶溶于蒸馏水中，膜过滤除菌，4℃保存备用。

F. 6 磷酸盐缓冲液(PBS)

F. 6. 1 成分

氯化钠 7. 650g 磷酸氢二钠 0. 724g 磷酸二氢钾 0. 210g 超纯水 1000mL

F. 6. 2 制法

准确称取 F. 6. 1 中化学试剂，溶于超纯水中，测试 pH 7. 4。

G 单核细胞增生李斯特菌

G. 1 含 0. 6%酵母浸膏的胰酪胨大豆肉汤(TSB-YE)

G. 1. 1 成分

胰胨 17. 0g 多价胨 3. 0g 酵母膏 6. 0g 氯化钠 5. 0g 磷酸氢二钾 2. 5g 葡萄糖 2. 5g 蒸馏水 1000mL

G. 1. 2 制法

将上述各成分加热搅拌溶解，调节 pH 值至 7. 2±0. 2，分装，121℃高压灭菌 15min，备用。

G.2 含0.6%酵母膏的胰酪胨大豆琼脂(TSA-YE)

G.2.1 成分

胰胨17.0g 多价胨3.0g 酵母膏6.0g 氯化钠5.0g 磷酸氢二钾2.5g 葡萄糖2.5g 琼脂15.0g 蒸馏水1000mL

G.2.2 制法

将上述各成分加热搅拌溶解，调节pH值至7.2±0.2，分装，121℃高压灭菌15min，备用。

G.3 李氏增菌肉汤(LB_1、LB_2)

G.3.1 成分

胰胨5.0g 多价胨5.0g 酵母膏5.0g 氯化钠20.0g 磷酸二氢钾1.4g 磷酸氢二钠12.0g 七叶苷1.0g 蒸馏水1000mL

G.3.2 制法

将上述成分加热溶解，调节pH值至7.2±0.2，分装，121℃高压灭菌15min，备用。

G.3.2.1 李氏Ⅰ液(LB_1)225mL中加入：1%萘啶酮酸(用0.05mol/L氢氧化钠溶液配制)0.5mL，1%吖啶黄(用无菌蒸馏水配制)0.3mL。

G.3.2.2 李氏Ⅱ液(LB_2)200mL中加入：1%萘啶酮酸0.4mL，1%吖啶黄0.5mL。

G.4 PALCAM琼脂

G.4.1 成分

酵母膏8.0g 葡萄糖0.5g 七叶苷0.8g 柠檬酸铁铵0.5g 甘露醇10.0g 酚红0.1g 氯化锂15.0g 酪蛋白胰酶消化物10.0g 心胰酶消化物3.0g 玉米淀粉1.0g 肉胃酶消化物5.0g 氯化钠5.0g 琼脂15.0g 蒸馏水1000mL

G.4.2 制法

将上述成分加热溶解，调节pH值至7.2±0.2，分装，121℃高压灭菌15min，备用。

G.4.3 PALCAM选择性添加剂

多黏菌素B 5.0mg 盐酸吖啶黄2.5mg 头孢他啶10.0mg 无菌蒸馏水500mL

将PALCAM基础培养基熔化后冷却到50℃，加入2mL PALCAM选择性添加剂，混匀后倾倒在无菌的平皿中，备用。

G.5 SIM动力培养基

G.5.1 成分

胰胨20.0g 多价胨6.0g 硫酸铁铵0.2g 硫代硫酸钠0.2g 琼脂3.5g 蒸馏水1000mL

G.5.2 制法

将上述各成分加热混匀，调节pH值至7.2±0.2，分装小试管，121℃高压灭菌15min，备用。

G.5.3 试验方法

挑取纯培养的单个可疑菌落穿刺接种SIM培养基中，于25~30℃培养48h，观察结果。

G.6 过氧化氢酶试验

G.6.1 试剂

3%过氧化氢溶液：临用时配制。

G.6.2 试验方法

用细玻璃棒或一次性接种针挑取单个菌落，置于洁净玻璃平皿内，滴加3%过氧化氢溶液2滴，观察结果。

G.6.3 结果

于30s内发生气泡者为阳性，不发生气泡者为阴性。

H 乳酸菌检验

H.1 MRS琼脂培养基

H.1.1 成分

蛋白胨10.0g 牛肉粉5.0g 酵母粉4.0g 葡萄糖20.0g 吐温80 1.0mL 磷酸氢二钾(含7个结晶水)2.0g 乙酸钠(含3个结晶水)5.0g 柠檬酸三铵2.0g 硫酸镁(含7个结晶水)0.2g 硫酸锰(含4个结晶水)0.05g 琼脂粉15.0g

H.1.2 制法

将上述成分加入1000mL蒸馏水中，加热溶解，调节pH值至6.2±0.2，分装后121℃高压灭菌15~20min。

H.2 莫匹罗星锂盐和半胱氨酸盐酸盐改良MRS培养基

H.2.1 莫匹罗星锂盐储备液制备

称取50mg莫匹罗星锂盐加入50mL蒸馏水中，用0.22μm微孔滤膜过滤除菌。

H.2.2 半胱氨酸盐酸盐储备液制备

称取250mg半胱氨酸盐酸盐加入50mL蒸馏水中，用0.22μm微孔滤膜过滤除菌。

H.2.3 制法

将H.2.1成分加入950mL蒸馏水中，加热溶解，调节pH值，分装后121℃高压灭菌15~20min。临用时加热熔化琼脂，在水浴中冷至48℃，用带有0.22μm微孔滤膜的注射器将莫匹罗星锂盐储备液及半胱氨酸盐酸盐储备液制备加入熔化琼脂中，使培养基中莫匹罗星锂盐的浓度为50μg/mL，半胱氨酸盐酸盐的浓度为500μg/mL。

H.3 MC琼脂培养基

H.3.1 成分

大豆蛋白胨5.0g 牛肉粉3.0g 酵母粉3.0g 葡萄糖20.0g 乳糖20.0g 碳酸钙10.0g 琼脂15.0g 蒸馏水1000mL 1%中性红溶液5.0mL

H.3.2 制法

将前面7种成分加入蒸馏水中，加热溶解，调节pH值至6.0±0.2，加入中性红溶液。分装后121℃高压灭菌15~20min。

H.4 乳酸杆菌糖发酵管

H.4.1 基础成分

牛肉膏5.0g 蛋白胨5.0g 酵母浸膏5.0g 吐温80 0.5mL 琼脂1.5g 1.6%溴甲酚紫乙醇溶液1.4mL 蒸馏水1000mL

H.4.2 制法

按0.5%加入所需糖类，并分装小试管，121℃高压灭菌15~20min。

H.5　七叶苷培养基

H.5.1　成分

蛋白胨 5.0g　磷酸氢二钾 1.0g　七叶苷 3.0g　枸橼酸铁 0.5g　1.6%溴甲酚紫乙醇溶液 1.4mL　蒸馏水 1000mL

H.5.2　制法

将上述成分加入蒸馏水中，加热溶解，121℃高压灭菌 15~20min。

I　双歧杆菌检验

I.1　双歧杆菌琼脂培养基

I.1.1　成分

蛋白胨 15.0g　酵母浸膏 2.0g　葡萄糖 20.0g　可溶性淀粉 0.5g　氯化钠 5.0g　西红柿浸出液 400.0mL　吐温 80 1.0mL　肝粉 0.3g　琼脂粉 20.0g　蒸馏水 1000mL

I.1.2　制法

I.1.2.1　半胱氨酸盐溶液的配制：称取半胱氨酸 0.5g，加入 1.0mL 盐酸，使半胱氨酸全部溶解，配制成半胱氨酸盐溶液。

I.1.2.2　西红柿浸出液的制备：将新鲜的西红柿洗净后称重切碎，加等量的蒸馏水在 100℃水浴中加热，搅拌 90min，然后用纱布过滤，校正 pH 值至 7.0±0.1，将浸出液分装后，121℃高压灭菌 15~20min。

I.1.2.3　制法：将 I.1.1 所有成分加入蒸馏水中，加热溶解，然后加入半胱氨酸盐溶液，校正 pH 值至 6.8±0.1。分装后 121℃高压灭菌 15~20min。

I.2　PYG 液体培养基

I.2.1　成分

蛋白胨 10.0g　葡萄糖 2.5g　酵母粉 5.0g　半胱氨酸-盐酸 0.25g　盐溶液 20.0mL　维生素 K_1 溶液 0.5mL　氯化血红素溶液 5mg/mL 2.5mL　蒸馏水 500mL

I.2.2　制法

I.2.2.1　盐溶液的配制：称取无水氯化钙 0.2g，硫酸镁 0.2g，磷酸氢二钾 1.0g，磷酸二氢钾 1.0g，碳酸氢钠 10.0g，氯化钠 2.0g，加蒸馏水至 1000mL。

I.2.2.2　氯化血红素溶液(5mg/mL)的配制：称取氯化血红素 0.5g 溶于 1mol/L 氢氧化钠溶液 1.0mL 中，加蒸馏水至 100mL，121℃高压灭菌 15~20min。

I.2.2.3　维生素 K_1 溶液的配制：称取维生素 K_1 1.0g，加无水乙醇 99.0mL，过滤除菌，避光冷藏保存。

I.2.2.4　制法：除氯化血红素溶液和维生素 K_1 溶液外，I.2.1 其余成分加入蒸馏水中，加热溶解，校正 pH 值至 6.0±0.1，加入中性红溶液。分装后 121℃高压灭菌 15~20min。临用时加热熔化琼脂，加入氯化血红素溶液和维生素 K_1 溶液，冷至 50℃使用。

J　商业无菌检验

J.1　溴甲酚紫葡萄糖肉汤

J.1.1　成分

蛋白胨 10.0g　牛肉浸膏 3.0g　葡萄糖 10.0g　氯化钠 5.0g　溴甲酚紫 0.04g(或

1.6%乙醇溶液 2.0mL） 蒸馏水 1000mL

J.1.2 制法

将除溴甲酚紫外的各成分加热搅拌溶解，校正 pH 值至 7.0±0.2，加入溴甲酚紫，分装于带有小倒管的试管中，每管 10mL，121℃高压灭菌 10min。

J.2 庖肉培养基

J.2.1 成分

牛肉浸液 1000mL 蛋白胨 30.0g 酵母膏 5.0g 葡萄糖 3.0g 磷酸二氢钠 5.0g 可溶性淀粉 2.0g 碎肉渣适量

J.2.2 制法

称取新鲜除脂肪和筋膜的碎牛肉 500g，加蒸馏水 1000mL 和 1mol/L 氢氧化钠溶液 25mL，搅拌煮沸 15min，充分冷却，除去表层脂肪，澄清，过滤，加水补足至 1000mL，即为牛肉浸液。加入成分中除碎肉渣外的各种成分，校正 pH 值至 7.8±0.2。

J.2.3 碎肉渣经水洗后晾至半干，分装 15mm×150mm 试管，高 2~3cm，每管加入还原铁粉 0.1~0.2g 或铁屑少许。将牛肉浸液培养基分装至每管内超过肉渣表面约 1cm。上面覆盖熔化的凡士林或液体石蜡 0.3~0.4cm。121℃高压灭菌 15min。

J.3 酸性肉汤

J.3.1 成分

多价蛋白胨 5.0g 酵母浸膏 5.0g 葡萄糖 5.0g 磷酸二氢钾 5.0g 蒸馏水 1000mL

J.3.2 制法

将各成分加热搅拌溶解，校正 pH 值至 5.0±0.2，121℃高压灭菌 15min。

J.4 麦芽浸膏汤

J.4.1 成分

麦芽浸膏 15.0g 蒸馏水 1000mL

J.4.2 制法

将麦芽浸膏在蒸馏水中充分溶解，滤纸过滤，校正 pH 值至 4.7±0.2，分装后 121℃高压灭菌 15min。

J.5 沙氏葡萄糖琼脂

J.5.1 成分

蛋白胨 10.0g 琼脂 15.0g 葡萄糖 40.0g 蒸馏水 1000mL

J.5.2 制法

将各成分在蒸馏水中溶解，加热煮沸，分装在烧瓶中，校正 pH 值至 5.6±0.2，121℃高压灭菌 15min。

J.6 肝小牛肉琼脂

J.6.1 成分

肝浸膏 50.0g 小牛肉浸膏 500.0g 脲蛋白胨 20.0g 新蛋白胨 1.3g 胰蛋白胨 1.3g 葡萄糖 5.0g 可溶性淀粉 10.0g 等离子酪蛋白 2.0g 氯化钠 5.0g 硝酸钠 2.0g 明胶 20.0g 琼脂 15.0g 蒸馏水 1000mL

J.6.2　制法

在蒸馏水中将各成分混合。校正 pH 值至 7.3±0.2，121℃高压灭菌 15min。

附录 2　常见食品的微生物标准

2.1　酱油的微生物要求

酱油的微生物要求参见《食品安全国家标准　酱油》(GB 2717—2018)，见表 2-1 所列。

表 2-1　酱油的微生物限量

项目	采样方案[a]及限量			
	n	c	m	M
菌落总数/(CFU/mL)	5	2	5×10^3	5×10^4
大肠菌群/(CFU/mL)	5	2	10	10^2

注：a 样品的采样及处理按 GB 4789.1—2016 执行。

2.2　食醋的微生物要求

食醋的微生物要求参见《食品安全国家标准　食醋》(GB 2719—2018)，见表 2-2 所列。

表 2-2　食醋的微生物限量

项目	采样方案[a]及限量			
	n	c	m	M
菌落总数/(CFU/mL)	5	2	10^3	10^4
大肠菌群/(CFU/mL)	5	2	10	10^2

注：a 样品的采样及处理按 GB 4789.1—2016 执行。

2.3　发酵酒及其配制酒的微生物要求

发酵酒及其配制酒的微生物要求参见《食品安全国家标准　发酵酒及其配制酒》(GB 2758—2012)，见表 2-3 所列。

表 2-3　发酵酒及其配制酒的微生物限量

项目	采样方案及限量[a]		
	n	c	m
沙门菌	5	0	0/25mL
金黄色葡萄球菌	5	0	0/25mL

注：a 样品的分析处理按 GB 4789.1—2016 执行。

2.4　发酵乳的微生物要求

发酵乳的微生物要求参见《食品安全国家标准　发酵乳》(GB 19302—2010)，见表 2-4 所列。

表 2-4 发酵乳的微生物限量

项目	采样方案[a] 及限量(若非指定，均以 CFU/g 或 CFU/mL 表示)			
	n	c	m	M
大肠菌群	5	2	1	5
金黄色葡萄球菌	5	0	0/25g(mL)	—
沙门菌	5	0	0/25g(mL)	—
酵母	≤100			
霉菌	≤30			

注：a 样品的分析处理按 GB 4789.1—2016 和 GB 4789.18—2024 执行。

2.5 巴氏杀菌乳的微生物要求

巴氏杀菌乳的微生物要求参见《食品安全国家标准 巴氏杀菌乳》(GB 19645—2010)，见表 2-5 所列。

表 2-5 巴氏杀菌乳的微生物限量

项目	采样方案[a] 及限量(若非指定，均以 CFU/g 或 CFU/mL 表示)			
	n	c	m	M
菌落总数	5	2	5×10^4	1×10^5
大肠菌群	5	2	1	5
金黄色葡萄球菌	5	0	0/25g(mL)	—
沙门菌	5	0	0/25g(mL)	—

注：a 样品的分析处理按 GB 4789.1—2016 和 GB 4789.18—2024 执行。

2.6 乳粉的微生物要求

乳粉的微生物要求参见《食品安全国家标准 乳粉和调制乳粉》(GB 19644—2024)，见表 2-6 所列。

表 2-6 乳粉的微生物限量

项目	采样方案[a] 及限量(若非指定，均以 CFU/g 表示)			
	n	c	m	M
菌落总数[b]	5	2	5×10^4	2×10^5
大肠菌群	5	1	10	100

注：a 样品的分析处理按 GB 4789.1—2016 和 GB 4789.18—2024 执行。

b 不适用于添加活性菌种(好氧和兼性厌氧益生菌)的产品。

2.7 冷冻饮品和制作料的微生物要求

冷冻饮品和制作料微生物要求参见《食品安全国家标准 冷冻饮品和制作料》(GB 2759—2015)，见表 2-7 所列。

表 2-7　冷冻饮品和制作料的微生物限量

项目	采样方案[a] 及限量(若非指定，均以 CFU/g 或 CFU/mL 表示)			
	n	c	m	M
菌落总数[a]	5	2(0)	$2.5\times10^4(10^2)$	10^5(—)
大肠菌群	5	2(0)	10(10)	10^2(—)

注：括号内数值仅适用于食用冰。

a 不适用于终产品含有活性菌种(好氧和兼性厌氧益生菌)的产品。

2.8　熟肉制品的微生物要求

熟肉制品的微生物要求参见《食品安全国家标准　熟肉制品》(GB 2726—2016)，见表 2-8 所列。

表 2-8　熟肉制品的微生物限量

项目	采样方案[a] 及限量			
	n	c	m	M
菌落总数[b]/(CFU/g)	5	2	10^4	10^5
大肠菌群/(CFU/g)	5	2	10	10^2

注：a 样品的分析处理按 GB 4789. 1—2016 执行。

b 发酵肉制品类除外。

2.9　蛋与蛋制品的微生物要求

蛋与蛋制品的微生物要求参见《食品安全国家标准　蛋与蛋制品》(GB 2749—2015)，见表 2-9 所列。

表 2-9　蛋与蛋制品的微生物限量

项目	采样方案[a] 及限量			
	n	c	m	M
菌落总数[b]/(CFU/g)				
液蛋制品、干蛋制品、冰蛋制品	5	2	5×10^4	10^6
再制蛋(不含糟蛋)	5	2	10^4	10^5
大肠菌群[b]/(CFU/g)	5	2	10	10^2

注：a 样品的采样及处理按 GB 4789. 19—2024 执行。

b 不适用于鲜蛋和非即食的再制蛋制品。

2.10　糕点、面包的微生物要求

糕点、面包的微生物要求参见《食品安全国家标准　糕点、面包》(GB 7099—2015)，见表 2-10 所列。

表 2-10 糕点、面包的微生物限量

项目	采样方案[a] 及限量			
	n	c	m	M
菌落总数[b]/(CFU/g)	5	2	10^4	10^5
大肠菌群[b]/(CFU/g)	5	2	10	10^2
霉菌[c]/(CFU/g)	≤150			

注：a 样品的采样及处理按 GB 4789.1—2016 执行。

b 菌落总数和大肠菌群的要求不适用于现制现售的产品，以及含有未熟制的发酵配料或新鲜水果蔬菜的产品。

c 不适用于添加了霉菌或干酪的产品。

2.11 饮用天然矿泉水的微生物要求

饮用天然矿泉水的微生物要求参见《食品安全国家标准　饮用天然矿泉水》(GB 8537—2018)，见表 2-11 所列。

表 2-11 饮用天然矿泉水的微生物限量

项目	采样方案[a] 及限量		
	n	c	m
大肠菌群[b]/(MPN/100mL)	5	0	0
粪链球菌/(CFU/250mL)	5	0	0
铜绿假单胞菌/(CFU/250mL)	5	0	0
产气荚膜杆菌/(CFU/50mL)	5	0	0

注：a 样品的采样及处理按 GB 4789.1—2016 执行。

b 采用滤膜法时，则大肠菌群项目的单位为 CFU/100mL。

2.12 方便面的微生物要求

方便面的微生物要求参见《食品安全国家标准　方便面》(GB 17400—2015)，见表 2-12 所列。

表 2-12 方便面的微生物限量

项目	采样方案[a] 及限量			
	n	c	m	M
菌落总数[b]/(CFU/g)	5	2	10^4	10^5
大肠菌群[b]/(CFU/g)	5	2	10	10^2

注：a 样品的采样及处理按 GB 4789.1—2016 执行。

b 仅适用于面饼和调料的混合检验。

2.13 果冻的微生物要求

果冻的微生物要求参见《食品安全国家标准　果冻》(GB 19299—2015)，见表 2-13 所列。

表 2-13 果冻的微生物限量

项目	采样方案[a] 及限量			
	n	c	m	M
菌落总数/(CFU/g)	5	2	$10^2(10^3)$	$10^3(10^4)$
大肠菌群/(CFU/g)	5	2	10	10^2
霉菌/(CFU/g)	≤20			
酵母/(CFU/g)	≤20			

注：括号中的数值仅适用于含乳型果冻。

a 样品的分析及处理按 GB 4789. 1—2016 和 GB/T 4789. 24—2003 执行。

2.14 酱腌菜的微生物要求

酱腌菜的微生物要求参见《食品安全国家标准　酱腌菜》(GB 2714—2015)，见表 2-14 所列。

表 2-14 酱腌菜的微生物限量

项目	采样方案[a] 及限量			
	n	c	m	M
大肠菌群[b]/(CFU/g)	5	2	10	10^3

注：a 样品的采样和处理按 GB 4789. 1—2016 执行。

b 不适用于非灭菌发酵型产品。

2.15 速冻面米与调制食品的微生物要求

速冻面米与调制食品的微生物要求参见《食品安全国家标准　速冻面米与调制食品》(GB 19295—2021)，见表 2-15 所列。

表 2-15 速冻面米与调制食品的微生物限量

项目	采样方案[a] 及限量			
	n	c	m	M
菌落总数/(CFU/g)	5	1	10^4	10^5
大肠菌群/(CFU/g)	5	2	10	10^2

注：a 样品的采集及处理按 GB 4789. 1—2016 执行。

2.16 预包装食品中致病菌的限量

预包装食品中致病菌的限量参见《食品安全国家标准　预包装食品中致病菌限量》(GB 29921—2021)，见表 2-16 所列。

表 2-16　预包装食品中致病菌的限量

食品类别	致病菌指标	采样方案及限量（若非指定，均以/25g 或/25mL 表示）				备注
		n	c	m	M	
乳制品	沙门菌	5	0	0	—	—
	金黄色葡萄球菌	5	0	0	—	仅适用于巴氏杀菌乳、调制乳、发酵乳、加糖炼乳（甜炼乳）、调制加糖炼乳
		5	2	100CFU/g	1000CFU/g	仅适用于干酪、再制干酪和干酪制品
		5	2	10CFU/g	100CFU/g	仅适用于乳粉和调制乳粉
	单核细胞增生李斯特菌	5	0	0	—	仅适用于干酪、再制干酪和干酪制品
肉制品	沙门菌	5	0	0	—	—
	单核细胞增生李斯特菌	5	0	0	—	
	金黄色葡萄球菌	5	1	100CFU/g	1000CFU/g	
	致泻大肠埃希菌	5	0	0	—	仅适用于牛肉制品、即食生肉制品、发酵肉制品类
水产制品	沙门菌	5	0	0	—	—
	副溶血性弧菌	5	1	100MPN/g	1000MPN/g	
	单核细胞增生李斯特菌	5	0	100CFU/g	—	仅适用即食生制动物性水产制品
即食蛋制品	沙门菌	5	0	0	—	—
粮食制品	沙门菌	5	0	0	—	—
	金黄色葡萄球菌	5	1	100CFU/g	1000CFU/g	
即食豆制品	沙门菌	5	0	0	—	—
	金黄色葡萄球菌	5	1	100 CFU/g(mL)	1000 CFU/g(mL)	
巧克力类及可可制品	沙门菌	5	0	0	—	—
即食果蔬制品	沙门菌	5	0	0	—	—
	金黄色葡萄球菌	5	1	100 CFU/g(mL)	1000 CFU/g(mL)	
	单核细胞增生李斯特菌	5	0	0	—	仅适用于去皮或预切的水果、去皮或预切的蔬菜及上述类别混合食品

（续）

食品类别	致病菌指标	采样方案及限量（若非指定，均以/25g或/25mL表示）				备注
		n	c	m	M	
即食果蔬制品	致泻大肠埃希菌	5	0	0	—	仅适用于去皮或预切的水果、去皮或预切的蔬菜及上述类别混合食品
饮料	沙门菌	5	0	0	—	—
冷冻饮品	沙门菌	5	0	0	—	—
	金黄色葡萄球菌	5	1	100 CFU/g(mL)	1000 CFU/g(mL)	
	单核细胞增生李斯特菌	5	0	0	—	
即食调味品	沙门菌	5	0	0	—	—
	金黄色葡萄球菌	5	1	100 CFU/g(mL)	1000 CFU/g(mL)	
	副溶血性弧菌	5	1	100 MPN/g(mL)	1000 MPN/g(mL)	仅适用于水产调味品
坚果与籽类食品	沙门菌	5	0	0	—	—
特殊膳食用食品	沙门菌	5	0	0	—	—
	金黄色葡萄球菌	5	2	10 CFU/g(mL)	100 CFU/g(mL)	
	克罗诺杆菌属（阪崎肠杆菌）	3	0	0/100g	—	仅适用于婴儿(0~6月龄)配方食品、特殊医学用途婴儿配方食品

注："m=0/25g或25mL或100g"代表"不得检出每25g或每25mL或每100g"。

附录3　自测练习答案

项目1　食品微生物检验与食品安全认知

一、单选题

1. D　2. B　3. C　4. D　5. D　6. A　7. C

二、判断题

1. ×　2. ×　3. √　4. ×　5. ×　6. √　7. ×　8. √　9. √　10. ×

三、名词解释

1. 菌落总数：指食品检样经过处理，在一定条件下(如培养基、培养温度和培养时间等)培养后，所得每克(毫升)检样中形成的微生物菌落总数。

2. 大肠菌群：指在一定培养条件下能发酵乳糖、产酸产气的需氧和兼性厌氧革兰阴性无芽孢杆菌。

3. 指示菌：是在常规安全卫生检测中，用以指示检验样品卫生状况及安全性的指示性微生物。

4. 细菌性食物中毒：是指因摄入被致病菌或其毒素污染的食品引起的食物中毒。

项目2 食品变质的微生物因素认知

一、单选题

1. A 2. C 3. B 4. C 5. C 6. D 7. A 8. D 9. C

二、多选题

1. ABCD 2. ABCD 3. ABCD

三、判断题

1. √ 2. × 3. × 4. √ 5. ×

四、简答题

1. 食品微生物污染的来源有哪些？

答：微生物在自然界中分布十分广泛，不同的环境中存在的微生物类型和数量不尽相同，食品从原料、生产、加工、贮藏、运输、销售到烹调等各个环节，常常与环境发生各种方式的接触，进而导致微生物的污染。污染食品的微生物来源可分为土壤、空气、水、操作人员、动植物、加工设备、包装材料等方面。

2. 简述食品保藏的目的。

答：食品保藏是从生产到消费过程的重要环节，如果保藏不当食品就会腐败变质，不仅会造成重大的经济损失，还会危及消费者的健康和生命安全。另外，食品保藏也是调节不同地区、不同季节以及各种环境条件下，能吃到营养可口食物的重要手段和措施。防止微生物的污染，就需要对食品进行必要的包装，使食品与外界环境隔绝，并在保藏中始终保持其完整性和密封性。因此，食品保藏与食品包装也是紧密联系的。

项目3 食品微生物实验室使用与管理

一、填空题

1. 不会引起人类或者动物疾病

2. 操作台 紫外线灯

3. 160~170 1.5~2.0

4. H^+离子浓度的负对数

5. 2/3 1/3

二、单选题

1. A 2. B 3. B 4. D 5. A 6. C 7. D

三、判断题

1. √ 2. × 3. ×4. √ 5. × 6. × 7. × 8. √ 9. √ 10. ×

项目4 食品微生物检验基本程序认知

一、单选题

1. B 2. C 3. C 4. A 5. C

二、判断题

1. √ 2. × 3. √ 4. × 5. × 6. × 7. √ 8. × 9. × 10. √

三、简答题

1. 食品微生物样品采集的原则是什么?

答:(1)根据检验目的、食品特点、批量、检验方法、微生物的危害程度等确定采用方案。

(2)采用随机取样原则,确保所采样品具有代表性。

(3)采样必须符合无菌操作的要求,防止一切外来污染。

(4)样品在保存和运送过程中,应采取一切必要措施,保证样品中微生物的状态不发生变化,保持样品的原有状态。

(5)采样标签应完整、清楚。每件样品的标签须标记清楚,尽可能提供详尽的资料。

2. 实验室原始记录的填写要求是什么?

答:(1)应如实记录,不得失真,严禁虚假伪造。

(2)记录应完整准确,不得遗漏,文字表达准确简明。

(3)记录应字迹清晰,排列有序,书写密度适中。

(4)如无特殊要求,应用黑色钢笔或圆珠笔书写。

(5)记录上有记录人签字、审核、批准要求的,应有相应的签名和授权审核批准人的签字;若需要修改,应采用杠改法,在错误的地方加以横杠,横杠在字的中间,并在附近地方写上正确的内容,签上修改人的姓名和修改日期,实验室对相关人员的签名应保留备案。

项目5 食品微生物检验基本操作技术训练

一、单选题

1. C 2. A 3. B 4. B 5. C 6. C 7. A 8. B 9. C 10. B 11. B 12. C 13. A 14. B

二、判断题

1. √ 2. √ 3. √ 4. √ 5. × 6. ×

项目6 食品安全细菌学检验技术训练

一、单选题

1. B 2. D 3. B 4. D 5. B 6. C 7. C 8. D 9. C 10. A 11. C 12. C 13. B 14. B 15. D

二、判断题

1. √ 2. × 3. × 4. √ 5. √ 6. √ 7. √ 8. √ 9. × 10. √

三、简答题

1. 食品中菌落总数测定的意义是什么?

答：(1)作为判定食品被污染程度的指标：菌落总数反映了食品本身的新鲜程度以及食品在生产、贮存、运输、销售过程中的卫生状况。

(2)用来预测食品存放的期限：用菌落总数测定的方法，可以观察微生物在食品中繁殖的动态，确定食品的保存期。在一定条件下，菌落总数越多，食品的存放期限就越短。

(3)反映污染致病菌的概率：从食品卫生观点来看，食品中菌落总数越多，说明食品质量越差，即致病菌污染的可能性越大；当菌落总数少时，则致病菌污染的可能性就会降低，或者几乎不存在。

2. 大肠菌群为什么可以作为粪便污染食品的指示菌?

答：因大肠菌菌群具有如下特点：①仅来自人或动物的肠道，才能显示出指标的特异性；②在肠道内占有极高的数量，即使被高度稀释也能检出；③在肠道以外的环境中，应具有强大的抵抗力，能生存一定的时间，生存时间应与肠道致病菌大致相同或稍长；④检验方法简单准确。

项目7　食品安全真菌学检验技术训练

一、单选题

1. D　2. D　3. D　4. A　5. A

二、判断题

1. ×　2. √　3. √　4. √　5. √　6. ×

三、简答题

1. 简述霉菌和酵母计数与菌落总数测定的不同点。

答：有4点不同：①培养皿中培养基的添加量多，霉菌和酵母计数为20~25mL，菌落总数测定为15~20mL；②培养基种类不同，霉菌和酵母计数为孟加拉红琼脂培养基或马铃薯葡萄糖琼脂培养基，菌落总数测定为平板计数琼脂培养基；③平板放置方向不同，霉菌和酵母计数为正置，菌落总数测定为倒置；④培养条件不同，霉菌和酵母计数为28℃±1℃、5d，菌落总数测定为36℃±1℃、48h±2h或30℃±1℃、72h±3h。

2. 进行霉菌直接镜检计数时要注意哪些问题?

答：要注意以下4点：①检样浓度要控制在折光指数为1.3447~1.3460，浓度过低或过高都会影响观察的效果；②郝氏计测玻片在使用前一定要清洗干净，否则会影响显微镜观察；③加盖玻片时，要注意先一端接触计测室，缓缓放下，以免产生气泡；④认真做好实验前的全面消毒，实验后应将霉菌检样高压灭菌。

项目8　食品中常见致病菌检验技术训练

一、填空题

1. 不产气　阳性　弱阳性

2. 表面光滑　凸起　湿润　2~3mm　灰黑色至黑色　一清晰带

3. 2~3周　1~2个月　2~3个月

4. 28~37℃　25~30℃　6~8　不生长。

5. 竖毛　四肢瘫软　呼吸困难　风箱式呼吸、腰腹部凹陷、宛如峰腰

6. 5~20　20

二、单选题

1. A　2. D　3. C　4. A　5. A

三、判断题

1. √　2. ×　3. √　4. ×　5. ×　6. ×　7. ×　8. √

项目9　发酵食品微生物检验

一、填空题

1. 阳性　周身鞭毛　无

2. 阳性　多种双歧因子 37℃

3. 30~300CFU

4. 双歧杆菌琼脂平板　MRS 琼脂平板

5. 血球计数板与盖玻片之间的计数室

6. 培养基种类　培养基温度　通气状况

7. 1　95%乙醇 5mL　无菌水 20mL　稀硫酸 10mL

8. 30~32℃　3~5h

9. 10~20　100~200

10. 蛋白酶　脂肪酶　淀粉酶

11. 无假根　无隔分枝　孢子囊孢子　接合孢子

二、单选题

1. D　2. D　3. A　4. A

三、判断题

1. √　2. ×　3. ×　4. ×　5. √

项目10　罐头食品商业无菌检验

一、单选题

1. A　2. C　3. D　4. A　5. B

二、判断题

1. ×　2. √　3. √　4. ×　5. ×

三、名词解释

1. 商业无菌：罐头食品经过适度热杀菌以后，不含有致病的微生物，也不含有在通常温度下能在其中繁殖的非致病性微生物的状态，称为商业无菌。

2. 胖听：是指由于罐头内微生物活性或化学作用产生气体，形成正压，使一端或两端外凸的现象。

3. 净重：是指罐头的重量减去空罐的平均重量即为该罐头的净重。

四、简答题

1. 为什么罐头食品灭菌仅需达到商业无菌的程度?

答：罐头食品在加工过程中，为了保持产品正常的感官性状和营养价值，在进行加热杀菌时，不可能使罐头食品完全无菌，只强调杀死病原菌和产毒菌，实质上只是达到商业无菌的程度，即罐头内所有的肉毒梭菌芽孢和其他致病菌以及在正常的贮存和销售条件下能引起内容物变质的嗜热菌均被杀灭。罐内残留的一些非致病性微生物在一定的保存期限内，一般不会生长繁殖。

2. 罐头食品的生物腐败类型有哪些？各种腐败类型多是由哪些微生物造成的？

答：罐头食品的生物腐败类型主要有5种：①产芽孢的嗜热细菌引起的腐败。包括平酸腐败，平酸细菌包括专性嗜热菌、兼性嗜热菌和中温菌；TA腐败，一种能分解糖、专性嗜热、产芽孢的厌氧菌引起的腐败；硫化物腐败，由致黑梭菌引起的低酸性罐头的腐败。②中温产芽孢细菌引起的腐败，主要由中温性厌氧细菌和中温性需氧细菌两类细菌造成。中温性厌氧细菌以肉毒梭菌尤为重要，常见的引起罐头腐败变质的中温性需氧细菌有枯草芽孢杆菌、巨大芽孢杆菌和蜡样芽孢杆菌等。③不产芽孢的细菌引起的腐败。造成低酸性罐头内污染的不产芽孢的细菌有两大类群：一类是肠道细菌，如大肠埃希菌，它们在罐内生长产气可造成胖听；另一类主要是链球菌，特别是嗜热链球菌和粪链球菌等。④酵母菌引起的腐败多由球拟酵母属和假丝酵母属的一些种所引起。⑤霉菌引起的腐败。主要有纯黄丝衣霉菌、雪白丝衣霉菌、青霉、曲霉等霉菌。

项目11 食品微生物快速检测

一、单选题

1. B 2. B 3. C 4. A 5. C

二、判断题

1. √ 2. √ 3. √ 4. × 5. ×

三、简答题

1. 试分析适合免疫荧光分析使用的荧光素应具备的条件是什么？

答：①应具有能与蛋白质分子形成共价键的化学基团，与蛋白质结合后不易解离，而未结合的色素及其降解产物易于清除；②荧光效率高，与蛋白质结合后，仍能保持较高的荧光效率；③荧光色泽与背景组织的色泽对比鲜明；④与蛋白质结合后不影响蛋白质原有的生化与免疫性质；⑤标记方法简单、安全无毒；⑥与蛋白质的结合物稳定，易于保存。

2. 简述电阻抗技术的原理。

答：供细菌生长的液体培养基是电的良导体，在特制的测量管底部装入电极插头，即可对接种生长的培养基的阻抗变化进行检测。阻抗变化的产生是由于微生物生长过程中的新陈代谢，使培养基中的大分子营养物质(糖、脂类、蛋白质等)被分解成小分子代谢物，即较小的带电离子(乳酸盐、乙酸盐、重碳酸或氨等)。这些代谢产物的出现和聚集，增强了培养基的导电性能，从而降低了其阻抗值。

3. 简述PCR技术的原理。

答：PCR技术检测微生物的基本原理是将被检测微生物核酸序列，在PCR体系下经高温变性、低温退火、适温延伸三步循环，将单个核酸分子序列以2的指数进行大量复制扩增。即在检测时，被检测微生物双链DNA序列在94℃左右变性解链成双链，大约55℃

时，特异性引物与单链 DNA 结合，最后于 72℃左右在引物的引导延伸复制下扩增到微生物的目的 DNA 序列。以上三步进行循环扩增得到大量的被检测微生物的目的 DNA 序列，最后一般在凝胶电泳下检测目的 DNA。理论上只要样品中有一个分子的微生物就可以在短时间内用 PCR 技术检测到。